高等学校研究生教材

简明计算材料学基础

赵　鹏　张文雪　于晓晨　主编

西北工业大学出版社
西　安

【内容简介】 本书介绍计算材料学中常见材料计算方法的基本原理和所需的基础知识，包括经典力学基础与晶体结构相关知识、分子动力学基础、量子力学基础、密度泛函理论、量子化学计算基础、能带计算、第一性原理分子动力学模拟、蒙特卡罗方法、相场方法、机器学习及其在材料领域中的应用，共10章内容。本书根据材料类专业学生的知识结构特点，在重点介绍材料计算方法及其原理的基础上，介绍这些方法在材料研究中的应用，以满足材料类专业人员系统学习计算材料学所需相关知识的迫切需求。

本书可用作高等院校材料类研究生和高年级本科生教材，也可用作材料科学与工程领域教学与科研人员的参考书。

图书在版编目(CIP)数据

简明计算材料学基础 / 赵鹏，张文雪，于晓晨主编
.—西安 ：西北工业大学出版社，2023.5
ISBN 978-7-5612-8691-3

Ⅰ.①简… Ⅱ.①赵… ②张… ③于… Ⅲ.①材料科学-计算-高等学校-教材 Ⅳ.①TB3

中国国家版本馆CIP数据核字(2023)第060934号

JIANMING JISUAN CAILIAOXUE JICHU
简明计算材料学基础
赵鹏 张文雪 于晓晨 主编

责任编辑：曹 江　　**策划编辑**：倪瑞娜
责任校对：朱晓娟　　**装帧设计**：李 飞
出版发行：西北工业大学出版社
通信地址：西安市友谊西路127号　　邮编：710072
电　　话：(029)88493844，88491757
网　　址：www.nwpup.com
印 刷 者：陕西博文印务有限责任公司
开　　本：787 mm×1 092 mm　　1/16
印　　张：19
字　　数：474千字
版　　次：2023年5月第1版　　2023年5月第1次印刷
书　　号：ISBN 978-7-5612-8691-3
定　　价：58.00元

前言

计算材料学是材料科学与计算机科学交叉的学科，是在计算物理和量子化学等学科基础上快速发展起来的新兴学科，是利用计算机对材料的组成、结构、性能以及服役效能进行计算模拟与设计的学科。

计算材料学涉及材料、数学、物理、化学、计算机等多个学科，主要包括两方面内容：一方面是材料过程的计算模拟，即从现有实验数据出发，通过建立数学模型及数值计算，模拟实际过程，属于计算机在材料制备和使用过程中的应用范畴；另一方面是材料结构本源的计算机设计与预测，即直接通过理论模型和计算，预测或设计材料结构与性能，属于计算机创制材料的范畴。前者不仅使材料研究停留在实验结果和定性的讨论上，而且使特定材料体系的实验结果上升为一般的、定量的理论；后者则使材料研究与开发更具方向性、前瞻性，有助于原始创新，可大幅度提高研究效率。因此，计算材料学是材料理论与实验的桥梁，也是从事材料科学研究的重要手段。

传统的材料研究以实验研究为主，属于实验科学。随着材料研究水平的不断提高，材料研究对象的空间尺度和环境条件范围不断扩大，需要在纳观、微观、介观和宏观的不同尺度下对材料结构和性能进行研究，需要在极端环境下对材料合成制备以及服役效能进行研究，而传统的实验室研究已难以满足现代材料研究和发展的需求。随着计算机科学与技术的迅猛发展，在现代材料学领域，计算机"实验"已成为与实验室实验同样重要的研究方式。材料的计算机模拟与设计已不仅是材料科学家研究材料所使用的手段，而且已经逐步成为材料研究人员的研究工具。因此，掌握计算材料学知识已经成为材料工作者必备的技能。

随着人工智能的兴起以及材料基因组计划的提出和实施，材料科学研究中产生了海量数据，利用机器学习进行材料发现和设计受到了越来越多的关注。材料科学研究范式从传统的第一范式的经验科学发展到第二范式的基于物理模型的理论科学，目前已经发展到第三范式的计算模拟科学和第四范式的数据驱动科学的新阶段，所涉及的知识体系和传统的材料类专业知识体系存在较大差异，尽管已有不少计算材料学方面的书籍出版，但材料类专业研究生和高年级本科生在学习计算材料学相关知识时常常存在入门难的问题。

本书主要面向高等院校材料类研究生和高年级本科生，在介绍材料计算方法的同时，简明介绍计算材料学相关的理论基础。

本书共10章，由赵鹏、张文雪、于晓晨任主编。第1、2章介绍经典力学和分子动力学基础知识，由赵鹏编写；第3、4章介绍量子力学基础和密度泛函理论，由于晓晨编写；第5章介绍量子化学计算基础，由许磊编写；第6～8章介绍能带计算、第一性原理分子动力学模拟和蒙特卡罗方法，由张文雪编写；第9章介绍相场方法，由王连莉编写；第10章介绍机器学习基础，由李辉编写。全书由赵鹏、张文雪、于晓晨统稿。

在编写本书的过程中，博士生景明海、陈丹彤、罗霄、王仕珩、席绅，硕士生朱建明等参与了图表绘制、文字录入等工作。整个出版过程得到了长安大学研究生院、材料科学与工程学院以及西北工业大学出版社有限公司的大力支持，在此表示衷心的感谢。同时，在编写本书的过程中，笔者参考了相关文献资料，在此向其作者一并表示感谢。

限于笔者的水平，书中不足之处在所难免，敬请广大读者批评指正。

编　者

2022年12月

目 录

第1章　经典力学基础与晶体结构相关知识

1.1　经典力学基本概念

(1)体系。物质世界里普遍存在相互作用，从相互作用的众多物体中划分出来进行研究的那一部分称为体系。

(2)环境。所有与上述体系存在相互作用而又不属于该体系的物体统称为环境。体系与环境的划分由方便解决问题的需要而定。

按照体系与环境是否交换能量和物质的情况，可把体系分为以下三类：体系与环境既无能量的交换，又无物质的交换的，该体系称为孤立体系；体系与环境只有能量的交换，但无物质的交换的，称为封闭体系；体系与环境既有能量的交换，又有物质的交换的，称为开放体系。

(3)体系的宏观状态与微观状态。任何体系都是由很大数目的微小粒子组成的，每个微粒都在周围微粒的相互作用和热运动的影响下不停地运动。无论体系在宏观上处于非平衡态还是平衡态，体系的微观力学状态(简称"微观状态")总是不断变化的。整个体系的宏观状态总是所有组分粒子各自微观状态的集体表现。

(4)广义坐标。体系所有粒子的位置$\{r_j(t)|j=1,2,\cdots,N\}$通常用直角坐标分量$\{x_i(t)|i=1,2,3,\cdots,3N\}\equiv \boldsymbol{x}$(称 d'Alembert 位形)来表示。但是，为了最简单地解决问题，首先要明确决定问题所需的最少变量，即确定体系的独立变量，抛弃冗余变量。这就要引入广义坐标(又称广义位置)的概念，为此，往往要从问题的对称性着手。例如，对于在 xOz 平面运动的单摆问题，由于摆长一定，故独立的变量只需取摆长到铅垂方向 z 的夹角 θ 即可，而不是取摆锤的位置(x,z)两个变量。又如，两个原子质量为 m_1，m_2 的双原子分子的振动问题，总可以变换到等效于一个折合质量 $\mu=\dfrac{m_1 m_2}{m_1+m_2}$ 的物体相对于质心的振动问题。剔除体系冗余的变量，使得问题简化。独立的位置变量$\{q_i(t)|i=1,2,\cdots,s\}\equiv \boldsymbol{q}$ 称为广义坐标(称 Lagrange 位形或位形)，其个数 s 为体系的自由度，即

$$s = 3N - N_c \tag{1.1-1}$$

式中：N_c 为约束条件的数目。根据具体问题，可以得到直角坐标分量与广义坐标之间的函

数关系 $x_i = x_i(\boldsymbol{q})$。

体系的微观状态取决于所有组成粒子的力学状态。经典力学认为，如果体系的每个组成粒子的动力学状态(以下简称“力学状态”)和电磁学状态确定，则体系的微观状态就可以完全确定下来。为简单起见，讨论不存在外场的全同粒子体系的情况。也就是说，使构成体系的所有自由度在某个时刻 t 的广义坐标，即广义位置

$$\boldsymbol{q}(t) \equiv \{q_1(t), q_2(t), \cdots, q_s(t)\} \tag{1.1-2}$$

都已经确定，但是该体系的粒子在下一时刻还可以朝不同的方向运动，从而下一时刻到达的位置还是无法确定，于是整个体系在 t 时刻的力学状态还没有完全确定。

显然，为了确定整个体系在 t 时刻的力学状态，必须还要知道 t 时刻所有自由度上的广义速度向量

$$\dot{\boldsymbol{q}}(t) \equiv \{\dot{q}_1(t), \dot{q}_2(t), \cdots, \dot{q}_s(t)\} \tag{1.1-3}$$

只有这样才可以确定下一个时刻所有粒子的位置。是不是还需要更多的变量来描述体系的微观状态呢？不需要了。因为每个自由度上粒子运动所服从的 Newton 方程是二阶微分方程($F=m\boldsymbol{a}$，其中加速度 $\boldsymbol{a}$ 为位置的二阶导数)，只要两个初始条件确定，其解就确定了。因此，经典力学观点认为，体系的微观状态取决于所有组成粒子的广义坐标和广义速度 $\{\boldsymbol{q}(t), \dot{\boldsymbol{q}}(t)\}$。

1835 年，爱尔兰数学家 W. R. Hamilton 证明，为了更深刻地反映力学的本质，可以等价地用 t 时刻所有粒子的广义位置 $\boldsymbol{q}(t)$ 和广义动量

$$\boldsymbol{p}(t) \equiv \{p_1(t), p_2(t), \cdots, p_s(t)\} \tag{1.1-4}$$

作为独立变量来描述体系的力学状态，其中广义动量定义为

$$p_i \equiv \frac{\partial L}{\partial \dot{q}_i},\ i=1,2,\cdots,s \tag{1.1-5}$$

式中：L 为 Lagrange 函数。于是，可以用 Hamilton 的 $2s$ 维向量 $\boldsymbol{x} \equiv \{\boldsymbol{q}, \boldsymbol{p}\}$ 作为独立变量来表示体系的微观状态，与过去用 $\{\boldsymbol{q}, \dot{q}\}$ 作为独立变量来表示体系的微观状态是等价的。

(5)相空间。由 $\boldsymbol{x} \equiv \{\boldsymbol{q}, \boldsymbol{p}\}$ 张成的空间称为相空间，记为 Γ。“相”就是微观(动)力学状态。对于一个由 N 个粒子组成的体系，若有 $3N$ 个自由度，则体系的相空间(Γ 空间)是个 $6N$ 维的空间，体系的每一个微观状态都可用 Γ 空间中的一点 $x(t)$(称为相点)来表示。体系的力学状态随时间的演化相当于相点在相空间中移动的一条曲线。这条曲线称为相点在相空间的演化轨迹。描述一个粒子的相空间称为 μ 空间。

(6)力学量。既然体系中的任意可观测量(记为 $\boldsymbol{B}$)在体系的每个微观状态下都有确定的数值，而体系微观状态又由 $\{\boldsymbol{q}, \boldsymbol{p}\}$ 决定，所以任意可以用 $2s$ 个变量 $\{\boldsymbol{q}, \boldsymbol{p}\}$ 表示的可观测量 $\boldsymbol{B}(\boldsymbol{q}, \boldsymbol{p})$ 称为动力学量，即力学量。

(7)体系的宏观状态。经验告诉人们，从宏观上来看，描述体系的平衡态实际上只要用少数宏观参量即可。例如，热力学中采用体系的体积 V、压强 p、温度 T、能量 E_0、外电场 E、外磁场 H、电极化强度 M、磁极化强度 P 等作为宏观参量就足够描述体系的宏观状态。即使从这些少数宏观参量上来看，体系已经处于同一个宏观状态，但是由于体系是由大量粒子组成的，所以从微观上来看，仅热运动就可以使体系不断地、高速地变更它的微观状态。因

此，体系的一个宏观状态包含着为数极大的微观状态。

(8)涨落。既然体系的任意力学量在每个体系微观状态下都有确定的数值，而体系的一个宏观状态包含着为数极大的微观状态，体系的各个力学量，如压强、能量等，就会随着时间不断变化，在平均值左右以极快的速度不断地随机变动，这种现象称为涨落。随着粒子增多，涨落和平均值的比值即相对涨落变小。当粒子数足够大时，相对涨落将小得微不足道，这时平均值就足以代表每一瞬间的真实值。涨落在相变过程中起着关键的作用，如气液相变临界点附近密度的涨落发生长距离的空间相关。涨落问题、输运问题(如导热、导电、扩散、黏性等)和混沌问题是非平衡过程研究中的三大问题。限于篇幅，本书不讨论混沌问题。

宏观测量得到的值实际上是时间平均值，无论实际测量的时间间隔多么短，被实验测量的区域多么小，宏观测量都具有两个特点：一是在空间尺度上总是宏观小(足以分辨性质随空间的变化)、微观大(仍然包含足够大量的粒子)；二是在时间尺度上总是宏观短(足以分辨性质随时间的变化)、微观长(经历足够多次的微观状态的变化)。于是，在时间尺度上，可以认为，实验对体系某个任意力学量 $\boldsymbol{B}$ 的测量值，实际上是在测量的时间范围内众多微观状态下力学量 $\boldsymbol{B}$ 的瞬时值 $B(t)$ 的时间平均值 $\langle\boldsymbol{B}\rangle$，即

$$\langle\boldsymbol{B}\rangle=\frac{1}{T}\int_0^T \mathrm{d}tB(t) \tag{1.1-6}$$

(9)非平衡定态。经验表明，体系处于环境不变的情况下，经过一定的时间后，体系必将达到一个宏观上不随时间变化的状态，尽管还不一定是平衡态，但体系将长久地保持这样的状态，这种状态称为非平衡定态，简称“定态、稳态或定常态”(Stationary State)。注意：这里所谓环境不变的情况指恒定的外场、不变的体系体积等，不表示环境的宏观状态不变。这里所谓体系宏观上不随时间变化是指体系的所有宏观性质都保持随时间不变，确切地讲，有

$$\frac{\partial B}{\partial t}=0 \tag{1.1-7}$$

因为宏观性质保持不变并不是要求体系内各处 $\langle\boldsymbol{B}\rangle$ 都相同，所以定态只是时间的偏导数，而不是导数。例如，两端浸在不同温度的无限大热源中的金属板，在处于稳定热传导的情况下，金属板这个体系在宏观上处于定态，还不是平衡态，它的内部存在热流。可以证明，在不变的环境条件下，定态是使体系的熵产生率最小的非平衡状态，而且对于小的环境扰动，定态是稳定的。定态是非平衡态中最容易研究的一种，它不是平衡态。在实验中，许多表征非平衡态的基本物理化学性质的测量都是在维持体系处于定态下完成的，所以定态也是理论上特别关注的状态。

(10)平衡态。若处于定态的体系，同时它的环境的宏观状态也不变，则这个体系被称为处于平衡态。体系的所有宏观性质都保持随时间不变，确切地讲，有

$$\frac{\mathrm{d}\langle\boldsymbol{B}\rangle}{\mathrm{d}t}=0 \tag{1.1-8}$$

当体系从非平衡态变到平衡态时，描述体系宏观状态所需的宏观参量的个数达到最少。体系物性的实验测量常常要把体系维持在平衡态下完成。处于平衡态的体系，其内部允许出现某种微观不均匀性，但是不能出现某些“流”，如粒子流、热流等，因为既然体系的宏观

状态已经不变，那么这些流必然给环境的状态带来变化，于是有“流”的体系至多处于定态，而不是处于平衡态。

(11)非平衡态。体系所处的宏观状态，除了上述平衡态之外，都称为非平衡态。

(12)弛豫过程。处于非平衡态的体系都有自发趋于平衡态的倾向，这种从非平衡态逐渐趋于平衡态的过程称为弛豫过程。广延量和强度量描述体系宏观状态所需的所有宏观参量，按照是否与体系的质量有关，可以分为两类：和质量成正比的宏观参量称为广延量，如能量、体积、自由能等；另外一类宏观参量，它们与体系的质量无关，如压强、温度等，称为强度量。

(13)外参量和内参量。宏观参量还有一种分类法，即按照是否只取决于环境而与体系无关，可以把宏观参量分为两类——外参量和内参量。

外参量是指一类只取决于环境而与体系无关的宏观参量。例如，体系体积和体系的外形、外电场、外磁场等。

内参量是指一类取决于体系内部粒子的特征以及运动状态的宏观参量，例如：体系压力，它取决于体系内部粒子的热运动、粒子之间的相互作用和体系各处的数密度；电介质的电极化强度取决于分子的电偶极矩及其取向；处于重力场中气体体系质心的位移(相对于不存在重力场的情况)取决于体系全部粒子坐标的分布。内参量有体系的压力、电极化强度、磁极化强度、温度、能量等。

(14)物态方程。经验表明，体系处于平衡态时，内参量依赖于外参量，不过，仅仅用外参量还不足以完全确定体系的平衡态，还必须加上一个内参量。例如，加上体系的温度或能量，气体、液体或简单的固体的平衡态可以用压强 p、体积 V 和温度 T 来描述。实验表明，这 3 个参量并非独立，它们满足一定的关系式，即

$$f(p,V,T)=0 \tag{1.1-9}$$

式(1.1-9)称为物态方程，物质在其他形态下的物态方程在工程领域有时也被称为本构方程。

1.2 经典运动力学基础

1.2.1 最小作用量原理

在光学中，根据费马原理，光在介质中从 A 点传播到 B 点的路径是使光程取极值的一条路径，也就是光在媒质中的折射率 n 对路径 s 积分的变分为零，即

$$\delta=\int_A^B n\mathrm{d}s \tag{1.2-1}$$

莫培督(Maupertuis)于 1744 年提出的最小作用量原理(Principle of Least Action)是力学系统所遵循的最一般原理。它可表述为：保守的、完整的力学系统，由某一初位形转到另一位形的一切具有相同能量的可能运动中，真实的运动是其中作用量具有极小值的运动。

在力学系统中，可以构造一个能量函数，它在两个时刻之间对时间的积分(作用量)取极

值。经验告诉人们，力学系统的状态只取决于系统初时刻的坐标和速度。因此这个函数 L 以及其作用量 S 应是坐标与速度及时间的函数，即

$$L=L[q(t),\dot{q}(t),t] \tag{1.2-2}$$

$$S[q(t)]=\int_{t_1}^{t_2}L[q(t),\dot{q}(t),t]\mathrm{d}t \tag{1.2-3}$$

这个积分式叫作泛函(Functional)。决定系统运动状态的坐标和速度是使式(1.2-3)表示的作用量 S 取极值的位置和速度。符合物理事实的极值是 S 的极小值。在起点和终点被固定了的前提下，作用量取极值的方法就是求其变分。

泛函的变分是为了求泛函的极值提出的。泛函 $S[y(z)]$ 的变分记为 δS，它类似于微分，所以一些微分运算法则也同样适用于变分，例如：

$$\left.\begin{aligned}&\delta(A\pm B)=\delta A\pm\delta B\\&\delta(AB)=A\delta B+B\delta A\\&\delta\left(\frac{A}{B}\right)=\frac{B\delta A-A\delta B}{B^2}\end{aligned}\right\} \tag{1.2-4}$$

当对泛函进行微分和变分时，必须注意运算的先后次序能否对易。假定 C 是一条空间曲线，也是质点受运动定律支配运行的轨道(真实轨道或动力轨道)，C' 是一条与轨道 C 靠得很近的、起点和终点与 C 的起点和终点相接的曲线，但它不是质点的运动轨道。设一质点 M 沿 C 运动，而且想象还有一个质点 M' 沿 C' 运动，它们同时从起点 A 出发，并同时到达终点 B，在运动曲线的两端点，它们的时间差和位置差都为零，即

$$\delta t=0,\delta(A)=0,\delta(B)=0 \tag{1.2-5}$$

可以证明(详细证明过程请参阅“理论力学”中有关变分法的内容)：

$$\delta\left(\frac{\mathrm{d}r}{\mathrm{d}t}\right)=\frac{\mathrm{d}}{\mathrm{d}t}(\delta r) \tag{1.2-6}$$

即差分和微分的前后次序可以互换。若没有 $\delta t=0$ 的前提条件，则两者不能互换。

对于一个函数，如果它在被定义的闭区间 $[a,b]$ 上是连续的，则它的极值问题总是有解的，然而泛函的极值问题(即变分问题)的解却未必存在。不过，在物理问题中，常常从问题的提法就能判定出该问题是否有解。

与最小作用量原理类似的哈密顿原理可表述为：保守的、完整的力学体系在相同时间内，由某一初始位形转移到另一已知位形的一切可能运动中，真实运动的作用函数具有极值，即对于真实运动来说，作用函数的变分等于零。

最小作用量原理与哈密顿原理的主要区别在于假定不同。哈密顿原理用了等时的假定，即 $\delta t=0$；最小作用量原理用了总能量相同的假定，即 $\delta E=0$。

1.2.2　牛顿运动力学

依照牛顿运动定律，粒子所受的力等于此粒子的质量乘以加速度，即

$$\boldsymbol{F}=m\boldsymbol{a} \tag{1.2-7}$$

或以动量 $\boldsymbol{p}$ 表示为

$$\frac{\mathrm{d}\boldsymbol{p}}{\mathrm{d}t}=\dot{\boldsymbol{p}}=\boldsymbol{F} \tag{1.2-8}$$

以上为牛顿运动方程式(Newtonian Equation of Motion)。若质量与时间无关,则可将式(1.2-8)写成

$$\frac{\mathrm{d}\boldsymbol{p}}{\mathrm{d}t}=m\frac{\mathrm{d}\dot{\boldsymbol{r}}}{\mathrm{d}t}=m\ddot{\boldsymbol{r}}=m\boldsymbol{a} \tag{1.2-9}$$

式中:$\boldsymbol{r}=(x,y,z)$为粒子的位置。若 $\boldsymbol{F}$ 为位置的函数 $\boldsymbol{F}(x,y,z)$,则式(1.2-9)为一个二次微分方程式。因此,若知粒子的起始位置 $x(0)$,$y(0)$,$z(0)$,则可由此方程式的解得到粒子的位置与时间的关系 $x(t)$,$y(t)$,$z(t)$。

以图 1.2-1 的简谐振子的运动为例。

设 x_0 为弹簧未拉伸的长度,则依照胡克定律(Hook's Law),弹簧所系质点所受的力为

$$\boldsymbol{F}=-k(x-x_0) \tag{1.2-10}$$

根据式(1.2-8),得运动方程式为

$$m\ddot{x}=-k(x-x_0) \tag{1.2-11}$$

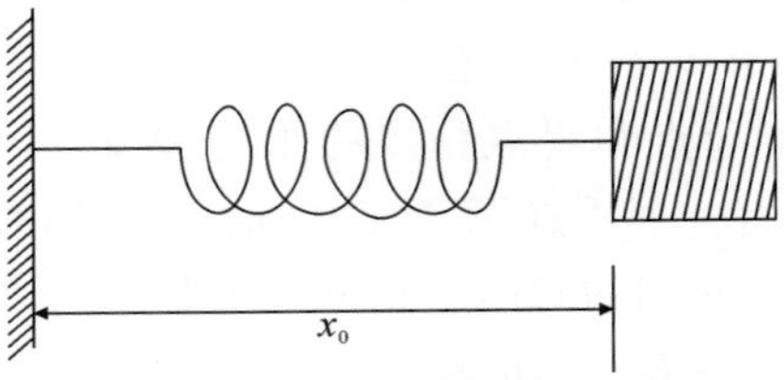

图 1.2-1　简谐振子示意图

定义 $\xi=x-x_0$,则式(1.2-11)可写成

$$\frac{\mathrm{d}^2\xi}{\mathrm{d}t^2}+\frac{k}{m}\xi=0 \tag{1.2-12}$$

此微分方程式的解为

$$\xi(t)=A\sin\omega t+B\cos\omega t \tag{1.2-13}$$

式中:$\omega=\sqrt{\frac{k}{m}}$为振荡子的振动频率。可将式(1.2-13) 化为

$$\begin{aligned}\xi(t)&=\sqrt{A^2+B^2}\left(\sin\omega t\frac{A}{\sqrt{A^2+B^2}}+\cos\omega t\frac{B}{\sqrt{A^2+B^2}}\right)\\&=C(\sin\omega t\cos\phi+\cos\omega t\sin\phi)=C\sin(\omega t+\phi)\end{aligned} \tag{1.2-14}$$

式中:ϕ 通常称为"相角"(Phase Angle)。

再以一例说明牛顿运动方程式的解法。设一个二维平面运动的粒子,粒子与原点之间存在库仑吸引力。粒子所受的力为

$$\boldsymbol{F}=-K\frac{\boldsymbol{r}}{r^3} \tag{1.2-15}$$

式中:K 为库仑常数;r 为粒子与原点的距离,$r=(x^2+y^2)^{1/2}$。将 r 代入式(1.2-15),得牛顿运动方程式:

$$\left.\begin{aligned} m\ddot{x}x = F_x = -\frac{K_x}{(x^2+y^2)^{\frac{1}{2}}} \\ m\ddot{y} = F_y = -\frac{K_y}{(x^2+y^2)^{1/2}} \end{aligned}\right\} \tag{1.2-16}$$

可知，x 的微分方程式含有变量 y，y 的微分方程式含有变量 x，此二方程式互相耦合(Coupling)，不易求解。因此，必须设法将变量 x，y 转换，使其成为去耦合(Decoupling)的方程式。将笛卡儿坐标换为极坐标，如图 1.2－2 所示，即

$$r = r\cos\theta,\ y = r\sin\theta \tag{1.2-17}$$

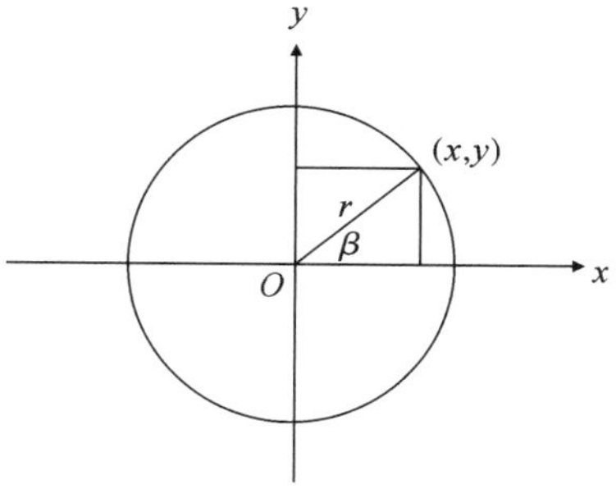

图 1.2－2　**坐标变换**

将式(1.2－17)代入式(1.2－16)，得

$$\begin{aligned} \ddot{x} &= \frac{d^2x}{dt^2} = \frac{d}{dt}\left(\frac{dx}{dt}\right) = \frac{d}{dt}\left(\frac{dr\cos\theta}{dt}\right) = \frac{d}{dt}(\dot{r}\cos\theta - r\sin\theta\cdot\dot{\theta}) \\ &= \ddot{r}\cos\theta - 2\dot{r}\sin\theta\cdot\dot{\theta} - r\cos\theta\cdot\dot{\theta}^2 - r\sin\theta\cdot\ddot{\theta} \\ \ddot{y} &= \ddot{r}\sin\theta + 2\dot{r}\cos\theta\cdot\dot{\theta} - \dot{r}\cos\theta\cdot\dot{\theta}^2 + r\cos\theta\cdot\ddot{\theta} \end{aligned}$$

故得极坐标 r，θ 的运动方程式，即

$$\left.\begin{aligned} \left[m(\ddot{r}-\dot{\theta}^2 r)+\frac{K}{r^2}\right]\cos\theta - m(r\ddot{\theta}+2\dot{\theta}\dot{r})\sin\theta = 0 \\ \left[m(\ddot{r}-\dot{\theta}^2 r)+\frac{K}{r^2}\right]\sin\theta + m(r\ddot{\theta}+2\dot{\theta}\dot{r})\cos\theta = 0 \end{aligned}\right\} \tag{1.2-18}$$

将式(1.2－18)中第一式乘以 $\cos\theta$，第二式乘以 $\sin\theta$，相加后得

$$m(\ddot{r}-\dot{\theta}^2 r)+\frac{K}{r^2}=0 \tag{1.2-19}$$

将式(1.2－19)与式(1.2－18)合并，得

$$m(\ddot{r}-\dot{\theta}^2 r)=0 \tag{1.2-20}$$

式(1.2－20)可化为对时间的微分式，即

$$\frac{1}{r}\frac{d}{dt}(mr^2\dot{\theta})=0 \tag{1.2-21}$$

式(1.2－21)的意义为

$$mr^2\dot{\theta} = \text{常数} \tag{1.2-22}$$

而 $mr^2\dot{\theta}=L$，为质点的角动量，故式(1.2－22)的物理意义为：此运动粒子的角动量为恒定常数。此系统中，粒子受力方向朝向原点，称为向心力(Central Force)。此类系统，其角动量

必为常数。将 $mr^2\dot{\theta}=L$ 代入式(1.2－19),消去 $\dot{\theta}$ 得仅与 r 有关的径向方程式(Radial Equation),即

$$m\ddot{r}-\frac{L^2}{mr^3}+\frac{K}{r^3}=0 \tag{1.2－23}$$

以上的过程即为将耦合的微分方程式去耦合过程。此微分方程式,即使无简单的分析解亦可用数值方法解,得 $r(t)$。将其代入式(1.2－18)可得 $\theta(t)$。此例引用极坐标的转换解运动方程式,虽然较为麻烦,但较解笛卡儿坐标系的运动方程式却简单得多。这显示牛顿运动方程式仅适用于笛卡儿坐标系,即

$$m\ddot{q}=F_q \tag{1.2－24}$$

式中:q 为笛卡儿坐标。

1.2.3 拉格朗日运动力学

前面指出,牛顿力学仅适用于卡式坐标系。拉格朗日运动力学(Lagrange Dynamics)却可用于任何形式的坐标系。对于笛卡儿坐标系,令 K 为粒子的动能,即

$$K(\dot{x},\dot{y},\dot{z})=\frac{1}{2}m(\dot{x}^2,\dot{y}^2,\dot{z}^2) \tag{1.2－25}$$

$U(x,y,x)$为势能,则粒子在位置(x,y,z)所受的力为

$$\boldsymbol{F}=-\nabla U=-\left(\boldsymbol{i}\frac{\partial U}{\partial x}+\boldsymbol{j}\frac{\partial U}{\partial y}+\boldsymbol{k}\frac{\partial U}{\partial z}\right) \tag{1.2－26}$$

此粒子的牛顿运动方程式为

$$m\ddot{x}=-\frac{\partial U}{\partial x},\ m\ddot{y}=-\frac{\partial U}{\partial y},\ m\ddot{z}=-\frac{\partial U}{\partial z} \tag{1.2－27}$$

定义新的函数 L 为

$$L(x,y,z,\dot{x},\dot{y},\dot{z})=K(\dot{x},\dot{y},\dot{z})-U(x,y,z) \tag{1.2－28}$$

函数 L 称为拉格朗日量(Lagrangian)。根据此定义,得

$$\left.\begin{aligned}\frac{\partial L}{\partial \dot{x}}&=\frac{\partial K}{\partial \dot{x}}=m\dot{x}\\ \frac{\partial L}{\partial x}&=-\frac{\partial U}{\partial x}\end{aligned}\right\} \tag{1.2－29}$$

引用以上关系,将牛顿方程式改写成

$$\frac{\mathrm{d}}{\mathrm{d}t}\left(\frac{\partial L}{\partial \dot{x}}\right)=\frac{\partial L}{\partial x} \tag{1.2－30}$$

对 y,z 亦可得到类似的关系。此三个方程式称为卡式坐标系的拉格朗日运动方程式(Lagrange Equation)。拉格朗日运动方程式可适用于任何坐标系,其一般式为

$$\frac{\mathrm{d}}{\mathrm{d}t}\left(\frac{\partial L}{\partial \dot{q}_j}\right)=\frac{\partial L}{\partial q_j}\quad (j=1,2,3,\cdots) \tag{1.2－31}$$

式中:q 为系统的坐标,可为笛卡儿坐标、极坐标或其他任何形式的坐标。

以前述二维平面上库仑中心作用力运动的粒子为例,以极坐标表示粒子的动能及势能为

$$K=\frac{1}{2}m(\dot{x}^2+\dot{y}^2)=\frac{1}{2}m(\dot{r}^2+r^2\dot{\theta}^2) \tag{1.2-32}$$

拉格朗日量为

$$L(r,\theta,\dot{r},\dot{\theta})=\frac{1}{2}m(\dot{r}^2+r^2\ \dot{\theta}^2)+\frac{K}{r} \tag{1.2-33}$$

此系统的两个极坐标的拉格朗日方程式为

$$\left.\begin{aligned}\frac{\mathrm{d}}{\mathrm{d}t}\left(\frac{\partial L}{\partial \dot{r}}\right)&=\frac{\partial L}{\partial r}\\ \frac{\mathrm{d}}{\mathrm{d}t}\left(\frac{\partial L}{\partial \dot{\theta}}\right)&=-\frac{\partial L}{\partial \theta}\end{aligned}\right\} \tag{1.2-34}$$

将式(1.2－33)代入,得

$$\left.\begin{aligned}&\frac{\mathrm{d}}{\mathrm{d}t}(m\dot{r})=mr\dot{\theta}^2-\frac{K}{r^2}\\ &\frac{\mathrm{d}}{\mathrm{d}t}(mr^2\dot{\theta})=0\end{aligned}\right\} \tag{1.2-35}$$

此结果与式(1.2－22)和式(1.2－23)相同,但此处由拉格朗日方程式直接得出,不需经过复杂的变换。

再以一例说明拉格朗日力学的应用。图 1.2－3 为三质点的振动系统,设质点的质量均为 m,弹簧的弹力常数均为 k。

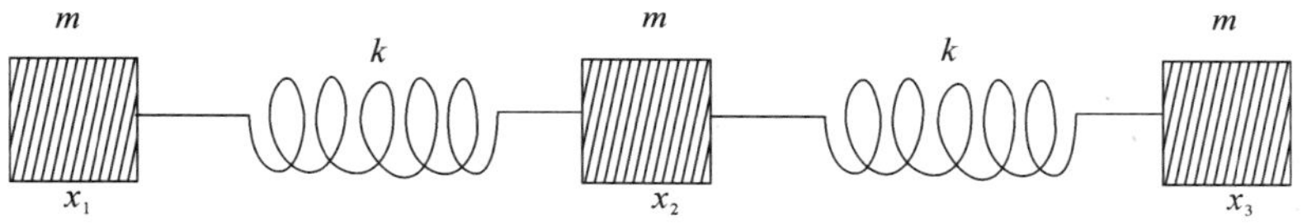

图 1.2－3　三质点的振动系统

此系统的势能为

$$U=\frac{1}{2}k\ (x_{12}-x_{12}^0)^2+\frac{1}{2}k\ (x_{23}-x_{23}^0)^2 \tag{1.2-36}$$

式中:$x_{12}=x_2-x_1$,$x_{23}=x_3-x_2$;x_{12}^0与 x_{23}^0分别为质点 1,2 与质点 2,3 间的平衡距离。系统的动能为

$$K=\frac{1}{2}m\dot{x}_1^2+\frac{1}{2}m\dot{x}_2^2+\frac{1}{2}m\dot{x}_3^2 \tag{1.2-37}$$

若定义新的坐标,$R_1=\Delta r_{12}=x_{12}-x_{12}^0$,$R_2=\Delta r_{23}=x_{23}-x_{23}^0$,则系统的势能可重新表示为

$$U=\frac{1}{2}kR_1^2+\frac{1}{2}kR_2^2 \tag{1.2-38}$$

新坐标与笛卡儿坐标间的关系为

$$\left.\begin{aligned}\dot{R}_1&=\Delta\dot{r}_{12}=\dot{x}_2-\dot{x}_1\\ \dot{R}_2&=\Delta\dot{r}_{23}=\dot{x}_3-\dot{x}_2\end{aligned}\right\} \tag{1.2-39}$$

此振动系统的质心守恒,其关系式为

$$m\dot{x}_1+m\dot{x}_2+m\dot{x}_3=0 \tag{1.2-40}$$

将式(1.2－38)和式(1.2－40)合并写为

$$\begin{bmatrix}\dot{R}_1\\ \dot{R}_2\\ 0\end{bmatrix}=\begin{bmatrix}-1 & 1 & 0\\ 0 & -1 & 1\\ m & m & m\end{bmatrix}\begin{bmatrix}\dot{x}_1\\ \dot{x}_2\\ \dot{x}_3\end{bmatrix} \tag{1.2-41}$$

由反矩阵得

$$\begin{bmatrix}\dot{x}_1\\ \dot{x}_2\\ \dot{x}_3\end{bmatrix}=\begin{bmatrix}-2/3 & 1/3 & 1/M\\ 1/3 & -1/3 & 1/M\\ 1/3 & 2/M3 & 1/M\end{bmatrix}\begin{bmatrix}\dot{R}_1\\ \dot{R}_2\\ 0\end{bmatrix} \tag{1.2-42}$$

式中：M 为系统的总质量，$M=3m$。将此式代入式(1.2－37)得动能的表示式：

$$K=\frac{m}{3}(\dot{R}_1^2+\dot{R}_2^2+\dot{R}_1\dot{R}_2) \tag{1.2-43}$$

依此，得定义于新坐标 R_1，R_2 的拉格朗日方程组为

$$\left.\begin{aligned}\frac{m}{3}(2\ddot{R}_1+\ddot{R}_2)+kR_1=0\\ \frac{m}{3}(\ddot{R}_1+2\ddot{R}_2)+kR_2=0\end{aligned}\right\} \tag{1.2-44}$$

此方程组的解为

$$\left.\begin{aligned}R_1=A_1\cos 2\pi\nu t\\ R_2=A_2\cos 2\pi\nu t\end{aligned}\right\} \tag{1.2-45}$$

式中：A_1，A_2 为振幅；ν 为振动的频率。此例中，R_1 与 R_2 称为系统振动的内坐标(Internal Coordinate)。由此种坐标的拉格朗日运动方程式可直接解出振动的频率。

1.2.4 哈密顿运动力学

与拉格朗日运动力学一样，哈密顿运动力学(Hamiltonian Dynamics)也适用于任何坐标系。设运动系统含有 N 个粒子，描述每个粒子的位置需要 3 个坐标。定义动量为

$$p_j=\frac{\partial L}{\partial \dot{q}_j}(j=1,2,3,\cdots,3N) \tag{1.2-46}$$

并称动量 p_j 与坐标 q_j 彼此共轭(Conjugate)。考虑最简单的单粒子系统，定义哈密顿量(Hamiltonian)为

$$H(p_1,p_2,p_3,q_1,q_2,q_3)=\sum_{j=1}^{3}p_j\dot{q}_j-L(\dot{q}_1,\dot{q}_2,\dot{q}_3,q_1,q_2,q_3) \tag{1.2-47}$$

拉格朗日量与哈密顿量的不同在于前者为$\dot{q}_j$与 q_j 的函数，后者为 p_j 与 q_j 的函数。以笛卡儿坐标系为例，即

$$p_x=\frac{\partial L}{\partial \dot{x}}=\frac{\partial K}{\partial \dot{x}}=m\dot{x},\ p_y=m\dot{y},\ p_z=m\dot{z} \tag{1.2-48}$$

将此代入式(1.2－47)，得哈密顿量

$$\begin{aligned}H&=(m\dot{x}\cdot\dot{x}+m\dot{y}\cdot\dot{y}+m\dot{z}\cdot\dot{z})-(K-U)\\ &=\frac{1}{2m}({p_x}^2+{p_y}^2+{p_z}^2)+U(x,y,z)\end{aligned} \tag{1.2-49}$$

式(1.2－49)表示系统的哈密顿量即为系统的总能量,即

$$H = K(p_j) + U(q_j) = \text{总能量} \tag{1.2-50}$$

哈密顿运动方程式为

$$\left.\begin{aligned} \frac{\partial H}{\partial p_j} &= \dot{q}_j \\ \frac{\partial H}{\partial q_j} &= -\dot{p}_j \quad (j=1,2,3,\cdots,3N) \end{aligned}\right\} \tag{1.2-51}$$

哈密顿力学的重心在于式(1.2－51),可由此式得到对应于任何形式坐标的动量。哈密顿力学证实对任何的坐标系统,总能量守恒。执行实际的计算则并不需要解哈密顿运动方程式。以上述三质点的振动系统为例,系统的拉格朗日量为

$$L = K - U = \frac{m}{3}(\dot{R}_1^2 + \dot{R}_2^2 + \dot{R}_1\dot{R}_2) - \left(\frac{1}{2}kR_1^2 + \frac{1}{2}kR_2^2\right) \tag{1.2-52}$$

将式(1.2－51)和式(1.2－52) 代入式(1.2－46)可得与内坐标共轭的动量分别为

$$\left.\begin{aligned} p_1 &= \frac{\partial L}{\partial \dot{R}_1} = \frac{2m}{3}\dot{R}_1 + \frac{m}{3}\dot{R}_2 \\ p_2 &= \frac{\partial L}{\partial \dot{R}_2} = \frac{2m}{3}\dot{R}_2 + \frac{m}{3}\dot{R}_1 \end{aligned}\right\} \tag{1.2-53}$$

因此,利用内坐标对时间的微分可以计算对应的动量。例如,在分子动力模拟中,可利用此关系检视特殊形式的运动。

1.3　统计力学基础

统计力学(Statistical Mechanics)为一门实用性科学,可用以研究各种不同的多分子体系的特性。这些多分子体系包括气体、液体、溶液、电解液、聚合物、金属等。统计力学由分子的微观(Microscopic) 性质出发,可计算及预测复杂系统的宏观(Macroscopic)行为。利用统计力学可研究如系统的相变化、光谱、DNA 的转换及各种热力学特性。统计力学是分子模拟的基础,本节简要叙述一些统计力学的基本概念、原理与应用。

1.3.1　基本统计原理

设 n 个不同的样品(Sample), 度量得各样品的特性 X_i, $i=l,\cdots,n$,则此类样品特性 X 的平均值(Average)或期望值(Expectation value)为

$$\overline{X} = \langle X \rangle = \frac{1}{n}\sum_{i=1}^{n} X_i \tag{1.3-1}$$

若度量 n 个样品得到 j 个度量值,$j \leqslant n$,特殊的度量值 X_j 的个数为 n_j,则

$$\left.\begin{aligned} n_1 + n_2 + \cdots + n_j &= \sum_{i=1}^{j} n_i = n \\ \overline{X} = \frac{n_1X_1 + n_2X_2 + \cdots + n_jX_j}{n_1 + n_2 + \cdots + n_j} &= \sum_{i=1}^{j}\frac{n_iX_i}{n} = \sum_{i=1}^{j}P_iX_i \end{aligned}\right\} \tag{1.3-2}$$

式中：$P_i=\frac{n_i}{n}$为X_i出现的概率(Probability)。

度量平均值的方差(Variance) 为

$$\sigma^2=\frac{1}{n}\sum_{i=1}^{n}(X_i-\overline{X})^2=\overline{(X-\overline{X})^2} \tag{1.3-3}$$

方差为样品的度量值与平均值的差异性。方差愈小，表示各度量值与平均值间的差异愈小，统计的结果愈佳。方差可表示为更方便于计算的形式，即

$$\sigma^2=\frac{1}{n}\left[\sum_{i=1}^{n}(X_i)^2-\frac{1}{n}\left(\sum_{i=1}^{n}X_i\right)^2\right] \tag{1.3-4}$$

式中：σ称为标准误差(Standard Deviation)，为方差的正值二次方根，即

$$\sigma=\sqrt{\frac{1}{n}\sum_{i=1}^{n}(x_i-x)^2} \tag{1.3-5}$$

计算机模拟中常需要计算一些特定值群体的分布(Distribution)，并将其与理论推导的分布函数比较。其中最重要的理论分布函数为正态分布(Normal Distribution)，正态分布或称为高斯分布(Gaussian Distribution)。一般的正态分布函数，其概率密度函数为

$$f(x)=\frac{1}{\sigma\sqrt{2\pi}}\exp\left[-\frac{(x-\langle x\rangle)^2}{2\sigma^2}\right] \tag{1.3-6}$$

式(1.3-6)等号右方指数项前的常数称为归一化因子(Normalization Factor)，此因子使得$f(x)$在$-\infty \sim +\infty$上的积分值为1，以此表示在整个空间出现的概率为1。或将式(1.3-6)表示为

$$f(x)=\sqrt{\frac{a}{\pi}}\exp[-a(x-\langle x\rangle)^2] \tag{1.3-7}$$

式中：$a=1/(2\sigma^2)$。

图1.3-1显示了平均值为零的3种方差的正态分布。若方差大于1(a小)，则曲线较平缓；若方差小于1(a大)，则分布曲线较为尖锐。

因这些高斯函数均为归一化的函数，故图1.3-1中分布曲线下的面积均为1。

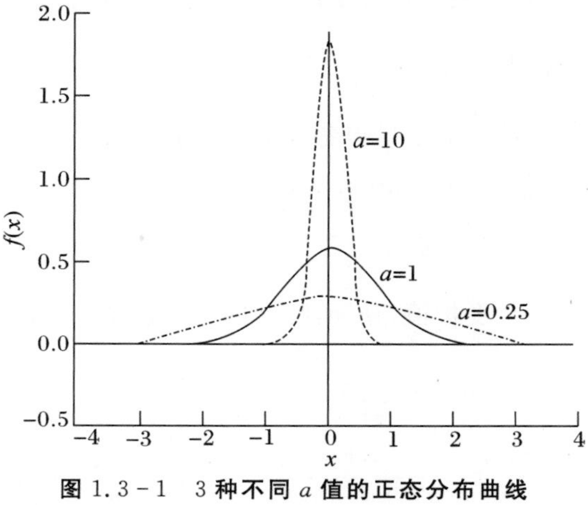

图1.3-1　3种不同a值的正态分布曲线

1.3.2　系综

一些具有同样条件系统(System)的集合称为系综(Ensemble)。例如,正则系综(Canonical Ensemble)为一群具有相同分子数目 N、相同体积 V 与相同温度 T 的系统的集合,以符号 (N,V,T) 表示。除正则系综外,统计力学所讨论的系综有各种不同的系综:微正则系综(Micro-Canonical Ensemble) (N,V,E),E 为系统的能量;巨正则系综(Grand Canonical Ensemble) (V,T,μ),μ 为系统的化学势能(Chemical Potential);等温定压系综(Isothermal-Isobaric Ensemble) (N,T,p),p 为系统的压力;等等。系综为统计力学最重要的概念,系统一切的统计特性与热力学特性都是以系综为起点推导得到的。实际应用中,不同的体系应选取适当的系综,例如正则系综适用于研究定温定容且无分子数目变化的问题。系综如同统计学的样品(Sample),样品数愈多,统计的结果愈佳。组成系综的系统,系综愈大,所含的分子数目愈多,误差愈小,统计结果愈佳。

1.3.3　配分函数

各种不同的系综有其对应的配分函数(Partition Function)。依统计力学,系统的特性可利用配分函数算出。正则系综的配分函数为

$$Q(N,V,T)=\sum_i \mathrm{e}^{-E_i/k_\mathrm{B}T} \tag{1.3-8}$$

式中:k_B 为玻耳兹曼常数(Boltzmann Constant),$k_\mathrm{B}=1.380\ 6\times10^{-16}$ erg①/(mol・K);E_i 为 (N,V,T) 系统的能量。系统能量为 E_i 的概率为

$$P_i=\frac{\mathrm{e}^{-E_i/k_\mathrm{B}T}}{\sum_j \mathrm{e}^{-E_j/k_\mathrm{B}T}}=\frac{\mathrm{e}^{-E_i/k_\mathrm{B}T}}{Q} \tag{1.3-9}$$

设 $E_i<E_k$,对应于 E_i 的系统数目为 n_i,对应于 E_k 的系统数目为 n_k,则

$$\frac{n_k}{n_i}=\frac{P_k}{P_i}=\frac{\mathrm{e}^{-E_k/k_\mathrm{B}T}}{\mathrm{e}^{-E_i/k_\mathrm{B}T}}=\mathrm{e}^{-(E_k-E_i)/k_\mathrm{B}T}=\mathrm{e}^{-\Delta E/k_\mathrm{B}T} \tag{1.3-10}$$

式中:$\Delta E=E_k-E_i$,为两种状态能量的差值;$\bar{n}_k=\langle n_k\rangle$,为 n_k 的平均值。

由式(1.3-10),正则系综的任何物理量 B 的平均值为

$$\bar{B}=\sum_i P_iB_i=\sum_i\frac{B_i\mathrm{e}^{-E_i/k_\mathrm{B}T}}{Q}=\frac{1}{Q}\sum_i B_i\mathrm{e}^{-E_i/k_\mathrm{B}T} \tag{1.3-11}$$

利用此关系及热力学公式,可推导出正则系综 $Q(N,V,T)$ 的各种热力学特性,如亥姆霍兹自由能(Helmholtz Free Energy) A、熵(Entropy) S、压力 p、化学势能 μ 等。由统计力学计算的为系综的力学平均值,但若系综够大,数目够多,则此力学的平均值与热力学度量的值一致。有

$$\left.\begin{aligned}
\bar{A}&=-k_\mathrm{B}T\ln Q\\
\bar{E}&=k_\mathrm{B}T^2\left(\frac{\partial\ln Q}{\partial T}\right)_{N,V}\\
\bar{S}&=k_\mathrm{B}T\ln Q+k_\mathrm{B}T\left(\frac{\partial\ln Q}{\partial T}\right)_{N,V}
\end{aligned}\right\} \tag{1.3-12}$$

① 1 erg$=10^{-7}$ J。

配分函数为统计力学的中心，由以上公式可知，若知道系统的配分函数，则可经由计算得到系统的各种特性，表 1.3－1 列出了几个系综的热力学性质与配分函数的关系。

表 1.3－1　几个系综的热力学性质与配分函数的关系

微正则系综 $\Omega\ (N,V,E)$	巨正则系综 $\Xi(V,T,\mu)$	等温恒压系综 $\Delta(N,T,P)$
$\bar{S}=k_B T\ln Q$	$\bar{p}V=k_B T\ln\Xi$	$\bar{G}=-k_B T\ln\Delta$
$\frac{1}{k_B T}=\left(\frac{\partial \ln Q}{\partial E}\right)_{N,V}$	$\bar{S}=k_B T\ln\Xi+k_B T\left(\frac{\partial \ln\Xi}{\partial T}\right)_{V,\mu}$	$\bar{S}=k_B T\ln\Delta+k_B T\left(\frac{\partial \ln\Delta}{\partial T}\right)_{N,p}$
$\frac{\bar{p}}{k_B T}=\left(\frac{\partial \ln Q}{\partial V}\right)_{N,E}$	$\bar{N}=k_B T\left(\frac{\partial \ln\Xi}{\partial \mu}\right)_{V,T}$	$\bar{V}=-k_B T\left(\frac{\partial \ln\Delta}{\partial p}\right)_{N,T}$
$\frac{\bar{\mu}}{k_B T}=\left(\frac{\partial \ln Q}{\partial N}\right)_{V,E}$		$\bar{\mu}=-k_B T\left(\frac{\partial \ln\Delta}{\partial N}\right)_{T,p}$

1.3.4　统计涨落

度量的样品值与平均值差异的幅度称为统计涨落(Fluctuation)。根据系综的概念，统计涨落为系统个别值与整个系综平均值差异的幅度。以正则系综为例，由式(1.3－4)，能量的方差为

$$\sigma_E^2=\overline{(E-\bar{E})^2}=\overline{E^2}-\bar{E}^2 \tag{1.3-13}$$

由式(1.3－2)，式(1.3－13)可改写为

$$\sigma_E^2=\sum_j P_j E_j^2-\bar{E}^2 \tag{1.3-14}$$

由式(1.3－12)平均值的表示式，可得

$$\begin{aligned}\sum_j P_j E_j^2 &= \frac{1}{Q}\sum_j E_j^2 e^{-E_j/k_B T}=-\frac{k_B}{Q}\frac{\partial}{\partial(1/T)}\sum_j E_j e^{-E_j/k_B T}\\ &=-\frac{k_B}{Q}\frac{\partial}{\partial(1/T)}(\bar{E}Q)=-k_B\frac{\partial\bar{E}}{\partial(1/T)}-k_B\bar{E}\frac{\partial \ln Q}{\partial(1/T)}\\ &=k_B T^2\frac{\partial\bar{E}}{\partial T}+\bar{E}^2\end{aligned} \tag{1.3-15}$$

将此结果代入式(1.3－14)，得能量的统计涨落与能量的平均值的关系，即

$$\sigma_E^2=k_B T^2\left(\frac{\partial\bar{E}}{\partial T}\right)_{N,V} \tag{1.3-16}$$

若将 $\bar{E}$ 定义为热力学的能量，则 $\left(\frac{\partial E}{\partial T}\right)_{N,V}=C_V$，为分子定容比热容(Molar Heat Capacity of Constant Volume)。由此得方差为

$$\sigma_E^2=k_B T^2 C_V \tag{1.3-17}$$

能量的相对误差为标准误差除以平均能量，即

$$\frac{\sigma_E}{\bar{E}}=\frac{(k_B T^2 C_V)^{\frac{1}{2}}}{\bar{E}} \tag{1.3-18}$$

以单原子理想气体为例，常压下，其能量与定容比热容的值分别为

$$\bar{E}=\frac{3}{2}Nk_B T, C_V=\frac{3}{2}Nk_B \tag{1.3-19}$$

故$\frac{\sigma_E}{\bar{E}}$的量级为$O(N^{-1/2})$。由此可知,系统的分子数目愈大,相对误差愈小。

利用统计涨落可得到其他的一些热力学性质,如巨正则系综(V,T,μ)中分子数目的统计涨落为

$$\sigma_N^2=\frac{\bar{N}^2 k_B T\kappa}{V} \tag{1.3-20}$$

式中:κ 为等温压缩系数(Isothermal Compressibility),即

$$\kappa=-\frac{1}{V}\left(\frac{\partial V}{\partial p}\right)_{N,T} \tag{1.3-21}$$

等温、等压系综(N,T,p)中,其焓的统计涨落为

$$\sigma_H^2=k_B T^2 C_p \tag{1.3-22}$$

式中:H 为系统的焓(Enthalpy);C_p 为分子定压比热容(Molecular Heat Capacity at Constant Pressure)。

1.3.5　统计力学与模拟计算的关系

系综各种特性的平均值称为系综平均值(Ensemble Average)。若特性 x 为连续的值,(如经典力学的动能、速度等),则

$$\langle x\rangle=\int_{-\infty}^{+\infty}x\omega(x)\mathrm{d}x \tag{1.3-23}$$

式中:积分的范围为所有可能的 x 值,$\omega(x)\mathrm{d}x$ 称为 x 的概率配分函数(Probability Distribution Function)。$\omega(x)\mathrm{d}x$ 的意义为在范围为 $x\to x+\mathrm{d}x$ 间 x 的概率。例如,麦克斯韦-玻耳兹曼配分函数(Maxwell-Boltzmann Distribution Function)为理想气体速度的配分函数,即

$$\omega(\nu_x,\nu_y,\nu_z)\mathrm{d}\nu_x\,\mathrm{d}\nu_y\mathrm{d}\nu_z=\left(\frac{m}{2\pi k_B T}\right)^{3/2}\exp\left[-\frac{m}{2\pi k_B T}({\nu_x}^2+{\nu_y}^2+{\nu_z}^2)\right]\mathrm{d}\nu_x\,\mathrm{d}\nu_y\mathrm{d}\nu_z \tag{1.3-24}$$

由此配分函数,可得各方向速度二次方的平均值

$$\langle{\nu_x}^2\rangle=\int_{-\infty}^{+\infty}\int_{-\infty}^{+\infty}\int_{-\infty}^{+\infty}{\nu_x}^2\omega(\nu_x,\nu_y,\nu_z)\mathrm{d}\nu_x\,\mathrm{d}\nu_y\,\mathrm{d}\nu_z=\frac{k_B T}{m} \tag{1.3-25}$$

$$\langle{\nu_x}^2\rangle=\langle{\nu_y}^2\rangle=\langle{\nu_z}^2\rangle=\frac{k_B T}{m}$$

一个系统的特性 x 亦可能与时间相关,即 $x(t)$。由时间所得的平均值为

$$x=\lim_{T\to+\infty}\frac{1}{2T}\int_{-T}^{+T}x(t)\mathrm{d}t \tag{1.3-26}$$

式中:积分表示所有时间的范围。依据各态历经假设(Ergodic Hypothesis),系综的平均值与长时间的平均值应相等,即

$$\bar{x}=\langle x\rangle \tag{1.3-27}$$

依此假说，平均值可由许多系统的特性计算，或是由单独一个系统长时间的平均值计算。模拟计算系统的特性所依据的即是统计学原理，蒙特卡罗模拟（Monte Carlo Simulation）为计算系综的平均值，而分子动力学模拟（Molecular Dynamics Simulation）与布朗动力学模拟（Brownian Dynamics Simulation）为计算单独一个系统长时间的平均值。

1.3.6 统计力学与量子力学的关系

通过量子力学可准确地计算出单独分子的能量。利用这些分子的能量可以计算气态分子系统的配分函数。以双原子分子系统为例，根据量子力学所得双原子分子 AB 的移动、振动与转动的能量，可得分子的配分函数为

$$\left.\begin{aligned} q_{\text{trans}} &= \left(\frac{2\pi M k_{\text{B}} T}{h^2}\right)^{3/2} V \\ q_{\text{vib}} &= \frac{e^{-\frac{1}{2}\frac{h\nu}{k_{\text{B}}T}}}{1-e^{-\frac{h\nu}{k_{\text{B}}T}}} \\ q_{\text{rot}} &= \frac{8\pi^2 I k_{\text{B}} T}{h^2} \end{aligned}\right\} \tag{1.3-28}$$

利用分子的配分函数与 $\left(\frac{\partial E}{\partial T}\right)_{N,V}=C_V$ 的关系，可计算理想双原子分子气体的各种热力学性质。例如，分子振动的定容比热容为

$$C_{V,\text{vib}} = nR\left(\frac{h\nu}{k_{\text{B}}T}\right)^2 \frac{e^{\frac{h\nu}{k_{\text{B}}T}}}{\left(e^{\frac{h\nu}{k_{\text{B}}T}}-1\right)^2} \tag{1.3-29}$$

式中：R 为理想气体常数。图 1.3-2 为计算的摩尔振动比热容，图中显示高温时，$\bar{C}_{V,\text{vib}}$ 趋近 R。

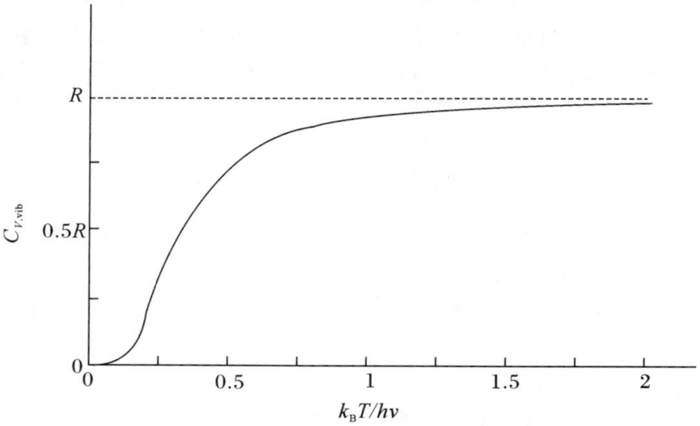

图 1.3-2 双原子分子气体的摩尔振动比热容与温度的关系

1.3.7 经典力学与统计力学的关系

统计力学主要的依据为配分函数，由量子力学可准确地计算出分子的能阶，因此可利用特性 x 式得到气体的各项热力学性质。但对于液体、固体等系统，分子间的作用力不容忽略，系统的配分函数不能由其成分分子的配分函数组合而成。根据量子力学的方法，计算这

样系统的能阶必须解整个系统的薛定谔方程式(Schrodinger Equation)，而系统通常含有大量的分子，以目前量子力学的发展尚无法求解。所幸，系统的配分函数除了可由量子力学得到外，还可利用经典力学的方法得到。在高温与低压的状态下(分子间作用力小)，这两种方法所得的配分函数结果一致。依经典力学，系统的哈密顿量(Hamiltonian)为

$$H=\sum_{i=1}^{N}\frac{1}{2m_i}(P_{x,i}^2+P_{y,i}^2+P_{z,i}^2)+V(x_1,y_1,z_1,\cdots,x_N,y_N,z_N) \quad (1.3-30)$$

系统的配分函数为

$$Q=\frac{1}{h^{sN}}\int\cdots\int e^{-\frac{H}{k_BT}}\,dP_{x,1}\,dP_{y,1}\,dP_{z,1}\cdots dP_{x,N}\,dP_{y,N}\,dP_{z,N}dx_1dy_1dz_1\cdots dx_Ndy_Ndz_N \quad (1.3-31)$$

式中：s 为每个分子所具有的自由度(Degree of Freedom)；h 为普朗克常量(Planck Constant)。利用此配分函数，计算任何物理量的平均值为

$$\langle A\rangle=\frac{\iint Ae^{-\frac{H}{k_BT}}\,dp\,dq}{\iint e^{-\frac{H}{k_BT}}\,dp\,dq} \quad (1.3-32)$$

式中：$dpdq$ 为所有动量与坐标的积分。依此，由系综各个系统的分子在不同位置及不同动量的能量(H)可计算 A 的平均量。这样的平均量称为系综平均量(Ensemble Average)。实际应用中，可以利用不同的方法，产生系综的各种系统(如蒙特卡罗方法)，计算每一系统 A 的量，再应用式(1.3-32)求出其平均量。

根据各态历经假设，系综的平均量应等于单一系统长时间的平均量。由此，可由分子动力模拟的方法，选定一系统，计算各时间 A 的量，而得到统计的平均值，即

$$\overline{A}=\lim_{T\to+\infty}\frac{\sum A(t)}{T} \quad (1.3-33)$$

在分子模拟计算中，统计力学应用很广。几乎所有的性质计算都必须引用统计力学的概念。本章介绍的是平衡系统的统计力学，所计算的统计量与时间无关。此外，尚有非平衡系的统计力学，所计算的统计量与时间有关联性。非平衡系的统计力学在计算动力特性时非常重要。有兴趣的读者可参考相关书籍。

1.4　晶体中的原子坐标

1.4.1　分数坐标和直角坐标

在第一性原理计算中，元胞基矢和原子坐标是最基本和最重要的输入参数。有了晶体的元胞后，还需要确定元胞中原子的坐标。原子坐标通常有两种形式，一种是分数坐标(Fractional 或者 Direct)，一种是直角坐标，即笛卡儿坐标(Cartesian Coordinate)。前者以元胞的基矢作为坐标的基矢。设元胞的 3 个基矢为$\boldsymbol{a}_1,\boldsymbol{a}_2,\boldsymbol{a}_3$，那么原子坐标可以表示为

$$\boldsymbol{r}=a\boldsymbol{a}_1+b\boldsymbol{a}_2+c\boldsymbol{a}_3 \quad (0\leqslant a,\ b,\ c<1)$$

其中，系数$(a,\ b,\ c)$即为这个原子的分数坐标。

例如体心立方晶体，位于顶点和体心的原子的分数坐标分别是

$$(0,0,0),\left(\frac{1}{2},\frac{1}{2},\frac{1}{2}\right)$$

而面心立方的顶点和三个面心的原子的分数坐标分别是

$$(0,0,0),\left(0,\frac{1}{2},\frac{1}{2}\right),\left(\frac{1}{2},0,\frac{1}{2}\right),\left(\frac{1}{2},\frac{1}{2},0\right)$$

很显然，分数坐标是无量纲的，而且一般分数坐标取值在 0～1 之间(也可以设定为－0.5～0.5 之间)。分数坐标的好处是以元胞基矢为单位，非常直观。对于结构相同的晶体，元胞大小不同，相同位置的原子的分数坐标也是相同的。

当然，也可以使用更加常见的直角坐标来确定原子的位置。直角坐标以晶体所在空间的直角坐标系的 3 个基矢 $\boldsymbol{i}$,$\boldsymbol{j}$,$\boldsymbol{k}$ 为基矢。有

$$\boldsymbol{r}=x\boldsymbol{i}+y\boldsymbol{j}+z\boldsymbol{k}$$

式中：$\boldsymbol{i}$,$\boldsymbol{j}$,$\boldsymbol{k}$ 为单位矢量；(x, y, z) 即为原子的直角坐标。直角坐标的量纲是长度量纲，一般单位为 Å(1 Å$=10^{-10}$ m)。如果一种体心立方材料的单胞的长度为 4Å，则体心的原子的直角坐标为(2.0Å, 2.0Å, 2.0Å)。但如果另外一种体心立方材料的单胞的长度为 4.2Å，则体心的原子的直角坐标为(2.1Å, 2.1Å, 2.1 Å)。由此可见，直角坐标的数值会随着晶格常数的变化而变化，而且也会随着元胞的取向不同而改变，所以在晶体中，分数坐标一般会比直角坐标更为方便。下面以石墨烯为例写出石墨烯的基矢和原子坐标。石墨烯的元胞如图 1.4－1 所示，在图中所建立的直角坐标系下，基矢为

$$\begin{cases}\boldsymbol{a}=\left(\dfrac{\sqrt{3}}{2}a,-\dfrac{1}{2}a\right)=(2.13,1.23)\\ \boldsymbol{b}=(0,a)=(0,2.46)\end{cases}$$

其中 $a=2.46$Å，也就是基矢的长度。石墨烯元胞顶点原子的坐标比较简单，不管是分数坐标，还是直角坐标，都是(0, 0)。元胞内部的原子正好在 x 轴上，其直角坐标比较简单，为(1.42 Å, 0 Å)。其中 1.42 Å 为碳—碳键长。根据图 1.4－1 所示的几何学原理，可知其分数坐标为$\left(\frac{2}{3},\frac{1}{3}\right)$。

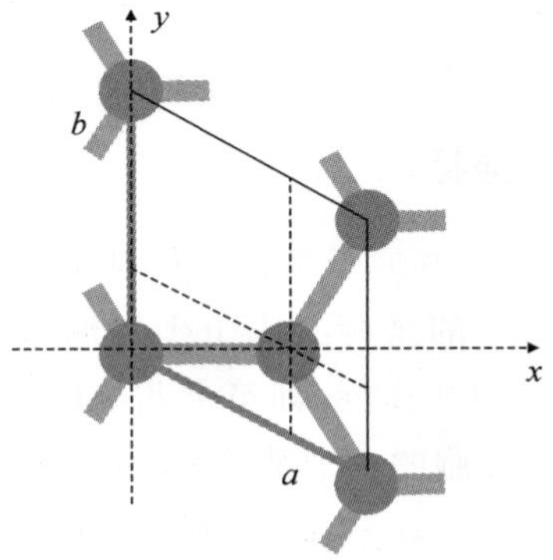

图 1.4－1 石墨烯元胞和原子坐标

1.4.2　分数坐标和直角坐标的转换

有时需要在分数坐标和直角坐标之间转换，本质上这是一个坐标变换的过程，这里给出一个一般性的公式。假设元胞的 3 个基矢为

$$\boldsymbol{a}=\begin{pmatrix}x_a\\y_a\\z_a\end{pmatrix},\quad \boldsymbol{b}=\begin{pmatrix}x_b\\y_b\\z_b\end{pmatrix},\quad \boldsymbol{c}=\begin{pmatrix}x_c\\y_c\\z_c\end{pmatrix}$$

设某一个原子的分数坐标为$(a,\ b,\ c)$，直角坐标为$(x,\ y,\ z)$，那么它们满足下列关系：

$$\left.\begin{aligned}\begin{pmatrix}a\\b\\c\end{pmatrix}&=\begin{pmatrix}x_a & x_b & x_c\\y_a & y_b & y_c\\z_a & z_b & z_c\end{pmatrix}^{-1}\cdot\begin{pmatrix}x\\y\\z\end{pmatrix}\\ \begin{pmatrix}x\\y\\z\end{pmatrix}&=\begin{pmatrix}x_a & x_b & x_c\\y_a & y_b & y_c\\z_a & z_b & z_c\end{pmatrix}\cdot\begin{pmatrix}a\\b\\c\end{pmatrix}\end{aligned}\right\}\tag{1.4-1}$$

根据式(1.4-1)，可以实现任意形状元胞中原子的两种坐标之间的变换。

1.4.3　Wyckoff 位置

在元胞中，一个点经过晶体空间群的对称操作后，会得到一系列的等价位置，这个点和所有等价位置的个数，称为多重性(Multiplicity)。不同点的多重性可能是不同的，按照多重性从低到高，分别用字母 a,b,c,…来表示，称为 Wyckoff 字母。

每一个空间群都有一套 Wyckoff 位置，这些都可以从相关资料中查询到。

例如，对于 $SrTiO_3$晶体，空间群为 $Pm\bar{3}m$(221 号)，见表 1.4-1，顶点位置(0,0,0)经过所有对称操作后仍然只能得到顶点，所以顶点的多重性为 1。体心(1/2,1/2, 1/2)经过所有对称操作后也只能得到体心，体心的多重性也为 1，而一个面心如(1/2, 1/2, 0)经过对称操作可以得到另外两个面心(1/2, 0, 1/2)和(0, 1/2, 1/2)，所以面心的多重性为 3。棱的中点(1/2, 0, 0)经过对称操作可以得到其他两个中点(0, 1/2, 0)和(0, 0, 1/2)，所以棱的中点的多重性也为 3。但是对于棱上其他一般的点$(x,\ 0,\ 0)$(很显然，这里 x 不等于 0.5)，经过对称操作可以得到 6 个位置——$(\pm x\ ,\ 0,\ 0)$，$(0,\ \pm x,\ 0)$和$(0,\ 0,\ \pm x)$，所以$(x,\ 0,\ 0)$的多重性为 6。按照顺序，这些点分别用 1a、1b、3c、3d、6e 来表示。当然，$Pm\bar{3}m$ 群还有其他的 Wyckoff 位置。其中对于一个最一般的位置$(x,\ y,\ z)$，通过操作(包括恒等操作)可以得到 48 个等价位置，即每一个操作都会产生一个新的不同位置，所以其 Wyckoff 位置为 48n。

表 1.4-1　Pm$\bar{3}$m 空间群的 Wyckoff 位置多重性

多重性	Wyckoff 字母	坐 标
1	a	(0,0,0)
1	b	(1/2, 1/2, 1/2)
3	c	(0, 1/2, 1/2)　(1/2, 0, 1/2)　(1/2, 1/2, 0)
3	d	(1/2, 0, 0)　(0, 1/2, 0) (0, 0, 1/2)
6	e	($\pm x$, 0, 0) (0, $\pm x$, 0) (0, 0, $\pm x$)
6	f	($\pm x$, 1/2, 1/2) (1/2, $\pm x$, 1/2) (1/2, 1/2, $\pm x$)
⋮	⋮	⋮
48	n	(x, y, z)

利用 Wyckoff 符号，很容易表示晶体中原子的位置，如对 $SrTiO_3$ 而言，Sr 位于 1a 位置，Ti 位于 1b 位置，而 O 位于 3c 位置。在晶体学数据库中，原子的位置一般都会注明其 Wyckoff 符号。

1.5　晶体的倒易空间

1.5.1　倒易空间和倒易点阵

晶体最重要的性质就是平移周期性，因此晶体相关的许多物理量也是坐标空间的周期函数，如点阵密度函数、势能函数、电荷密度函数等(注：波函数不是元胞的周期函数)，一般写成

$$f(\boldsymbol{r},\boldsymbol{R}_l)=f(\boldsymbol{r}) \tag{1.5-1}$$

式中：$\boldsymbol{R}_l=l_1\boldsymbol{a}_1+l_2\boldsymbol{a}_2+l_3\boldsymbol{a}_3$ 是晶体的平移矢量，$\boldsymbol{a}_1,\boldsymbol{a}_2,\boldsymbol{a}_3$ 是晶体元胞的 3 个基矢，l_1,l_2,l_3 是任意整数。

对于任意的周期函数，可以用傅里叶级数展开，因此可以把上述 $f(\boldsymbol{r})$ 函数从坐标空间(也称实空间)变换到倒易空间(Reciprocal Space)。倒易空间也称动量空间，许多物理问题在动量空间中讨论往往比在实空间中更方便。

周期函数 $f(\boldsymbol{r})$ 的傅里叶级数可以写成

$$f(\boldsymbol{r})=\sum_h f(\boldsymbol{K}_h)\mathrm{e}^{i\boldsymbol{K}_h\cdot\boldsymbol{r}} \tag{1.5-2}$$

将式(1.5-1)代入式(1.5-2)得

$$f(\boldsymbol{r},\boldsymbol{R}_l)=\sum_h f(\boldsymbol{K}_h)\mathrm{e}^{i\boldsymbol{K}_h\cdot(\boldsymbol{r}+\boldsymbol{K}_h)}=\sum_h f(\boldsymbol{K}_h)\mathrm{e}^{i\boldsymbol{K}_h\cdot\boldsymbol{r}}\mathrm{e}^{i\boldsymbol{K}_h\cdot\boldsymbol{R}_l} \tag{1.5-3}$$

对比式(1.5-1)～式(1.5-3)，必须有 $\mathrm{e}^{i\boldsymbol{K}_h\cdot\boldsymbol{R}_l}=1$，即

$$\boldsymbol{K}_h\cdot\boldsymbol{R}_l=2\pi n \tag{1.5-4}$$

式中：n 是任意整数。因为$\boldsymbol{R}_l$是实空间的平移矢量，具有长度量纲，所以傅里叶级数变换后具有长度倒数的量纲，这其实就是波矢的量纲，所以用 $\boldsymbol{K}$ 来表示。而波矢和动量就相差一

个普朗克常量，所以一个实空间的函数 $f(\boldsymbol{r})$进行傅里叶级数变换后得到的是一个动量空间的函数 $f(\boldsymbol{K}_h)$。

因为$\boldsymbol{R}_l = l_1\boldsymbol{a}_1 + l_2\boldsymbol{a}_2 + l_3\boldsymbol{a}_3$，为了满足式(1.5－4)，定义 3 个矢量$\boldsymbol{b}_1,\boldsymbol{b}_2,\boldsymbol{b}_3$，它们和 $\boldsymbol{K}$ 一样也具有波矢的量纲，要求

$$\boldsymbol{a}_i \cdot \boldsymbol{b}_j = 2\pi\delta_{ij} \quad (i, j = 1, 2, 3) \tag{1.5－5}$$

这里 δ_{ij} 是克罗内克 δ 函数(Kronecker δ Function)：

$$\delta_{ij} = \begin{cases} 1, i=j \\ 0, i\neq j \end{cases} \tag{1.5－6}$$

此时令

$$\boldsymbol{K}_h = h_1\boldsymbol{b}_1 + h_2\boldsymbol{b}_2 + h_3\boldsymbol{b}_3$$

这里 h_1,h_2,h_3都是整数。很显然，它满足式(1.5－4)：

$$\begin{aligned}\boldsymbol{K}_h \cdot \boldsymbol{R}_l &= (h_1\boldsymbol{b}_1 + h_2\boldsymbol{b}_2 + h_3\boldsymbol{b}_3)\cdot(l_1\boldsymbol{a}_1 + l_2\boldsymbol{a}_2 + l_3\boldsymbol{a}_3)\\ &= 2\pi(h_1 l_1 + h_2 l_2 + h_3 l_3) = 2\pi n\end{aligned}$$

由此可见，$\boldsymbol{K}_h$也是一系列离散的矢量，它形式上与$\boldsymbol{R}_l$完全一样，所以其实$\boldsymbol{K}_h$就是动量空间的平移矢量，即动量空间中也存在一个点阵，称为倒易点阵(Reciprocal Lattice)，它的基矢就是$\boldsymbol{b}_1,\boldsymbol{b}_2,\boldsymbol{b}_3$。因为这些倒易点阵的基矢要满足关系式 $\boldsymbol{a}_i \cdot \boldsymbol{b}_j = 2\pi\delta_{ij}$，所以一个显而易见的表达式为

$$\left.\begin{aligned}\boldsymbol{b}_1 &= \frac{2\pi}{\Omega}(\boldsymbol{a}_2\times\boldsymbol{a}_3)\\ \boldsymbol{b}_2 &= \frac{2\pi}{\Omega}(\boldsymbol{a}_3\times\boldsymbol{a}_1)\\ \boldsymbol{b}_3 &= \frac{2\pi}{\Omega}(\boldsymbol{a}_1\times\boldsymbol{a}_2)\end{aligned}\right\} \tag{1.5－7}$$

式中：$\Omega = \boldsymbol{a}_1\cdot(\boldsymbol{a}_2\times\boldsymbol{a}_3)$是实空间元胞的体积。请注意，这个公式只适合三维的情况，对于二维点阵，可以直接使用正交关系式(1.4－6)来求解倒易点阵的基矢，也可以使用下式：

$$\left.\begin{aligned}\boldsymbol{b}_1 &= \frac{2\pi}{\boldsymbol{a}_1\cdot\boldsymbol{D}\boldsymbol{a}_2}\boldsymbol{D}\boldsymbol{a}_2\\ \boldsymbol{b}_2 &= \frac{2\pi}{\boldsymbol{a}_2\cdot\boldsymbol{D}\boldsymbol{a}_1}\boldsymbol{D}\boldsymbol{a}_1\end{aligned}\right\} \tag{1.5－8}$$

这里 $\boldsymbol{a}_1,\boldsymbol{a}_2,\boldsymbol{b}_1,\boldsymbol{b}_2$ 都是二维矢量，而 $\boldsymbol{D}$ 是转动 90°的二维方阵，即

$$\boldsymbol{D} = \begin{bmatrix} 0 & -1 \\ 1 & 0 \end{bmatrix} \tag{1.5－9}$$

在实空间，基矢 $\boldsymbol{a}_1,\boldsymbol{a}_2,\boldsymbol{a}_3$围成平行六面体，是晶体的初基元胞，晶体的点阵可以通过平移矢量 $\boldsymbol{R}_l$获得。类似地，$\boldsymbol{b}_1,\boldsymbol{b}_2,\boldsymbol{b}_3$也可以围成一个平行六面体，称为倒易点阵的初基元胞，倒易点阵也可以通过倒易空间的平移矢量 $\boldsymbol{K}_h$获得。可以证明，在三维情况下倒易点阵的元胞体积(Ω^*)与实空间元胞的体积(Ω)满足如下关系，即

$$\Omega^* = \boldsymbol{b}_1\cdot(\boldsymbol{b}_2\times\boldsymbol{b}_3) = \frac{(2\pi)^3}{\Omega} \tag{1.5－10}$$

因此，一个晶体实空间的元胞越大，倒易空间的元胞越小。这个规律在第一性原理计算

中非常有用。因为计算时往往需要对倒易空间进行积分，所以在实际的计算中将积分转换为有限个数 k 点的求和，而 k 点的数目显然和倒易空间元胞的大小成正比。

1.5.2 体心立方和面心立方的倒易点阵

下面以体心立方和面心立方为例来计算它们的倒易点阵。体心立方的基矢为

$$\left.\begin{aligned}\boldsymbol{a}_1&=\frac{a}{2}(-\boldsymbol{i}+\boldsymbol{j}+\boldsymbol{k})\\\boldsymbol{a}_2&=\frac{a}{2}(\boldsymbol{i}-\boldsymbol{j}+\boldsymbol{k})\\\boldsymbol{a}_3&=\frac{a}{2}(\boldsymbol{i}+\boldsymbol{j}-\boldsymbol{k})\end{aligned}\right\}\tag{1.5-11}$$

将其代入式(1.5-7)，易得其倒易点阵的基矢为

$$\left.\begin{aligned}\boldsymbol{b}_1&=\frac{2\pi}{a}(\boldsymbol{j}+\boldsymbol{k})\\\boldsymbol{b}_2&=\frac{2\pi}{a}(\boldsymbol{i}+\boldsymbol{k})\\\boldsymbol{b}_3&=\frac{2\pi}{a}(\boldsymbol{i}+\boldsymbol{j})\end{aligned}\right\}\tag{1.5-12}$$

这个倒易点阵基矢的形式其实就是面心立方点阵的基矢，只是基矢前面的系数不同，所以体心立方点阵的倒易点阵其实具有面心立方结构。

还可以证明，面心立方点阵的倒易点阵其实具有体心立方结构，面心立方的基矢为

$$\left.\begin{aligned}\boldsymbol{a}_1&=\frac{a}{2}(\boldsymbol{j}+\boldsymbol{k})\\\boldsymbol{a}_2&=\frac{a}{2}(\boldsymbol{i}+\boldsymbol{k})\\\boldsymbol{a}_3&=\frac{a}{2}(\boldsymbol{i}+\boldsymbol{j})\end{aligned}\right\}\tag{1.5-13}$$

将其代入式(1.5-7)，易得其倒易点阵的基矢为

$$\left.\begin{aligned}\boldsymbol{b}_1&=\frac{2\pi}{a}(-\boldsymbol{i}+\boldsymbol{j}+\boldsymbol{k})\\\boldsymbol{b}_2&=\frac{2\pi}{a}(\boldsymbol{i}-\boldsymbol{j}+\boldsymbol{k})\\\boldsymbol{b}_3&=\frac{2\pi}{a}(\boldsymbol{i}+\boldsymbol{j}-\boldsymbol{k})\end{aligned}\right\}\tag{1.5-14}$$

这就是体心立方点阵的基矢，所以面心立方和体心立方互为倒易点阵。

1.5.3 布里渊区

由 $\boldsymbol{b}_1,\boldsymbol{b}_2,\boldsymbol{b}_3$ 围成的平行六面体为倒易点阵的元胞，但在倒易点阵中很少用这种取法，通常采用魏格纳塞茨元胞，因为魏格纳塞茨元胞不仅是最小的，而且可以充分反映出晶体的宏

观对称性。倒易点阵的魏格纳塞茨元胞又称第一布里渊区(Brillouin Zone),其取法和正点阵的魏格纳塞茨元胞完全一样。

下面以二维石墨烯为例,计算其倒易点阵和第一布里渊区。关于石墨烯的元胞和正点阵,已经在前面讨论过,如图 1.5－1(a) 所示,$\boldsymbol{a}_1$,$\boldsymbol{a}_2$ 是石墨烯的基矢,在直角坐标系下写成

$$\left.\begin{aligned}\boldsymbol{a}_1&=\frac{\sqrt{3}a}{2}\boldsymbol{i}-\frac{3a}{2}\boldsymbol{j}\\ \boldsymbol{a}_2&=\frac{\sqrt{3}a}{2}\boldsymbol{i}+\frac{3a}{2}\boldsymbol{j}\end{aligned}\right\}\tag{1.5-15}$$

式中:a 是碳—碳键长。因为这是二维矢量,所以可以用式(1.5－8),也可以用正交关系式(1.5－5),都可以得到倒易点阵的基矢,即

$$\left.\begin{aligned}\boldsymbol{b}_1&=\frac{2\pi}{\sqrt{3}a}\boldsymbol{i}-\frac{2\pi}{3a}\boldsymbol{j}\\ \boldsymbol{b}_2&=\frac{2\pi}{\sqrt{3}a}\boldsymbol{i}+\frac{2\pi}{3a}\boldsymbol{j}\end{aligned}\right\}\tag{1.5-16}$$

所以倒易点阵的平移矢量为

$$\boldsymbol{K}_h=h_1\boldsymbol{b}_1+h_2\boldsymbol{b}_2$$

倒易点阵的基矢和倒易点阵如图 1.5－1(b)所示。由此可见,石墨烯的倒易点阵也是一个三角点阵。在此基础上,画出该倒易点阵的魏格纳塞茨元胞,如图 1.5－1(b)的阴影部分所示,即石墨烯的第一布里渊区是一个正六边形。布里渊区的一些高对称点通常用一些大写字母来表示,如石墨烯的六边形布里渊区的中心为 Γ 点,6 个顶点为 K 点,而六条边的中点为 M 点。石墨烯中电子形成的狄拉克点就出现在 6 个 K 点处。

体心立方点阵的倒易点阵为面心立方,而面心立方点阵的魏格纳塞茨元胞是正十二面体,所以体心立方点阵的第一布里渊区是正十二面体。类似地,面心立方的第一布里渊区是截角八面体,即十四面体。而简单立方的布里渊区仍然是一个简单的立方体。这 3 种立方点阵的布里渊区如图 1.5－2 所示。

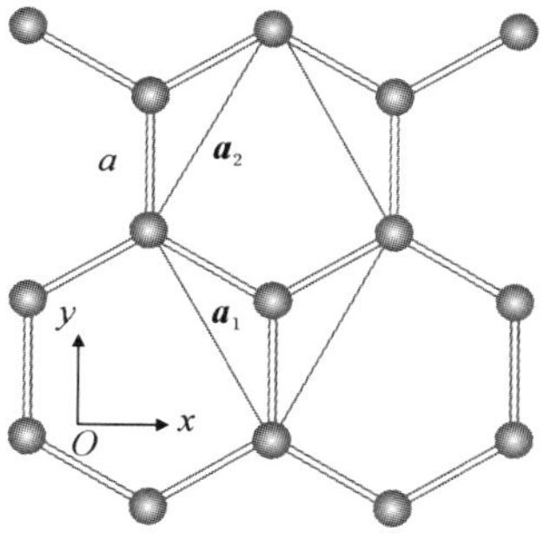

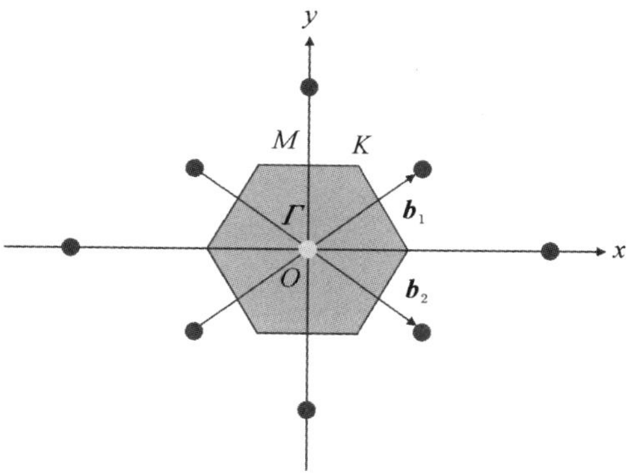

图 1.5－1　石墨烯的晶体结构和元胞及其对应的倒易点阵和第一布里渊区

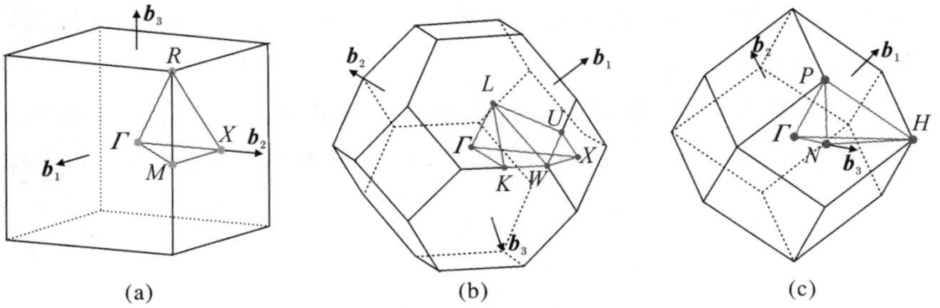

图 1.5-2　点阵的第一布里渊区及高对称点坐标符号

(a)简单立方；(b)面心立方；(c)体心立方

借助一些软件可以画出任意晶体的布里渊区。例如，XCrySDen 和 Materials Studio 都可用来显示晶体结构、布里渊区以及获得高对称点坐标。

1.6　元胞和布里渊区的标准取法

一个晶体的元胞有不同的取法，而在计算材料的能带时，布里渊区的高对称点的取法也会因人而异。因此，建立一套对材料元胞和布里渊区高对称点的标准取法十分有必要。本书推荐美国杜克大学 Setyawan 和 Curtarolo 的做法，下面罗列所有可能的三维点阵单胞和初基元胞的取法，并且给出标准的高对称点取法。

1.6.1　立方晶系

1. 简单立方(Simple Cubic)

简单立方的单胞和初基元胞取法一样，其具体取法及其布里渊区见图 1.6-1 和式(1.6-1)，而布里渊区的高对称点路径和坐标见表 1.6-1。

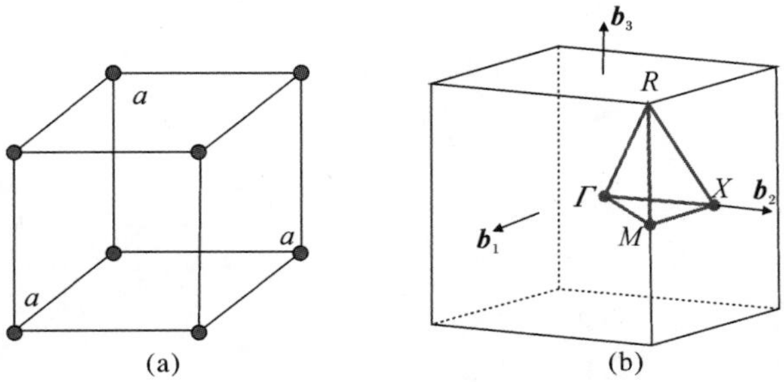

图 1.6-1　简单立方点阵的元胞及其布里渊区

$$
\text{初基元胞}\begin{cases} \boldsymbol{a}_1 = (a, 0, 0) \\ \boldsymbol{a}_2 = (0, a, 0) \\ \boldsymbol{a}_3 = (0, 0, a) \end{cases} \tag{1.6-1}
$$

表 1.6-1　简单立方的布里渊区高对称点的符号和坐标

(高对称点路径为 Γ—X—M—Γ—R—$X|M$—R)

符 号	坐 标	符 号	坐 标
Γ	(0, 0, 0)	X	(1/2, 0, 0)
M	(1/2, 1/2, 0)	R	(1/2, 1/2, 1/2)

2. 体心立方 (Body-Centered Cubic)

体心立方的单胞和初基元胞的具体取法及其布里渊区见式(1.6-2)和图 1.6-2,而布里渊区的高对称点路径和坐标见表 1.6-2。

$$\left.\begin{array}{l}\text{单胞}\begin{cases}\boldsymbol{a}=(a,0,0)\\ \boldsymbol{b}=(0,a,0)\\ \boldsymbol{c}=(0,0,a)\end{cases}\\ \text{初基元胞}\begin{cases}\boldsymbol{a}_1=(-a/2,a/2,a/2)\\ \boldsymbol{a}_2=(a/2,-a/2,a/2)\\ \boldsymbol{a}_3=(a/2,a/2,-a/2)\end{cases}\end{array}\right\}\tag{1.6-2}$$

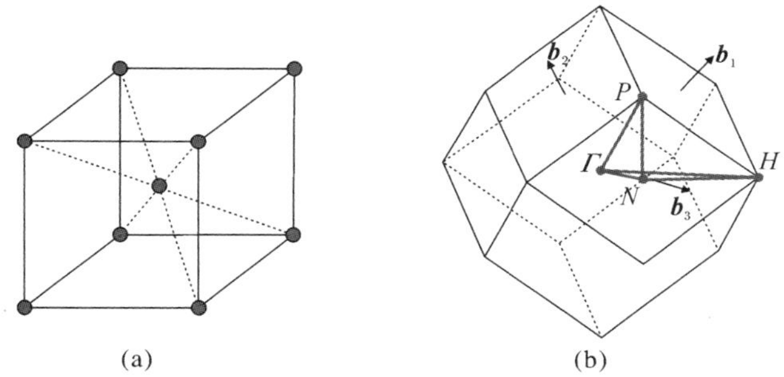

图 1.6-2　体心立方点阵的元胞及其布里渊区

表 1.6-2　体心立方的布里渊区高对称点的符号和坐标

(高对称点路径为 Γ—H—N—Γ—P—$H|P$—N)

符 号	坐 标	符 号	坐 标
Γ	(0, 0, 0)	H	(1/2,−1/2, 1/2)
N	(0, 0,1/2)	P	(1/4, 1/4, 1/4)

3. 面心立方 (Face-Centered Cubic)

面心立方的单胞和初基元胞的具体取法及其布里渊区见式(1.6-3)和图 1.6-3,而布里渊区的高对称点路径和坐标见表 1.6-3。

$$\left.\begin{aligned}&\text{单胞}\begin{cases}\boldsymbol{a}=(a,0,0)\\\boldsymbol{b}=(0,a,0)\\\boldsymbol{c}=(0,0,a)\end{cases}\\&\text{初基元胞}\begin{cases}\boldsymbol{a}_1=(0,a/2,a/2)\\\boldsymbol{a}_2=(a/2,0,a/2)\\\boldsymbol{a}_3=(a/2,a/2,0)\end{cases}\end{aligned}\right\}\qquad(1.6-3)$$

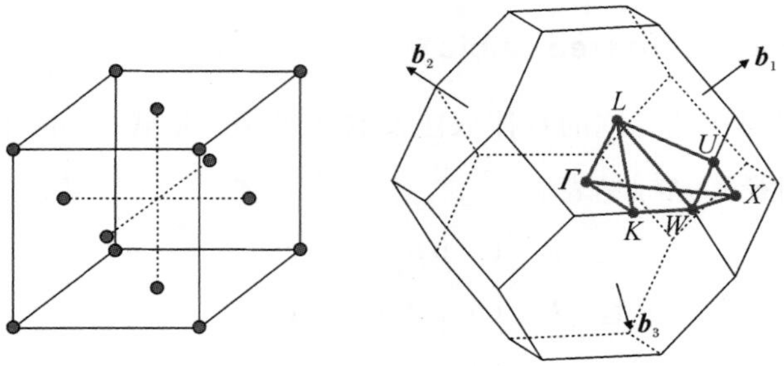

(a) (b)

图 1.6-3　面心立方点阵的元胞及其布里渊区

表 1.6-3　面心立方的布里渊区高对称点的符号和坐标

（高对称点路径为 Γ—X—W—K—Γ—L—U—W—L—$K|U$—X）

符 号	坐 标	符 号	坐 标
Γ	(0, 0, 0)	X	(1/2,0, 1/2)
W	(1/2, 1/4, 3/4)	K	(3/8, 3/8, 3/4)
L	(1/2, 1/2, 1/2)	U	(5/8, 1/4, 5/8)

1.6.2　四方晶系

1. 简单四方(simple tetragonal)

简单四方的单胞和初基元胞取法一样，其具体取法及其布里渊区见式(1.6-4)和图 1.6-4，而布里渊区的高对称点路径和坐标见表 1.6-4。

$$\text{初基元胞}\begin{cases}\boldsymbol{a}=(a,0,0)\\\boldsymbol{b}=(0,a,0)\\\boldsymbol{c}=(0,0,c)\end{cases}\qquad(1.6-4)$$

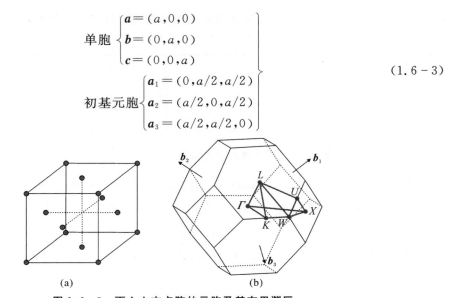

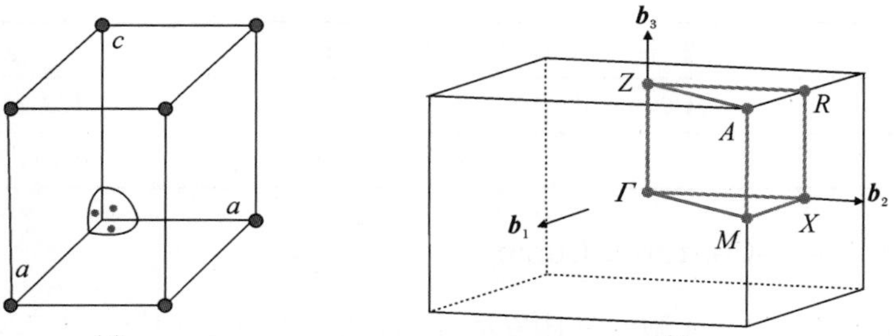

(a) (b)

图 1.6-4　简单四方点阵的元胞及其布里渊区

表 1.6－4　简单四方的布里渊区高对称点的符号和坐标

（高对称点路径为 $\Gamma—X—M—\Gamma—Z—R—A—Z|X—R|M—A$）

符 号	坐 标	符 号	坐 标
Γ	(0, 0, 0)	X	(0, 1/2, 0)
M	(1/2, 1/2, 0)	Z	(0, 0, 1/2)
R	(0, 1/2, 1/2)	A	(1/2, 1/2, 1/2)

2. 体心四方(Body-Centered Tetragonal)

体心四方的单胞和初基元胞的具体取法见式(1.6－5)和图 1.6－5(a)或者图 1.6－6(a)。但其布里渊区分为 2 种情况：

(1)当 $c<a$ 时，其布里渊区图和高对称点坐标见图 1.6－5(b)和表 1.6－5。

(2)当 $c>a$ 时，其布里渊区图和高对称点坐标见图 1.6－6(b)和表 1.6－6。

$$\left.\begin{aligned}&\text{单胞}\begin{cases}\boldsymbol{a}=(a,0,0)\\\boldsymbol{b}=(0,a,0)\\\boldsymbol{c}=(0,0,c)\end{cases}\\&\text{初基元胞}\begin{cases}\boldsymbol{a}_1=(-a/2,a/2,c/2)\\\boldsymbol{a}_2=(a/2,-a/2,c/2)\\\boldsymbol{a}_3=(a/2,a/2,-c/2)\end{cases}\end{aligned}\right\}\tag{1.6－5}$$

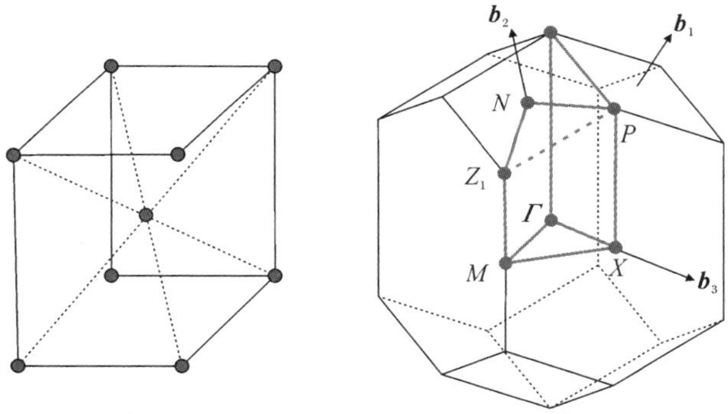

(a)　(b)

图 1.6－5　体心四方点阵的元胞 ($c< a$)及其布里渊区

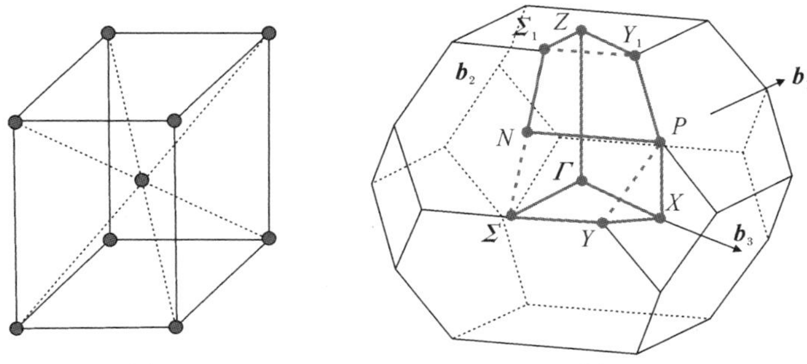

(a)　(b)

图 1.6－6　体心四方点阵的元胞($c>a$)及其布里渊区

表 1.6-5　体心四方 ($c<a$)的布里渊区高对称点的符号和坐标

(高对称点路径为 Γ—X—M—Γ—Z—P—N—Z_1—M|X—P)

符号	坐标	符号	坐标
Γ	(0, 0, 0)	X	(0, 0, 1/2)
M	(−1/2, 1/2, 1/2)	Z	(η, η, $-\eta$)
P	(1/4, 1/4, 1/4)	N	(0, 1/2, 0)
Z_1	($-\eta$, $1-\eta$, η)		

注：$\eta=(1+c^2/a^2)/4$。

表 1.6-6　体心四方($c>a$)的布里渊区高对称点的符号和坐标

(高对称点路径为 Γ—X—Y—Σ—Γ—Z—Σ_1—N—P—Y_1—Z|X-P)

符号	坐标	符号	坐标
Γ	(0, 0, 0)	X	(0, 0, 1/2)
Y	($-\zeta$, ζ, 1/2)	Σ	($-\eta$, η, η)
Z	(1/2, 1/2, −1/2)	Σ_1	(η, 1/2, $-\eta$)
N	(0, $1-\eta$, 0)	P	(1/4, 1/4, −1/4)
Y_1	(1/2, 1/2, $-\zeta$)		

注：$\eta=(1+c^2/a^2)/4$，$\zeta=a^2/(2c^2)$。

1.6.3　正交晶系

1. 简单正交(Simple Orthorhombic)

简单正交的单胞和初基元胞取法一样，其具体取法及其布里渊区见式(1.6-6)和图1.6-7，而布里渊区的高对称点路径和坐标见表1.6-7。正交晶系单胞的3条基矢长度要求满足 $a<b<c$。

$$\text{初基元胞}\begin{cases}\boldsymbol{a}=(a,0,0)\\ \boldsymbol{b}=(0,b,0)\\ \boldsymbol{c}=(0,0,c)\end{cases}\tag{1.6-6}$$

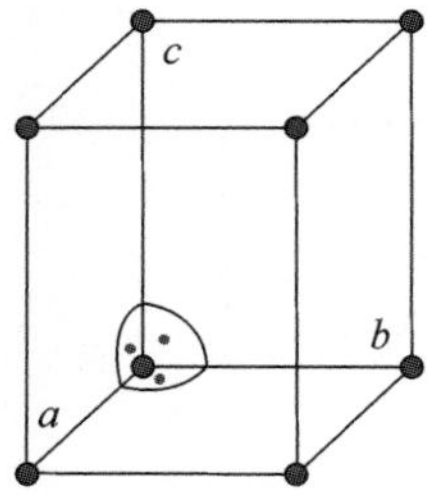

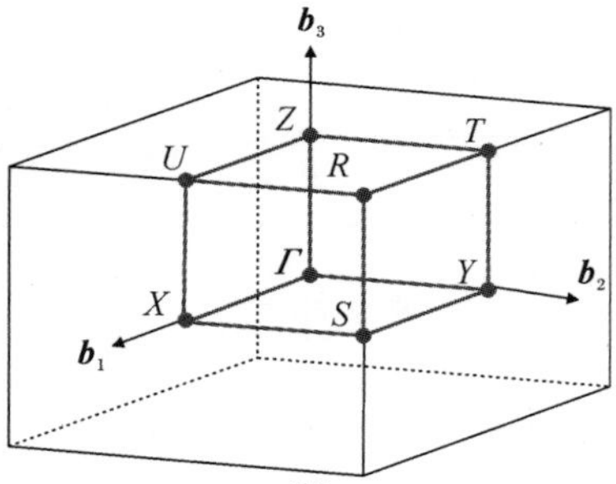

图 1.6-7　简单正交点阵的元胞及其布里渊区

表 1.6-7　简单正交的布里渊区高对称点的符号和坐标

（高对称点路径为 Γ—X—S—Y—Γ—U—R—T—$Z|Y$—$T|U$—$X|S$—R）

符号	坐标	符号	坐标
Γ	(0, 0, 0)	X	(1/2, 0, 0)
S	(1/2, 1/2, 0)	Y	(0, 1/2, 0)
Z	(0, 0, 1/2)	U	(1/2, 0, 1/2)
R	(1/2, 1/2, 1/2)	T	(0, 1/2, 1/2)

2. 面心正交（Face-Centered Orthorhombic）

面心正交的单胞和初基元胞的具体取法见式(1.6-7)及图 1.6-8(a)～图 1.6-10(a)。但其布里渊区分为 3 种情况：

(1)当 $1/a^2 > 1/b^2 + 1/c^2$ 时，其布里渊区图和高对称点坐标见图 1.6-8(b)和表 1.6-8。

(2)当 $1/a^2 < 1/b^2 + 1/c^2$ 时，其布里渊区图和高对称点坐标见图 1.6-9(b)和表 1.6-9。

(3)当 $1/a^2 = 1/b^2 + 1/c^2$ 时，其布里渊区图和高对称点坐标见图 1.6-10(b)和表 1.6-8。

正交晶系单胞的 3 条基矢长度要求满足 $a<b<c$。

$$\left.\begin{aligned} &\text{单胞}\begin{cases}\boldsymbol{a}=(a,0,0)\\ \boldsymbol{b}=(0,b,0)\\ \boldsymbol{c}=(0,0,c)\end{cases}\\ &\text{初基元胞}\begin{cases}\boldsymbol{a}_1=(0,b/2,c/2)\\ \boldsymbol{a}_2=(a/2,0,c/2)\\ \boldsymbol{a}_3=(a/2,b/2,0)\end{cases}\end{aligned}\right\} \tag{1.6-7}$$

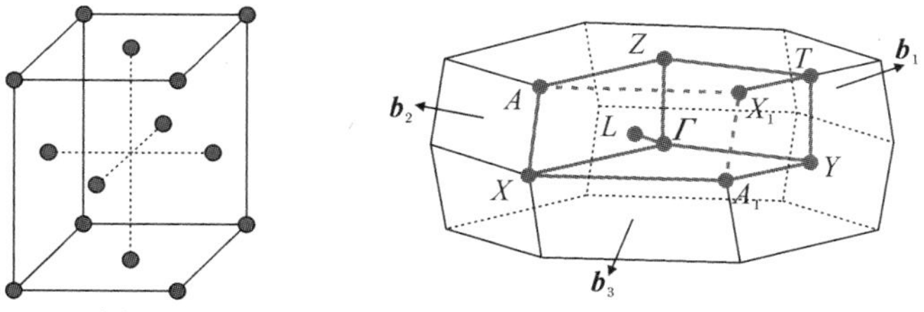

(a)　　(b)

图 1.6-8　面心正交点阵的元胞($1/a^2>1/b^2+1/c^2$)及其布里渊区

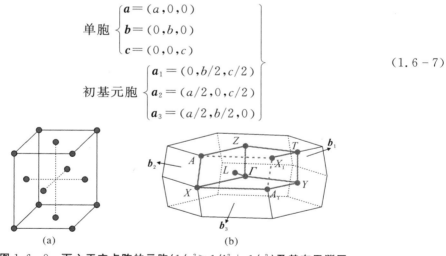

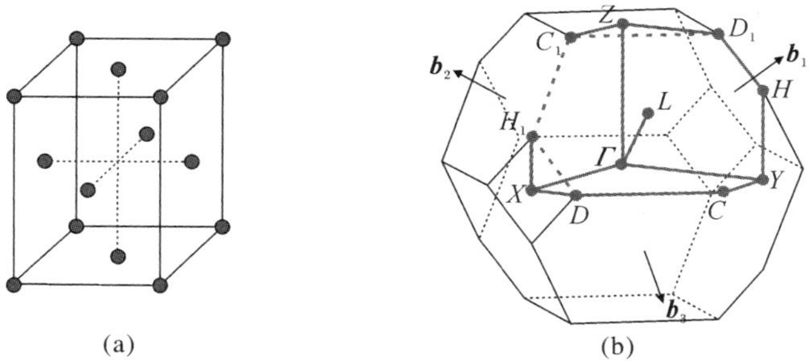

(a)　　(b)

图 1.6-9　面心正交点阵的元胞($1/a^2<1/b^2+1/c^2$)及其布里渊区

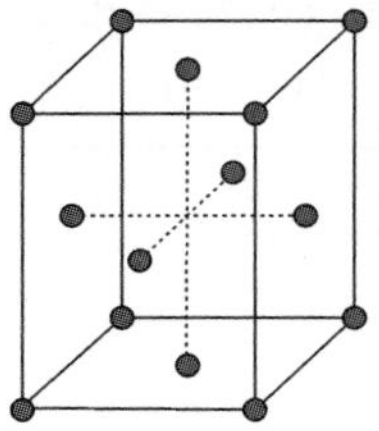

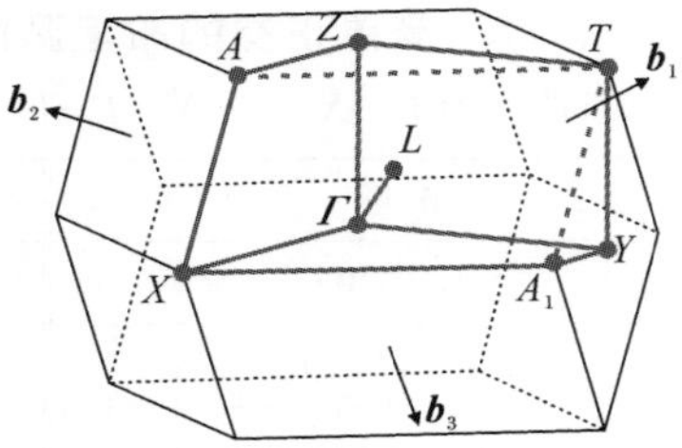

图 1.6-10　面心正交点阵的元胞($1/a^2=1/b^2+1/c^2$)及其布里渊区

表 1.6-8　面心正交($1/a^2>1/b^2+1/c^2$ 或 $1/a^2=1/b^2+1/c^2$)布里渊区高对称点的符号和坐标

(高对称点路径为 $\Gamma—Y—T—Z—\Gamma—X—A_1—Y|T—X_1|X—A—Z|L—T$)

符号	坐标	符号	坐标
Γ	(0, 0, 0)	Y	(1/2, 0, 1/2)
T	(1, 1/2, 1/2)	Z	(1/2, 1/2, 0)
X	$(0, \eta, \eta)$	A_1	$(1/2, 1/2-\zeta, 1-\zeta)$
X_1	$(1, 1-\eta, 1-\eta)$	L	(1/2, 1/2, 1/2)

注：$\eta=(1+a^2/b^2+a^2/c^2)/4$，$\zeta=(1+a^2/b^2-a^2/c^2)/4$。

表 1.6-9　面心正交($1/a^2<1/b^2+1/c^2$)布里渊区高对称点的符号和坐标

(高对称点路径为 $\Gamma—Y—C—D—X—\Gamma—Z—D_1—H—C|C_1—Z|X—H_1|H—Y|L—T$)

符号	坐标	符号	坐标
Γ	(0, 0, 0)	Y	(1/2, 0, 1/2)
C	$(1, 1/2-\eta, 1/2, 1-\eta)$	D	$(1/2-\delta, 1/2, 1-\delta)$
X	(0, 1/2, 1/2)	Z	(1/2, 1/2, 0)
D_1	$(1/2+\delta, 1/2, \delta)$	H	$(1-\varphi, 1/2-\varphi, 1/2)$
C_1	$(1/2, 1/2+\eta, \eta)$	H_1	$(\varphi, 1/2+\varphi, 1/2)$
L	(1/2, 1/2, 1/2)		

注：$\eta=(1+a^2/b^2-a^2/c^2)/4$，$\delta=(1+b^2/a^2-b^2/c^2)/4$，$\varphi=(1+c^2/b^2-c^2/a^2)/4$。

3. 体心正交(Body-Centered Orthorhombic)

体心正交的单胞和初基元胞的具体取法及其布里渊区见式(1.6-8)和图 1.6-11，而布里渊区的高对称点路径和坐标见表1.6-10。正交晶系单胞的 3 条基矢长度要求满足 $a<b<c$。

$$\left.\begin{aligned}&\text{单胞}\begin{cases}\boldsymbol{a}=(a,0,0)\\ \boldsymbol{b}=(0,b,0)\\ \boldsymbol{c}=(0,0,c)\end{cases}\\ &\text{初基元胞}\begin{cases}\boldsymbol{a}_1=(-a/2,b/2,c/2)\\ \boldsymbol{a}_2=(a/2,-b/2,c/2)\\ \boldsymbol{a}_3=(a/2,b/2,-c/2)\end{cases}\end{aligned}\right\}\tag{1.6-8}$$

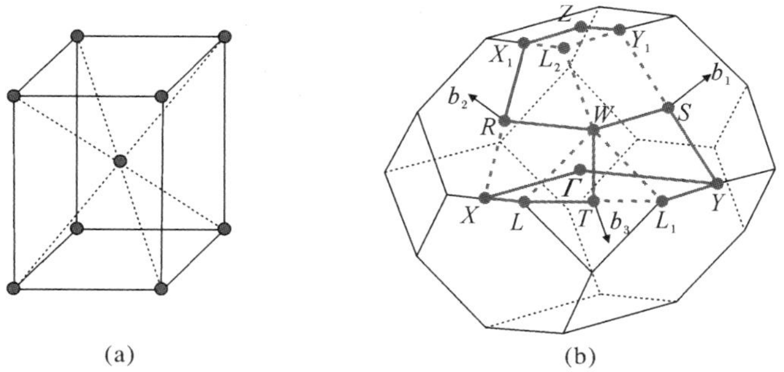

图 1.6－11　体心正交点阵的元胞及其布里渊区

表 1.6－10　体心正交布里渊区高对称点的符号和坐标

（高对称点路径为 $\Gamma—X—L—T—W—R—X_1—Z—\Gamma—Y—S—W|L_1—Y|Y_1—Z$）

符 号	坐 标	符 号	坐 标
Γ	(0, 0, 0)	X	$(-\zeta, \zeta, \zeta)$
L	$(-\mu, \mu, 1/2-\delta)$	T	(0, 0, 1/2)
W	(1/4, 1/4, 1/4)	R	(1/2, 0, 1/2)
X_1	$(\zeta, 1-\zeta, -\zeta)$	Z	(1/2, 1/2, −1/2)
Y	$(\eta, -\eta, \eta)$	S	(1/2, 0, 0)
L_1	$(\mu, -\mu, 1/2+\delta)$	Y_1	$(1-\eta, \eta, -\eta)$
L_2	$(1/2-\delta, 1/2+\delta, -\mu)$		

注：$\eta=(1+b^2/c^2)/4$，$\zeta=(1+a^2/c^2)/4$，$\delta=(b^2-a^2)/4c^2$，$\mu=(a^2+b^2)/4c^2$。

4. 底心正交(Base-Centered Orthorhombic)

底心正交的单胞和初基元胞的具体取法及其布里渊区见式(1.6－9)和图 1.6－12，而布里渊区的高对称点路径和坐标见表 1.6－11。正交晶系单胞的三条基矢长度要求满足 $a<b$。

$$\left.\begin{aligned}&\text{单胞}\begin{cases}\boldsymbol{a}=(a,0,0)\\ \boldsymbol{b}=(0,b,0)\\ \boldsymbol{c}=(0,0,c)\end{cases}\\ &\text{初基元胞}\begin{cases}\boldsymbol{a}_1=(a/2,-b/2,0)\\ \boldsymbol{a}_2=(a/2,b/2,0)\\ \boldsymbol{a}_3=(0,0,c)\end{cases}\end{aligned}\right\}\qquad(1.6-9)$$

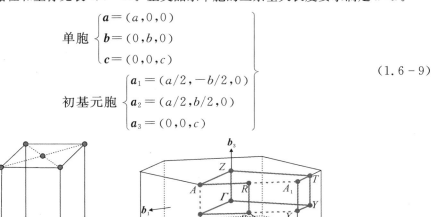

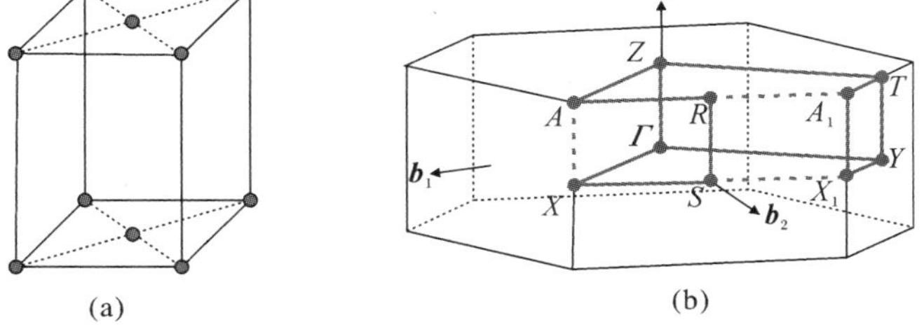

图 1.6－12　底心正交点阵的元胞及其布里渊区

表 1.6-11　底心正交布里渊区高对称点的符号和坐标

（高对称点路径为 Γ—X—S—R—A—Z—Γ—Y—X_1—A_1—T—Y|Z—T）

符 号	坐 标	符 号	坐 标
Γ	(0, 0, 0)	X	(ζ, ζ, 0)
S	(0, 1/2, 0)	R	(0, 1/2, 1/2)
A	(ζ, ζ, 1/2)	Z	(0, 0, 1/2)
Y	(−1/2, 1/2, 0)	X_1	($-\zeta$, $1-\zeta$, 0)
A_1	($-\zeta$, $1-\zeta$, 1/2)	T	(−1/2,1/2, 1/2)

注：$\zeta=(1+a^2/b^2)/4$。

1.6.4　六角晶系

六角点阵的单胞和初基元胞取法一样，其具体取法及其布里渊区见式(1.6-10)和图1.6-13，而布里渊区的高对称点路径和坐标见表1.6-12。

$$\text{初基元胞}\begin{cases}\boldsymbol{a}_1=\left[a/2,-(a\sqrt{3})/2,0\right]\\ \boldsymbol{a}_2=\left[a/2,(a\sqrt{3})/2,0\right]\\ \boldsymbol{a}_3=(0,0,c)\end{cases}\tag{1.6-10}$$

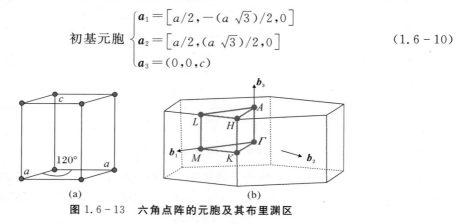

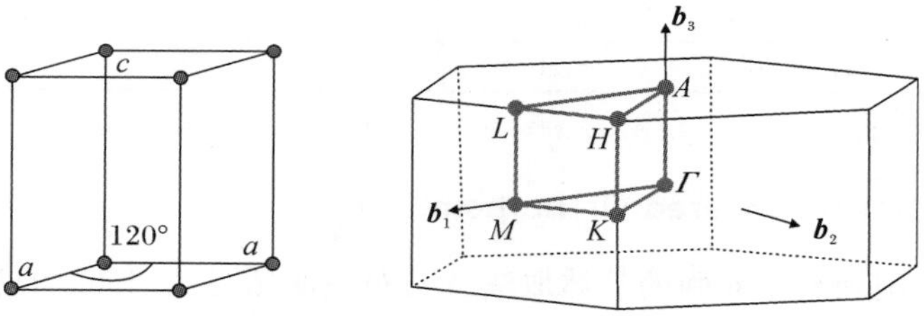

(a)　　(b)

图 1.6-13　六角点阵的元胞及其布里渊区

表 1.6-12　六角布里渊区高对称点的符号和坐标

（高对称点路径为 Γ—M—K—Γ—A—L—H—A|L—M）

符 号	坐 标	符 号	坐 标
Γ	(0, 0, 0)	M	(1/2, 0, 0)
K	(1/3, 1/3, 0)	A	(0, 0, 1/2)
L	(1/2, 0, 1/2)	H	(1/3, 1/3, 1/2)

1.6.5　三角晶系

三角点阵的初基元胞的取法见式(1.6-11)及图1.6-14(a)或者图1.6-15(a)。但其布里渊区分为2种情况：

(1)当 $\alpha<90°$ 时，其布里渊区图和高对称点坐标见图1.6-14(b)和表1.6-13。

(2)当 $\alpha>90°$时,其布里渊区图和高对称点坐标见图 1.6-15(b)和表 1.6-14。

$$
\text{初基元胞}\begin{cases}\boldsymbol{a}_1=[a\cos(\alpha/2),-a\sin(\alpha/2),0]\\ \boldsymbol{a}_2=[a\cos(\alpha/2),a\sin(\alpha/2),0]\\ \boldsymbol{a}_3=\left[a\cos\alpha/a\cos(\alpha/2),0,a\sqrt{1-\cos^2\alpha/\cos^2(\alpha/2)}\right]\end{cases}\tag{1.6-11}
$$

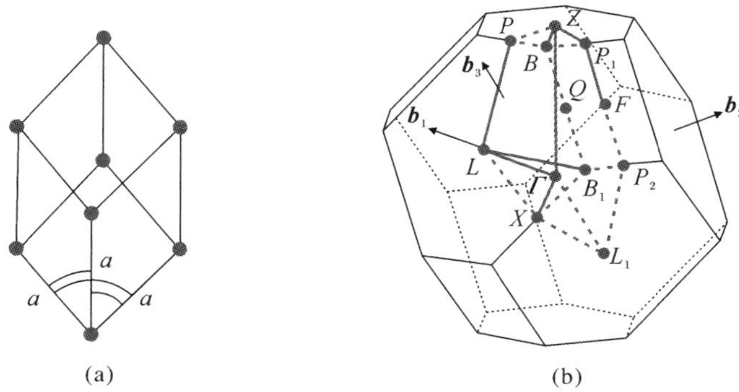

图 1.6-14　三角点阵的元胞($\alpha<90°$)及其布里渊区

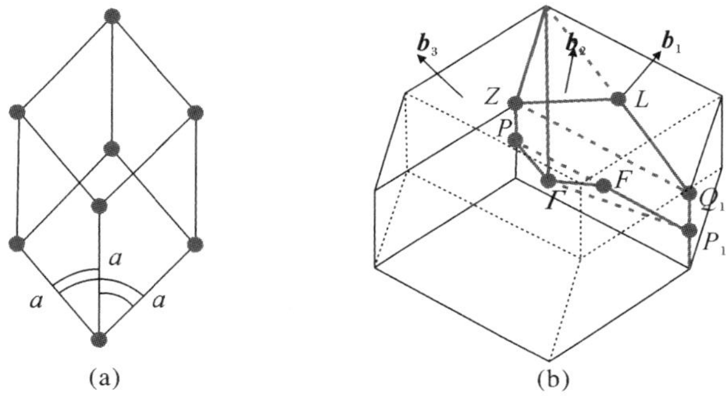

图 1.6-15　三角点阵的元胞($\alpha>90°$)及其布里渊区

表 1.6-13　三角($\alpha<90°$)布里渊区高对称点符号和坐标

(高对称点路径为 Γ—L—B_1|B—Z—Γ—X|Q—F-P_1—Z|L—P)

符 号	坐 标	符 号	坐 标
Γ	(0, 0, 0)	L	(1/2, 0, 0)
B_1	(1/2, $1-\eta$, $\eta-1$)	B	(η, 1/2, $1-\eta$)
Z	(1/2, 1/2, 1/2)	X	(ν, 0, $-\nu$)
Q	($1-\nu$, ν , 0)	F	(1/2, 1/2, 0)
P_1	($1-\nu$, $1-\nu$, η)	P	(η, ν, ν)
P_2	(ν, ν, $\eta-1$)	L_1	(0, 0, $-1/2$)

注:$\eta=(1+4\cos\alpha)/(2+4\cos\alpha)$, $\nu=3/4-\eta/2$,$\eta=1/[2\tan^2(\alpha/2)]$, $\nu=3/4-\eta/2$。

表 1.6-14　三角($\alpha>90°$)布里渊区高对称点的符号和坐标

(高对称点路径为 Γ—P—Z—Q—Γ—F—P_1—Q_1—L—Z)

符号	坐标	符号	坐标
Γ	(0, 0, 0)	P	($1-\nu$, $-\nu$, $1-\nu$)
Z	(1/2, −1/2, 1/2)	Q	(η, η, η)
F	(1/2, −1/2, 0)	P_1	(ν, $\nu-1$, $\nu-1$)
Q_1	($1-\eta$, $-\eta$, $-\eta$)	L	(1/2, 0, 0)

注：$\eta=1/[2\tan^2(\alpha/2)]$，$\nu=3/4-\eta/2$。

1.6.6　单斜晶系

1. 简单单斜(Monoclinic)

简单单斜的单胞和初基元胞的取法一样，其具体取法及其布里渊区见式(1.6-12)和图1.6-16，而布里渊区的高对称点路径和坐标见表1.6-15，这里要求 a，$b\leqslant c$，$\alpha<90°$，$\beta=\gamma=90°$。

$$\text{初基元胞}\begin{cases}\boldsymbol{a}_1=(a,0,0)\\ \boldsymbol{a}_2=(0,b,0)\\ \boldsymbol{a}_3=(0,c\cos\alpha,c\sin\alpha)\end{cases}\tag{1.6-12}$$

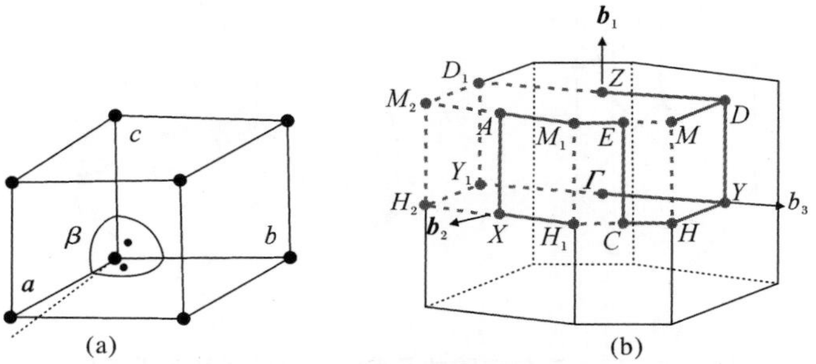

图 1.6-16　简单单斜点阵的元胞及其布里渊区

表 2.15　简单单斜布里渊区高对称点的符号和坐标

(高对称点路径为 Γ—Y—H—C—E—M_1—A—X—H_1|M—D—Z|Y—D)

符号	坐标	符号	坐标
Γ	(0, 0, 0)	Y	(0, 0, 1/2)
H	(0, $-\eta$, $1-\nu$)	C	(0, 1/2, 1/2,)
E	(1/2, 1/2, 1/2)	M_1	(1/2,$1-\eta$, ν)
A	(1/2, $1/2-\eta$, 0)	X	(0,1/2, 0)
H_1	(0, $1-\eta$, ν)	M	(1/2, η, $1-\nu$)
D	(1/2, 0, 1/2)	Z	(1/2, 0, 0)
D_1	(1/2, 0, −1/2)	H_2	(0, η, $-\nu$)
M_2	(1/2, η, $-\nu$)	Y_1	(0, 0, −1/2)

注：$\eta=(1-b\cos\alpha/c)/(2\sin^2\alpha)$，$\nu=1/2-\eta\cos\alpha/b$。

2. 底心单斜(Base Centered Monoclinic)

底心单斜的单胞和初基元胞的具体取法见式(1.6-13)及图 1.6-17(a)～图 1.6-21(a)。但其布里渊区分为 5 种情况：

(1)当 $k_\gamma > 90°$时，其布里渊区图和高对称点坐标见图 1.6-17(b)和表 1.6-16。

(2)当 $k_\gamma = 90°$时，其布里渊区图和高对称点坐标见图 1.6-18(b) 和表 1.6-16。

(3)当 $k_\gamma < 90°$且 $b\cos\alpha/c + b^2\sin^2\alpha/a^2 < 1$ 时，其布里渊区图和高对称点坐标见图 1.6-19(b)和表 1.6-17。

(4)当 $k_\gamma < 90°$且 $b\cos\alpha/c + b^2\sin^2\alpha/a^2 = 1$ 时，其布里渊区图和高对称点坐标见图 1.6-20(b)和表 1.6-17。

(5)当 $k_\gamma < 90°$且 $b\cos\alpha/c + b^2\sin^2\alpha/a^2 > 1$ 时，其布里渊区图和高对称点坐标见图 1.6-21(b)和表 1.6-18。

$$\left.\begin{array}{l}\text{单胞}\begin{cases}\boldsymbol{a}=(a,0,0)\\ \boldsymbol{b}=(0,b,0)\\ \boldsymbol{c}=(0,c\cos\alpha,c\sin\alpha)\end{cases}\\ \text{初基元胞}\begin{cases}\boldsymbol{a}_1=(a/2,b/2,0)\\ \boldsymbol{a}_2=(-a/2,b/2,0)\\ \boldsymbol{a}_3=(0,c\cos\alpha,c\sin\alpha)\end{cases}\end{array}\right\} \tag{1.6-13}$$

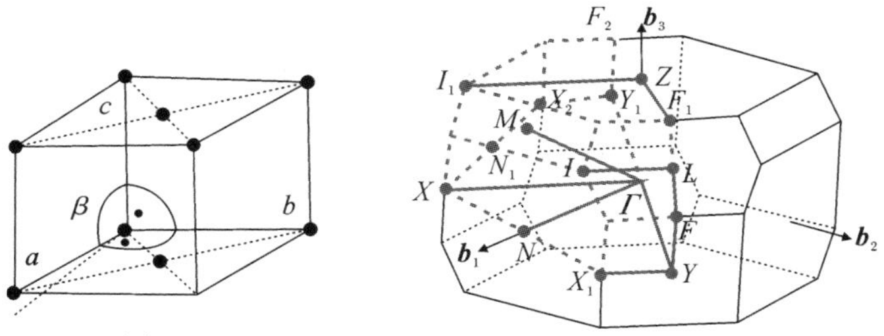

图 1.6-17　底心单斜点阵的元胞($k_\gamma > 90°$)及其布里渊区

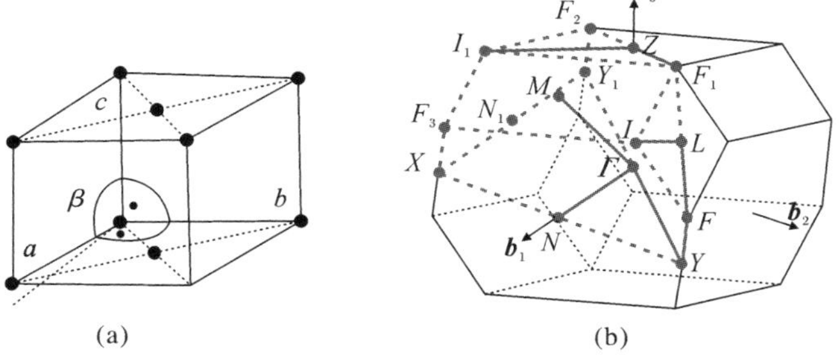

图 1.6-18　底心单斜点阵的元胞($k_\gamma = 90°$)及其布里渊区

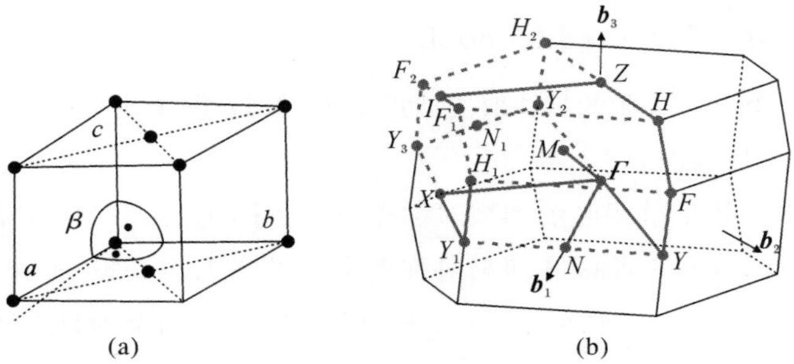

图 1.6-19　底心单斜点阵的元胞($k_\gamma<90°$, $b\cos\alpha/c+b^2\sin^2\alpha/a^2<1$) 及其布里渊区

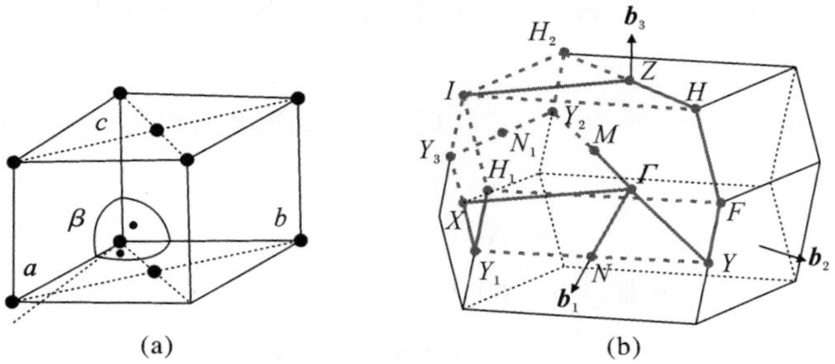

图 1.6-20　底心单斜点阵的元胞($k_\gamma<90°$, $b\cos\alpha/c+b^2\sin^2\alpha/a^2=1$)及其布里渊区

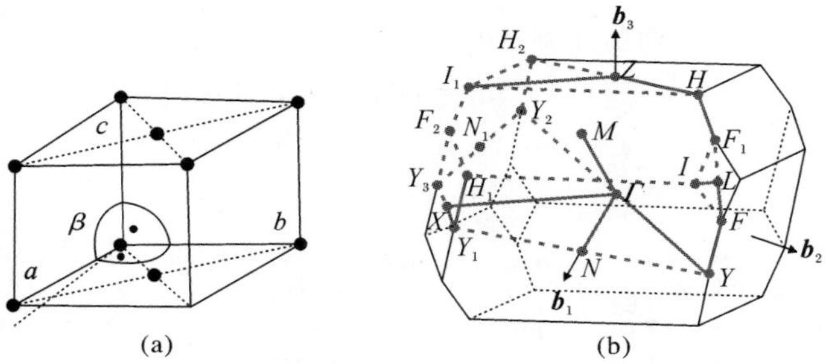

图 1.6-21　底心单斜点阵的元胞($k_\gamma<90°$, $b\cos\alpha/c+b^2\sin^2\alpha/a^2>1$)及其布里渊区

表 1.6-16　底心单斜 ($k_\gamma\geqslant90°$)的布里渊区高对称点的符号和坐标

(高对称点路径为 Γ—Y—F—L— $I|I_1$—Z—$F_1|Y$—$X_1|X$—Γ—$N|M$—Γ)

符 号	坐 标	符 号	坐 标
Γ	(0, 0, 0)	Y	(1/2, 1/2, 0)
F	($1-\zeta$, $1-\zeta$, $1-\eta$)	L	(1/2, 1/2, 1/2,)
I	(φ, $1-\varphi$, 1/2)	I_1	($1-\varphi$, $\varphi-1$, 1/2)
Z	(0, 0, 1/2)	F_1	(ζ, ζ, η)
X_1	(0, $1-\eta$, ν)	X	(Ψ, $1-\Psi$, 0)
N	(1/2, 0, 0)	N_1	(0, $-1/2$, 0)

续 表

符 号	坐 标	符 号	坐 标
M	(1/2, 0, 1/2)	F_2	$(-\zeta,\ -\zeta,\ 1-\eta)$
F_3	$(1-\zeta,\ -\zeta,\ 1-\eta)$	X_2	$(\Psi-1,\ -\Psi,\ 0)$
Y_1	(−1/2, −1/2, 0)		

注：$\zeta=(2-b\cos\alpha/c)(4\sin^2\alpha)$，$\eta=1/2+2\zeta c\cos\alpha/b$，$\Psi=3/4-a^2/4b^2\sin^2\alpha)$，$\varphi=\Psi+(3/4-\Psi)b\times\cos\alpha/c$。

表 1.6－17　底心单斜（$k_\gamma<90°$，$b\cos\alpha/c+b^2\sin^2\alpha/a^2\leqslant1$）的布里渊区高对称点的符号和坐标

（高对称点路径为 Γ—Y—F—H—Z—I—F_1|H_1—Y_1—X—Γ—N|M—Γ）

符 号	坐 标	符 号	坐 标
Γ	(0, 0, 0)	Y	$(\mu,\ \mu,\ \delta)$
F	$(1-\varphi,\ 1-\varphi,\ 1-\Psi)$	H	$(\zeta,\ \zeta,\ \eta)$
Z	(0, 0, 1/2)	I	(1/2, −1/2, 1/2)
F_1	$(\varphi,\ \varphi-1,\ \Psi)$	H_1	$(1-\zeta,\ -\zeta,\ 1-\eta)$
Y_1	$(1-\mu,\ -\mu,\ -\delta)$	X	(1/2, −1/2, 0)
N	(1/2, 0, 0)	M	(1/2, 0, 1/2)
F_2	$(-\varphi,\ -\varphi,\ 1-\Psi)$	H_2	$(-\zeta,\ -\zeta,\ 1-\eta)$
N_1	(0, −1/2, 0)	Y_2	$(-\mu,\ -\mu,\ -\delta)$
Y_3	$(\mu,\ \mu-1,\ \delta)$		

注：$\mu=(1+b^2/a^2)/4$，$\delta=bc\cos\alpha/(2a^2)$，$\zeta=\mu-1/4+(1-b\cos\alpha/c)/4\sin^2\alpha$，$\eta=1/2+2\zeta c\cos\alpha/b$，$\Psi=\eta-2\delta$，$\varphi=1+\zeta-2\mu$。

表 1.6－18　底心单斜（$k_\gamma<90°$，$b\cos\alpha/c+b^2\sin^2\alpha/a^2>1$）的布里渊区高对称点的符号和坐标

（高对称点路径为 Γ—Y—F—L—I|I_1—Z—H—F_1|H_1—Y_1—X—Γ—N|M—Γ）

符 号	坐 标	符 号	坐 标
Γ	(0, 0, 0)	Y	$(\mu,\ \mu,\ \delta)$
F	$(\nu,\ \nu,\ \omega)$	L	(1/2, 1/2, 1/2)
I	$(\rho,\ 1-\rho,\ 1/2)$	I_1	$(1-\rho,\ \rho-1,\ 1/2)$
Z	(0, 0, 1/2)	H	$(\zeta,\ \zeta,\ \eta)$
F_1	$(1-\nu,\ 1-\nu,\ \omega)$	H_1	$(1-\zeta,\ -\zeta,\ 1-\eta)$
Y_1	$(1-\mu,\ -\mu,\ -\delta)$	X	(1/2, −1/2, 0)
N	(1/2, 0, 0)	M	(1/2, 0, 1/2)
F_2	$(\nu,\ \nu-1,\ \omega)$	H_2	$(-\zeta,\ -\zeta,\ 1-\eta)$
N_1	(0, −1/2, 0)	Y_2	$(-\mu,\ -\mu,\ -\delta)$
Y_3	$(\mu,\ \mu-1,\ \delta)$		

注：$\zeta=b^2/a^2+(1-b\cos\alpha/c)/\sin^2\alpha/4$，$\mu=\eta/2+b^2/4a^2-bc\cos\alpha/2a^2$，$\omega=(4\nu-1-b^2\sin^2\alpha/a^2)/c/2b\cos\alpha$，$\eta=1/2+2\zeta c\cos\alpha/b+\omega/2-1/4$，$\nu=2\mu-\zeta$，$\rho=1-\zeta a^2/b^2$。

1.6.7 三斜晶系

三斜点阵的单胞和初基元胞的取法一样，其具体取法见式(1.6-14)及图1.6-22(a)～图1.6-25(a)。但其布里渊区分为4种情况：

(1)当 $k_\alpha>90°,k_\beta>90°,k_\gamma>90°,k_\gamma=\min\{k_\alpha,\ k_\beta,\ k_\gamma\}$ 时，其布里渊区图和高对称点坐标见图1.6-22(b)和表1.6-19。

(2)当 $k_\alpha<90°,k_\beta<90°,k_\gamma<90°,k_\gamma=\max\{k_\alpha,\ k_\beta,\ k_\gamma\}$ 时，其布里渊区图和高对称点坐标见图1.6-23(b)和表1.6-20。

(3)当 $k_\alpha>90°,k_\beta>90°,k_\gamma=90°$ 时，其布里渊区图和高对称点坐标见图1.6-24(b)和表1.6-19。

(4)当 $k_\alpha<90°,k_\beta<90°,k_\gamma=90°$ 时，其布里渊区图和高对称点坐标见图1.6-25(b)和表1.6-20。

$$\text{初基元胞}\begin{cases}\boldsymbol{a}_1=(a,0,0)\\ \boldsymbol{a}_2=(b\cos\gamma,b\sin\gamma,0)\\ \boldsymbol{a}_3=(c\cos\beta,c/\sin\gamma\,|\cos\alpha-\cos\beta\cos\gamma|,\\ \qquad c/\sin\gamma\sqrt{\cos^2\gamma-\cos^2\alpha-\cos^2\beta+2\cos\alpha\cos\beta\cos\gamma})\end{cases}\tag{1.6-14}$$

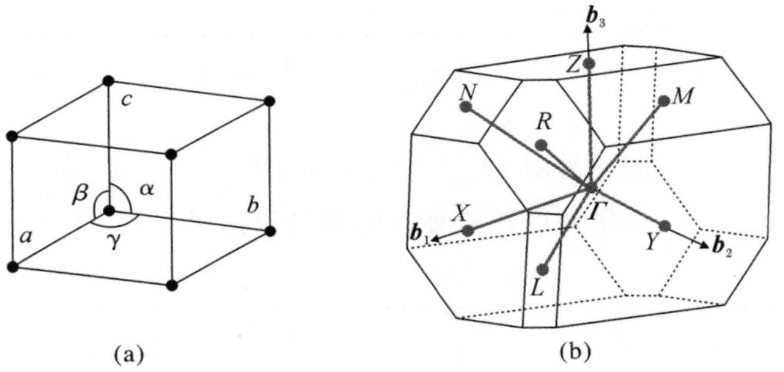

图1.6-22 三斜点阵的元胞 ($k_\alpha>90°,k_\beta>90°,k_\gamma>90°,k_\gamma=\min\{k_\alpha,\ k_\beta,\ k_\gamma\}$)及其布里渊区

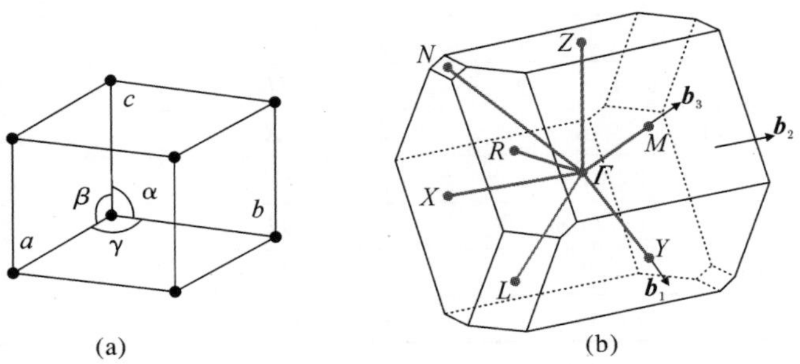

图1.6-23 三斜点阵的元胞 ($k_\alpha<90°,k_\beta<90°,k_\gamma<90°,k_\gamma=\min\{k_\alpha,\ k_\beta,\ k_\gamma\}$)及其布里渊区

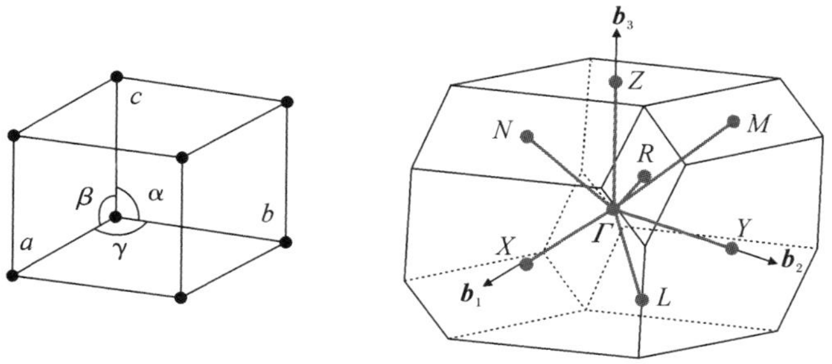

(a)　　(b)

图 1.6-24　三斜点阵的元胞 ($k_\alpha>90°, k_\beta>90°, k_\gamma=90°$)及其布里渊区

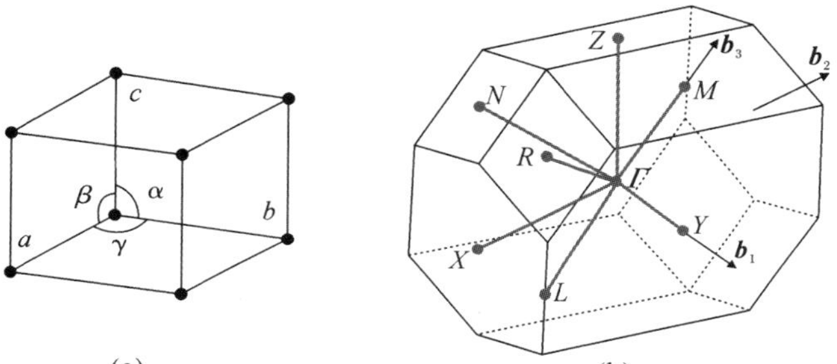

(a)　　(b)

图 1.6-25　三斜点阵的元胞 ($k_\alpha<90°, k_\beta<90°, k_\gamma=90°$)及其布里渊区

表 1.6-19　三斜 ($k_\alpha>90°, k_\beta>90°, k_\gamma\geqslant 90°$)的布里渊区高对称点的符号和坐标

(高对称点路径为 X—Γ—$Y|L$—Γ—$Z|N$—Γ—$M|R$—Γ)

符号	坐标	符号	坐标
Γ	(0, 0, 0)	X	(1/2, 0, 0)
Y	(0, 1/2, 0)	L	(1/2, 1/2, 0)
Z	(0,0, 1/2)	N	(1/2, 0, 1/2)
M	(0, 1/2, 1/2)	R	(1/2, 1/2, 1/2)

表 1.6-20　三斜 ($k_\alpha<90°, k_\beta<90°, k_\gamma\leqslant 90°$)的布里渊区高对称点的符号和坐标

(高对称点路径为 X—Γ—$Y|L$—Γ—$Z|N$—Γ—$M|R$—Γ)

符号	坐标	符号	坐标
Γ	(0, 0, 0)	X	(0, −1/2, 0)
Y	(1/2, 0, 0)	L	(1/2, −1/2, 0)
Z	(−1/2, 0, 1/2)	N	(−1/2, −1/2, 1/2)
M	(0, 0, 1/2)	R	(0, −1/2, 1/2)

习　　题

1. 阐述牛顿动力学、拉格朗日动力学及哈密顿动力学的特点及它们之间的关系。
2. 复习相关概念:晶体点群、空间群、晶格参数、结晶化学原胞及固体物理原胞。
3. 说明布里渊区与简约布里渊区确定的方法步骤。
4. 叙述原子在实空间坐标及晶格参数与倒易空间布里渊区及高对称点坐标的关系。
5. 举例说明微观粒子涨落引起的宏观物理现象。

参考文献

[1] 陈正隆,徐为人,汤力达. 分子模拟的理论与实践[M]. 北京:化学工业出版社,2007.
[2] 周健,梁奇锋. 第一性原理材料计算基础[M]. 北京:科学出版社,2019.
[3] 黄昆. 固体物理学[M]. 北京:北京大学出版社,2014.
[4] 林宗涵. 热力学与统计物理学[M]. 北京:北京大学出版社,2007.
[5] 张启仁. 经典力学[M]. 北京:科学出版社,2002.
[6] FELICIANO G. Materials modelling using density functional theory[M]. New York: Oxford University Press,2014.

第2章　分子动力学基础

2.1　势函数与分子力场

分子模拟(Molecular Modeling 或 Molecular Simulation)是一类通过计算机模拟来研究分子或分子体系结构与性质的重要研究方法,包括分子力学(Molecular Mechanics,MM)模拟、Monte Carlo (MC)模拟、分子动力学(Molecular Dynamics, MD)模拟、分子静力学(Molecular Statics, MS)模拟等。这些方法均以分子或分子体系的经典力学模型为基础,或通过优化单个分子总能量的方法得到分子的稳定构型(MM),或通过反复采样分子体系位形空间并计算其总能量的方法,得到体系的最可几构型与热力学平衡性质(MC),或通过数值求解分子体系经典力学运动方程的方法得到体系的相轨迹,并统计体系的结构特征与性质(MD)。目前,得益于分子模拟理论、方法及计算机技术的发展,分子模拟已经成为继实验与理论手段之后,从分子水平了解和认识物质世界的第三种手段。

分子力学(MM)、分子动力学(MD)模拟是将牛顿力学原理应用到化学问题中来,将原子或原子团看作经典粒子,采用一系列的参数"定义"这些粒子之间的相互作用,通过求解牛顿方程从而获得分子的性质。一般来说,分子力学关心的是分子之间的相互作用,揭示的多为物理性质,而不考虑化学反应,因此也不包含任何有关电子运动状态的信息。

势函数是表示原子(分子)间相互作用的函数,也称力场。原子间相互作用控制着原子间的相互作用行为,从根本上决定材料的所有性质,这种作用具体由势函数来描述。势函数的研究和开发是分子模拟发展的最重要的任务之一。本节主要介绍势函数和分类、主要势函数以及势函数的建立。

2.1.1　势函数及分类

早在1903年,G. Mie就研究了两个粒子的互作用势,指出势函数应该由两项组成:原子间的排斥作用和原子间的吸引作用。1924年,J. E. Lennard-Jones发表了著名的负幂指数的Lennard-Jones势函数的解析式。1929年,P. M. Morse发表了指数的Morse势。1931年M. Born和J. E. Mayer发表了描述离子晶体的Born-Mayer势函数。

随着计算机技术的发展，20 世纪 50 年代末 60 年代初，人们在科学研究中应用分子动力学，其中原子间相互作用的选取是分子动力学模拟的关键。Alder 和 Wainwright 在 1957 年首次将硬球模型用于凝聚态系统的分子动力学模拟。在这个模型中，硬球做匀速直线运动，所有的碰撞都是完全弹性的，碰撞在当两球的中心之间的距离等于球直径时发生。硬球势函数有图 2.1－1(a)所示的形式。一些早期的模拟也用了矩形势函数，如图 2.1－1(b)所示，两粒子的作用能在大于截断距离 R 时为零，在小于截断距离 σ 时为无穷大，在两者之间时为常数。Sutherland 势函数如图 2.1－1(c)所示。

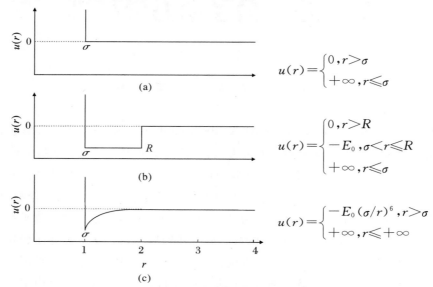

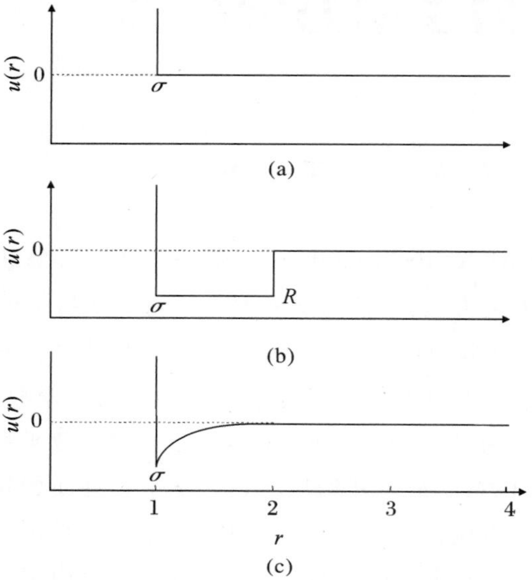

$$u(r)=\begin{cases}0, r>\sigma\\ +\infty, r\leqslant\sigma\end{cases}$$

$$u(r)=\begin{cases}0, r>R\\ -E_0, \sigma<r\leqslant R\\ +\infty, r\leqslant\sigma\end{cases}$$

$$u(r)=\begin{cases}-E_0(\sigma/r)^6, r>\sigma\\ +\infty, r\leqslant+\infty\end{cases}$$

图 2.1－1　硬球势、矩形势函数和 Sutherland 势函数

(a)硬球势函数；(b)矩形势函数；(c)Sutherland 势函数

在硬球模型中，模拟计算的步骤如下。

(1)确定将要发生碰撞的下一对球，计算碰撞发生的时间。

(2)计算在碰撞时所有球的位置。

(3)确定碰撞后两个相碰球的新速度。

(4)回到(1)，直到结束。

应用动量守恒原理，可以计算两个相碰球的新速度。像硬球模型这样简单的相互作用模型，虽然有许多不足，但为启发人们研究物质的微观性质提供了有益的尝试与探索。

原子间相互作用势模型是，作用在粒子上的力将随着此粒子的位置或和它有相互作用的粒子的位置的变化而改变。应用连续势的首次模拟是 Rahman 在 1964 年将其应用于氩，他也和 Stillinger 在 1971 年首次模拟了液体 H_2O 分子，并对分子动力学方法作出了许多重要的贡献。但是，原子之间的相互作用势研究一直发展缓慢，在一定程度上制约了分子动力学在实际研究中的应用。这是因为相互作用势描述了粒子之间的相互作用，从而决定了粒子间的受力状况，采用的势函数的准确度，将直接影响模拟结果的精确度。

原子间相互作用根据来源可分为经典理论和电子理论。经典理论又可根据使用范围分为原子间作用和分子间作用，根据势函数的形式又可分为对势和对泛函势等。相互作用势分类如图 2.1－2 所示。

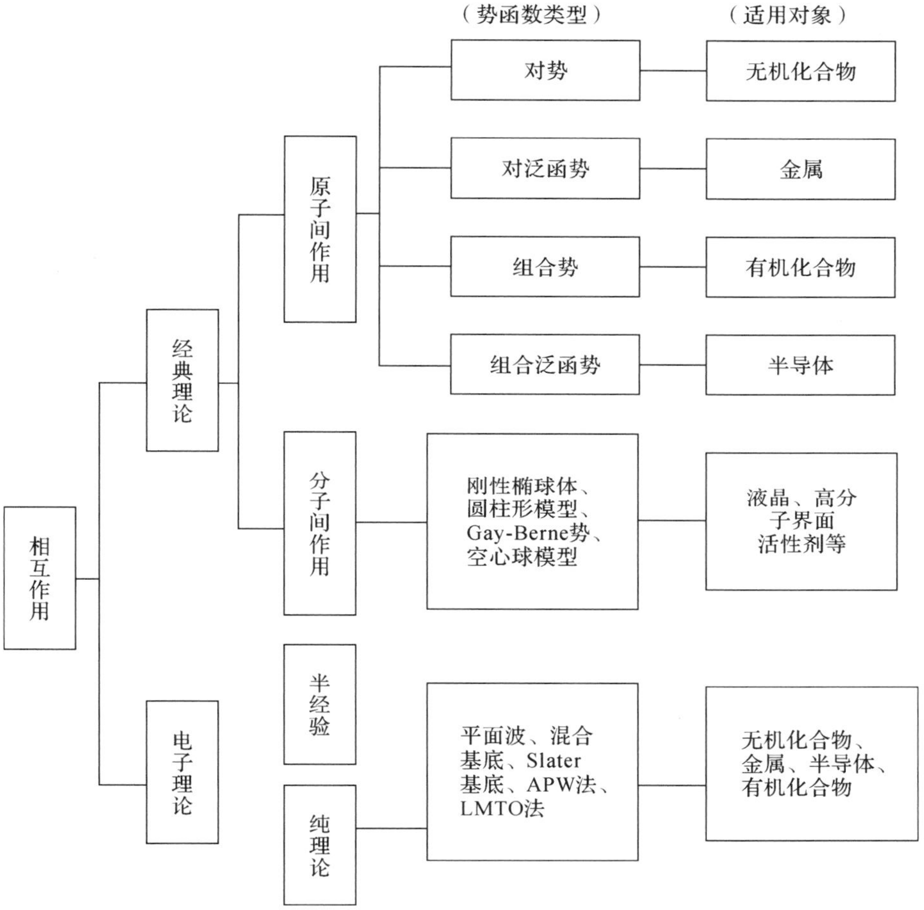

图 2.1－2　相互作用势分类

2.1.2　对势

对势是仅由两个原子的坐标决定的相互作用，这类相互作用势可以较充分地描述除半导体、金属以外的所有的无机化合物中的相互作用。在分子动力学模拟的初期，人们经常采用的是对势。对势认为原子之间的相互作用是两两之间的作用，与其他粒子无关。因此在计算两粒子之间的作用力时，不考虑其他粒子的影响。比较常见的对势有以下几种。

1. Lennard-Jones（L－J）势

$$U_{ij}(r)=\frac{A_{ij}}{r^n}-\frac{B_{ij}}{r^6} \tag{2.1-1}$$

通常 n 取 9～15，特别是基于量子力学微扰理论的极化效应产生的相互作用，可导出

$n=12$，系数 A,B 可由晶格常数和升华热确定，式(2.1-1)可以改写为

$$U_{ij}(r)=4\varepsilon_{ij}\left[\left(\frac{\sigma_{ij}}{r}\right)^{12}-\left(\frac{\sigma_{ij}}{r}\right)^{6}\right] \tag{2.1-2}$$

式中：$\varepsilon_{ij}=\dfrac{B_{ij}^2}{4A_{ij}}$和$\sigma_{ij}=\left(\dfrac{A_{ij}}{B_{ij}}\right)^{1/6}$；$\varepsilon_{ij}$ 表示力的强度的参数；σ_{ij} 表示原子大小的参数。这个形式的势适合惰性气体原子的固体和液体，是为描述惰性气体分子之间相互作用力而建立的，它表达的作用力较弱，描述的材料的行为也就比较柔韧，也有人用它来描述铬、钼、钨等体心立方过渡族金属。

2. Born-Maye 势

Born-Maye 势主要用于处理离子晶体的模拟计算。Born 在提出这个势模型时，设想离子间存在两种作用力，即离子间的长程库仑力和短程排斥力。因此晶体势可以写成

$$E_i=\sum_{\substack{i,j=1\\ i\neq j}}^{N-1}U_{ij} \tag{2.1-3}$$

其中任意两个离子间的势函数为

$$U_{ij}(r_{ij})=\frac{1}{2}\frac{Z_iZ_j}{r_{ij}}+\varphi(r_{ij}) \tag{2.1-4}$$

式中：等号右边第一项为长程库仑势；Z_i，Z_j 为离子的电荷数；r_{ij} 为离子的间距。等号右边第二项为短程排斥势，没有固定的解析表达式。Born-Maye-Huggins 势将这一项写成

$$\varphi(r_{ij})=A_{ij}\exp\left(-\frac{r_{ij}}{\rho}\right)-\frac{C}{r_{ij}^n} \tag{2.1-5}$$

式中：A，C 和 n 是通过计算或对实验值的拟合来确定的参数，对于 NaCl 晶体、正负离子的电荷数为±1。排斥项来自于电子云密度(ρ)和范德华相互作用，可以将排斥力的力程定为最近邻之间的距离，即在两个正负离子之间。于是参数 A，C 和 n 可通过拟合晶体的内聚能和晶格常数的实验值来确定，其内聚能的值主要由长程项决定，短程排斥项的贡献只占11%。可以通过计算体弹模量来检验这个势模型。

另一种考虑方式是，为计算有限体积的固体材料，把表层原子固定在它们的完整晶格点上，或者对一层表面原子加以某种方式的约束。为定义一个自洽模型，把排斥项写成与整体相关的形式，就是在式(2.1-3)的右端加了一个体积依赖项 CV^n，即

$$E=\frac{1}{2}\sum_{\substack{i,j=1\\ i\neq j}}^{N-1}U(r_{ij})+CV^n \tag{2.1-6}$$

式中：V 是晶胞体积；C 和 n 是待拟合的参数。

这一类模型在 20 世纪五六十年代曾被广泛使用，在模拟辐照损伤中的级联碰撞反应中效果很好，但在趋于平衡态的模拟中也遇到其他二体势所遇到的同样问题。另一个严重问题是，对于这种势，没有精确的“表面”的定义，使得样品体积的概念变得模糊不清。因此，这种势被限制在仅用于近似计算中，即设想将一个晶胞的原子嵌入无限大的材料中，然后进行弛豫运算。

3. Morse 势

$$\varphi_{ij}(r_{ij})=A\left[e^{-2\alpha(r_{ij}-r_0)}-2e^{-\alpha(r_{ij}-r_0)}\right] \tag{2.1-7}$$

计算 Morse 势时需要设置 3 个参数：A(eV)为关于相互作用的能量常数；α($\mathrm{\AA}^{-1}$)为相互作用的维数，控制势阱宽度；r_0(Å)为原子间平衡距离。

2.1.3 适应金属的多体势

1982 年以前，人们的注意力主要集中在对势的开发和应用上，这是因为对势简单，模拟容易进行，得到的结果也基本符合宏观的物理规律。但其固有的缺点导致研究无法取得根本性的突破，对势导致了 Cauchy 关系，即 $C_{12}=C_{44}$，而一般金属晶体金属并不满足 Cauchy 关系。因此对势不能准确地描述晶体的弹性性质，其模拟结果只能是定性的。人们在实际的研究中，研究的对象常常是具有较强相互作用的多粒子体系，其中一个粒子状态的变化将会影响到其他粒子的变化，不是简单的两两作用，而是多体相互作用。对势固有的缺陷，使人们探索新的势函数来克服这些缺陷。在 20 世纪八十年代初期多体势开始出现。Daw 和 Baskes 首次提出了嵌入原子法(Embedded Atom Method，EAM)。与此同时，Finnis 和 Sinclair 根据密度函数提出了与 EAM 基本一样的 F－S 势，并详细阐述了如何从实验数据建立该势。

1. 嵌入原子势(Embedded Atom Method，EAM)

EAM 势的基本思想是把晶体的总势能分成两部分：一部分位于晶格点阵上的原子之间的相互作用对势；另一部分是原子镶嵌在电子云背景中的嵌入能，它代表多体相互作用。构成 EAM 势的对势与镶嵌势的函数形式都是根据经验选取的。在嵌入原子法中，晶体的总势能可以表示为

$$U=\sum_i F_i(\rho)+\frac{1}{2}\sum_{j\neq i}\varphi_{ij}(r_{ij}) \tag{2.1-8}$$

式中：第一项 F_i 是嵌入能；第二项是对势项，根据需要可以取不同的形式；ρ 是除第 i 个原子以外的所有其他原子的核外电子在第 i 个原子处产生的电子云密度之和，可以表示为

$$\rho=\sum_{j\neq i} f_j(r_{ij}) \tag{2.1-9}$$

式中：$f_j(r_{ij})$是第 j 个原子的核外电子在第 i 个原子处贡献的电荷密度；r_{ij} 是第 i 个原子与第 j 个原子之间的距离。对于不同的金属，嵌入能函数和对势函数需要通过拟合金属的宏观参数来确定。

2. Finnis 和 Sinclair 势

1984 年，Finnis 和 Sinclair 根据金属能带的紧束缚理论，发展了一种在数学上等同于 EAM 的势函数，并给出了多体相互作用势的函数形式，即将嵌入能函数设为二次方根形式。Ackland 等在此基础上通过拟合金属的弹性常数、点阵常数、空位形成能、聚合能及压强体积关系给出了 Cu，Al，Ni，Ag 的多体势函数。其中式(2.1－8)中的多体项及对势项分别为

$$F_i(\rho)=\sqrt{\rho} \tag{2.1-10}$$

$$\varphi_{ij}(r)=\begin{cases}(r-c)^2(c_0+c_1r+c_2r^2), & r\leqslant c\\ 0, & r>c\end{cases} \tag{2.1-11}$$

式中：c 为截断距离参数；c_0，c_1，c_2 必须通过具体材料的实验参数进行拟合得到。基于 EAM 势的势函数还有很多种，这些多体势大都用于金属的微观模拟。

3. Johnson 的分析型的 EAM 势

Johnson 在 Baskes 等的基础上，将电子密度用一个经验函数来表示，给出了对势和嵌入能的函数形式，通过拟合金属的物理性能参数，建立起势参数与物理参数对应关系的解析表示式，由此导出了特定结构金属及其合金的分析型的 EAM 势。根据 EAM 势的形式，原子系统的总能量为式(2.1-8)，原子的电子密度的分布函数见式(2.1-9)。

要确定 EAM 势需要确定三个函数：嵌入函数 $F(\rho)$、对势函数 $\varphi(r)$ 和原子电子密度分布函数 $f(r)$。Johnson 对特定结构金属设定了具体的函数形式，通过拟合金属的结合能、弹性常数、单空位形成能来确定函数中的待定常数，从而给出了金属与合金的 EAM 势的解析形式，即

$$F(\rho)=-F_0\left[1-n\ln\left(\frac{\rho}{\rho_0}\right)\right]\left(\frac{\rho}{\rho_0}\right)^n \tag{2.1-12}$$

式中：n 可以通过拟合能量-距离关系曲线得到。

对于势函数和电子密度函数，不同的金属则采用不同的函数形式。对 fcc 和 hcp 的金属，则

$$\varphi(r)=\varphi_e\exp\left[-\gamma\left(\frac{r}{r_e}-1\right)\right] \tag{2.1-13}$$

$$f(r)=f_e\exp\left[-\beta\left(\frac{r}{r_e}-1\right)\right] \tag{2.1-14}$$

对 bcc 金属，则

$$\varphi(r)=k_3\left(\frac{r}{r_e}-1\right)^3+k_2\left(\frac{r}{r_e}-1\right)^2+k_1\left(\frac{r}{r_e}-1\right)-k_0 \tag{2.1-15}$$

$$f(r)=f_e\left(\frac{r}{r_e}\right)^\beta \tag{2.1-16}$$

势函数中的所有参数可以由与其对应的物理性质的解析关系式计算出。特别需要指出的是，知道纯金属的势函数后，就可以得到合金体系的势函数，即

$$\varphi^{ab}(r)=\frac{1}{2}\left[\frac{f^b(r)}{f^a(r)}\varphi^{aa}(r)-\frac{f^a(r)}{f^b(r)}\varphi^{bb}(r)\right] \tag{2.1-17}$$

此方法已用于合金的分子动力学研究中。

4. 修正型嵌入原子法(MEAM)

在 EAM 势框架中，电子密度球对称分布的假设在一些情形下已严重偏离实际情况，如 d 电子轨道不满的过渡族(Fe，Co，Ni)元素，金刚石结构的半导体元素及轨道杂化的体系，所得结果与实际差别很大，同时嵌入函数也无法处理 Cr，Cs 等具有 Cauchy 负压的金属和

合金。为了将 EAM 势推广到共价键和过渡金属材料，就需要考虑到电子云的非球形对称。于是，Baskes 等提出了修正型嵌入原子法(MEAM)。Baskes 和 Johnson 对原来的 EAM 势的改进是在保持原来的理论的框架不变，针对原子的电荷密度呈球形对称的假设下进行的，在基体电子密度求和中引入原子电子密度分布的角度依赖因素，对 s,p,d 态电子的分布密度分别进行计算，但电子总密度仍然等于各种电子密度的线性叠加。此外，Jacobsen 等在等效介质原理的基础上提出了另一种多体势函数形式，由于其简单、有效，也得到了广泛的应用。

5. Sutton-Chen 模型

在 Sutton-Chen 模型中，两体排斥势被写成 r^{-n} 的形式，背景电子云密度被写成 r^{-m} 的形式，即

$$\rho_i = \sum_{j=1,j\neq i}^{N} (a/r_{ij})^m \tag{2.1-18}$$

而总的势函数是

$$u_{SC}(r_{ij}) = \varepsilon\left[\sum_{i=1}^{N}\sum_{j=i+1}^{N}(a/r_{ij})^n - c\sum_{i=1}^{N}\rho_i^{\frac{1}{2}}\right] \tag{2.1-19}$$

Sutton-Chen 模型需要确定的势参数有 n,m,c,a,ε 等 5 个。

2.1.4　共价晶体的作用势

1982 年以前，人们的注意力主要集中在对势上，研究已经发现：在一些情况下，对势不能很好地描述原子间的相互作用势，特别是过渡金属、半导体、离子晶体等需要发展新的相互作用势。

1. Stillinger-Weber(S－W)势

对于 Si，Ge 等半导体，其键合强度依赖于周围原子的配置，S－W 势的表达形式之一为

$$U(r,\theta) = \frac{1}{2}\left[\sum_{i,j}V_2(r_{ij}) + \sum_{i,j,k}V_3(r_{ij},r_{ik},\theta_{ijk})\right] \tag{2.1-20}$$

式(2.1－20)中的二体势的具体形式为

$$V_2(r_{ij}) = \begin{cases} A\varepsilon(Br^{-q}-r^{-q})\exp\dfrac{1}{r-a}, & r<a \\ 0, & r>a \end{cases} \tag{2.1-21}$$

式(2.1－21)中的三体势由三个原子间的距离和角度关系构成，具体形式为

$$V_3(r_{ij},r_{ik},\theta_{ijk}) = \varepsilon[h(r_{ij},r_{ik},\theta_{jik}) + h(r_{ji},r_{jk},\theta_{ijk}) + h(r_{ki},r_{kj},\theta_{ikj})] \tag{2.1-22}$$

以等号右边中括号中第一项为例，函数形式为

$$h(r_{ij},r_{ik},\theta_{jik}) = \lambda\exp\left[\gamma\left(\frac{1}{r_{ij}-a}+\frac{1}{r_{ik}-a}\right)\right]\left(\cos\theta_{ijk}+\frac{1}{3}\right)^2 \cdot [(a-r_{ij})(a-r_{ik})] \tag{2.1-23}$$

式中：$[(a-r_{ij})(a-r_{ik})]$是阶跃函数，即只有当 $r<a$ 时成立，否则 $h=0$。

2. Abell-Tersoff 势

Abell 根据赝势理论提出了共价键结合的原子间作用势，它的基本函数为 Morse 势，根

据键合强度与配位数的关系来构造，此函数可表示为

$$U = \sum_{i<j}\sum f_c(r_{ij})[A_{ij}\exp(-\lambda_{ij}r_{ij}) - b_{ij}\exp(-\mu_{ij}r_{ij})] \tag{2.1-24}$$

式中：r_{ij} 为原子 i 和原子 j 的距离；$f_c(r_{ij})$ 是相互作用中断函数，可表示为

$$f_c(r_{ij}) = \begin{cases} 1, & r_{ij} < R_{ij} \\ 0.5+0.5\cos\dfrac{\pi(r_{ij}-R_{ij})}{S_{ij}-R_{ij}}, & R_{ij} \leqslant r_{ij} \leqslant S_{ij} \\ 0, & r_{ij} < S_{ij} \end{cases} \tag{2.1-25}$$

b_{ij} 是表示键合强度，是表现多体效应的因子，由下式表示：

$$b_{ij} = B_{ij}{}^{ij}(1+\beta_i^{n_i}\zeta_{ij}^{n_i})^{-\frac{1}{2n_i}} \tag{2.1-26}$$

$$\zeta_{ij} = \sum f_c(r_{ik})g(\theta_{ijk}) \tag{2.1-27}$$

$$g(\theta_{jik}) == 1+\left(\frac{c_i}{d_i}\right)^2 - \frac{c_i^2}{d_i^2+(h_i-\cos\theta_{ijk})^2} \tag{2.1-28}$$

式中：θ_{ijk} 是$(i—j)$键与$(i—k)$键之间的键角；β_i，n_i，c_i，d_i，h_i 均是待定系数。C，Ge，Si 的相应参数值可以由表 2.1-1 给出。

表 2.1-1　Abell-Tersoff 势参数

参 数	碳(C)	硅(Si)	锗(Ge)
A/eV	$1.393\,6\times10^3$	$1.830\,8\times10^3$	1.769×10^3
B/eV	$3.467\,0\times10^3$	$4.711\,8\times10^3$	$4.192\,3\times10^2$
λ/A^{-1}	3.487 9	2.479 9	2.445 1
μ/A^{-1}	2.211 9	1.738 2	1.704 7
β	$1.572\,4\times10^{-7}$	1.100×10^{-6}	$9.016\,6\times10^{-7}$
n	$7.257\,1\times10^{-1}$	$7.873\,4\times10^{-1}$	$7.562\,7\times10^{-1}$
c	$3.804\,9\times10^4$	$1.003\,9\times10^5$	$1.064\,3\times10^5$
d	4.384	16.21 7	15.65 2
h	−0.570 58	−0.598 25	−0.438 84
R/A	1.8	2.7	2.8
S/A	2.1	3.0	3.1
χ	$\chi_{C-Si}=0.977\,6$		$\chi_{Si-Ge}=1.000\,61$

2.1.5　无机巨分子物质的势函数

在无机小分子和有机化合物分子中，化学键存在于特定的原子之间，相同的分子具有完全相同的化学结构，不能随意变化。除立体异构体外，不同的化合物具有不同的化学键结构。但是。各种离子化合物、氧化物、硅酸盐、硼酸盐、铝硅酸盐等无机巨分子物质，同一种物质具有不同的化学键结构，与无机小分子和有机分子存在巨大的区别。因此，建立在无机小分子和有机化合物分子基础之上的分子势函数，并不适用于无机巨分子物质。

1. 共价巨分子固体、玻璃体、熔融体的势函数

在水泥、玻璃、陶瓷、耐火材料等产业，以及地球物理化学等科学领域，硅酸盐、硼酸盐、铝硅酸盐等物质起着极其重要的作用。但除了所包含的少部分结晶体外，这类物质主要由具有近程有序、长程无序的复杂结构的物质组成。这类物质的相互作用模型，与小分子物质有很大的区别。首先，构建小分子物质时所广泛使用的定域化学键分子模型不再适用。以硅酸盐为例，硅氧四面体结构虽然广泛存在，但硅氧四面体周围的化学环境却可以在很大的范围内发生变化。因此，硅酸盐的力场模型中，不能完全使用定域键模型。同时，采用有效的两体势的近似效果也不佳。目前，常用的方法是利用 O－Si－O 三体势。三体势可以有许多形式：

$$u_{jik}=\frac{k}{2}(\theta_{jik}-\theta_0)^2\exp[-(r_{ij}^8+r_{ik}^8)/\rho^8] \tag{2.1-29}$$

$$u_{jik}=\frac{k}{2}(\theta_{jik}-\theta_0)^2\exp[(-r_{ij}-r_{ik})/\rho] \tag{2.1-30}$$

在构建硼酸盐玻璃模型时，常用四体势模型有

$$u(\phi_{jikn})=\frac{k}{2}(\phi_{jikn}-\phi_0)^2 \tag{2.1-31}$$

四体势是近程力，作用范围为 3 Å 左右。同时，四体势的计算量与 N' 成正比，必须利用特殊的算法，否则会因计算量太大而无法求解。即使这样，多体势函数模型仍只应用于特定的场合。

与定域化学键模型不同，三体势、四体势等多体势，相互作用的原子间并没有固定的化学键，因此，允许相互作用的 3 个或多个原子与周围原子发生交换反应，这与硅酸盐熔体中发生的过程类似。这些特点使多体势可以较好地近似为硅酸盐等近程有序、长程无序的结构。

2. 离子化合物固体和熔融体的势函数

与硅酸盐等类似，离子化合物固体和熔融体允许原子间存在有缺陷的化学键，不能利用与小分子物质类似的势函数。因此，常把各种卤化物、复卤化物、氧化物、复氧化物等近似成由卤素离子、氧离子、金属离子等基本结构单元组成的物质。这些基本结构单元之间没有固定的化学键，但却有类似分子间的相互作用。这些基本单元间的势函数常被表示成两体势、三体势、四体势等各种势能之和。

描写离子化合物的最古老的势函数是 Born 势函数。Born 把势函数严格限制为两体势函数，每一对离子间的相互作用又被分解为长程的库仑势和近程的排斥势，即

$$u_{\mathrm{Born}}(r_{ij})=\frac{1}{4\pi\varepsilon_0}\frac{q_iq_j}{r_{ij}}+\frac{A}{r_{ij}^n} \tag{2.1-32}$$

在最简单的模型中，用离子的氧化数近似离子的电荷，势函数只有两个参数（A 和 n）需要确定。在实际构建势函数时，不但要调整排斥项的势函数，同时也需要调整库仑项中的离子电荷数，以取得更好的近似效果。除了 Born 势函数外，Fumi－Tosi 势函数也很常用，即

$$u_{\mathrm{FT}}(r_{ij})=\frac{1}{4\pi\varepsilon_0}\frac{q_iq_j}{r_{ij}}+b\exp[B(\alpha_{ij}-r_{ij})]-\frac{C_{ij}}{r_{ij}^6}+\frac{D_{ij}}{r_{ij}^8} \tag{2.1-31}$$

2.1.6 常用力场及其分类

势函数(在分子力学中常称为力场)是分子力学和分子动力学中非常重要的量,分子模拟的结果与力场的形式有关。选取合适的力场对于获得准确的结果是非常必要的。分子的总能量为分子的动能与势能的和,分子的势能可以表示为原子核坐标的函数。如可以将双原子的分子 AB 的振动势能表示为 A 与 B 之间键长的函数,即

$$U(r)=\frac{1}{2}k\ (r-r_0)^2 \tag{2.1-32}$$

式中:k 为弹力常数;r 为键长;r_0 为平衡键长。

这样以简单数学形式表示的势能函数称为力场。经典力学的分子模拟以力场为依据,力场的准确与否决定了模拟的结果正确与否。对复杂的分子体系,总势能包括各种类型的势能的和,一般地,可以将体系的势能表示为分子内的作用和分子间的作用之和。分子内的作用能包括键伸缩势能、键角弯曲势能、双面角扭曲势能。分子间作用能包括库仑静电势能和范德华非键势能。一般来说,引入的各种相互作用势成分越多,与实验结果符合得越好,但会给各参数的确定带来困难。

总势能=键伸缩势能+键角弯曲势能+双面角扭曲势能+离平面振动势+库仑静电势能+范德华非键势能,用符号可表示为

$$U=U_b+U_\theta+U_\varphi+U_\chi+U_{\mathrm{el}}+U_{\mathrm{nb}} \tag{2.1-33}$$

式中:U_b 为伸缩势能。化学键的键长并非固定不变,而是在其平衡位置附近振动,描述这种作用的势能称为键伸缩势能。键伸缩势能的一般表达式为

$$U_b=\frac{1}{2}\sum_i k_b\ (r_i-r_i^0)^2 \tag{2.1-34}$$

式中:k_b 为键伸缩的弹力常数;r_i,r_i^0 分别表示第 i 个键长及其平衡键长;U_θ为弯曲势能,分子中连续键结的三原子形成键角,但键角也不是固定不变的,而是在平衡值附近呈小幅度的振荡,描述这种作用的势能叫键角弯曲势能。键角弯曲势能的一般表达式为

$$U_\theta=\frac{1}{2}\sum_i k_\theta\ (\theta_i-\theta_i^0)^2 \tag{2.1-35}$$

式中:k_θ为键角弯曲的弹力常数;θ_i,θ_i^0 分别表示第 i 个键的键角及其平衡键角的角度。

U_φ为双面角扭曲势能,分子中连续键结的 4 个原子形成双面角。一般分子中的双面角易扭曲,描述双面角扭转的势能称为双面角扭曲势能。双面角扭曲势能的一般表达式为

$$U_\varphi=\frac{1}{2}\sum_i[V_1(1+\cos\varphi)+V_2(1+\cos2\varphi)+V_3(1+\cos3\varphi)] \tag{2.1-36}$$

式中:V_1,V_2,V_3为双面角扭曲项的弹力常数;φ 为双面角的角度。

U_χ为离平面振动势,分子中有些部分的原子有共平面的倾向,通常共平面的原子会离开平面作小幅度的振动,描述这种振动的势能称离平面振动势。离平面振动势的一般表达式为

$$U_\chi=\frac{1}{2}\sum_i k_\chi\ (\chi)^2 \tag{2.1-37}$$

式中：k_χ 为离平面振动项的弹力常数；χ 为离平面振动的位移。

U_{el} 为库仑静电势能，分子中的原子若带有部分电荷，则原子与原子间存在静电吸引或排斥作用，描述这种作用的势能项为库仑静电势能。库仑静电势能的一般表达式为

$$U_{el}=\sum_{i,j}\frac{q_i q_j}{4\pi\varepsilon r_{ij}} \tag{2.1-38}$$

式中：q_i，q_j 为分子中第 i 和 j 个离子所带的电荷；r_{ij} 表示第 i 和 j 个离子的距离；ε 为有效介电常数。

U_{nb} 为范德华非键势能，在分子力场中若 A，B 二原子属于同一分子但其间隔多于两个连结的化学键，或者二原子属于两个不同的分子，则这两个原子间的作用力的势能为范德华非键势能。范德华非键势能：一般力场中所有距离相隔两个键长以上的原子对，或者属于不同分子的原子对间都需要考虑范德华作用。单原子、分子对间一般用 Lennard-Jones（L－J）势能，即

$$U(r)=4\varepsilon\left[\left(\frac{\sigma}{r}\right)^{12}-\left(\frac{\sigma}{r}\right)^{6}\right] \tag{2.1-39}$$

式中：r 为原子对间的距离；ε，σ 为势能参数。

不论力场为何种形式，包含有多少参数，重要的是力场中的参数和形式具有可传递性，即不同的分子如果包含相同的键结构形式，则这些键的势能具有相同的势能形式和参数。要拟合力场，不仅需要确定函数的形式，而且需要确定函数中的参数。然而，使用相同的函数形式、不同参数的力场与使用不同函数形式的力场可以给出可比拟的精度。力场应该是一个整体，不能够严格划分为几个独立的部分。分子模拟中所使用的力场主要是为结构特性所设计的，但可以用来预测分子的其他性质，一般的力场很难准确预测分子谱。

经典的分子力场分类（按照特征）如下。

（1）全原子力场：AMBER 力场、CHARMM 力场、OPLS－AA 力场；

（2）联合原子力场：GROMOS 力场、OPLS－UA 力场；

（3）粗粒度力场：Martini 力场。

从全原子力场，到联合原子力场，再到粗粒度力场，模型的抽象程度提高，复杂程度降低，有利于更有效地模拟更大的分子体系，实现更长的实际世界演化时间，这是有利的一面。同时，随着模型抽象程度的提高，失去了越来越多的细节，离开真实体系越来越远，降低了模型的精确程度，这是不利的一面。

分子力场分类（按照发展历程、应用范畴）如下。

不同的分子力场会选取不同的函数形式来描述能量与体系构型之间的关系。不同的科研团队设计了很多适用于不同体系的力场函数。根据选择的函数和力场参数，力场分为以下几类。

（1）传统力场：MM，AMBER，CHARMM，CVFF。

（2）第二代力场：CFF，COMPASS，MMF94。

（3）通用力场：ESFF，UFF，Dreiding。

1.传统力场

(1)MM 力场。MM 力场为美国乔治亚大学 Allinger 等所发展的,依其发展的先后顺序分别称为 MM2,MM3,MM4,MM^+ 等。MM 力场将一些常见的原子细分,如碳原子,包括 sp^3,sp^2,sp,酮基碳、环丙烷碳、碳自由基、碳阳离子等。这些不同形态的碳原子具有不同形式的力场常数。MM 力场适用于各种有机化合物、自由基、离子,可以得到精确的构型、结构性能,不同的热力学性质、振动光谱等。

$$U=U_{\mathrm{nb}}+U_b+U_\theta+U_\varphi+U_\chi+U_{\mathrm{el}}+U_{\mathrm{cross}} \tag{2.1-40}$$

式中:等号右边各项的形式如下:

$$U_{\mathrm{nb}}(r)=a\varepsilon\cdot \mathrm{e}^{-c\sigma/r}-b\varepsilon\,(\sigma/r)^6 \tag{2.1-41}$$

$$U_b(r)=\frac{k}{2}(r-r_0)^2[1-k'(r-r_0)-k''(r-r_0)^2-k'''(r-r_0)^3] \tag{2.1-42}$$

$$U_\theta(\theta)=\frac{k_\theta}{2}(\theta-\theta_0)^2[1-k'_\theta(\theta-\theta_0)-k''_\theta(\theta-\theta_0)^2-k'''_\theta(\theta-\theta_0)^3] \tag{2.1-43}$$

$$U_\varphi(\varphi)=\sum_{n=1}^{3}\frac{V_n}{2}(1+\cos n\varphi) \tag{2.1-44}$$

$$U_\chi(\chi)=k(1-\cos 2\chi) \tag{2.1-45}$$

$$U_{\mathrm{el}}=\sum_{i,j}\frac{q_i q_j}{4\pi\varepsilon r_{ij}} \tag{2.1-46}$$

U_{cross}为交叉作用项。

系列分子力场的 MM1 的势能函数简单、力场参数不多、预报精度不高、应用范围和影响不大。但是,该系列力场的第二版 MM2 已经相当成熟,预报精度有了很大的提高,在当时的应用范围和影响巨大。第三版 MM3,已经是一个非常复杂又高度成熟的分子力场。该系列力场的最新版是第四版 MM4。与 MM3 相比,MM4 又增加了多项复杂的交叉相互作用,对分子振动频率的预报精度有了较大的提高。因此,MM4 仍然是最具影响力、使用最广泛的分子力场之一。

不同于许多主要用于 MD 模拟的分子力场,MM 系列分子力场的主要应用领域一直是分子力学,其最显著特点包括两个方面:一方面是对分子结构、生成焓、振动频率等的预报精度高;另一方面是适用的分子范围广泛,几乎包括所有常见的有机分子类型。

与其他大多数分子力场一样,MM 系列分子力场根据原子形成化学键时的杂化类型、结构以及与之成键的原子类型(即原子在分子中所处的化学环境)分类原子,确定适用的势函数及其参数。与其他许多分子力场不同的是,MM 系列分子力场利用数字序号表示原子类型,而不是标识符。同时,为了精确描述特定原子在化学环境发生细微区别时势函数的区别,MM 系列分子力场中原子类型较其他类型的分子力场更多。其中,O 原子和 N 原子的类型特别多,但 H 原子的类型并不是很多。例如,MM2 分子力场中只有 75 种原子类型,但 MM3 分子力场中则已经增加到 149 种原子类型。

MM1 和 MM2 只有相对简单的势函数,一般不包括交叉项或耦合项,如 MM2 中只包含一个伸缩-弯曲交叉项。这样的势函数虽然基本不会影响对内部张力较小的大多数分子的构型预报正确性，但对张力较大的分子构型的预报以及振动频率的预报，正确性相对较差。因此，MM3 增加到 9 种类型的势函数，它们分别是键伸缩势、键角弯曲势、双面角扭曲势、离面弯曲势、Van der Waals 相互作用势和静电相互作用势，以及键伸缩-弯曲势、双面角扭曲-伸缩势、键角弯曲-弯曲势等交叉项。

在 MM4 中，又新增加了伸缩-伸缩势、双面角扭曲-键角弯曲势、键角弯曲-扭曲-弯曲势、扭曲-扭曲势、扭曲-赝扭曲势、赝扭曲-扭曲-赝扭曲势等交叉项，同时，MM3 中的离面弯曲势被赝扭曲势取代。

(2)AMBER 力场。AMBER 力场适用于较小的蛋白质、核酸、多糖等生化分子。该力场可以得到合理的气态分子的几何结构、构形能和振动频率。参数来自于计算结果和实验值的对比。该力场的标准形式为

$$U = \sum_i k_{bi}\ (r - r_0)^2 + \sum_i k_{\theta i}\ (\theta_i - \theta_0)^2 + \sum_i \frac{1}{2} V_0 [1 + \cos(n\varphi_i - \varphi_0)] +$$
$$\sum_i \varepsilon \left[\left(\frac{\sigma}{r_i}\right)^{12} - 2\left(\frac{\sigma}{r_i}\right)^6 \right] + \sum_{i,j} \frac{q_i q_j}{4\pi\varepsilon r_{ij}} + \sum_i \left(\frac{c_{ij}}{r_{ij}^{12}} - \frac{D_{ij}}{r_{ij}^{10}} \right) \tag{2.1-47}$$

式中：r，θ，φ 分别为键长、键角与双面角；等号右边第四项为范德华作用项；等号右边第五项为静电作用项；等号右边第六项为氢键作用项。

(3)CHARM 力场。CHARM 力场由哈佛大学研究，此力场参数来自计算结果和实验值的比较，适用于小的有机分子、溶液、聚合物、生化分子等，除了有机金属分子外，大都可得到与实验相近的结构、作用能、振动频率、自由能。

(4)CVFF 力场。CVFF 力场由 Dauber Osguthope 等发展起来。该力场最初以生化分子为主，后来经过不断发展，可适用于多肽、蛋白质和大量的有机分子，可以准确地计算体系的结构和结合能，能够给出合理的构型能和振动频率。

2. 第二代力场

第二代力场的形式比传统力场的形式复杂，需要大量的力常数，其目的是能够精确计算分子的各种性质，如结构、光谱、热力学性质、晶体特性等。其力常数的导出除了引用了大量的实验数据外，还参照了精确的量子计算结果。第二代力场适用于有机分子或不含过渡金属元素的分子体系。

第二代力场因其参数的不同分为 CFF91，CFF95，PCFF 与 MMFF93 等。

其中，CFF91，CFF95，PCFF 称为一致性力场。CFF91 力场适用于碳氢化合物、蛋白质、蛋白质配位基的相互作用，也可用于研究小分子的气态结构、振动频率、构形能、晶体结构。CFF91 力场包含 H，Na，Ca，C，Si，N，P，O，S，F，Cl，Br，I，Ar 等原子的参数。PCFF 力场由 CFF91 力场衍生而出，适合于聚合物和有机物。除了 CFF91 力场的参数外，PCFF 力场还包含 He，Ne，Kr，Xe 等惰性气体原子和 Li，K，Cr，Mo，W，Fe，Ni，Pd，Pt，Cu，Ag，Au，Al，Sn，Pb 等金属原子的力场参数。CFF95 力场由 CFF91 扩展而来，针对如多糖类，聚碳酸酯等生化分子与有机聚合物，比较适合生命科学。此力场包含卤素原子和 Li，Na，K，Rb，

Cs，Mg，Ca，Fe，Cu，Zn 等金属原子的力场参数。

MMFF93 力场为美国的 Merck 公司针对有机药物设计的，此力场引用量子计算结果为依据，采用 MM2，MM3 力场形式，应用于固态或液态的小型分子体系，可得到准确的几何结构、振动频率和多种热力学性质。

3. 通用力场

为使力场能广泛适用于整个周期表元素，发展了从原子角度为出发点的力场，其原子的参数来自实验或理论的计算，具有明确的物理意义。以原子为基础的力场包括 ESFF，UFF（Universal Force Field）和 Dreiding 力场等。ESFF 力场可用于预测气态和凝聚态的有机分子、无机分子、有机金属分子系统的结构。Dreiding 力场可用于计算分子的结构和各种性质，但其力场未包含周期表中的所有元素。UFF 力场可用于周期表中所有的元素，即适用于任何分子和原子体系。

2.1.7 分子间作用势

关于液晶、界面活性剂、有机高分子等科学的研究，在基础和应用方面都引起了科学家的兴趣。若用分子动力学来模拟这些"软"物质，就要处理几万个甚至几十万个原子之间的相互作用，这样计算量就会非常大。为了克服这些困难，人们提出了分子间模型势。将分子整体看作一个刚性椭圆体或者柱形模型，把分子作为由若干个联合原子构成的所谓空心颗粒模型。在刚性椭圆体的情况下，假设分子内的原子数目为 M 个，则使用分子间模型势使得计算速度提高 M^2 倍。而在空心模型的情况下，若用 L 个空心颗粒来代替由 M 个原子构成的分子，其计算速度将提高 $(M/L)^2$ 倍。

1. Gay-Berne 势

Gay-Berne 势采用旋转椭球体表示分子，其势函数形式具有 L－J 势的形式，参数具有各向异性，其势函数为

$$U_{ij}(r_{ij},e_i,e_j)=4\varepsilon\left[\left(\frac{\sigma_0}{r_{ij}-\sigma+\sigma_0}\right)^{12}-\left(\frac{\sigma_0}{r_{ij}-\sigma+\sigma_0}\right)^{6}\right] \tag{2.1-48}$$

式中：σ，ε 分别为对应分子大小和力强度的参数，即

$$\sigma=\sigma_0\left[1-\frac{1}{2}\frac{(r_{ij}\cdot e_i+r_{ij}\cdot e_j)^2}{1+(e_i\cdot e_j)}+\frac{(r_{ij}\cdot e_i-r_{ij}\cdot e_j)^2}{1-(e_i\cdot e_j)}\right]^{-1/2} \tag{2.1-49}$$

$$\varepsilon=\varepsilon_0\sqrt{1+^2(e_i\cdot e_j)^2}\left[1-\eta\frac{(r_{ij}\cdot e_i+r_{ij}\cdot e_j)^2}{1+\eta(e_i\cdot e_j)}+\frac{(r_{ij}\cdot e_i-r_{ij}\cdot e_j)^2}{1-\eta(e_i\cdot e_j)}\right] \tag{2.1-50}$$

式中：r_{ij} 为分子重心之间的距离；$\boldsymbol{e}_i$ 和 $\boldsymbol{e}_j$ 分别为描述分子 i 和 j 取向的单位矢量；r_{ij} 为连接分子 i，j 中心连线方向的单位矢量。

$$\chi=\frac{(\sigma_e/\sigma_s)^2-1}{(\sigma_e/\sigma_s)^2+1} \tag{2.1-51}$$

式中：χ 为形状各向异性参数，对球形粒子 $\chi=0$，对无限长的棒为 1，对无限薄的盘为 -1，典型的 σ_0 设置为等于 σ_s。σ_e 为长轴的长度，σ_s 为短轴的长度。

$$\eta=\frac{\sqrt{V_{s-s}}-\sqrt{V_{e-e}}}{\sqrt{V_{s-s}}+\sqrt{V_{e-e}}} \tag{2.1-52}$$

式中：V_{s-s}为分子并排时的相互作用强度；V_{e-e}为纵排时的相互作用强度。

G－B(Gay-Berne)分子间势模型的示意图如图 2.1－3 所示。

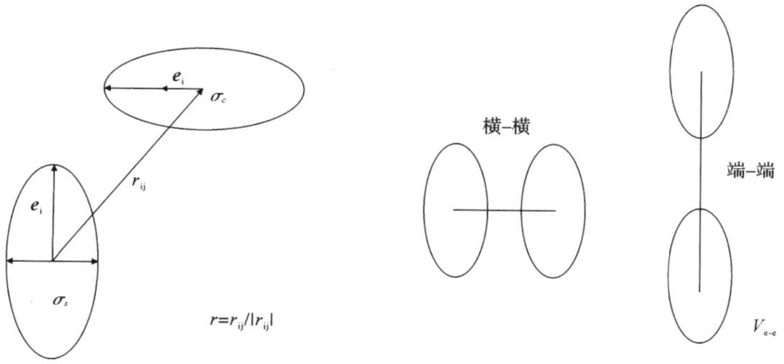

图 2.1－3　G－B **分子间势模型的示意图**

2. 空心颗粒模型

空心颗粒模型有两种情况，一是使用内部自由度冻结的刚体空心颗粒模型[见图 2.1－4(a)]，二是用弹簧连接于联合原子间的弹簧空心颗粒模型[见图 2.1－4(b)]。连接联合原子之间的弹簧势函数为

$$V=\frac{1}{2}k\ (r-r_0)^2 \tag{2.1-53}$$

式中：k 为弹性系数；r_0为平衡距离。

空心颗粒之间的相互作用势可采用 L－J 势和库仑势。

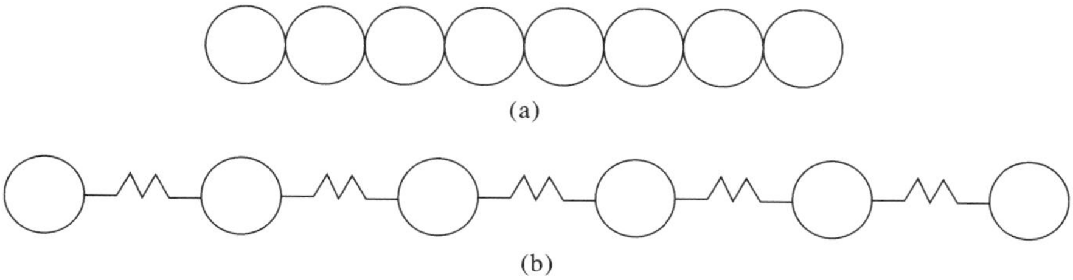

图 2.1－4　**刚球线性分子间势模型**

(a)刚体空心颗粒模型；(b)弹簧空心颗粒模型

2.1.8　第一性原理原子间相互作用势

在前面的对势和经验多体势的讨论中，可以看到其优点是函数形式简单、使用方便，在大多数的势函数的构造中，用实验值拟合原子间相互作用势是一种普遍的方法，该方法可以根据需要选择势函数的形式，但这种势的缺点是势过分地依赖函数形式，而函数形式只对一定的材料和结构才适用，原子尺度上准确的实验数据很少，在一些材料的结构和性能都未知的情况下得到势函数几乎是不可能的。所幸的是目前这一缺憾可以通过第一性原理的方法

解决，特别是近30年来密度泛函理论得到了充分的发展，其准确性、高效性以及计算能力的提高已经使得准确的原子间相互作用成为可能。

有研究发展了第一性原理原子间相互作用势反演势，并成功用于材料模拟中。晶体的结合能$E(x)$一般可以表示为原子间相互作用势的无穷求和，即

$$E(x) = \frac{1}{2}\sum_{i\neq j}\varphi_1(R_{ij}) + \frac{1}{6}\sum_{\substack{k\neq i\neq j \\ j\neq k}}\varphi_2(R_{ijk}) + \frac{1}{24}\varphi_3(R_{ijkl}) + \cdots \tag{2.1-54}$$

式(2.1-54)等号右边的第一项为二体势项，第二项为三体势项，第四项为四体势项……在很多情况下，二体势项对结合能的贡献占主导地位。

从第一性原理结合能曲线出发，运用三维晶格反演方法可以严密地导出原子间相互作用势。以同种原子构成的晶体为例说明，设从第一性原理计算出的晶体结合能函数为

$$E(x) = \frac{1}{2}\sum_{n=1}^{+\infty} r_0(n)\varphi[b_0(n)x] \tag{2.1-55}$$

式中：x为原子间最近邻距离；$r_0(n)$为n级近邻配位数；$b_0(n)$是n级近邻到参考原子的距离；$\varphi(x)$为对势函数。通过$\{b_0(n)\}$的自乘即得$\{b(n)\}$。$\{b(n)\}$可认为构成乘法半群。这时有

$$E(x) = \frac{1}{2}\sum_{n=1}^{+\infty} r(n)\varphi[b_0(n)x] \tag{2.1-56}$$

式中：

$$r(n) = \begin{cases} r_0(b_0^{-1}[b(n)]), & b(n)\in\{b_0(n)\} \\ 0, & b(n)\notin\{b_0(n)\} \end{cases} \tag{2.1-57}$$

由此即得反演出的原子间相互作用势普遍公式为

$$\varphi(x) = 2\sum_{n=1}^{+\infty} I(n)E[b(n)x] \tag{2.1-58}$$

式中：$I(n)$满足

$$\sum_{b(d)\mid b(n)} I(d)rb^{-1}\left[\frac{b(n)}{b(d)}\right] = \delta_{nI} \tag{2.1-59}$$

式中：求和号下的$b(d)\mid b(n)$表示对所有$b(n)$的因子$b(d)$求和。异种原子间相互作用势的问题可以通过这一方法解决。

势的函数形式和参数具有传递性是力场的重要特征之一。可传递性就意味着：相同的一套参数可以用来模拟一系列同类其他分子的性质，而不必每一种分子各自用一套参数。直接从第一性原理出发构造原子间相互作用势的方法很多，如紧束缚近似、反演方法、有效介质理论方法、LSDA、ab initio 等，但从第一性原理出发的势函数的构造都需要精确计算材料的结合能(总能)随晶格常数变化的能量曲线，或是精确计算能带结构，然后根据能量曲线或能带结构拟合原子间的相互作用势。

2.2 系综原理

系综(Ensemble)是统计力学的一个概念,它是由吉布斯于 1901 年创立的。分子动力学所研究的对象是多粒子体系,但由于受计算机内存和计算速度的限制,模拟的系统的粒子数目是有限的,但统计物理的规律仍然成立,因此计算机模拟的多粒子体系用统计物理的规律来描述。

系综是一个巨大的系统,由组成、性质、尺寸和形状完全一样的全同体系构成数目极多的系统的集合,其中每个系统各处在某一微观运动状态,而且是各自独立的。微观运动状态在相空间(广义坐标和广义动量构成的空间称为相空间)中构成一个连续的区域,与微观量相对应的宏观量是在一定的宏观条件下所有可能的运动状态的平均值。任意的微观量 $A(p,q)$ 的宏观平均可表示为

$$\overline{A}=\frac{\int A(p,q)\rho(p,q,t)d^{3N}q\,d^{3N}p}{\int\rho(p,q)d^{3N}q\,d^{3N}p} \tag{2.2-1}$$

式中:N 为系统的粒子总数;q 和 p 为广义坐标和广义动量;ρ 为权重因子。

分子动力学和 MC 模拟方法中包括平衡态和非平衡态模拟。根据研究对象的特性,主要的系综有微正则系综(NVE)、正则系综(NVT)、等温等压系综(NPT)、等焓等压系综(NPH)等。

采用分子动力学模拟时,必须要在一定的系综下进行,经常用到的系综包括微正则系综、正则系综、等温等压系综和等温等焓系综。

2.2.1 微正则系综

微正则系综,又称 NVE 系综,它是孤立的、保守的系统的统计系综。在这种系综中,体系与外界不交换能量,体系的粒子数守恒,体系的体积也不发生变化,系统沿着相空间中的恒定能量轨道演化。

在分子动力学模拟中,通常用时间平均代替系综平均,即

$$\overline{A}=\lim_{t'\to+\infty}\frac{1}{t'-t_0}\int_{t_0}^{t'}A[r^N(t),p^N(t),V(t)]\mathrm{d}t \tag{2.2-2}$$

在微正则系综中,轨道(坐标和动量轨迹)在一切具有同一能量的相同体积内经历相同的时间,则轨道平均等于微正则系综平均,即

$$\overline{A}=\langle A\rangle_{\mathrm{NVE}} \tag{2.2-3}$$

孤立系统的总能量是守恒量,沿着分子动力学模拟的相空间中的任一轨道的能量保持不变,即 $H=E$ 是个常量。而孤立体系的动能 E_k 和势能 U 不是守恒量,而是沿着轨迹变化的,因此有

$$\overline{E}_k=\lim_{t'\to+\infty}\frac{1}{t'-t_0}\int_{t_0}^{t'}E_k[v(t)]\mathrm{d}t \tag{2.2-4}$$

$$\overline{U}=\lim_{t'\to+\infty}\frac{1}{t'-t_0}\int_{t_0}^{t'}U[r(t)]\mathrm{d}t \tag{2.2-5}$$

动能是不连续的，因此需要在各个间断点上计算动能的值来求平均，即

$$\overline{E}_k = \frac{1}{n-n_0}\sum_{\mu>n_0}^{n}\left[\frac{1}{2}\sum_i m\ (v_i^2)^{\mu}\right] \tag{2.2-6}$$

势能的平均值为

$$\overline{U} = \frac{1}{n-n_0}\sum_{\mu>n_0}^{n}U^{\mu} = \frac{1}{n-n_0}\sum_{\mu>n_0}^{n}\left[\sum_{i<j}u(r_{ij}^{u})\right] \tag{2.2-7}$$

由于势能被截断，总能量和势能就含有误差，应该尽可能地修正这个误差，通过计算对关联函数确保截断距离满足误差的要求。

粒子的运动服从经典力学原理，因此，我们既可以知道系统的动力学性质，又可以了解系综的平衡性质，这是分子动力学模拟方法优于 MC 模拟方法之处。微正则系综中的能量与体积守恒的限制给模拟计算带来了便利。

在进行对微正则系综的 MD 模拟时，首先要确定采用的相互作用模型。假定一个不受外力作用的孤立的多粒子体系，其粒子间的相互作用位势是球对称的，则其哈密顿量写为

$$H = \sum_i \frac{P_i^2}{2m_i} + \sum_{i<j}u(r_{ij}) \tag{2.2-8}$$

式中：r_{ij}是第 i 粒子与第 j 粒子的距离。由系统的哈密顿量导出牛顿运动方程组，即

$$\frac{\mathrm{d}^2 r_i(t)}{\mathrm{d}t^2} = \frac{1}{m}\sum_{i<j}F_i(r_{ij}) \quad (i=1,2,\cdots,N) \tag{2.2-9}$$

在模拟过程中特别是模拟的初始阶段，系统的温度是一个重要的物理量。由能均分定理，粒子在空间坐标的每个方向上的平均动能为

$$\frac{1}{2}m v_i^2 = \frac{3}{2}k_{\mathrm{B}}T \tag{2.2-10}$$

因此，体系的动能为

$$\overline{E}_k = \frac{3}{2}Nk_{\mathrm{B}}T \tag{2.2-11}$$

一般来说，给定能量的精确初始条件是无法知道的，为了把系统调节到给定的能量，先给出一个合理的初始条件，然后对能量进行增减，直至系统达到所要到达的状态为止。能量的调整一般是通过对速度进行特别的标度来实现的。这种标度可以使系统的速度发生很大的变化。为了消除可能带来的效应，必须给系统足够的时间以再次建立平衡。其具体步骤为：①解运动方程，给出一定时间步的结果；②计算体系的动能和势能；③观察体系的总能量是否为恒定值，如总能量不等于给定值，则通过调节速度来实现，即将速度乘以一个标定因子 η，$\eta v_i^{(n+1)} \to v_i^{(n+1)}$，总动能为

$$\frac{1}{2}\sum_i m_i v_i^2\left(t+\frac{h}{2}\right) = \frac{\eta^2}{2}\sum_i m_i v_i^2\left(t+\frac{h}{2}\right) = \frac{g}{2}k_{\mathrm{B}}T \tag{2.2-12}$$

式中：g 为总自由度数。标度因子近似为

$$\eta = \left[\sum_i m_i v_i^2\left(t+\frac{h}{2}\right)\Big/\frac{g}{2}k_B T\right]^{-\frac{1}{2}}$$
$$= \left[\frac{1}{gk_B T}\left(\sum_i m_i v_i\left(t-\frac{h}{2}\right)+\frac{F_i(t)}{m_i}\right)^2\right]^{-\frac{1}{2}}$$
$$= \left[1+\frac{1}{gk_B T}\sum_i v_i(t)F_i(t)h+O(h^2)\right]$$
$$= [1+2\lambda\,\nabla t+O(h^2)]^{-\frac{1}{2}} = 1-\lambda\,\nabla t+O(h^2) \qquad (2.2-13)$$

式中：

$$\lambda = \frac{1}{gk_B T}\sum_i v_i(t)F_i(t) \qquad (2.2-14)$$

微正则系综中，标度因子表示为

$$\eta = \left[\frac{(N-1)k_B T}{16\sum_i m_i v_i^2}\right]^{-\frac{1}{2}} \qquad (2.2-15)$$

2.2.2　正则系综(NVT)

在热力学统计物理中，正则系综是一个粒子数为 N、体积为 V、温度为 T 和总动量为守恒量的系综，在这个系综中，系统的粒子数(N)、体积(V)和温度(T)都保持不变，并且总动量为零，因此称为 NVT 系综。

在恒温下，系统的总能量不是一个守恒量，系统要与外界发生能量交换。保持系统的温度不变，通常运用的方法是让系统与外界的热浴处于热平衡状态。

根据正则系综的定义，统计平均的权函数(概率密度)为

$$\rho=Z_{\exp}(-\beta H),\ \beta=\frac{1}{k_B T} \qquad (2.2-16)$$

$$Z(\beta)=\frac{h^{3N}}{N!}\int_v e^{-\beta H}\,dq^s\ dp^s \qquad (2.2-17)$$

式中：$H=K+\Phi$，即系统哈密顿量等于系统总动能与系统总势能的和；k_B 为玻耳兹曼常数；T 为热力学温度；h 为普朗克常量；Z 为配分函数。

晶体中，粒子的配分函数可以写成

$$\left.\begin{aligned} Z(\beta) &= \frac{V^N}{N!\Lambda^{3N}}Q(\beta) \\ Q(\beta) &= \frac{1}{V^N}\int_V e^{-\beta\Phi}\,dq^s \\ \Lambda^4 &= \frac{2\pi\hbar^2}{mk_B T} \end{aligned}\right\} \qquad (2.2-18)$$

式中：$\Phi=\sum\varphi=H-K$；Λ 为粒子的热力学德布罗意波长；Q 为结构积分。

由配分函数导出统计力学量(自由能 F、熵 S、内能 U、压强 p)。

$$\left.\begin{aligned} F &= -k_B T\ln Z(\beta) \\ S &= -\left(\frac{\partial F}{\partial T}\right)_V \\ U &= F-TS \\ p &= -\left(\frac{\partial F}{\partial V}\right)_T \end{aligned}\right\} \qquad (2.2-19)$$

定义 $\boldsymbol{u}$ 为平均质心速度，则系综的哈密顿平均和总动能平均为

$$\langle H\rangle = U + \frac{1}{2}Nm\boldsymbol{u}^2 \tag{2.2-20}$$

$$\langle K\rangle = \frac{3}{2}k_B T + \frac{1}{2}Nm\boldsymbol{u}^2 \tag{2.2-21}$$

导出系综的压强：

$$p = -\frac{1}{V}\langle Y(\beta)\rangle \tag{2.2-22}$$

$$Y = \frac{1}{3}\sum_{i,j} r_{ij}\frac{\partial \Phi}{\partial r_{ij}} \tag{2.2-23}$$

式中：Φ 为总势能；Y 为普遍维里(Virial)函数。

定义矢量 $\boldsymbol{b}=-\beta\boldsymbol{u}$，任意力学量 $\mathbf{A}$ 的涨落为 $\delta\mathbf{A}=A-\overline{A}$，则正则系统的动能、势能涨落平均为

$$\left.\begin{aligned}
&\langle\delta\Phi\delta K\rangle = 0\\
&\langle(\delta K)^2\rangle = \frac{3}{2}N(k_B T)^2 + \frac{m\boldsymbol{b}^2}{\beta^3}\\
&\langle(\delta\Phi)^2\rangle = N(k_B T)^2 + \left(C_V - \frac{3}{2}\right)\\
&c_V = \frac{k_B}{N}\left(\frac{\partial U}{\partial T}\right)_V
\end{aligned}\right\} \tag{2.2-24}$$

式中：C_V 为单个粒子的定容热容，即

$$k_B T = \frac{1}{\beta} = \frac{2}{3}N\langle K\rangle_{MD} = \frac{Nm}{3}\langle\sum_i v_i^{\ 2}\rangle_{MD} \tag{2.2-25}$$

温度与系统的动能有直接关系，是通过把系统的动能固定在一个给定值上对速度进行标度来实现的。

在正则系统分子动力学平衡化过程中，要求总动量为零，则减去 3 个自由度，要求动能恒定，则减去 1 个自由度，于是速度标度因子为

$$\eta = \left[\frac{(3N-4)k_B T}{\sum_i v_i^{\ 2}}\right]^{1/2} \tag{2.2-25}$$

在正则系综中，体系的能量发生涨落。为了表示体系能量的涨落，可以在孤立的无约束系统的拉格朗日方程中引入一个广义力来表示系统与热库耦合，即

$$\frac{\mathrm{d}}{\mathrm{d}t}\frac{\partial L}{\partial \dot{r}} - \frac{\partial L}{\partial r} = F(r,\dot{r}) \tag{2.2-26}$$

式中：L 为孤立的无约束系统的拉格朗日函数，即

$$L = \frac{1}{2}\sum_i m_i \dot{r}_i^2 - U(r) \tag{2.2-27}$$

令 $L'=L-V$，则可得到无约束的拉格朗日运动方程，即

$$\frac{\mathrm{d}}{\mathrm{d}t}\frac{\partial L'}{\partial \dot{r}} - \frac{\partial L'}{\partial r} = 0 \tag{2.2-28}$$

2.2.3　等温等压系综

等温等压系综，即 NPT 系综，就是系统处于等温、等压的外部环境下的系综，在这种系综下，体系的粒子数(N)、压力(p)和温度(T)都保持不变。这种系综是最常见的系综，许多分子动力学模拟都要在这个系综下进行。这时，不仅要保证系统的温度恒定，还要保持它的压力恒定。温度的恒定和以前一样，是通过调节系统的速度来实现的，而对压力进行调节就比较复杂。由于系统的压力 p 与其体积 V 是共轭量，要调节压力值可以通过标度系统的体积来实现。目前有许多调压的方法都是采用这个原理。

1. 恒温方法——热浴

Nose 和 Hoover 引入与热源相关的参数 ζ 来表示温度恒定的状态，即具有恒定 NVT 值的系统，可设想为与大热源接触而达到平衡的系统。由于热源很大，交换能量不会改变热源的温度。在热源与系统达到热平衡后，系统与热源具有相同的温度，系统与热源构成一个复合系统，如图 2.2－1 所示。系统中微观粒子的动力学方程为

$$\frac{\mathrm{d}\boldsymbol{q}_i}{\mathrm{d}t}=\frac{\boldsymbol{p}_i}{m_i} \tag{2.2-29}$$

$$\frac{\mathrm{d}\boldsymbol{q}_i}{\mathrm{d}t}=-\left(\frac{\partial\phi}{\partial\boldsymbol{q}_i}\right)-\zeta\boldsymbol{p}_i \tag{2.2-30}$$

$$\frac{\mathrm{d}\zeta}{\mathrm{d}t}=\left(\sum_i\frac{\boldsymbol{p}_i^2}{2m_i}-\frac{3}{2}Nk_{\mathrm{B}}T_{\mathrm{ex}}\right)\cdot\frac{2}{Q} \tag{2.2-31}$$

式(2.2－29)中同常规的分子动力学方程的区别就在式(2.2－30)中增加了与热源的相互作用相关的一项 $\zeta\boldsymbol{p}_i$，与热源相关的变化参数的运动方程表明，当系统的总动能大于 $\frac{3}{2}Nk_{\mathrm{B}}T_{\mathrm{ex}}$ 时，是增加的，从而使粒子的速度减小，反之则使粒子的速度增加，Q 表示与温度控制有关的一个常数。

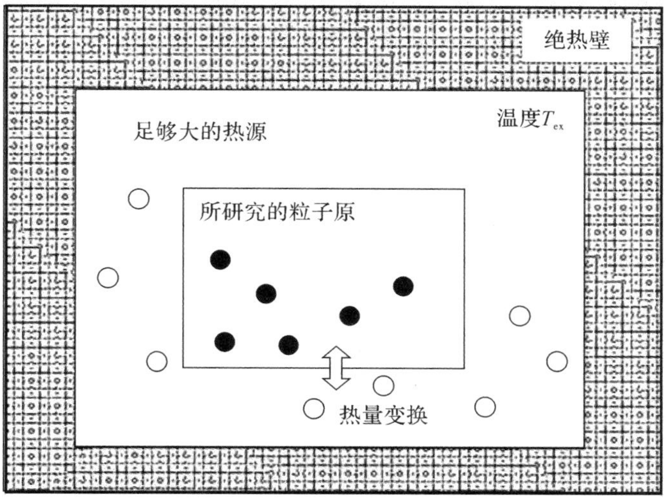

图 2.2－1　恒温分子动力学方法原理示意图

2.恒压方法——压浴

为了对系统的压力进行调控，采用图 2.2-2 所示的方法，即利用活塞调控系统的体积调节系统压力。这个思想是 Anderson 于 1980 年提出的：让被研究的物理系统置于压力处处相等的外部环境中，系统的体积可以保持在要模拟的压力时的体积。Anderson 则将晶胞体积作为系统的一个变量来对待，将体积与粒子系统整体作为一个扩展的动力学系统。

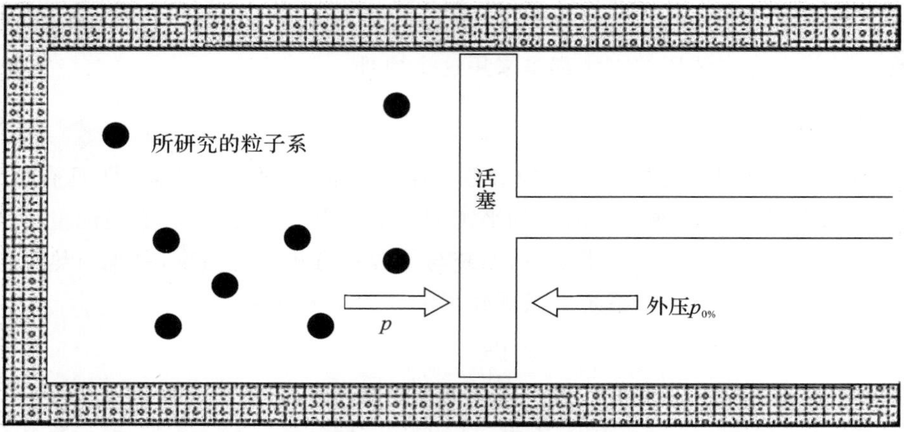

图 2.2-2 恒压分子动力学方法原理示意图

设物理系统的晶胞为立方体，体积为 V，棱长为 $L=V^{\frac{1}{3}}$。粒子的坐标和动量由晶胞的尺寸来标度，即

$$\left.\begin{aligned} \boldsymbol{q}_l &= L\boldsymbol{q}_i \\ \boldsymbol{p}_l &= \frac{\boldsymbol{p}_i}{L} \end{aligned}\right\} \tag{2.2-32}$$

式中：$\boldsymbol{q}_l$，$\boldsymbol{p}_l$ 变量是系统的真实变量；$\boldsymbol{q}_i$，$\boldsymbol{p}_i$ 变量是推导恒压方法是引入的标度变量。粒子的速度也有其标度形式：

$$\boldsymbol{v}_l=\frac{\boldsymbol{p}_l}{m_i}=\frac{\boldsymbol{p}_i}{m_iL}=L\,\boldsymbol{q}_l$$

应当注意，真实速度 $\boldsymbol{v}_l$ 并不等于广义坐标对时间的导数，$\boldsymbol{v}_l=L\dot{\boldsymbol{q}}_l$，而等于，$\hat{\boldsymbol{q}}=L\dot{\boldsymbol{q}}_l+\dot{L}\boldsymbol{q}_l$。

$\hat{\boldsymbol{q}}$ 的定义中加入了由于体积变化产生的对坐标的依赖项。位于坐标原点上的粒子的运动不受各种变化的影响，但是位于另一个邻近角落的粒子速度的变化将会很大。这样，粒子系统和活塞组成复合系统，其哈密顿量为

$$H^{*} = \sum_i \frac{(\boldsymbol{p}_i/L)^2}{2m_i}+Lq+\frac{\boldsymbol{p}_v^2}{2M}+\boldsymbol{p}_{\mathrm{ex}}V \tag{2.2-33}$$

式中：M 为系统的总质量；$\boldsymbol{p}_{\mathrm{ex}}$是外压；$\boldsymbol{p}_V$是体积 V 所对应的共轭动量；$\boldsymbol{p}_{\mathrm{ex}}V$ 是体积改变形成的势能，相应的系统对外所做的功为 $\boldsymbol{p}_{\mathrm{ex}}\Delta V$。若将由上述哈密顿量导出的运动方程用粒子的实际坐标直接写出来，则

$$\frac{\mathrm{d}\,\boldsymbol{q}_l}{\mathrm{d}t}=\frac{\boldsymbol{p}_l}{m_i}+\frac{\mathrm{d}V}{\mathrm{d}t}\cdot\frac{\boldsymbol{q}_l}{3V} \tag{2.2-34}$$

$$\frac{\mathrm{d}\,\boldsymbol{p}_l}{\mathrm{d}t}=-\frac{\partial}{\partial\boldsymbol{q}_l}-\left(\frac{\mathrm{d}V}{\mathrm{d}t}\right)\cdot\frac{\boldsymbol{p}_l}{3V} \tag{2.2-35}$$

$$\boldsymbol{M}\cdot\left(\frac{\mathrm{d}^2V}{\mathrm{d}t^2}\right)=\frac{\sum_i\frac{\boldsymbol{p}_l{}^2}{m_i}-\sum_i\boldsymbol{q}_l\cdot\left(\frac{\partial}{\partial\,\boldsymbol{q}_l}\right)}{3V}-\boldsymbol{p}_{\mathrm{ex}}=\boldsymbol{p}-\boldsymbol{p}_{\mathrm{ex}} \tag{2.2-36}$$

2.2.4　等压等焓系综(NPH)

等压等焓系综，即 NPH 系综，就是保持系统的粒子数(N)、压力(p)和焓值(H)都不变。系统的焓值 H 为

$$H=E+pV \tag{2.2-37}$$

故要在该系综下进行模拟，须保持压力与焓值为一固定值。这种系综在实际中已经很少遇到，而且调节技术的实现也有一定的难度。

在模拟时不仅要考虑到晶胞大小的变化，而且要考虑到晶胞形状的变化。1980 年，Parrinello 和 Rahman 首次提出了扩展的恒压模型，这种模型不仅允许晶胞体积改变而且允许晶胞的形状发生变化。这种模型特别适合研究固体材料的相变。

另外，还存在其他几种系综，如巨正则系综、Gibbs 系综、半巨正则系综等，本书不详细讨论。

2.3　分子动力学方法工作流程

2.3.1　分子动力学方法特点

MD 模拟用来研究不能用解析方法来解决的复合体系的平衡性质和力学性质，是连接理论和实验的一个桥梁，在数学、生物、化学、物理学、材料科学和计算机科学交叉学科中占据重要地位。对 MD 使用者来说，牢固掌握经典统计力学、热力学系综、时间关联函数以及基本模拟技术是非常必要的。分子动力学模拟方法是一种确定性方法，按照该体系内部的动力学规律来确定位形的转变，跟踪系统中每个粒子的个体运动，然后根据统计物理规律，给出微观量(分子的坐标、速度)与宏观可观测量(温度、压力、比热容、弹性模量等)的关系来研究材料性能。

分子动力学方法首先需要建立系统内一组分子的运动方程，通过求解所有粒子(分子)的运动方程，来研究该体系与微观量相关的基本过程。这种多体问题的严格求解，需要建立并求解体系的薛定谔方程。根据波恩-奥本海默近似，将电子的运动与原子核的运动分开处理，电子的运动用量子力学的方法处理，而原子核的运动用经典动力学方法处理。此时原子核(粒子)的运动满足经典力学规律，用牛顿定律来描述，这对于大多数材料来说是一个很好的近似。只有一些较轻的原子和分子的平动、转动或振动频率 γ 满足 $h\gamma>k_{\mathrm{B}}T$ 时，量子效应才是必须考虑的。

分子动力学模拟方法与真实的实验非常相似。进行实验时，需要 3 个步骤：准备试样；

将试样放入测试仪器中进行测量;分析测量结果。而分子动力学模拟也应遵从与实验相似的过程:首先准备试样,即建立一个由 N 个粒子(分子)组成的模型体系;将试样放入测试仪器中进行测量,解 N 个粒子(分子)组成模型体系的牛顿运动方程至平衡;平衡后,进行材料性能计算;最后分析测量结果,对模拟结果进行分析。

2.3.2 分子动力学发展历史

经典的分子动力学方法是 Alder 和 Wainwright 于 1957 年和 1959 年提出并应用于理想"硬球"液体模型的,证实了 Kirkwood 在 1939 年根据统计力学预言的"刚性球组成的集合系统会发生由液相到结晶相的转变"。后来人们称这种相变为 Alder 相变。Rahman 于 1963 年采用连续势模型研究了液体的分子动力学模拟。Verlet 于 1967 年提出了著名的 Verlet 算法,即在分子动力学模拟中对粒子运动的位移、速度和加速度的逐步计算法。这种算法后来被广泛应用,为分子动力学模拟作出了很大贡献。1980 年,Anderson 做了恒压状态下的分子动力学研究,提出了等压分子动力学模型。同年,Hoover 对非平衡态的分子动力学进行了研究。1981 年,Parrinello 和 Rahman 提出了恒定压强的分子动力学模型,将等压分子动力学推广到元胞的形状,可以随其中粒子运动而改变,为分子动力学的发展作出了里程碑的贡献。Nose 于 1984 年提出了恒温分子动力学方法。1985 年,Car 和 Parrinello 提出了将电子运动与原子核运动一起考虑的第一性原理分子动力学方法。近年来,随着计算机和计算数学算法的迅速发展,分子动力学方法得到了长足的发展,已经成为物理学、化学、材料科学、生物学与制药研究必不可少的工具。

分子间相互作用势函数的发展经历了从刚性小球模型、方阱势模型等不连续势函数模型,到 L-J 相互作用势函数的过程。考虑到分子间相互作用的本质,分子间相互作用还应包括库仑相互作用、偶极或多极矩相互作用等。由于水是地球生态系统最重要的物质之一,对水的模拟一直吸引着研究者。在模拟研究水分子的过程中提出了大量不同种类的势函数,不但加深了对水分子间相互作用的认识,也丰富了对分子间相互作用与物质性质之间关系的认识。除分子间相互作用外,多原子分子体系的分子力场还包括分子内相互作用,如键伸缩势、键角弯曲势、绕单键旋转势(或二面角扭曲势)、四点离面势等成键相互作用和分子内非键相互作用等。分子内非键相互作用与分子间相互作用相同,但由于成键相互作用势远大于非键相互作用势,一般不计算具有成键相互作用原子对间的非键相互作用。

早期的分子力场,得益于分子力学的发展,如 MM 系列分子力场等。在 MD 模拟发展中起重要作用的分子力场包括 AMBER 力场、CHARMM 力场、OPLS 力场等。

除无机或有机分子外,熔融盐、金属和合金、半导体、硅酸盐等也是 MD 模拟的重点研究对象,有关势函数有 Tosi-Fumi 势、金属势、半导体势、硅酸盐势等。这些完善了不同类型分子体系的分子力场模型,丰富了对分子内和分子间相互作用的了解,成为认识物质世界的一种新方法。

2.3.3　分子动力学方法工作流程

1.经典力学定律

分子动力学模拟是一种用来计算经典多体体系的平衡和传递性质的确定性方法。“经典”是指体系组成的粒子的运动遵从经典力学定律。简单地说，分子动力学中处理的体系的粒子的运动遵从牛顿方程，即

$$\boldsymbol{F}_i(t)=m_i\boldsymbol{a}_i(t) \tag{2.3-1}$$

式中：$\boldsymbol{F}_i(t)$为粒子所受的力；m_i为粒子的质量；$\boldsymbol{a}_i(t)$为原子 i 的加速度。原子 i 所受的力 $\boldsymbol{F}_i(t)$可以直接用势能函数对坐标 r_i 的一阶导数来表示，即 $\boldsymbol{F}_i(t)=-\dfrac{\partial U}{\partial r_i}$，其中 U 为势能函数。

因此，对 N 个粒子体系的每个粒子，有

$$\left.\begin{aligned} m_i\frac{\partial \boldsymbol{v}_i}{\partial t}&=\boldsymbol{F}=-\frac{\partial U}{\partial \boldsymbol{r}_i}+\cdots \\ \dot{\boldsymbol{r}}(t)&=\boldsymbol{v}(t)\end{aligned}\right\} \tag{2.3-2}$$

式中：$\boldsymbol{v}$ 为速度矢量；m_i 为粒子的质量。一般来说，方程的求解需要通过数值方法进行(解析方法只能求解最简单的势函数形式，在实际模拟中没有意义)，这些数值解产生一系列的位置与速度对$\{x^n, v^n\}$，n 表示一系列的离散的时间，$t=n\Delta t$，Δt 表示时间间隔(时间步长)。要求解此方程组，必须要给出体系中的每个粒子的初始坐标和速度。

经典运动方程是确定性方程，即一旦原子的初始坐标和初始速度给出，则以后任意时刻的坐标和速度都可以确定。分子动力学整个运行过程中的坐标和速度称为轨迹(trajectory)。数值解普通微分方程的标准方法为有限差分法。

2.分子动力学方法工作框图

给定 t 时刻的坐标和速度以及其他动力学信息，那么就可计算出 $t+\Delta t$ 时刻的坐标和速度。Δt 为时间步长，它与积分方法以及体系有关。图 2.3-1 所示为分子动力学方法信息输入和输出方框图。

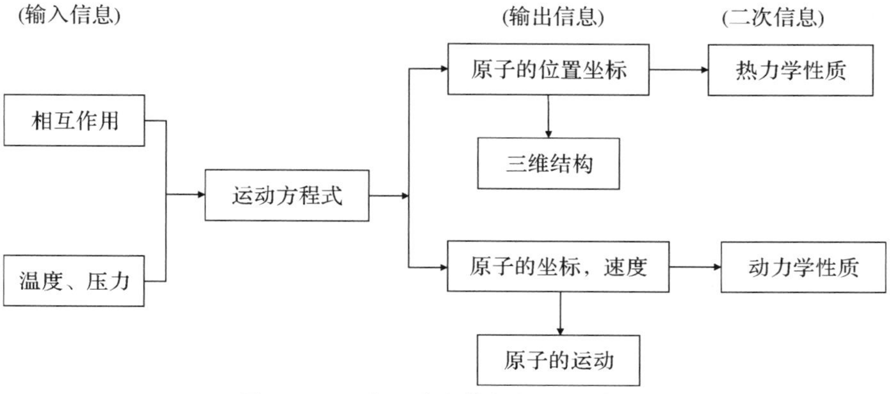

图 2.3-1　分子动力学方法工作方框图

信息(参数)输入就是要设定表示作用于原子间或分子间相互作用力的势函数，若还要

特别考虑热力学平衡状态的性质，则需要设定温度和压力等物理环境条件。在此条件下，由于花了很长时间求解多粒子体系的运动方程，从而可以认为在此系统中实现了近于所期望的在热平衡状态下的分布。若此时对得到各时刻的原子位置坐标进行统计计算，则可得到有关的热力学性质(热力学内能、比热容等)；而若同时统计处理各时刻的原子位置坐标和速度，就可得到动力学性质(扩散系数、黏滞系数等)。

分子动力学中一个好的积分算法的判据主要包括：

(1)计算速度快。

(2)需要较小的计算机内存。

(3)允许使用较长的时间步长。

(4)表现出较好的能量守恒。

3.分子动力学的适用范围

分子动力学方法只考虑多体系系统中原子核的运动，而电子的运动不予考虑，应忽略量子效应。这种经典近似在很宽的材料体系范围内都较精确，但对于涉及电荷重新分布的化学反应、键的形成与断裂、解离、极化以及金属离子的化学键都不适用，此时需要使用量子力学方法。

经典分子动力学方法(MD)也不适用于低温，因为量子物理给出的离散能级之间的能隙比体系的热能大，体系被限制在一个或几个低能态中。当温度升高或与运动相关的频率降低(有较长的时间标度)时，离散的能级描述变得不重要，在这样的条件下，更高的能级可以用热激发描述。

经典物理适用范围为

$$\frac{h\gamma}{k_B T} \ll 1 \tag{2.3-2}$$

在 300 K 时，$k_B T=2.5$ J/mol，从表 2.3-1 可以看出，高频率的振动模的比值远大于 1，这些问题不能用经典理论来解决。临界频率 $\gamma=6.25\times10^{12}$ s^{-1}或 6 ps^{-1}，相应的吸收波长为 208 cm^{-1}(160 ps)，特征时间标度为 ps 或更长，可用经典物理理论解决。电子运动具有更高的特征频率，必须用量子力学以及量子/经典理论联合处理。这些技术近年来取得了很大进步。在这些方法中，体系中化学反应部分用量子理论处理，而其他部分用经典模型处理。

表 2.3-1　$T=300$ K 时的高频振动模及其比值

振动模	波数$(1/\lambda)/cm^{-1}$	频率 γ	比值$\frac{h\gamma}{k_B T}$
O—H stretch	3 600	1.1×10^{14}	17
C—H stretch	3 000	9.0×10^{13}	14
O—C—O asym. stretch	2 400	7.2×10^{13}	12
C=O(carbonyl)strectch	1 700	5.1×10^{13}	8
C-N stretch(amines)	1 250	3.8×10^{13}	6
O-C-O bend	700	2.1×10^{13}	3

2.4　分子动力学计算过程

2.4.1　分子动力学运行流程图

尽管分子动力学的基本思想非常简单，而实际上分子动力学模拟的方法具有挑战性，有各种实际的困难，包括：初始条件的设定，为保证可靠性而进行的各种模拟方案，使用合适的数值积分方法，考虑到运动轨迹对初始条件及其他选择的敏感性，满足计算量大的要求，图形显示和数据分析，等等。

图 2.4－1 为分子动力学运行的流程图。从图中可知，要进行分子动力学运算：必须首先建立计算模型，设定计算模型的初始坐标和初始速度；选定合适的时间步长；选取合适的原子间相互作用势函数，以便进行力的计算；选择合适的算法、边界条件和外界条件；计算；对计算数据进行统计处理。

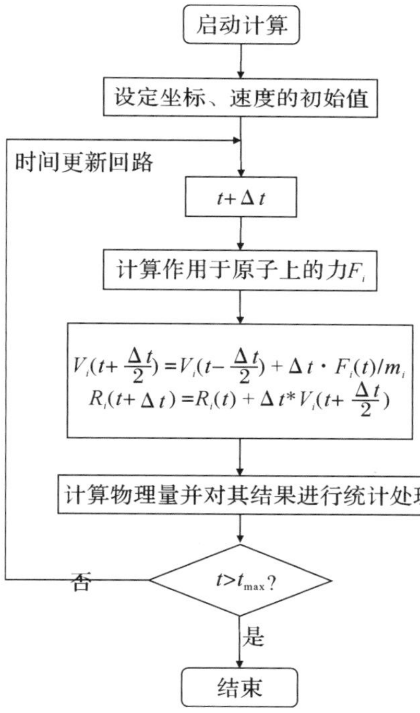

图 2.4－1　分子动力学运行的流程图

2.4.2　初始体系的设置

体系对初始条件和其他计算条件具有敏感性。分子动力学由 3 个主要部分组成：初始化、平衡和结果分析。初始化要求给每个粒子指定初始坐标和速度。即使初始坐标和速度可以从图 2.4－1 分子动力学运行的流程图实验（晶体结构）中得到，指定的开始矢量也不一定对应于所使用的势函数的最小值，因此需要进一步最小化来弛豫应力；当实验结构未知时，需要根据已知结构来搭建一个结构，这时需要进行最小化。初始速度矢量根据伪随机数

进行设置，使体系的总动能与目标温度对应，根据经典的能均分定理，在热平衡时，每个自由度的能量为 $k_B T/2$ ，则

$$\langle E_k \rangle = \frac{1}{2}\sum_{i=1}^{3N} m_i v_i^2 = N_F k_B T/2 \tag{2.4-1}$$

式中：N_F 为体系总的自由度数。这样可以通过给某个速度分量设置麦克斯韦分布来实现。在体系的初始坐标和初始速度设置以后，在进行模拟体系的性质以前，首先必须使体系有一个趋于平衡的过程。在这个过程中，动能、势能相互转化，当动能、势能、总能量只在平均值附近涨落时，体系就达到平衡了（对微正则系综）。单个 MD 轨迹的无序性是经常出现的，在分析复杂体系、多体体系的数据时要特别注意这点。简单地说，无序行为意味着初始条件的一个微小的变化就会导致在很短时间内指数偏离正常轨迹。初始条件变化越大或时间步长越长，不稳定性发生得越快。原子坐标的均方根偏差 RMS 定义为

$$e(t) = \left\{ \sum_{i=1}^{3N} [x_i(t) - \langle x_i \rangle]^2 \right\}^{1/2} \tag{2.4-2}$$

2.4.3 时间步长和势函数选取

时间步长 Δt 的选取是非常重要的，不合适的时间步长可能会导致模拟的失败或结果的错误，或者造成模拟的效率太低。时间步长的选取参考原子或分子特征运动频率。

势函数是描述原子（分子）间相互作用的函数。原子间相互作用控制着原子间的相互作用行为，从根本上决定材料的所有性质，这种作用由势函数来具体描述。在分子动力学模拟中，势函数的选取对模拟的结果起着决定性的作用。在选取势函数时，不可盲目选取，不能任意选取一个函数就进行模拟，要认真考察势函数是否合适。通过阅读文献，查明它的出处、应用范围，还要自己验证势函数的好坏，通过一些已知的性质来验证，然后再进行使用。

分子动力学计算的基本思想是赋予分子体系初始运动状态之后，利用分子的自然运动在相空间中抽取样本进行统计计算，积分步长就是抽样的时间间隔。

在分子动力学中，最重要的工作是选取合适的积分步长，在节省时间的同时也保证计算的精确性。

原则：积分步长小于系统中最小运动周期的 1/10。

太长的步长会造成分子间的激烈碰撞，体系数据溢出；太短的步长会降低模拟过程搜索相空间的能力。

以水分子为例，较快的运动为分子内部的振动。通过红外光谱可以得到其最大的振动频率约为 $1.8\times10^{14}\ \mathrm{s}^{-1}$，其振动周期为 0.92×10^{-14} s，因此对水分子计算的积分步长约为 0.92×10^{-15} s，即 0.92 fs。

以氩原子的分子动力计算为例，氩原子的质量为 39.95 原子质量单位，其 LJ12-6 势的参数为 $\sigma=3.504$ Å，$\varepsilon=0.24$ kcal①/mol，求二阶导数得到

$$U''(r) = \frac{\mathrm{d}}{\mathrm{d}r}U'(r) = \frac{\mathrm{d}}{\mathrm{d}r}\left[4\varepsilon\left(-\frac{12\,\sigma^{12}}{r^{13}} + \frac{6\,\sigma^6}{r^7}\right)\right] = 4\varepsilon\left(\frac{156\,\sigma^{12}}{r^{14}} - \frac{42\,\sigma^6}{r^8}\right)$$

① 1 kcal=4.186 kJ。

势能最低点的二次微分相当于力常数 k，因为势能为极小值时 $r=\sqrt[6]{2}\sigma$，代入后得到

$$U''(r_{\min}) = 57.14\varepsilon/\sigma^2 = 1.117\ \text{kcal/(mol}\cdot\text{Å}^2)$$

此时根据简谐振子的振动频率公式知道：

$$k=4\pi^2\nu^2\mu$$

其中，μ 为简化质量：

$$\mu=\frac{m_{\mathrm{Ar}}\times m_{\mathrm{Ar}}}{m_{\mathrm{Ar}}+m_{\mathrm{Ar}}}=19.98\times 1.662\times 10^{-22}\,\mathrm{g}$$

可求出频率为

$$\nu = \frac{57.14\times 0.24\times 6.9446\times 10^{-14}\,\mathrm{erg}}{(3.504\times 10^{-8}\,\mathrm{cm})^2\times 4\pi^2\times 19.8\times 1.662\times 10^{-22}\,\mathrm{g}} = 7.72\times 10^{10}\ \mathrm{s}^{-1}$$

其周期为：$T=1.3\times 10^{-11}$ s。

因此积分步长可取为 1.3×10^{-12} s，即 1.3 ps。

2.4.4　力的计算方法

在分子动力学模拟中所花费的计算时间，其中 90%以上是用来计算作用在原子上的力的，所用时间大致正比于原子数目的二次方。一般分子动力学模拟的原子数目较大（几万、几十万甚至更大），因此对原子作用力进行简化求解是非常有必要且有意义的。对于短程力，采用截断半径法，即只计算力程以内的作用力就可以了，这样大大减少了计算量；而对于像库仑力这样的长程力，需要找到近似处理办法来减少计算量，其中 Ewald 求和法就是常用的一种。

1. 截断半径法

截断半径法是为了克服计算繁杂、耗费机时而引入的一种处理方法。其特点是预先选定一个截断半径 r_c，只计算以截断半径为球体内的粒子间的作用力；而与粒子之间的距离超过截断半径时，则不考虑它们的作用。在选择截断半径 r_c 时，应注意使 $L>2r_c$（L 为分子动力学的周期性盒子的长度），同时，当系统中粒子数量很大时，还可以利用邻域列表法判断粒子的分布情况，进一步节省机时。Verlet 算法的邻域列表法如图 2.4-2 所示。

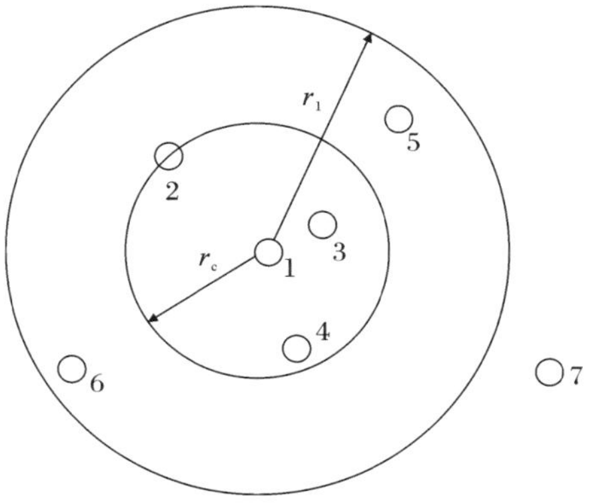

图 2.4-2　邻域列表法

对系统中的每个粒子都可以建立图 2.4－2 的邻域列表。图 2.4－2 中 r_c 为截断半径，r_1 为邻域半径。计算粒子 1 受力时，只计算截断半径以内的 2，3，4 三个粒子对粒子 1 的作用力之和，其他粒子的作用忽略不计。计算过程中，每隔一定步数需要更新此表。具体办法是：

（1）在模拟开始阶段，固定更新邻域表的步数为 10～20 步；

（2）此后采用自动调整方法，即计算每次更新后邻域半径以内的粒子与粒子 1 间距的变化；

（3）当粒子 5，6 与粒子 1 的距离小于 r_c 或者粒子 7 与粒子 1 的距离小于 r_i 时，则需要更新邻域表。

2. Ewald 加和法

Ewald 加和法是 Ewald 于 1921 年在研究离子晶体的能量时发展的。在这个方法中，一个粒子与模拟的盒子中所有其他原子以及周期性元胞中的镜像粒子作用，即有关长程力。电荷之间的库仑势为

$$U=\frac{1}{2}\sum_{i=1}^{N}\sum_{j=1}^{N}\frac{q_iq_j}{4\pi\varepsilon_0\boldsymbol{r}_{ij}} \tag{2.4-3}$$

式中：$\boldsymbol{r}_{ij}$ 是电荷 i 和电荷 j 之间的距离。距中心盒子为 L 处有 6 个盒子，因此有

$$U=\frac{1}{2}\sum_{n_{\text{box}}=1}^{6}\sum_{i=1}^{N}\sum_{j=1}^{N}\frac{q_iq_j}{4\pi\varepsilon_0\left|\boldsymbol{r}_{ij}+\boldsymbol{r}_{\text{box}}\right|} \tag{2.4-4}$$

总之，一个位于晶格点 $\boldsymbol{n}[=(n_xL,n_yL,n_zL),n_x,n_y,n_z$ 是整数$]$的电荷所受势能为

$$U=\frac{1}{2}\sum_{n}\sum_{i=1}^{N}\sum_{j=1}^{N}\frac{q_iq_j}{4\pi\varepsilon_0\left|\boldsymbol{r}_{ij}+\boldsymbol{n}\right|} \tag{2.4-5}$$

通常将盒子中心电荷的势能写为

$$U=\frac{1}{2}\sum_{|n|=0}^{\infty}{}'\sum_{i=1}^{N}\sum_{j=1}^{N}\frac{q_iq_j}{4\pi\varepsilon_0\left|\boldsymbol{r}_{ij}+\boldsymbol{n}\right|} \tag{2.4-6}$$

现在存在的问题是：这个式子的求和收敛得非常慢，事实上它是条件收敛的。Ewald 在求和时采用了一个技巧，即将式（2.4－6）转变为两个收敛很快的级数。每个点电荷周围用两个大小相等、符号相反的电荷分布包围，如图 2.4－3 所示。

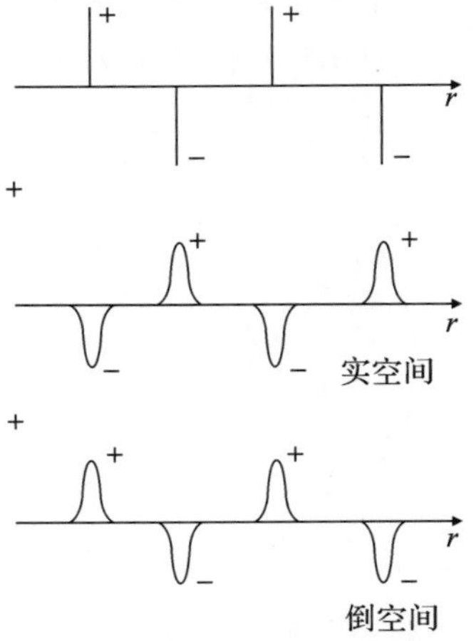

图 2.4－3　Ewald **求和法中的电荷分布**

通常这个电荷分布函数用高斯分布表示为

$$\rho_i(r) = \frac{q_i \alpha^3}{\pi^{3/2}} \exp(-\alpha^2 r^2) \tag{2.4-7}$$

实空间求和由下式给出，即

$$U_1 = \frac{1}{2} \sum_{i=1}^{N} \sum_{j=1}^{N} \sum_{|n|=0}^{\infty}{}' \frac{q_i q_j}{4\pi\varepsilon_0} \frac{\operatorname{erfc}(|\boldsymbol{r}_{ij} + \boldsymbol{n}|)}{|\boldsymbol{r}_{ij} + \boldsymbol{n}|} \tag{2.4-8}$$

式中：符号为 $\boldsymbol{n}$ 求和 $i=j$ 时除外，erfc 是余误差函数，即

$$\operatorname{erfc}(x) = \frac{2}{\sqrt{\pi}} \int_x^{+\infty} \exp(-t^2)\,\mathrm{d}t$$

最关键的是：新的包含误差函数的求和可以很快收敛。收敛的速度取决于高斯函数的宽度。高斯分布函数越宽，级数收敛越快。第二项电荷分布函数产生的势函数为

$$U_2 = \frac{1}{2} \sum_{k \neq 0} \sum_{j=1}^{N} \sum_{|n|=0}^{N} \frac{1}{\pi L^3} \frac{q_i q_j}{4\pi\varepsilon_0} \frac{4\pi^2}{k^2} \exp\left(-\frac{k^2}{4\alpha^2}\right) \cos(\boldsymbol{k} \cdot \boldsymbol{r}_{ij}) \tag{2.4-9}$$

计算需要在倒易空间进行，倒易矢量 $\boldsymbol{k} = 2\pi\boldsymbol{n}/L^2$，在倒易空间求和也比原来点电荷在实空间求和收敛得要快。求和包括的项数随高斯宽度的增加而增加，此时要注意平衡实空间与倒易空间所耗费的时间。α 越大，实空间积分收敛越快，而倒易空间积分的收敛越慢。一般设置 α 为 $5/L$ 或 100～200 倒 k 矢量。实空间的势还应该包括第三项：高斯电荷分布自身的相互作用，即

$$U_3 = -\frac{\alpha}{\sqrt{\pi}} \sum_{k=1}^{N} \frac{q_k^2}{4\pi\varepsilon_0} \tag{2.4-10}$$

另外，还须加上模拟盒子的周围的球形介质产生的势。如果介质具有无限大的相对磁导率（导体），则不须加修正项，即

$$U_{\text{correction}} = \frac{2\pi}{3L^3} \left| \sum_{k=1}^{N} \frac{q_i}{4\pi\varepsilon_0} \boldsymbol{r}_i \right|^2 \tag{2.4-11}$$

这样，总的表达式为

$$\begin{aligned} U = \frac{1}{2} \sum_{i=1}^{N} \sum_{j=1}^{N} \Bigg\{ & \sum_{|n|=0}^{\infty} \frac{q_i q_j}{4\pi\varepsilon_0} \frac{\operatorname{erfc}(|\boldsymbol{r}_{ij} + \boldsymbol{n}|)}{|(r)_{ij} + \boldsymbol{n}|} + \\ & \sum_{k \neq 0} \frac{1}{\pi L^3} \frac{q_i q_j}{4\pi\varepsilon_0} \frac{4\pi^2}{k^2} \exp\left(-\frac{k^2}{4\alpha^2}\right) \cos(\boldsymbol{k} \cdot \boldsymbol{r}_{ij}) - \\ & \frac{\alpha}{\sqrt{\pi}} \sum_{k=1}^{N} \frac{q_k^2}{4\pi\varepsilon_0} + \frac{2\pi}{3L^3} \left| \sum_{k=1}^{N} \frac{q_i}{4\pi\varepsilon_0} \boldsymbol{r}_i \right|^2 \Bigg\} \end{aligned}$$

2.4.5　算法的选取

在分子动力学的发展过程中，人们发展了很多算法，常见的方法有 Verlet 算法、Leap-frog 和 Velocity Verlet 算法、Gear 算法、Tucterman 和 Berne 多时间步长算法。在这些算法中，哪种最适合模拟？选取的准则是什么？其评判标准中最重要的一点是能量守恒。

动能和势能的涨落总是大小相等，符号相反。随着时间的增加，总能均方根偏差（Root

Mean Square，RMS)能量涨落也增加。例如在氩的模拟中，总能 RMS 涨落大约为 0.025 J/mol，动能和势能的 RMS 涨落大约为 10.45 J/mol；当时间步长达到 25 ps 时，总能 RMS 涨落达到 0.16 J/mol；当时间步长为 5 ps 时，涨落 0.008 J/mol。

2.4.6 简化单位

分子动力方法计算系统中原子或分子的运动，若采用 cgs 制，原子质量以 g 为单位，则原子质量的量纲为 10^{-22} g。位置以 cm 为单位，量纲为 10^{-8} cm，积分步程以秒为 s 位的量纲为 $10^{-13}\sim10^{-16}$ s。这些量的量纲较小，可能在模拟中导致计算的误差。实际执行分子动力计算时则采用简化单位(Reduced Unit)以减少误差。表 2.4－1 列出了各种物理量简化单位的转换式。

表 2.4－1 各种物理量简化单位转换式

简化物理量	转换式	简化物理量	转换式
数目密度 ρ^*	$\rho\times\sigma^3$	温度 T^*	k_BT/ε
能量 E^*	E/ε	压力 p^*	$p\sigma^3/\varepsilon$
时间 t^*	$(\varepsilon/m\sigma^2)^{1/2}t$	力 f^*	$f\sigma/\varepsilon$
力矩 τ^*	τ/ε		

表 2.4－1 中，σ 与 ε 为势能参数。质量的简化单位为原子的质量，长度的简化单位为 σ。以氩分子系统为例。氩分子的原子质量为 39.95 原子质量单位，熔点为 84 K。势能参数为 $\sigma=3.504$ Å，$\varepsilon=0.24$ kcal/mol。温度为 84 K 时，氩原子系统为液体，系统的密度为 1.784 g/cm³。设分子动力学计算采用积分步长 10^{-12} s，系统的温度为 84 K，压力为 1 atm。根据表 2.4－1，将各相关的物理量用简化单位表示：

密度为 $d=M/V=1.784\ \text{g/cm}^3$。

数目密度为 $\rho=(1.784\ \text{g}/78\ \text{g})\times6.02\times10^{23}/\text{cm}^3=0.137\,69\times10^{23}/\text{cm}^3$。

简化密度为 $\rho^*=\rho\times\sigma^3=(0.137\,69\times10^{23}/\text{cm}^3)\times(3.504\times10^{-8}\ \text{cm})^3=0.592\,4$。

温度为 $T=84$ K。

简化温度为 $T^*=(1.380\,6\times10^{-16}\ \text{erg/K})\times84\ \text{K}/[(0.24\ \text{kcal/mol})\times6.944\,6\times10^{-14}\ \text{erg/(kcal}\cdot\text{mol)}]=-6.958\times10^{-1}$。

压力为 $p=1\ \text{atm}=101\,325\ \text{bar}=101\,325\ \text{kg/(m}\cdot\text{s}^2)=1.101\,325\times10^6\ \text{g/(cm}\cdot\text{s}^2)$。

简化压力为 $p^*=101\,325\times10^6\ \text{g/(cm}\cdot\text{s}^2)\times(3.5\times10^{-8}\ \text{cm})^3/(0.24\times6.944\,6\times10^{-14}\ \text{erg})=0.002\,6$。

积分步程为 $\delta t=10^{-12}$ s。

简化积分步程为 $\delta t^*=\{0.24\ \text{kcal/mol}\times6.944\,6\times10^{-14}\ \text{erg}/[39.95\times1.66\times10^{-22}\ \text{g}\times(3.504\times10^{-8}\text{cm})^2]\}^{1/2}\times10^{-12}\text{s}=0.045\,2$。

若是系统中含有不止一种原子，则选取其中一种原子的 L－J 势能参数 σ 与 ε 为简化单位的标准。例如水分子系统含有 O 与 H 两种原子，通常取 O 原子的 σ 与 ε 为转换简化单位的标准。

2.4.7　边界条件

由于计算机的运算能力有限，模拟系统的粒子数不可能很大，这就会导致模拟系统粒子数少于真实系统的所谓尺寸效应问题。

为了规避“尺寸效应”而又不至于使计算工作量过大，对于平衡态分子动力学模拟采用周期边界条件。周期性边界条件可以分为一维、二维及三维的情况。对于分子动力学模拟来说，合适的边界条件的选取需要考虑两个方面的问题：①为减小计算量，模拟的单元应尽可能小，同时模拟原胞还应足够大，以排除任何可能的动力学扰动而造成对结果的影响，此外模拟的原胞必须足够大，以满足统计学处理的可靠性要求；②要从物理角度考虑体积变化、应变相容性及环境的应力平衡等实际耦合问题。

1. 三维周期性边界条件

周期性边界条件的选取，如要模拟大块固体或液体时，必须选取三维周期性边界条件，如图 2.4－4 所示。

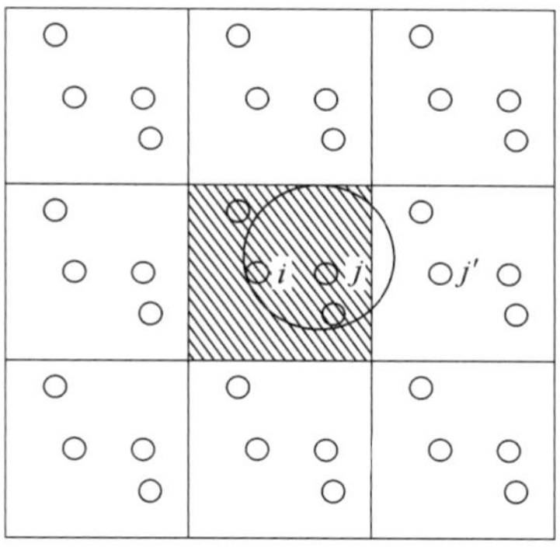

图 2.4－4　**周期边界条件**

应当指出，在计算粒子受力时，要考虑作用势截断半径以及内粒子的相互作用，同时采样区的边长应当至少大于两倍的 r_c，使粒子 i 不能同时与 j 粒子和它的镜像粒子相作用。

2. 二维周期边界条件

在处理物质表面、界面时，对其周期边界条件问题的考虑就变得非常必要了。对于薄膜情况，可使用二维周期边界条件，如图 2.4－5 所示。可以认为薄膜在 $x-y$ 平面内无限扩展（存在周期性边界条件），而在 z 方向受到限制（不赋予周期边界条件）。分子动力学方法恰好适用于在原子尺度上详尽地研究界面的结构。这时只在 $x-y$ 平面配置基本单元的复制品，使用周期边界条件；同时在 z 方向不赋予周期边界条件，固定两端的数层原子。由于采用了这样的人工边界条件，所以在 z 方向上的原子层数要适当，一般考虑的标准线度为 4～5 nm。

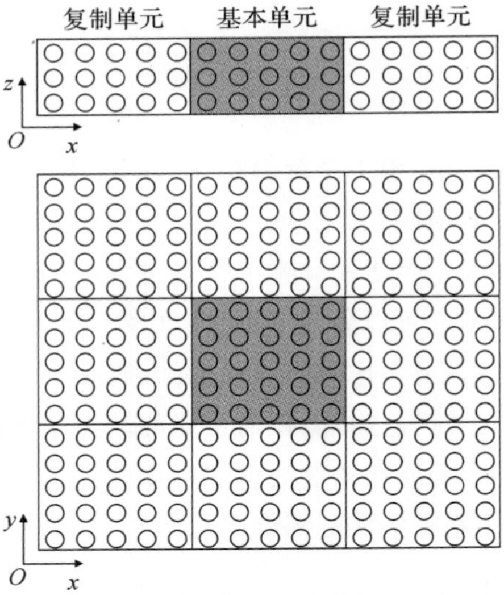

图 2.4-5 薄膜周期性边界条件示意图

3. 非周期性边界条件

周期性边界条件并不总是被应用于计算机模拟中。有些系统,比如液滴或原子团簇,本身就含有界面。当模拟非均匀系统或处在非平衡的系统时,周期性边界条件也可能引起许多困难。有时候,仅对系统的一部分感兴趣,比如表面的性质。在这种情况下,可以把系统分为两个部分:表面部分应用自由边界条件,而另一部分可以应用周期性边界条件。有时,又需要用到固定边界条件,比如在有些单向加载的模拟中。有时还要将以上介绍的几种边界条件结合应用,这就是混合边界条件。在具体的应用中要根据模拟的对象和目的来选定合适的边界条件。

2.4.8 初值问题

为了进行分子动力学模拟,建立系统的初始构形是必要的。初始构形可以通过实验数据,或理论模型,或两者的结合来获得。除此之外,给每个原子赋初速度也是必要的,它可以从模拟的温度下的 Maxwell-Boltzmann 分布来任意选取,即

$$P(v_{ix})=\left(\frac{m_i}{2\pi k_B T}\right)^{\frac{1}{2}}\exp\left(-\frac{1}{2}\frac{m_i v_i^2}{k_B T}\right) \tag{2.4-13}$$

Maxwell-Boltzmann 分布是一种 Gaussian 分布,它可以用随机数发生器得到。大多数随机数发生器产生的随机数均匀分布在 0~1 之间,但是可以通过变换得到 Gaussian 分布。均值为$\langle x\rangle$和波动值为 σ^2 的 Gaussian 分布的概率为

$$P(x)=\frac{1}{\sqrt{2\pi\sigma^2}}\exp\left[\frac{(x-\langle x\rangle)^2}{2\sigma^2}\right] \tag{2.4-14}$$

一种方法是首先产生两个在 0~1 之间的随机数 ξ_1 和 ξ_2,运用下式:

$$x_1=\sqrt{(-2\ln\xi_1)}\cos(2\pi\xi_2) \tag{2.4-15}$$

$$x_2=\sqrt{(-2\ln\xi_2)}\sin(\pi\xi_1) \tag{2.4-16}$$

另一种方法是先产生12个随机数 $\xi_1,\xi_2,\cdots,\xi_{12}$，然后计算：

$$x=\sum_{i=6}^{12}\xi_i-6 \tag{2.4-17}$$

这两种方法产生的随机数都服从均值为零、偏差为一个单位的正态分布。初始速度经常被校正以满足总动量为零的条件。为了使初动量为零，分别计算沿三方向的动量总和，然后用每一方向的总动量除以总质量，得到一个速度值。用每个原子的速度减去此速度值，即保持总动量为零。

在建立了系统的初始位形和赋予初始速度后，就具备分子动力学模拟的初步条件了。在每一步中，原子所受的力通过对势函数的微分可以得到。然后根据牛顿第二定律，计算加速度，再由以上算法即可进行连续的模拟计算了。

2.5　分子运动方程的数值求解

多粒子体系的牛顿方程无法求解析解，需要通过数值积分方法求解，在这种情况下，运动方程可以采用有限差分法来求解。有限差分技术的基本思想是将积分分成很多小步，每一小步的时间固定为 δt，在 t 时刻，作用在每个粒子的力的总和等于它与其他所有粒子的相互作用力的矢量和。根据此力，我们可以得到此粒子的加速度，结合 t 时刻的位置与速度，可以得到 $t+\delta t$ 时刻的位置与速度。这力在此时间间隔期间假定为常数。作用在新位置上的粒子的力可以求出，然后可以导出 $t+2\delta t$ 时刻的位置与速度等与此类似。常见的方法有Verlet法、Leap-frog和Velocity Verlet算法、Gear算法、Tucterman和Berne多时间步长算法。下面介绍几种常见的算法。

2.5.1　Verlet算法

该算法是Verlet于1967年提出的，在分子动力学中，积分运动方程运用最广泛的方法是Verlet算法。这种算法运用 t 时刻的位置和速度及 $t-\delta t$ 时刻的位置，计算出 $t+\delta t$ 时刻的位置 $r(t+\delta t)$。Verlet算法的推导可通过Taylor级数展开，即

$$\boldsymbol{r}_i(t+\delta t)=\boldsymbol{r}_i(t)+\delta t\,\boldsymbol{v}_i(t)+\frac{1}{2}\delta t^2\boldsymbol{a}_i(t)+\cdots \tag{2.5-1}$$

$$\boldsymbol{r}_i(t-\delta t)=\boldsymbol{r}_i(t)-\delta t\,\boldsymbol{v}_i(t)+\frac{1}{2}\delta t^2\boldsymbol{a}_i(t)-\cdots \tag{2.5-2}$$

将以上两式相加得

$$\boldsymbol{r}_i(t+\delta t)=2\boldsymbol{r}_i(t)-\boldsymbol{r}_i(t-\delta t)+\delta t^2\,\frac{\boldsymbol{F}_i(t)}{m_i} \tag{2.5-3}$$

其中应用到 $\boldsymbol{a}_i(t)=\boldsymbol{F}_i(t)/m_i$。差分方程中的误差为 $(\Delta t)^4$ 的量级。速度并没有出现在Verlet算法中。计算速度有很多种方法，一个简单的方法是用 $t+\delta t$ 时刻与 $t-\delta t$ 时刻的位置差除以 $2\delta t$，即

$$v(t)=[\boldsymbol{r}(t+\delta t)-\boldsymbol{r}(t-\delta t)]/2\delta t \tag{2.5-4}$$

另外，半时间步 $t+0.5\delta t$ 时刻的速度也可以表示为

$$v\left(t+\frac{1}{2}\delta t\right)=[\boldsymbol{r}(t+\delta t)-\boldsymbol{r}(t)]/\delta t \tag{2.5-5}$$

速度的误差在$(\delta t)^3$的量级。Verlet 算法简单，存储要求适度，但它的一个缺点是位置$r(t+\delta t)$要通过小项与非常大的两项$2r(t)$与$r(t-\delta t)$的差得到，这容易造成精度损失。Verlet 算法还有其他的缺点，比如方程中没有显式速度项，在下一步的位置没得到之前，难以得到速度项。另外，它不是一个自启动算法；新位置必须由t时刻与前一时刻$t-\delta t$的位置得到。在$t=0$时刻，只有一组位置，所以必须通过其他方法得到$t-\delta t$的位置。

2.5.2 Leap-frog 算法

Hockney 在 1970 年提出 Leap-frog 算法。首先将速度的微分用$t+\delta t$和$t-\delta t$时刻的速度的差分来表示

$$\frac{\boldsymbol{v}_i(t+\delta t/2)-\boldsymbol{v}_i(t-\delta t/2)}{\delta t}=\frac{\boldsymbol{F}_i(t)}{m_i} \tag{2.5-6}$$

则在$t+\delta t$时刻的速度为

$$\boldsymbol{v}_i\left(t+\frac{\delta t}{2}\right)=\boldsymbol{v}_i\left(t-\frac{\delta t}{2}\right)+\frac{\delta t}{m_i}\boldsymbol{F}_i(t) \tag{2.5-7}$$

另外，原子坐标的微分可以这样表述为

$$\frac{\boldsymbol{r}_i(t+\delta t)-\boldsymbol{r}_i(t)}{\delta t}=\boldsymbol{v}_i\left(t+\frac{1}{2}\delta t\right) \tag{2.5-8}$$

所以有

$$\boldsymbol{r}(t+\delta t)=\boldsymbol{r}(t)+\delta t\boldsymbol{v}\left(t+\frac{1}{2}\delta t\right) \tag{2.5-9}$$

为了执行 Leap-frog 算法，必须首先由$t-0.5\delta t$时刻的速度与t时刻的加速度计算出速度$\boldsymbol{v}(t+0.5\delta t)$。然后由方程式(2.5-9)计算出位置$\boldsymbol{r}(t+\delta t)$。$t$时刻的速度可以由下式得到：

$$\boldsymbol{v}(t)=\frac{1}{2}\left[\boldsymbol{v}\left(t+\frac{1}{2}\delta t\right)+\boldsymbol{v}\left(t-\frac{1}{2}\delta t\right)\right] \tag{2.5-10}$$

速度“蛙跳”过此t时刻的位置而得到$t-0.5\delta t$时刻的速度值，而位置跳过速度值给出了$t+\delta t$时刻的位置值，为计算$t+1.5\delta t$时刻的速度做准备，依此类推。Leap-frog 算法相比 Verlet 算法有两个优点：它包括显速度项，并且计算量稍小。它也有明显的缺点：位置与速度不是同步的。这意味着在位置一定时，不可能同时计算动能对总能量的贡献。

2.5.3 速度 Verlet 算法

Swope 在 1982 年提出的速度 Verlet 算法可以同时给出位置、速度与加速度，并且不牺牲精度，即

$$\boldsymbol{r}_i(t+\delta t)=\boldsymbol{r}(t)+\delta t\,\boldsymbol{v}_i(t)+\frac{1}{2m}\boldsymbol{F}_i(t)\delta t^2 \tag{2.5-11}$$

$$\boldsymbol{v}_i(t+\delta t)=\boldsymbol{v}_i(t)+\frac{1}{2m}[\boldsymbol{F}_i(t+\delta t)+F_i(t)]\delta t^2 \tag{2.5-12}$$

该算法需要储存每个时间步的坐标、速度和力。该方法的每个时间步涉及两个时间步，需要计算坐标更新以后和速度更新前的力。在这 3 种算法中，速度 Verlet 算法精度和稳定

性最好。如果内存不是问题，高阶方法可以使用较大的时间步长，因此对计算是有利的。

2.5.4 预测校正算法

在分子动力学模拟中，在微正则系综中保持能量守恒的前提下，应该使用尽可能大的时间步长。为了使用尽可能大的时间步长，或者在相同的时间步长时获得较高的精度，可以储存和使用前一步的力，并使用预测校正算法更新位置和速度。Gear 于 1971 年提出了基于预测校正积分方法的 Gear 算法。这种方法可分为三步。

(1)根据 Taylor 展开式，预测新的位置、速度与加速度：

$$\left.\begin{aligned} r_i^p(t+\delta t) &= r_i(t)+\delta t\, v_i(t)+\frac{1}{2}\delta t^2 a_i(t)+\frac{1}{6}\delta t^2 b_i(t)+\cdots \\ v_i^p(t+\delta t) &= v_i(t)+\delta t a_i(t)+\frac{1}{2}\delta t^2 b_i(t)+\cdots \\ a_i^p(t+\delta t) &= a_i(t)+\delta t b_i(t)+\cdots \\ b_i^p(t+\delta t) &= b_i(t)+\cdots \end{aligned}\right\} \tag{2.5-13}$$

式中：v 是速度(位置对时间的一阶导数)；a 是加速度(二阶导数)；b 是坐标对时间的三阶导数等。

(2)根据新预测的位置 $r_i^p(t+\delta t)$，计算 $t+\delta t$ 时刻的力 $F(t+\delta t)$，然后计算加速度 $a_i^C(t+\delta t)$。这加速度再与由 Taylor 级数展开式预测的加速度 $a_i^p(t+\delta t)$进行比较。两者之差在校正步里用来校正位置与速度项。通过这种校正方法，可以估算预测的加速度的误差为

$$\Delta a_i(t+\delta t)=a_i^C(t+\delta t)-a_i^p(t+\delta t) \tag{2.5-14}$$

假定预测的量与校正后的量的差很小，我们就可以说，它们互相成正比，这样校正后的量为

$$\left.\begin{aligned} r_i^C(t+\delta t) &= r_i^p(t+\delta t)+c_0\Delta a_i(t+\delta t) \\ v_i^C(t+\delta t) &= v_i^p(t+\delta t)+c_1\Delta a_i(t+\delta t) \\ a_i^C(t+\delta t) &= a_i^p(t+\delta t)+c_2\Delta a_i(t+\delta t) \\ b_i^C(t+\delta t) &= b_i^p(t+\delta t)+c_3\Delta a_i(t+\delta t) \end{aligned}\right\} \tag{2.5-15}$$

Gear 确定了一系列系数 $c_0, c_1, \cdots$，展开式在三阶微分 $b(t)$后被截断。采用的系数的近似值为 $c_0=1/6$，$c_1=5/6$，$c_2=1$ 和 $c_3=1/3$。Gear 的预测校正算法需要的存储量为 $3(O+1)N$，O 是应用的最高阶微分数，N 是原子数目。

2.6 分子动力学材料性能分析

2.6.1 平均值

计算模拟产生大量的数据，对这些数据的分析可以得到系统相关的性质。计算机模拟会产生误差，必须对误差进行计算和评价。计算机模拟的结果与实验结果一样存在两类误差——系统误差和统计误差。系统误差有时是由于在模拟中采用了不合适的算法或势函

数，容易被发现；系统误差也可能是在模拟中使用了不相关近似(有限差分方法的使用、计算机的精度)造成的，这些误差不容易发现。探测系统误差的一种方法是观测一个简单热力学量的平均值及其分布。这些热力学量关于平均值的分布应该是高斯分布，即发现一个特定值 A 的概率为

$$\rho(A) = \frac{1}{\sigma\sqrt{2\pi}}\exp\left[-(A-\langle A\rangle)^2/2\sigma^2\right] \tag{2.6-1}$$

式中：σ^2 为方差，$\sigma^2=\langle(A-\langle A\rangle)^2\rangle$。标准偏差为方差的二次方根。

微观领域往往研究单个粒子的行为，宏观性质是大量粒子的综合行为。分子动力学(Molecular Dynamics，MD)方法能够再现宏观行为，同时又存储了大量的微观信息，因此是联系宏观和微观的重要工具。利用此方法可以研究由热力学统计物理能够给出的各种性能参数。统计力学将系统的微观量与宏观量通过统计物理联系起来。在运行分子动力学程序之后，得到了系统的所有粒子的坐标和速度随时间的变化轨迹。接下来研究所感兴趣体系的性质。最简单的是热力学性质，如温度、压力、热容。这些量可由体系的坐标和动量的统计平均得到，称为静态性能。但有一类热力学性质不能在一次模拟中直接得到。也就是说，这些性质不能表达为体系中所有粒子坐标和动量的一些函数的简单平均，称为动态性能。物性参量可以根据原子的坐标和速度通过统计处理得出，在统计物理中可以利用系综微观量的统计平均值来计算物性参量值，即

$$\langle A\rangle_{\text{ens}} = \frac{1}{N!}\iint A(\boldsymbol{p},\boldsymbol{r})p(\boldsymbol{p},\boldsymbol{r})\,\mathrm{d}\boldsymbol{p}\mathrm{d}\boldsymbol{r} \tag{2.6-2}$$

式中：下标 ens 表示系综(Ensemble)；$p(\boldsymbol{p},\boldsymbol{r})$表示分布函数(概率密度)。分布函数因所使用的系综不同而不同。对微正则系综，有

$$p^{\text{NEV}}(\boldsymbol{p},\boldsymbol{r}) = \delta[H(\boldsymbol{p},\boldsymbol{r})-E] \tag{2.6-3}$$

对于正则系综(NTV)和等温、等压系综(NPT)及巨正则系综，分别由下面的式子给出：

$$p^{\text{NTV}}(\boldsymbol{p},\boldsymbol{r}) = \exp\left[\frac{-H((\boldsymbol{p}),\boldsymbol{r})}{k_{\text{B}}T}\right] \tag{2.6-4}$$

$$p^{\text{NPT}}(\boldsymbol{p},\boldsymbol{r}) = \exp\left[\frac{-H(\boldsymbol{p},\boldsymbol{r})+PV}{k_{\text{B}}T}\right] \tag{2.6-5}$$

$$p^{\text{NTV}}(\boldsymbol{p},\boldsymbol{r}) = \exp\left[\frac{-H(\boldsymbol{p},\boldsymbol{r})-\mu N}{k_{\text{B}}T}\right] \tag{2.6-6}$$

系综之间的演变可由相应公式联系起来。在通常情况下，式(2.6-2)不能给出解析解。在分子动力学中，使用了时间平均等于系统平均的各态历经假设，即

$$\langle A\rangle_{\text{ens}} = \langle A\rangle_{\text{time}} \tag{2.6-7}$$

虽然各态历经假设在热力学统计物理中没有证明，但它的正确性已被实验结果证明。

2.6.2 分子动力学静态性能分析

体系的热力学性质和结构性质都不依赖于体系的时间演化，它们是静态平衡性质。一系列热力学性质可以通过计算机模拟得到，这些量的实验值和计算值的对比对于估算模拟精度非常重要。当然也可以对没有实验数据的或者实验上很难、不可能获得的体系热力学量进行模拟来进行预测。

1. 温度 *T*

在正则系综(NVT)中，体系的温度为一常数；然而在微正则系综中，温度将发生涨落。温度是体系最基本的热力学量，它直接与系统的动能有关，即

$$E_{\mathrm{K}} = \sum_{i=1}^{N} \frac{|p_i|^2}{2m_i} = \frac{k_{\mathrm{B}}T}{2}(3N - N_C) \tag{2.6-8}$$

$$T = \frac{1}{(3N - N_{\mathrm{C}})K_{\mathrm{B}}} \sum_{i=1}^{N} \frac{|p_i|^2}{2m_i} \tag{2.6-9}$$

式中：p_i 为质量 m_i 粒子的总动量；N 为粒子总数；N_{C} 为系统的受限制的自由度数目，通常 $N_C=3$。

2. 能量 *E*

体系的热力学能可以很容易通过体系能量的系综平均得到，即

$$E = \langle E \rangle = \frac{1}{N}\sum_{i=1}^{N} E_i \tag{2.6-10}$$

体系的动能 E_{k}、势能 U 、总能量 E 可以由下式给出，即

$$E = \frac{1}{2}\sum_i m_i v_i^2 + \sum_i U_i \tag{2.6-11}$$

$$U = \sum_i U_i \tag{2.6-12}$$

$$E_{\mathrm{k}} = \frac{1}{2}\sum_i m_i v_i^2 \tag{2.6-13}$$

3. 压力 *p*

压力通常通过虚功原理模拟得到。虚功定义为所有粒子坐标与作用在粒子上的力的乘积的和，通常写为 $W=\sum x_i \dot{p}_{xi}$，式中 x_i 为原子的坐标，$\dot{p}_{xi}$ 是动量沿坐标方向对时间的一阶导数(根据牛顿定律，$\dot{p}_i$ 为力)。虚功原理给出虚功等于 $-3Nk_{\mathrm{B}}T$。在理想气体中，气体与容器之间的作用力是唯一的作用力，这时的虚功为 $-3pV$ 。实际气体和液体影响了虚功，因此影响了压力。实际体系的虚功为理想气体的虚功与粒子之间相互作用部分的虚功的和，即

$$W = -3pV + \sum_{i=1}^{N}\sum_{j=i+1}^{N} r_{ij}\frac{\mathrm{d}U(r_{ij})}{\mathrm{d}r_{ij}} = -3Nk_{\mathrm{B}}T \tag{2.6-14}$$

式中

$$p = \frac{1}{V}\left[Nk_{\mathrm{B}}T - \frac{1}{3}\sum_{i=1}^{N}\sum_{j=i+1}^{N} r_{ij} f_{ij}\right] \tag{2.6-15}$$

力的计算是分子动力学模拟的一部分，但虚功的计算以及压力的计算较少。

4. 径向分布函数

径向分布函数(Radial Distribution Function)是描述系统结构的很有用的方法，特别是对于液体。考虑一个以选定的原子为中心，半径为 r，厚度为 δr 的球壳，它的体积为

$$V=\frac{4}{3}\pi(r+\delta r)^3-\frac{4}{3}\pi r^3=4\pi r^2\delta r+4\pi r\delta r^2+\frac{4}{3}\pi\delta r^3\approx 4\pi r^2\delta r \quad (2.6-16)$$

如果单位体积的粒子数为 ρ,则在半径 r 到 $r+\delta r$ 的球壳内的总粒子数为 $4\pi\rho r^2\delta r$,因此体积元中原子数随 r^2 变化。

径向分布函数 $g(r)$是距离一个原子为 r 时找到另一个原子的概率,$g(r)$是一个量纲为 1 的量。如果在半径 r 到 $r+\delta r$ 的球壳内的粒子数为 $n(r)$,由此可以得到径向分布函数 $g(r)$为

$$g(r)=\frac{1}{\rho}\frac{n(r)}{V}\approx\frac{1}{\rho}\frac{n(r)}{4\pi r^2\delta r} \quad (2.6-17)$$

径向分布函数在模拟过程中很容易计算,因为所有的距离在计算力时已完成。它表征着结构的无序化程度。在晶体中,径向分布函数 $g(r)$有无限个尖锐的峰,位置和高度由晶体结构决定。

液体的径向分布函数 $g(r)$处于固体与气体之间,在短的间隔距离内存在几个峰叠加在长距离缓慢衰减的曲线上(见图 2.6-1)。理想气体的径向分布函数 $g(r)=1$ 。

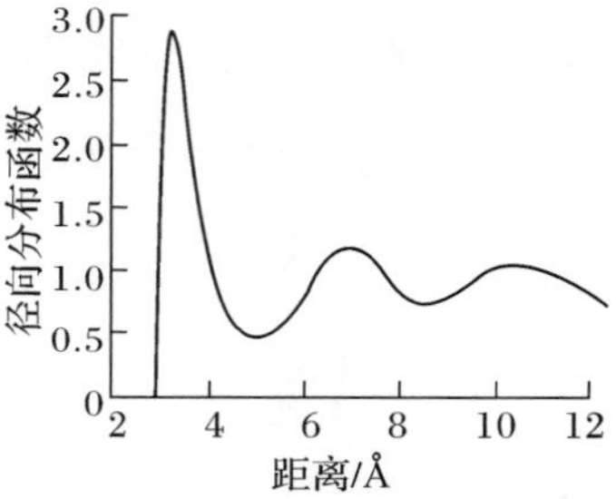

图 2.6-1 液体 Ar 在 100 K,密度为 1.396 g/cm³ 分子动力学模拟 100 ps 时的径向分布函数

对于很小的距离(小于原子间距),$g(r)$为 0,这是强烈的排斥作用造成的。第一个(也是最高的)峰出现在 $r\approx 3.7$Å,$g(r)=3$ 时。这意味着两个分子在这个距离的概率是理想气体距离概率的 3 倍。然后径向分布函数下降,在 $r\approx 5.4$Å 时达到最小值点,可知两原子在这个距离的概率比在理想气体状态时要小。随着距离的增加,$g(r)$趋近于理想气体时的值 1,这意味着体系不具有长程有序。

要计算径向分布函数,必须计算每个原子的近邻数目,然后求平均。

径向分布函数可通过 X 射线进行测量。晶体中原子的规则排列可以给出明亮、清晰的 X 射线衍射斑点。对于液体,可以给出强度不同的 X 射线谱,但不是斑点。X 射线衍射图样通过分析可以得出实验的分布函数,可以与计算分布函数进行对比分析。

5.静态结构因子

静态结构因子(Static Structure Factor)也是判断结构无序程度的物理量。它的表示式为

$$S(\boldsymbol{K})=\frac{1}{N}\left|\sum_{j=1}^{N}\exp(i\boldsymbol{K}\cdot\boldsymbol{r}_j)\right| \quad (2.6-18)$$

式中:N 代表原子总数;$\boldsymbol{K}$ 为倒格矢;$\boldsymbol{r}_j$ 为原子 j 的位置矢量。对理想晶体而言,其静态结构

因子为 1,而对理想流体,则为 0。静态结构因子在研究晶体的熔化与相变的研究中很有用。

6. 热力学性质

在相变时,比热容会呈现与温度相关的特征(对一级相变点,比热容呈现无限大;对二级相变点,比热容呈现不连续变化),因此监控比热容随温度的变化可以帮助探测到相变的发生。比较比热容的计算值与实验值可以检查能量模型和计算方案的可行性。比定容热容定义为系统热力学能对温度的偏导,即

$$c_V=\left(\frac{\partial U}{\partial T}\right)_V \tag{2.6-19}$$

式中:U 为体系的热力学能。

比定容热容可以通过对系统一系列不同温度的模拟,然后将能量对温度求微分得到。求微分可以通过数值方法进行,也可以通过将数据进行多项式拟合,然后对拟合函数进行解析求微分。比定容热容也可以通过一次模拟而考虑到能量的瞬时涨落而得出:

$$c_V=\frac{\{\langle E^2\rangle-\langle E\rangle^2\}}{k_B T^2} \tag{2.6-20}$$

$$\langle (E-E\langle E\rangle)^2\rangle=\langle E^2\rangle-\langle E\rangle^2 \tag{2.6-21}$$

因此有

$$c_V=\frac{\langle (E-E\langle E\rangle)^2\rangle}{k_B T^2} \tag{2.6-22}$$

同样地,对等温、等压系综(NPT)有

$$c_p=\frac{\langle \delta(E_k+E_{p+pV})^2\rangle}{k_B T^2} \tag{2.6-23}$$

$$\beta_r=\frac{\langle \delta V^2\rangle}{k_B TV} \tag{2.6-24}$$

$$\alpha_p=\frac{\langle \delta V\delta(E_k+E_{p+pV})\rangle}{k_B T^2 V} \tag{2.6-25}$$

式中:c_p,β_r,α_p 表示比定压热容、等温压缩率和热膨胀系数;E_K 和 E_p 表示系统的瞬时动能和势能;p,V,T 表示体系的压力、体积和温度;$\delta X=X-\langle X\rangle$,$\langle X\rangle$表示 X 在平衡系综下的平均值。

2.6.3　分子动力学动态性能分析

分子动力学可产生与时间有关的体系的构型,因此可以用来计算与时间有关的性质。这是分子动力学比 Monte Carlo 方法优越的方面。与时间有关的性质通常通过时间关联函数来计算。体系的动态性质必须通过体系的动力学轨迹得到。

1. 关联函数

假设有两组数据 x 和 y ,要确定它们之间在一定条件下的关联。例如,设想进行液体在毛细管中的模拟,希望找出原子的绝对速度与原子到管壁的距离之间的关系。一种方法是通过绘图进行。关联函数(关联系数)是提供数据之间关联强度的一个量。通过进行一系

列不同的模拟，进行对比，来确定关联系数。可以定义很多关联函数，最普遍使用的为

$$C_{xy}=\frac{1}{M}\sum_{i=1}^{M}x_i y_i\equiv\langle x_i y_i\rangle \tag{2.6-26}$$

假设 x_i 和 y_i 有 M 个值，关联函数可以通过归一化将取值范围确定在 $-1\sim+1$ 之间，则

$$C_{xy}=\frac{\frac{1}{M}\sum_{i=1}^{M}x_i y_i}{\sqrt{\left(\frac{1}{M}\sum_{i=1}^{M}x_i^2\right)\left(\frac{1}{M}\sum_{i=1}^{M}y_i^2\right)}}=\frac{\langle x_i y_i\rangle}{\sqrt{\langle x_i^2\rangle\langle y_i^2\rangle}} \tag{2.6-27}$$

式中：$|C_{xy}|=0$ 表示 x 和 y 没有关联；$|C_{xy}|=1$ 表示关联程度最高。

有时 x 和 y 会在非 0 的 $\langle x\rangle$ 和 $\langle y\rangle$ 值附近涨落，在这种情况下，关联函数定义为

$$C_{xy}=\frac{\sum_{i=1}^{M}(x_i-\langle x\rangle)(y_i-\langle y\rangle)}{\sqrt{\left[\frac{1}{M}\sum_{i=1}^{M}(x_i-\langle x\rangle)^2\right]\left[\frac{1}{M}\sum_{i=1}^{M}(y_i-\langle y\rangle)^2\right]}}=\frac{\langle(x_i-\langle x\rangle)(y_i-\langle y\rangle)\rangle}{\sqrt{\langle(x-\langle x\rangle)^2\rangle\langle(y_i-\langle y\rangle)^2\rangle}} \tag{2.6-28}$$

C_{xy} 也可以写为

$$C_{xy}=\frac{\sum_{i=1}^{M}x_i y_i-\frac{1}{M}\left(\sum_{i=1}^{M}x_i\right)\left(\sum_{i=1}^{M}y_i\right)}{\sqrt{\left[\sum_{i=1}^{M}x_i{}^2-\frac{1}{M}\sum_{i=1}^{M}(x_i)^2\right]\left[\sum_{i=1}^{M}y_i{}^2-\frac{1}{M}\sum_{i=1}^{M}(y_i)^2\right]}} \tag{2.6-29}$$

分子动力学模拟可以提供特定时刻的值，这样使得我们可以计算一个时刻的物理量与同一时刻或另一时刻（时间 t 以后）的另一物理量的关联函数，这个值被称为时间关联系数，关联函数可以写为

$$C_{xy}(t)=\langle x(t)y(0)\rangle \tag{2.6-30}$$

式(2.6-30)用到了 $\lim t\to 0$ 时，$C_{xy}(0)=\langle xy\rangle$，以及 $\lim t\to+\infty$ 时，$C_{xy}(t)=\langle x\rangle\langle y\rangle$。

如果 $\langle x\rangle$ 和 $\langle y\rangle$ 是不同的物理量，则关联函数称为交叉关联函数（Cross-Correlation Function）。如果 $\langle x\rangle$ 和 $\langle y\rangle$ 是同一量，则关联函数称为自关联函数（Autocorrelation Function）。自关联函数就是一个量对先前的值的记忆程度，或者反过来说，就是系统需要多长时间忘记先前的值。一个简单例子是，速度自关联函数的意义就是 0 时刻的速度与 t 时刻的速度的关联程度。一些关联函数可以通过系统内所有粒子求平均得到，而另外一些关联函数是整个系统粒子的函数。速度自关联函数可以通过模拟过程对 N 个原子求平均得到，即

$$C_{vv}(t)=\frac{1}{N}\sum_{i=1}^{N}v_i(t)\cdot v_i(0) \tag{2.6-31}$$

归一化的速度自关联函数为

$$C_{vv}(t)=\frac{1}{N}\sum_{i=1}^{N}\frac{\langle v_i(t)\cdot v_i(0)\rangle}{\langle v_i(0)\cdot v_i(0)\rangle} \tag{2.6-32}$$

一般来说，一个自关联函数（例如速度自关联函数）初始值为 1，随时间的增加，变为 0。关联函数从 1 变为 0 的时间称为关联时间，或弛豫时间。我们可以通过计算自关联函数来减少模拟的不确定性（模拟需要的时间应该大于关联时间）。具有较小弛豫时间的量在给定的模拟时间内得到的统计精度较高，然而我们无法精确得到模拟时间小于弛豫时间的物理量。

从图 2.6 - 2 可以看出，两种密度的气体初始速度关联函数为 1，然后随时间衰减到 0。对低密度，速度关联函数逐步衰减到 0；而对高密度的情况，$C_{vv}(t)$ 越过横轴变为负值，然后又变为 0。负的速度关联函数的意义就是粒子以与 0 时刻速度相反的方向运动。

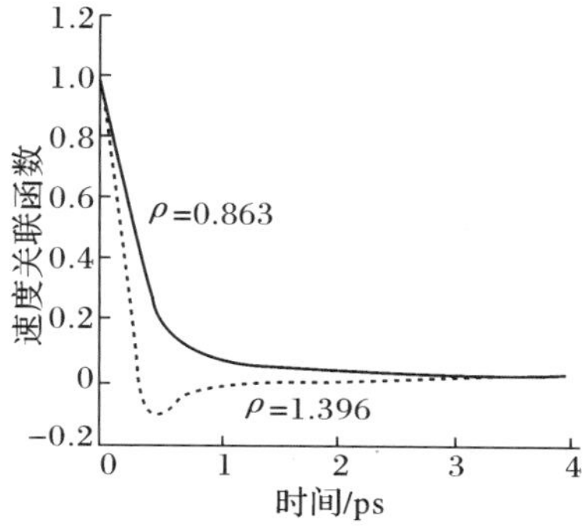

图 2.6 - 2　分子动力学模拟 Ar 分子在两个不同密度下的速度关联函数

速度自关联函数是一个与单粒子相关的量，而另外一些物理量却是由整个系统计算得出的，如系统的净偶极距（它是体系内所有分子偶极距的矢量和）。偶极距的大小和方向随时间变化，即

$$\mu_{\mathrm{tot}}(t) = \sum_{i=1}^{N} \mu_i(t) \tag{2.6 - 33}$$

式中：$\mu_i(t)$ 为分子 i 在 t 时刻的偶极距。总的偶极距关联函数为

$$c_{\mathrm{dipole}}(t) = \frac{\langle \mu_{\mathrm{tot}}(t) \cdot \mu_{\mathrm{tot}}(0) \rangle}{\langle \mu_{\mathrm{tot}}(0) \cdot \mu_{\mathrm{tot}}(0) \rangle} \tag{2.6 - 34}$$

2. 输运性质

输运性质是指物质从一个区域流动到另一个区域的现象，比如非平衡溶质分布的溶液，溶质原子会发生扩散直到溶质浓度均匀。如果体系存在温度梯度，就会发生能量输运直到温度达到平衡，动量梯度产生黏滞性。输运意味着体系处于非平衡态，处理非平衡态的分子动力学方法这里不予讨论，因此考虑用平衡态模拟方法来计算非平衡态性质。这看起来似乎不可能，但可以用平衡态模拟中的微观局域涨落来实现非平衡态性质的计算。当然也应该意识到用非平衡态分子动力学来计算非平衡性质更有效。

扩散的通量用 Fick 第一定律来描述，即

$$J_Z = -D(\mathrm{d}N/\mathrm{d}z) \tag{2.6 - 35}$$

式中：J_Z 为物质的通量，即单位时间通过单位面积的物质的量；D 为扩散系数；N 为粒子数密度（单位体积的数目）；负号表示物质是从浓度高的区域向浓度低的区域扩散的。扩散行

为随时间的演化由 Fick 第二定律来描述，即

$$\frac{\partial N(z,t)}{\partial t}=D\,\frac{\partial^2 N(z,t)}{\partial z^2} \tag{2.6-36}$$

Fick 第二定律的解为

$$N(z,t)=\frac{N_0}{A\sqrt{\pi Dt}}\exp\left[-\frac{z^2}{4Dt}\right] \tag{2.6-37}$$

式中：A 为样品的截面积；N_0 为 $t=0$ 时在 $z=0$ 处的粒子数。式(2.6-37)是一高斯函数，在 $z=0$ 处有一尖锐的峰，随时间的增长，峰逐渐抹平。当模拟的材料为纯的材料时，扩散系数被称为自扩散系数。扩散系数与平均二次方位移有关。由爱因斯坦关系知，平均二次方位移等于 $2Dt$，在三维情况下，有

$$3D=\lim_{t\to+\infty}\frac{\langle|r(t)-r(0)|^2\rangle}{2t} \tag{2.6-38}$$

式(2.6-38)只有在 $t\to+\infty$ 时才严格成立。

利用爱因斯坦关系可以在平衡模拟中计算扩散系数、平均二次方位移与时间的曲线，然后外推到 $t\to+\infty$ 时的情况。量 $|r(t)-r(0)|$ 可以通过系统内粒子求平均得出以减小统计误差。爱因斯坦关系对其他输运性质也成立，例如剪切黏滞系数、体黏滞系数和热传导系数等。有

$$\eta_{xy}=\frac{1}{Vk_{\mathrm{B}}T}\lim_{x\to+\infty}\frac{\langle\left(\sum_{i=1}^{N}m\dot{x}_i(t)\,y_i(t)-\sum_{i=1}^{N}m\dot{y}_i(t)x_i(t)\right)^2\rangle}{2t} \tag{2.6-39}$$

剪切黏滞系数是一个张量，它的分量为 η_{xy}，η_{xy}，η_{yx}，η_{yz}，η_{zx}，η_{zy}，它是体系中所有原子的函数，因此它的计算精度不如扩散系数的计算精度高。对于均匀液体，剪切黏滞系数的各分量相等，可以通过各分量的平均求得(以降低统计误差)，计算的精度可以通过各分量与平均值的偏差来估算。式(2.6-39)不能直接应用于周期性边界条件，需要采用其他方法来处理这些问题。一种可以处理扩散和其他输运性质的方法是通过合适的自关联函数。例如，扩散系数取决于原子位置随时间变化的方式。t 时刻原子位置 $r(t)$ 与 $r(0)$ 的差为

$$|\,r(t)-r(0)\,|=\int_0^t v(t')\,\mathrm{d}t' \tag{2.6-40}$$

方程的两边取二次方得

$$\langle|r(t)-r(0)|\rangle^2=\int_0^t\mathrm{d}t'\int_0^t\mathrm{d}t''\langle v(t')\cdot v(t'')\rangle \tag{2.6-41}$$

关键的特点是关联函数不受初始位置选择的影响，即

$$\langle v(t')\cdot v(t'')\rangle=\langle v(t''-t')\cdot v(0)\rangle \tag{2.6-42}$$

对式(2.6-41)进行双积分，得到 Green-Kubo 方程，即

$$\frac{\langle|\,r(t)-r(0)\,|^2\rangle}{2t}=\int_0^t\langle v(\tau)\cdot v(0)\rangle\left(1-\frac{\tau}{t}\right)\mathrm{d}\tau \tag{2.6-43}$$

在极限的情况下，有

$$\int_0^{+\infty}\langle v(\tau)\cdot v(0)\rangle\,\mathrm{d}\tau=\lim_{x\to\infty}\frac{\langle|\,r(t)-r(0)\,|^2\rangle}{2t}=3D \tag{2.6-44}$$

实际上，积分是通过数值方法求得的。

习 题

1. 查阅文献，推导 Lennard - Jones 势函数的公式。

2. 推演 NEV 系综的牛顿方程、哈密顿方程，并说明各个物理量的意义。

3. 根据界面的边界条件的设置方法，分析讨论在分子动力学中如何构造线缺陷模型。

4. 根据配分函数概念，利用热力学统计物理知识，完成定压热容 C_p、定容热容 C_V 公式推导。

5. 阐述选取分子动力学中的积分步长的方法。

参 考 文 献

[1] 张跃，谷景华，尚家香，等. 计算材料学基础[M]. 北京：北京航空航天大学出版社，2007.

[2] 江建军，缪灵，梁培，等. 计算材料学：设计实践方法[M]. 北京：高等教育出版社，2010.

[3] 王宝山，侯华. 分子模拟实验[M]. 北京：高等教育出版社，2010.

[4] 陈正隆，徐为人，汤立达. 分子模拟的理论与实践[M]. 北京：化学工业出版社，2007.

[5] 陈舜麟. 计算材料科学[M]. 北京：化学工业出版社，2005.

[6] 严六明，朱素华. 分子动力学模拟的理论与实践[M]. 北京：科学出版社，北京，2013.

[7] BENJAMIN A S. EWALD S. Basic concepts in computational physics[M]. Cham: Springer International Publishing Switzerland, 2016.

[8] PHILIPP O J, SCHERER. Computational physics - simulation of classical and quantum systems[M]. Cham: Springer International Publishing AG, 2017.

[9] HERGERT W A, ERNST M D. Computational materials science from basic principles to material properties[M]. Berlin: Springer - Verlag Berlin Heidelberg, 2004.

[10] FRANK J. Introduction to computational chemistry[M]. New York: John Wiley & Sons Ltd, 2007.

[11] RAPAPORT D C. The art of molecular dynamics simulation[M]. Cambridge : Cambridge University Press, 2004.

[12] DAAN F, BEREND S. Understanding molecular simulation from algorithms to applications[M]. New York: Academic Press, 2002.

[13] PETER C, TREVOR W H. Bodo martin. molecular modeling of inorganic compounds[M]. Weinheim: WILEY - VCH Verlag GmbH & Co. KGaA, Weinheim, 2009.

第3章 量子力学基础

宏观物体的运动状态用位置、运动的速度(动量)和加速度来描述,其运动规律遵循牛顿三定律。微观粒子(简称粒子)如分子、原子、电子等,其运动有两个不同于宏观物体的特点:量子化和波粒二象性。如果某一物理量是不连续的,而是以某一最小单位作跳跃式增减,则称这一物理量是“量子化”的,其最小变化单位叫作这一物理量的“量子”。波粒二象性是指微观粒子既有粒子的性质又有波动的性质。以牛顿三定律为主体的经典力学无法反映微观粒子的这些特点,所以,经典力学不适用于微观粒子运动规律的描述。20 世纪初,基于对微观粒子特点的认识,物理学家们建立了描述微观粒子运动规律的量子力学。本章主要介绍利用量子力学原理进行模拟计算所需要的最基本的量子力学知识。

3.1 波函数与薛定谔方程

3.1.1 波粒二象性

19 世纪末,经典物理已经发展得十分完善了,只有个别现象无法用经典物理理论来解释,如黑体辐射、光电效应、原子的光谱线系及固体在低温下的比热容等,这些现象揭示了经典物理的局限性。

为了解释黑体辐射现象,德国物理学家普朗克(Max Planck)于 1900 年提出量子的概念,假设黑体发射和吸收的能量不是连续的,而是一份一份的,每一份的能量是 $h\nu$,称为能量子,其中 ν 是辐射的频率,h 是普朗克常量,$h=6.626\times10^{34}$ J·s。基于这个假设,普朗克从理论上推导出与实验结果符合得很好的黑体辐射公式,从而解释了黑体辐射现象。

1905 年,爱因斯坦(Albert Einstein)用光量子的观点成功地解释了光电效应,他认为电磁辐射不仅在被发射和吸收时以能量为 $h\nu$ 的微粒形式出现,而且以这种形式在空间以光速运动。康普顿效应的发现,进一步证实了光具有粒子性。因为光的波动理论早已被干涉、衍射等现象证实,而光的粒子性并不否定光的波动性,所以,光具有微粒和波动的双重性质,这种性质称为光的波粒二象性。

1923 年,法国物理学家德布罗意(L. de Broglie)在光的波粒二象性的启发下,提出了电子及其他实物粒子具有波动性的假说,即实物粒子也具有波粒二象性。与运动的实物微粒相联系的波被称为德布罗意波,波长 λ、频率 ν 与粒子的动能 E、动量 $\boldsymbol{p}$ 之间的关系为

$$E=h\nu=\hbar\omega \tag{3.1-1}$$

$$\boldsymbol{p}=\frac{h}{\nu}\boldsymbol{n}=\hbar\boldsymbol{k} \tag{3.1-2}$$

式中：$\omega=2\pi\nu$ 表示角频率；$\hbar=h/2\pi=1.0545\times10^{-34}$ J·s，是量子力学中常用的符号；$\boldsymbol{n}$ 是沿动量方向的单位向量。

$$\boldsymbol{k}=\frac{2\pi}{\nu}\boldsymbol{n} \tag{3.1-3}$$

式中：$\boldsymbol{k}$ 称为波矢。式(3.1－1)和式(3.1－2)被称为德布罗意关系式。德布罗意关系式将实物粒子的波动性和粒子性联系起来，等号左边描述的是粒子性(能量和动量)，等号右边描述的是波动性(频率和波长)。若微粒的质量为 m，运动速率为 υ，由德布罗意关系式(3.1－2)可求出与此微粒相联系的德布罗意波长 λ 为

$$\lambda=\frac{h}{p}=\frac{h}{m\upsilon} \tag{3.1-4}$$

自由粒子的能量和动量都是常数，由德布罗意关系式可知，与自由粒子相联系的德布罗意波的波矢和频率也是常数，这个波是一个平面波，其复数形式为

$$\Psi(r,t)=A\mathrm{e}^{\mathrm{i}(k\cdot r-Et)}=A\mathrm{e}^{\frac{\mathrm{i}}{\hbar}(p\cdot r-Et)} \tag{3.1-5}$$

由此可见，自由粒子的状态可用一个平面波 Ψ 来描述。

经典粒子最显著的特征是颗粒性，即在空间某局域出现，运动时有确切的轨道，而不是弥散在空间中。经典波是指某种物理量的空间分布作周期性变化，其显著特征是干涉和衍射现象，即相干叠加性。在经典概念下，粒子与波难以统一到一个客体上。然而，微观粒子的波粒二象性并非经典概念下的粒子性与波动性，这里粒子性是指微观粒子具有“颗粒性”，而不是运动具有确切的轨道；波动性是指微粒具有干涉、衍射现象，即“相干叠加性”，而不是某物理量在空间分布的周期性变化。

3.1.2　波函数及其统计诠释

经典物理中，物体的运动状态用其坐标和动量来描述，给定了坐标和动量就确定了物体的状态，也确定了其他力学量，如能量、角动量等。微观粒子具有波粒二象性，无法用经典方法来描述。为了体现微观粒子的波动性，微观粒子的状态用描述其德布罗意波的函数来描述，记为 $\Psi(r,t)$，称为波函数或状态函数。

玻恩(M. Born)于 1926 年提出了波函数的统计解释：波函数在空间某一点的强度(模的二次方)和在该点找到粒子的概率成正比。按照这种解释，描述粒子的波是一种概率波，如果已知描述粒子的波函数，由波函数的模的二次方就可以得到在空间任意一点找到粒子的概率。在下面的章节将看到，由波函数可以得出微观体系的各种性质，因此，量子力学用波函数描述微观体系的量子状态(简称状态)。

对于波函数为 $\Psi(x,y,z,t)$ 的微观粒子，于时刻 t 在区间 $(x,x+\mathrm{d}x)$，$(y,y+\mathrm{d}y)$，$(z,z+\mathrm{d}z)$ 内找到粒子的个数

$$\mathrm{d}N=k\Psi^{*}(x,y,z,t)\Psi(x,y,z,t)\mathrm{d}x\mathrm{d}y\mathrm{d}z \tag{3.1-6}$$

式中：k 为常数；Ψ^{*} 是 Ψ 的复数共轭。

则粒子总数为

$$N = \int \Psi^* \Psi \mathrm{d}\tau \tag{3.1-7}$$

粒子于时刻 t 在微体积 $\mathrm{d}\tau$ 内出现的概率 $\mathrm{d}W$ 为

$$\mathrm{d}W = \frac{\mathrm{d}N}{N} = \frac{k\Psi^* \Psi \mathrm{d}\tau}{k\int \Psi^* \Psi \mathrm{d}\tau} = \frac{\Psi^* \Psi \mathrm{d}\tau}{\int \Psi^* \Psi \mathrm{d}\tau} \tag{3.1-8}$$

令

$$\int \Psi^* \Psi \mathrm{d}\tau = 1 \tag{3.1-9}$$

这一条件称为归一化条件，满足式(3.1-9)的波函数称为归一化波函数。对于归一化的单粒子波函数 Ψ 有

$$\mathrm{d}W = \Psi^* \Psi \mathrm{d}\tau \tag{3.1-10}$$

则

$$\rho = \frac{\mathrm{d}w}{\mathrm{d}\tau} = \Psi^* \Psi = |\Psi|^2 \tag{3.1-11}$$

式中：ρ 是在(x,y,z)点附近单位体积 $\mathrm{d}\tau$ 内发现粒子的概率，称为概率密度。这正是玻恩提出的波函数的统计诠释。

如果波函数不满足式(3.1-9)，只须把原来的波函数乘以一个常数 C，使 $C\Psi$ 满足归一化条件，即

$$\left.\begin{aligned} &\int (C\Psi)^* (C\Psi) \mathrm{d}\tau = 1 \\ &|C|^2 = \frac{1}{\int |C|^2 \mathrm{d}\tau} \end{aligned}\right\} \tag{3.1-12}$$

式中：C 称为归一化常数，这个将波函数归一化的过程称为归一化。不难发现归一化波函数可以含有任意相因子 $\mathrm{e}^{i\delta}$。由式(3.1-8)可知，Ψ 和 $C\Psi$ 描述的是同一量子态(C 是不为零的常数)，即波函数乘以一个常数后，所描述的粒子状态不变。

由于$\rho = |\Psi|^2$ 是粒子出现的概率密度，波函数在变量变化的全部区域内通常应满足 3 个条件：有限性、连续性和单值性。这 3 个条件称为波函数的标准条件。除标准条件，波函数还应满足边界条件和归一化条件。

3.1.3 态叠加原理

微观粒子的状态不能用经典力学的方法来描述，而须用波函数来描述，这源于微观粒子的波粒二象性。波函数的统计解释是波粒二象性的一个体现，微观粒子的波粒二象性还体现在量子力学中关于状态的基本原理——态叠加原理中。

如果Ψ_1 和Ψ_2 是体系可能的状态，那么，它们的线性叠加

$$\Psi = C_1 \Psi_1 + C_2 \Psi_2 \quad (C_1, C_2 \text{ 是复常数}) \tag{3.1-13}$$

也是这个体系的一个可能的状态，这就是量子力学中的态叠加原理。这一原理可以扩展为体系的多个状态的叠加。正是由于波函数满足态叠加原理，才可以采用波函数线性组合的

方法构建新的波函数。

量子力学的态叠加原理与经典物理中波动的叠加原理不同。在经典物理中，两个波动过程Φ_1 和Φ_2 线性叠加的结果$a\Phi_1+b\Phi_2$ 也是一个可能的波动过程，这种叠加是实在物理量的叠加(如机械波的质点位移，电磁波的电场强度和磁场强度)。在量子力学中，当粒子处于态Ψ_1 和态Ψ_2 的线性叠加态 Ψ 时，粒子既可以处在态Ψ_1，又可以处在态Ψ_2，测量时将会发现，粒子分别以一定概率处在态Ψ_1 和态Ψ_2。所以说，态叠加原理指的是波函数的线性叠加，而不是概率的叠加。

3.1.4　薛定谔方程——量子力学的基本方程

微观粒子的状态用波函数来描述，那么，微观粒子的状态随时间的变化遵循什么规律呢？1926 年，奥地利物理学家薛定谔(A. Schrodinger)提出了在势场 $V(r)$中运动的微观粒子的波函数 Ψ 所满足的微分方程为

$$\left[-\frac{\hbar^2}{2\mu}\nabla^2+V(r)\right]\Psi=i\hbar\frac{\partial}{\partial t}\Psi \tag{3.1-14}$$

式中：μ 是粒子的质量。方程式(3.1－14)称为薛定谔方程，或称波动方程。它描述了微观粒子的运动规律。它在量子力学中的地位相当于牛顿方程在经典力学中的地位。薛定谔方程不是经过严格推导得到的，而是量子力学的一个基本假设，其正确性已由各种情况下用此方程得出的结论与实验结果相符而得到了验证。

3.1.5　定态薛定谔方程

如果作用于微观体系的势场与时间无关，薛定谔方程[式(3.1－14)]可用分离变量法进行求解。令

$$\Psi(r,t)=\Phi(r)f(t) \tag{3.1-15}$$

代入方程式(3.1－14)，得

$$\frac{1}{\Phi}\left[-\frac{\hbar^2}{2\mu}\nabla^2(r)+V(r)\Phi\right]=\frac{i\hbar}{f}\frac{\mathrm{d}f}{\mathrm{d}t} \tag{3.1-16}$$

式(3.1－16)的等号左边只与 r 有关，而等号右边只与时间 t 有关，r 和 t 均为独立变量，所以，只有两边同时等于某一常数时，等式才满足；令这个常数为 E，式(3.1－16)分解为两个方程：

$$i\hbar\frac{\mathrm{d}f}{\mathrm{d}t}=Ef \tag{3.1-17}$$

$$-\frac{\hbar^2}{2\mu}\nabla^2\Phi+V(r)\Phi=E\Phi \tag{3.1-18}$$

方程式(3.1－17)的解为

$$f(t)=C\mathrm{e}^{-\frac{iE}{\hbar}t} \tag{3.1-19}$$

式中：C 为任意常数。将这一结果代入式(3.1－15)，把常数 C 并入 $\Phi(r)$中，就得到薛定谔方程式(3.1－14)的特解

$$\Psi(r,t)=\Phi(r)\mathrm{e}^{-\frac{iE}{\hbar}t} \tag{3.1-20}$$

这个波函数与时间的关系是正弦的，它的角频率 $\omega=E/\hbar$。按照德布罗意关系，常数 E 正是体系处于这个波函数所描述的状态时的能量。这种能量具有确定值的状态称为定态。式(3.1－20)所表示的波函数 $\Psi(r,t)$ 称为定态波函数，方程式(3.1－18)称为定态薛定谔方程。从定态波函数的表达式不难看出，在定态中概率密度与时间无关。

3.2 算符与力学量

3.2.1 算符

量子力学中经常用到算符的概念，所谓算符就是作用在一个函数上得到另一个函数的数学运算符号。例如

$$\hat{F}\Psi(x)=\phi(x)$$

式中：$\Psi(x)$ 和 $\phi(x)$ 是函数（x 代表所有变量）；$\hat{F}$ 代表某种运算符号，称为算符。

算符的加法：ϕ 是任意函数，算符 $\hat{F}$ 与 $\hat{G}$ 的和 $(\hat{F}+\hat{G})$ 满足

$$(\hat{F}+\hat{G})\phi=\hat{F}\phi+\hat{G}\phi \tag{3.2-1}$$

算符的乘法：ϕ 是任意函数，算符 $\hat{F}$ 与 $\hat{G}$ 的积 $\hat{F}\hat{G}$ 满足

$$(\hat{F}\hat{G})\phi=\hat{F}(\hat{G}\phi) \tag{3.2-2}$$

若算符 $\hat{F}$ 作用于波函数 $\Psi(q,t)$（q 代表描述体系的坐标）等于某一常数 λ 乘以 $\Psi(q,t)$，即

$$\hat{F}\Psi(q,t)=\lambda\Psi(q,t) \tag{3.2-3}$$

则称式(3.2－3)为算符 $\hat{F}$ 的本征方程，λ 称为算符 $\hat{F}$ 的本征值。$\Psi(q,t)$ 为属于本征值 λ 的本征函数，算符 $\hat{F}$ 的本征函数所描述的状态称为 $\hat{F}$ 的本征状态，本征值是与体系所处的本征状态相对应的。算符全部本征值的集合，为本征值谱。本征值谱可以是离散的，也可以是连续的，或者两者兼而有之。

对于任意函数 Ψ 和 ϕ，若算符 $\hat{F}$ 满足

$$\hat{F}(\alpha\Psi+\beta\phi)=\alpha\hat{F}\Psi+\beta\hat{F}\phi \tag{3.2-4}$$

则称 $\hat{F}$ 为线性算符。

对于任意函数 Ψ 和 ϕ，若算符 $\hat{F}$ 满足

$$\int\Psi^{*}\hat{F}\phi\,\mathrm{d}x=\int(\hat{F}\Psi)^{*}\phi\,\mathrm{d}x \tag{3.2-5}$$

则称 $\hat{F}$ 为厄密算符。式(3.2－5)中 x 代表所有的变量，积分范围是所有变量变化的整个区域。

厄密算符具有下列基本性质：

(1)厄密算符的本征值是实数。若 λ 是厄密算符 $\hat{F}$ 的本征值，即存在函数 $\varphi(x)$（x 代表所有的变量），使得

$$\hat{F}\varphi(x)=\lambda\varphi(x) \tag{3.2-6}$$

则 $\lambda=\lambda^{*}$。

(2)厄密算符属于不同本征值的本征函数相互正交。若 λ_k，λ_l 是厄密算符 $\hat{F}$ 的本征值，

φ_k 和φ_l是相应的本征函数,即

$$\hat{F}\varphi_k=\lambda_k\varphi_k \tag{3.2-7}$$

$$\hat{F}\varphi_l=\lambda_l\varphi_l \tag{3.2-8}$$

且$\lambda_k\neq\lambda_l$,则

$$\int\varphi_k^*\varphi_l\mathrm{d}\tau=0 \tag{3.2-9}$$

这一性质称为算符本征函数的正交性。若厄密算符 $\hat{F}$ 的本征函数均已归一化,即

$$\int\varphi_k^*\varphi_k\mathrm{d}\tau=1 \tag{3.2-10}$$

则

$$\int\varphi_k^*\varphi_l\mathrm{d}\tau=\delta_{kl}=\begin{cases}1 & (k=l)\\0 & (k\neq l)\end{cases} \tag{3.2-11}$$

式(3.2-11)称为厄密算符本征函数的正交归一性关系,适用于 $\hat{F}$ 的本征值谱为离散谱的情况。

若厄密算符 $\hat{F}$ 的本征值谱是连续的,则本征函数φ_k 可归一化为 δ 函数,与式(3.2-11)对应的正交归一关系为

$$\int\varphi_\lambda^*\varphi_\lambda'\mathrm{d}\tau=\delta(\lambda-\lambda') \tag{3.2-12}$$

满足式(3.2-11)或式(3.2-12)的函数系$\{\varphi_k\}$或$\{\varphi_\lambda\}$称为正交归一函数系(正交归一系)。

(3)厄密算符的本征函数组成完全系。数学上已经证明了一个完全性定理:满足一定条件的厄密算符的全体本征函数构成完备的正交归一函数系$\{\varphi_n(x)\}$,使得任意函数 $\Psi(x)$可以用它展开成傅里叶级数:

$$\Psi(x)=\sum_n C_n\varphi_n(x) \tag{3.2-13}$$

式中:C_n 与 x 无关,由$\{\varphi_n(x)\}$的正交归一性,可得

$$C_n=\int\varphi_n^*(x)\Psi(x)\mathrm{d}x \tag{3.2-14}$$

厄密算符本征函数的这一性质,称为本征函数的完全性(或完备性)。

上面给出的是本征值谱为离散谱的情况。若本征值谱是连续的,则与式(3.2-13)和式(3.2-14)对应的关系为

$$\Psi(x)=\int C_\lambda\varphi_\lambda(x)\mathrm{d}\lambda \tag{3.2-15}$$

$$C_\lambda=\int\varphi_\lambda^*(x)\Psi(x)\mathrm{d}x \tag{3.2-16}$$

3.2.2　力学量的表示

量子力学基本假设:如果用算符 $\hat{F}$ 表示力学量 F,那么当体系处于 $\hat{F}$ 的本征态 φ 时,力学量 F 有确定值,这个值就是 $\hat{F}$ 在状态 Ψ 中的本征值。

表示力学量的算符的本征值是这个力学量的可能值,而力学量的数值都是实数,所以表示力学量的算符的本征值必须是实数。上面介绍的厄密算符具有本征值为实数的性质,满

足这一要求。另外，为了满足态叠加原理的要求，应采用线性算符来表示力学量。因此，在量子力学中，表示力学量的算符必须是线性厄密算符，即体系的每一个可观测量都有一个线性厄密算符与之对应，坐标、动量、能量的算符对应如下：

坐标

$$r \rightarrow \hat{r} = r \tag{3.2-17a}$$

动量

$$p \rightarrow \hat{p} = -i\hbar\,\nabla \tag{3.2-17b}$$

动能

$$T \rightarrow \hat{T} = \frac{\hat{p}p^2}{2\mu} = -\frac{\hbar^2}{2\mu}\nabla^2 \tag{3.2-17c}$$

能量

$$E \rightarrow \hat{E} = i\hbar\,\frac{\partial}{\partial t} \tag{3.2-17d}$$

量子力学基本假设：如果量子力学中的力学量 F 在经典力学中有对应的力学量，将其经典表示式 $F(r,p)$ 中的 r,p 分别换成算符 $\hat{r},\hat{p}$ 即可得到力学量 F 的算符 $\hat{F}$，即

$$F(r,p) \rightarrow \hat{F} = (\hat{r},\hat{p}) = F(r,-i\hbar\nabla) \tag{3.2-18}$$

使用算符可将薛定谔方程写成

$$\hat{H}\Psi = i\hbar\,\frac{\partial \Psi}{\partial t} \tag{3.2-19}$$

式中：

$$\hat{H} \equiv \hat{T} + \hat{V}(r) = -\frac{\hbar^2}{2\mu}\nabla^2 + V(r) \tag{3.2-20}$$

由于经典力学中将体系的动能函数与势能函数之和称为哈密顿(Hamilton)函数，故称 $\hat{H}$ 为哈密顿算符，又称为能量算符。定态薛定谔方程式(3.1-18)就是哈密顿算符的本征方程，哈密顿算符的本征值就是体系的能量 E，满足该方程的波函数 Ψ 是哈密顿算符的本征函数，即体系处于状态 Ψ 时，具有确定的能量 E。

如果所讨论的体系不只含一个粒子，而是含有 N 个粒子($N>1$)，则称这个体系为多粒子体系。以 $r_1,r_2,\cdots,r_N$ 表示这 N 个粒子的坐标，描述体系状态的波函数则是 $r_1,r_2,\cdots,r_N$ 的函数，记为 $\Psi(r_1,r_2,\cdots,r_N)$，体系的能量为

$$E = \sum_{i=1}^{N} \frac{P_i^2}{2\,\mu_i} + V(r_1,r_2,\cdots,r_N) \tag{3.2-21}$$

式中：μ_i 是第 i 个粒子的质量；P_i 是第 i 个粒子的动量；$V(r_1,r_2,\cdots,r_N)$ 是体系的势能，它包括体系在外场中的势能和粒子间的相互作用能。

根据量子力学中关于力学量算符的假设，可得多粒子体系的哈密顿算符：

$$\hat{H} = -\sum_{i=1}^{N} \frac{\hbar^2}{2\,\mu_i}\nabla_i^2 + V(r_1,r_2,\cdots,r_N) \tag{3.2-22}$$

式中：∇_i 是对第 i 个粒子坐标微商的梯度算符，在直角坐标系中

$$\nabla_i = i\,\frac{\partial}{\partial x_i} + j\,\frac{\partial}{\partial y_i} + k\,\frac{\partial}{\partial z_i}$$

将多粒子体系的哈密顿算符代入式(3.2-19),得到

$$i\hbar\frac{\partial\Psi}{\partial t}=-\sum_{i=1}^{N}\frac{\hbar^2}{2\mu_i}\nabla_i^2\Psi+V\Psi \tag{3.2-23}$$

这就是多粒子体系的薛定谔方程。

3.2.3 力学量的取值

经典力学中,物体在任意状态下的力学量都是确定的,可用力学量对物体的状态作完全的描述。对于微观粒子,只有当它处于某力学量算符的本征态时,该力学量才有确定值,这个值就是该本征态下算符的本征值;当粒子处于任意波函数描述的状态时,力学量的取值不是确定的,而是存在着统计分布。这是微观粒子的运动规律(用量子力学描述)与经典力学描述的运动规律的一个本质区别。

设粒子处于任意波函数 $\Psi(x)$描述的状态,现在考察力学量 F 的取值。由厄密算符的性质可知,与力学量 F 对应的厄密算符 $\hat{F}$ 的本征函数系$\{\varphi_n(x)\}$是正交归一完全系,$\varphi_n(x)$满足

$$\hat{F}\varphi_n(x)=\lambda_n\varphi_n(x)\quad(n=1,2,\cdots,i,\cdots)$$

根据前面介绍的完全性定理,任意波函数 $\Psi(x)$可按 $\hat{F}$ 的本征函数系$\{\varphi_n(x)\}$展开,见式(3.2-13)。由此可见,用 $\hat{F}$ 的本征函数的线性叠加可以表示任意状态 $\Psi(x)$,$\varphi_n(x)$相当于一个多维空间的基矢,$\Psi(x)$相当于这个多维空间中的一个向量,C_n 相当于 $\Psi(x)$在$\varphi_n(x)$轴上的投影。

若 $\Psi(x)$是 $\hat{F}$ 的某个本征态,即 $\Psi(x)=\varphi(x)$,则式(3.2-13)中的系数除 $C_i=1$ 外均为零。这相当于 $\Psi(x)$位于$\varphi_i(x)$轴上,根据算符表示力学量的假设,这时力学量 F 的取值就是 $\hat{F}$ 的本征值λ_i,测量 F 得到λ_i 的概率为 1,得到其他值的概率为零。

现在 $\Psi(x)$是$\varphi_n(x)$的线性叠加,可以推论,在 $\Psi(x)$态中测量力学量 F 得到的值一定是 $\hat{F}$ 的本征值谱$\{\lambda_n\}$中的一个值,不可能是$\{\lambda_n\}$之外的值。那么,测量 F 得到λ_i 的概率是多少?

如果状态函数 $\Psi(x)$已归一化,利用式(3.2-13)和$\{\varphi_n(x)\}$的正交归一性,可得

$$1=\int\Psi_n^*(x)\Psi(x)\mathrm{d}x=\sum_n|C_n|^2 \tag{3.2-24}$$

当 $\Psi(x)=\varphi_i(x)$时,$C_i=1,C_n=0\ (n\neq i)$,F 的取值必为λ_i。由这个特例和式(3.2-24)可知,$|C_n|^2$ 具有概率的意义,表示在 $\Psi(x)$态中测量力学量 F 得到 $\hat{F}$ 的本征值λ_n 的概率。基于这个原因,C_n 常被称为概率振幅,式(3.2-24)说明总的概率等于 1。

归纳上面的讨论结果,引进量子力学中关于力学量与算符的关系的一个基本假设:量子力学中表示力学量的算符都是线性厄密算符,它们的本征函数组成完全系。当微观体系处于任意波函数 $\Psi(x)$所描述的状态时$[\Psi(x)=\sum_n C_n\varphi_n(x)$,其中 $\varphi(x)$满足本征方程 $\hat{F}\varphi_n(x)=\lambda_n\varphi_n(x)]$,测量力学量 F 所得的数值,必定是其对应算符 $\hat{F}$ 的本征值$\{\lambda_n\}$之一,测得λ_n 的概率是$|C_n|^2$($\Psi(x)$是归一化的)。

这个假设的正确性,如薛定谔方程一样,已由整个理论与实验结果相符合而得到验证。根据这个假设,力学量在一般的状态中有一系列可能值。这些可能值就是表示这个力学量

的算符的本征值，每个可能值以一定的概率出现，其概率与体系所处的状态有关。按照由概率求平均值的法则，可以求得力学量 F 在 $\Psi(x)$ 态中的平均值 $\bar{F}$ 为

$$\bar{F} = \sum_n \lambda_n \, |C_n|^2 \tag{3.2-25}$$

式(3.2-25)可以改写为

$$\bar{F} = \int \Psi_n^*(x)\hat{F}\Psi(x)\mathrm{d}x \tag{3.2-26}$$

式(3.2-26)是求力学量平均值的一般公式，式中 $\Psi(x)$ 是归一化的波函数。对于没有归一化的波函数，乘以归一化因子后，式(3.2-26)改写为

$$\bar{F} = \frac{\int \Psi_n^*(x)\hat{F}\Psi(x)\mathrm{d}x}{\int \Psi_n^*(x)\Psi(x)\mathrm{d}x} \tag{3.2-27}$$

通过式(3.2-26)和式(3.2-27)可以直接用表示力学量的算符和体系所处的状态计算出力学量在这个状态中的平均值。

上面只讨论了 $\hat{F}$ 的本征值组成离散谱的情况，对于 $\hat{F}$ 的本征值组成连续谱的情况，可以进行同样的讨论，其结果是

$$\bar{F} = \int \lambda \, |C_n|^2 \mathrm{d}\lambda \tag{3.2-28}$$

并且式(3.2-26)和式(3.2-27)也适用于本征值组成连续谱的情况。

3.3 电子在库仑场中的运动

3.3.1 角动量算符

经典力学中角动量 $\boldsymbol{L}=\boldsymbol{r}\times\boldsymbol{P}$，根据力学量的算符表示的基本假设，量子力学中角动量算符的表达式为

$$\hat{\boldsymbol{L}}=\hat{\boldsymbol{r}}\times\hat{\boldsymbol{P}} \tag{3.3-1}$$

在直角坐标系中，角动量的 3 个分量为 $\hat{L}_x, \hat{L}_y, \hat{L}_z$，角动量的二次方算符为

$$\hat{L}^2=\hat{L}_x^2+\hat{L}_y^2+\hat{L}_z^2 \tag{3.3-2}$$

为了求解角动量算符的本征方程，把这些算符用球极坐标(r,θ,ϕ)，来表示，即

$$\hat{L}_x = i\hbar\left(\sin\phi\frac{\partial}{\partial\theta}+\cot\theta\cos\phi\frac{\partial}{\partial\phi}\right) \tag{3.3-3a}$$

$$\hat{L}_y = -i\hbar\left(\cos\phi\frac{\partial}{\partial\theta}-\cot\theta\sin\phi\frac{\partial}{\partial\phi}\right) \tag{3.3-3b}$$

$$\hat{L}_z = -i\hbar\frac{\partial}{\partial\phi} \tag{3.3-3c}$$

$$\hat{L}^2 = -\hbar^2\left[\frac{1}{\sin\theta}\frac{\partial}{\partial\theta}\left(\sin\theta\frac{\partial}{\partial\theta}\right)+\frac{1}{\sin^2\theta}\frac{\partial^2}{\partial\phi^2}\right] \tag{3.3-4}$$

由式(3.3-4)可知，$\hat{L}^2$ 的本征函数应是 θ、ϕ 的函数。数学物理方法中给出了 $\hat{L}^2$ 的本

征方程的解，角动量算符 $\hat{L}^2$ 的本征值为 $l(l+1)\hbar^2(l=0,1,2,3,\cdots)$，相应的本征函数是球谐函数$Y_{lm}=(\theta,\phi)$，即

$$Y_{lm}(\theta,\phi)=(-1)^{\frac{m+|m|}{2}}N_{lm}P_l^{|m|}(\cos\theta)e^{im\phi}\ \frac{l=0,1,2,\cdots}{m=0,\pm1,\pm2,\cdots,\pm l} \tag{3.3-5}$$

式中：$P_l^{|m|}$ 是缔合勒让德(Legendre)多项式；N_{lm} 是归一化常数，由$Y_{lm}=(\theta,\phi)$的归一化条件

$$\int_{\theta=0}^{\pi}\int_{\phi=0}^{2\pi}Y_{lm}^*(\theta,\phi)Y_{lm}(\theta,\phi)\sin\theta d\theta d\phi=1 \tag{3.3-6}$$

可以得到 N_{lm}。因此，$\hat{L}^2$ 的本征方程为

$$\hat{L}^2Y_{lm}(\theta,\phi)=l(l+1)\hbar^2Y_{lm}(\theta,\phi) \tag{3.3-7}$$

用式(3.3-3c)表达的角动量算符 $\hat{L}_z$ 作用于$Y_{lm}(\theta,\phi)$，有

$$\hat{L}_zY_{lm}(\theta,\phi)=m\hbar Y_{lm}(\theta,\phi) \tag{3.3-8}$$

即体系处于$Y_{lm}(\theta,\phi)$态时，角动量在 z 轴方向的投影 $L_z=m\hbar$ 。

由式(3.3-7)和式(3.3-8)可见，$Y_{lm}(\theta,\phi)$是角动量算符 $\hat{L}^2$ 和 $\hat{L}_z$ 共同的本征函数，l 取不同值时，$\hat{L}^2$ 的本征值 $l(l+1)\hbar^2$ 不同；m 取不同值时，$\hat{L}_z$ 的本征值 $m\hbar$ 不同。根据厄密算符属于不同本征值的本征函数相互正交的性质，球谐函数$Y_{lm}(\theta,\phi)$组成正交归一系，即

$$\int_{\theta=0}^{\pi}\int_{\phi=0}^{2\pi}Y_{lm}^*(\theta,\phi)Y_{l'm'}(\theta,\phi)\sin\theta d\theta d\phi=\delta_{ll'}\delta_{mm'} \tag{3.3-9}$$

因为 l 表征角动量的大小，所以称 l 为角量子数。m 表征角动量在 z 方向投影的大小，而磁相互作用与角动量的投影成正比，故称 m 为磁量子数。由式(3.3-5)可知，对应于一个 l 值，m 可以取$(2l+1)$个值，因而对应于 $\hat{L}^2$ 的一个本征值 $l(l+1)\hbar^2$，有$(2l+1)$个不同的本征函数$Y_{lm}(\theta,\phi)$。把对应于一个本征值有一个以上的本征函数的情况称为简并，把对应于同一本征值的不同本征函数的数目称为简并度。$\hat{L}^2$的本征值是$(2l+1)$重简并的。一般 $l=0,1,2,3,\cdots$的状态依次称为 s,p,d,f 态，处于这些状态的电子依次简称为 s,p,d,f 电子。

3.3.2 电子在库仑场中的运动

如果电子在中心力场中运动，其势能函数 $V(r)=V(r)$。原子核产生的库仑场是一种特殊的中心力场，如果原子核外只有一个电子，$\mu=m_e$(电子的质量)，带电荷$-e$，取原子核为坐标原点，电子受原子核吸引的势能为

$$V(r)=-\frac{Ze_s^2}{r} \tag{3.3-10}$$

式中：

$$e_s=e(4\pi\varepsilon_0)^{-1/2}\qquad(\text{SI})$$

$$e_s=e\qquad(\text{CGS})$$

式中：r 是电子到核的距离；Z 是核电荷数。$Z=1$ 时，这个体系是氢原子；$Z>1$ 时，体系称为类氢离子，如 $He^+(Z=2)$，$Li^+(Z=3)$。于是，电子在库仑场中的哈密顿算符为

$$\hat{H}=-\frac{\hbar^2}{2\mu}\nabla^2-\frac{Ze_s^2}{r} \tag{3.3-11}$$

$\hat{H}$ 的本征方程可写成

$$\left[-\frac{\hbar^2}{2\mu}\nabla^2-\frac{Ze_s^2}{r}\right]\Psi=E\Psi \tag{3.3-12}$$

这个方程在球极坐标系中的形式是

$$-\frac{\hbar^2}{2\mu r^2}\left[\frac{\partial}{\partial r}\left(r^2\frac{\partial}{\partial r}\right)+\frac{1}{\sin\theta}\frac{\partial}{\partial\theta}\left(\sin\theta\frac{\partial}{\partial\theta}\right)+\frac{1}{\sin\theta^2}\frac{\partial^2}{\partial\phi^2}\right]\Psi-\frac{Ze_s^2}{r}\Psi=E\Psi \tag{3.3-13}$$

式(3.3－13)中不含 r,θ,ϕ 的微分交叉项，可用分离变量法解方程。设

$$\Psi(r,\theta,\phi)=R(r)Y(\theta,\phi) \tag{3.3-14}$$

式中：$R(r)$仅是 r 的函数，称为径向波函数；$Y(\theta,\phi)$仅是角度 θ,ϕ 的函数。将式(3.3－14)代入式(3.3－13)中，式(3.3－13)分离为两个方程，即

$$\frac{1}{r^2}\frac{\partial}{\partial r}\left(r^2\frac{\partial R}{\partial r}\right)+\left[\frac{2\mu}{\hbar^2}\left(E+\frac{Ze_s^2}{r}\right)-\frac{\lambda}{r^2}\right]R=0 \tag{3.3-15}$$

$$-\left[\frac{1}{\sin\theta}\frac{\partial}{\partial\theta}\left(\sin\theta\frac{\partial Y}{\partial\theta}\right)+\frac{1}{\sin\theta^2}\frac{\partial^2 Y}{\partial\phi^2}\right]=\lambda Y \tag{3.3-16}$$

式中：λ 是常数。

式(3.3－16)与中心力场的具体形式无关，方程两边同乘$\hbar^2$ 便得到在角动量算符一节中讨论过的 $\hat{L}^2$ 的本征方程[见式(3.3－7)]，已知

$$\lambda=l(l+1)\quad l=0,1,2,3,\cdots$$

且方程的解为球谐函数$Y_{lm}(\theta,\phi)$。

式(3.3－15)是径向波函数应满足的方程，称为径向波函数方程。将 λ 的取值代入式(3.3－15)，得

$$\frac{1}{r^2}\frac{\partial}{\partial r}\left(r^2\frac{\partial R}{\partial r}\right)+\left[\frac{2\mu}{\hbar^2}\left(E+\frac{Ze_s^2}{r}\right)-\frac{l(l+1)}{r^2}\right]R=0 \tag{3.3-17}$$

当 $E>0$ 时，对于 E 取任何值，式(3.3－17)都有满足波函数条件的解，即体系的能量具有连续谱，这时电子可以离开原子核而运动到无穷远处(电离)。当 $E<0$ 时，在无穷远处($r=+\infty$)，式(3.3－17)满足波函数标准条件的解为 $R(+\infty)=0$。通常把波函数在无穷远处为零的状态称为束缚态。粒子处于束缚态意味着粒子被限制在有限空间中运动，这里 $R(r)$描述的是电子被原子核的库仑场束缚在原子中的径向运动。解式(3.3－17)，得到能量的本征值 E，和径向波函数 $R_n(r)$为

$$E_n=-\frac{\mu Z^2e_s^4}{2\hbar^2n^2}=-\frac{e_s^2}{2a_0}\cdot\frac{Z^2}{n^2}\quad(n=1,2,3,\cdots) \tag{3.3-18}$$

$$R_{nl}(r)=N_{nl}e^{-\frac{Z}{na_0}r}\left(\frac{2Z}{na_0}r\right)^lL_{n+l}^{2l+1}\left(\frac{2Z}{na_0}r\right) \tag{3.3-19}$$

上两式中

$$n=n_r+l+1\quad(n_r,l\text{ 为正数或零}) \tag{3.3-20}$$

$$a_0=\frac{\hbar^2}{\mu e_s^2}=-\frac{\hbar^2}{m_ce_s^2} \tag{3.3-21}$$

式中：n 称为主量子数；n_r 称为径量子数；a_0 是玻尔半径；N_{nl} 是径向波函数的归一化常数；L_{n+l}^{2l+1} 是缔合拉盖尔多项式。

将求得的 $R(r)$ 和 $Y(\theta,\phi)$ 代入式(3.3-14)，得到库仑场中束缚态电子($E<0$)的波函数为

$$\Psi_{nlm}(r,\theta,\phi)=R_{nl}(r)Y_{lm}(\theta,\phi) \tag{3.3-22}$$

处于这个状态时电子的能级 E_n 由式(3.3-18)给出，显而易见，电子处于束缚态时能级是分立的。

由于Ψ_{nlm}与 n,l,m 三个量子数有关，而对应的能级 E_n 只与 n 有关，所以，能级 E_n 是简并的。对应于一个 n，l 可以取 $l=0,1,2,3,\cdots,n-1$ 共 n 个值；而对应于一个 l，m 可以取 $m=0,\pm1,\pm2,\cdots,\pm l$，共$(2l+1)$个值。因此，对应于能级 E_n，有 $\sum\limits_{l=0}^{n-1}(2l+1)=n^2$ 个波函数，即能级 E_n 是 n^2 度简并的。电子能级对 m 简并，即 E_n 与 m 无关，这是由势场是中心力场(势能仅与 r 有关，而与 θ,φ 无关)造成的；而电子能级对 l 简并，即 E_n 与 l 无关，则是库仑场所特有的，这是由库仑场($\propto 1/r$)这样的中心力场比一般的中心力场 $V(r)$ 具有更高的对称性所致。

由波函数的归一化条件

$$\int_{r=0}^{+\infty}\int_{\theta=0}^{\pi}\int_{\phi=0}^{2\pi}\Psi_{nlm}^{*}(r,\theta,\phi)\,\Psi_{nlm}(r,\theta,\phi)r^2\sin\theta\mathrm{d}r\mathrm{d}\theta\mathrm{d}\phi=1$$

及球谐函数$Y_{lm}(\theta,\phi)$的归一化条件式(3.3-6)，可得径向波函数的归一化条件为

$$\int_{0}^{+\infty}R_{nl}^{2}(r)r^2\mathrm{d}r=1 \tag{3.3-23}$$

将径向波函数代入式(3.3-23)，即可求出径向波函数的归一化常数 N_{nl}。

综上所述，库仑场中的哈密顿算符 $\hat{H}$ 的束缚态本征函数是$\Psi_{nlm}(r,\theta,\phi)$，相应的能量本征值(能级)是 E_n，本征函数$\Psi_{nlm}(r,\theta,\phi)$满足正交归一性关系

$$\int_{r=0}^{+\infty}\int_{\theta=0}^{\pi}\int_{\phi=0}^{2\pi}\Psi_{nlm}^{*}(r,\theta,\phi)\,\Psi_{n'l'm'}(r,\theta,\phi)r^2\sin\theta\mathrm{d}r\mathrm{d}\theta\mathrm{d}\phi=\delta_{nn'}\delta_{ll'}\delta_{mm'} \tag{3.3-24}$$

由此可见，库仑场中束缚态的本征函数系$\{\Psi_{nlm}(r,\theta,\phi)\}$是正交归一函数系。

3.3.3　氢原子

原子体系质心的运动是自由粒子式的简单运动，在研究原子体系时，人们最感兴趣的是原子内部的运动状态，即电子相对于核的运动状态，因此，人们将原子中电子相对于核运动的能量(电子的能级)称为原子能级，描述电子相对于核运动的波函数称为原子波函数。

氢原子中电子与核之间的相互作用势能是式(3.3-10)所描述的库仑势，其中 $r=\sqrt{x^2+y^2+z^2}$，把这个势能表达式代入定态薛定谔方程，得到与式(3.3-12)一样的方程。因此，只需把中心力场中粒子的质量理解为约化质量，并令式(3.3-18)和式(3.3-19)中的核电荷数 $Z=1$，即可得到氢原子的能级 E_n 和波函数Ψ_{nlm}为

$$E_n=-\frac{\mu e_s^4}{2\hbar^2n^2}=-\frac{e_s^2}{2a_0}\cdot\frac{1}{n^2}\quad n=1,2,3,\cdots \tag{3.3-25}$$

$$\Psi_{nlm}(r,\theta,\phi)=R_{nl}(r)Y_{lm}(\theta,\phi)\begin{cases}n=1,2,3,\cdots\\ l=0,1,2,3,\cdots,n-1\\ m=0,\pm1,\pm2,\cdots,\pm l\end{cases} \tag{3.3-26}$$

由式(3.3-25)可知，氢原子的能量随 n 的增大而增大，氢原子能级是不等间距的。体系能量最低的状态称为基态。氢原子的基态是 Ψ_{100}，基态能级是 E_1。$n=+\infty$ 时，$E_{+\infty}=0$，$R(+\infty)\neq 0$，电子不再被束缚在原子核的周围，可以脱离原子，即电离。$E_{+\infty}$ 与基态能量 E_1 之差，称为电离能。若电子的质量 μ 采用约化质量，则氢原子的电离能为

$$E_{+\infty}-E_1=\frac{\mu e_s^4}{2\hbar^2}=13.597\ \text{eV}$$

3.4 自旋与全同粒子

3.4.1 自旋

许多实验事实证明电子具有自旋磁矩，例如，氢原子或类氢离子的光谱在均匀外磁场中发生分裂，钠原子光谱的精细结构(塞曼效应)等。为了解释这些现象，Uhlenbeck 和 Goldsmidt 于 1925 年提出如下假设：

(1)每个电子具有自旋角动量 S，它在空间任何方向上的投影只能取两个数值：

$$S_z=\pm\frac{\hbar}{2} \tag{3.4-1}$$

(2)每个电子具有自旋磁矩 M_s，它和自旋角动量 s 的关系为

$$M_s=-\frac{e}{\mu}S \tag{3.4-2}$$

式中：$-e$ 是电子电荷；$\mu=m_s$。

这里电子自旋是通过假设给出的，在相对论量子力学中，电子自旋可直接由薛定谔方程得出，不需要任何假设。电子自旋并非经典力学意义上的旋转，如果电子自身旋转形成的角动量为 $\pm\hbar/2$，那么电子的旋转速度必须远远超过光速，因此，电子自旋纯粹是一种量子特性。一般力学量都可以表示为坐标和动量的函数，自旋角动量也是一个力学量，但自旋角动量与电子的坐标和动量无关，它是电子内部状态的表征，是描写电子状态的第四个变量。

像量子力学中所有的力学量一样，自旋角动量用一个算符来表示，表示为 $\hat{\boldsymbol{S}}$。由于自旋角动量和坐标动量无关，不能用 $\hat{\boldsymbol{r}}\times\hat{\boldsymbol{P}}$ 来表示，但它是角动量，与其他角动量之间具有共性，这个共性体现在自旋角动量算符与其他角动量算符满足相同的对易关系。因此，自旋角动量满足对易关系，即

$$\hat{S}_x\hat{S}_y-\hat{S}_y\hat{S}_x=i\hbar\hat{S}_z \tag{3.4-3a}$$

$$\hat{S}_y\hat{S}_z-\hat{S}_z\hat{S}_y=i\hbar\hat{S}_x \tag{3.4-3b}$$

$$\hat{S}_z\hat{S}_x-\hat{S}_x\hat{S}_z=i\hbar\hat{S}_y \tag{3.4-3c}$$

由于 S 在空间任意方向上的投影只能取两个数值 $\pm\hbar/2$，所以，$\hat{S}_x$，$\hat{S}_y$，和 $\hat{S}_z$ 三个算符的本征值都是 $\pm\hbar/2$，即

$$S_x=S_y=S_z=\pm\hbar/2 \tag{3.4-4}$$

由此得到自旋角动量二次方算符 $\hat{S}^2$ 的本征值 S^2，即

$$S^2=S_x^2+S_y^2+S_z^2=\frac{3}{4}\hbar^2 \qquad (3.4-5)$$

将式(3.4－5)与轨道角动量平方算符 $\hat{L}^2$ 的本征值 $L^2=l(l+1)\hbar^2$ 比较，令

$$S^2=s(s+1)\hbar^2 \qquad (3.4-6)$$

则 $s=1/2$。s 与角量子数 l 相当，故将 s 称为电子的自旋量子数。对于单个电子，s 只有一个取值，即 $s=1/2$。综上所述，对电子状态的描述除了用三个坐标变量(如 x,y,z)来描述轨道角动量之外，还需要用一个自旋变量(如 s_z)来描写自旋态，所以将电子的波函数写为

$$\Psi=\Psi(x,y,z,s_z,t) \qquad (3.4-7)$$

由于 S_z 只能取两个值 $\pm\hbar/2$，式(3.4－7)可写成两个分量，即

$$\Psi_1(x,y,z,t)=\Psi(x,y,z,+\hbar/2,t)$$

$$\Psi_2(x,y,z,t)=\Psi(x,y,z,-\hbar/2,t)$$

把这两个分量排成一个列向量，即

$$\boldsymbol{\Psi}=\begin{bmatrix}\Psi_1(x,y,z,t)\\ \Psi_2(x,y,z,t)\end{bmatrix} \qquad (3.4-8)$$

并规定第一行对应于 $s_z=\hbar/2$，第二行对应于 $s_z=-\hbar/2$。

电子波函数写成式(3.4－8)的形式之后，进行归一化时必须同时对空间积分和对自旋求和，即

$$\int \boldsymbol{\Psi}^* \boldsymbol{\Psi}\mathrm{d}\tau = \int(|\Psi_1|^2+|\Psi_2|^2)\mathrm{d}\tau = 1 \qquad (3.4-9)$$

式中：$\boldsymbol{\Psi}^*=(\Psi_1^*,\Psi_2^*)$，是 $\boldsymbol{\Psi}$ 的共轭向量。

由波函数定义的概率密度为

$$\rho(x,y,z,t)=\boldsymbol{\Psi}+\boldsymbol{\Psi}=|\Psi_1|^2+|\Psi_2|^2$$

它表示 t 时刻在 (x,y,z) 周围单位体积内找到电子的概率，其中

$$\rho_1(x,y,z,t)=|\Psi_1|^2$$

$$\rho_2(x,y,z,t)=|\Psi_2|^2$$

分别表示 t 时刻在 (x,y,z) 周围单位体积内找到自旋 $s_z=\hbar/2$ 和自旋 $s_z=-\hbar/2$ 的电子的概率。分别将 ρ_1 和 ρ_2 对整个空间积分，就得到在整个空间中找到自旋 $s_z=\hbar/2$ 和自旋 $s_z=-\hbar/2$ 的电子的概率。

如果电子的自旋是 $s_z=\hbar/2$，则它的波函数为

$$\boldsymbol{\Psi}_{1/2}=\begin{bmatrix}\Psi_1(x,y,z,t)\\ 0\end{bmatrix} \qquad (3.4-10)$$

如果电子的自旋是 $s_z=-\hbar/2$，则它的波函数为

$$\boldsymbol{\Psi}_{1/2}=\begin{bmatrix}0\\ \Psi_2(x,y,z,t)\end{bmatrix} \qquad (3.4-11)$$

电子的自旋算符是作用在电子波函数上的，电子波函数是二维列向量，则自旋算符应该是两行两列的矩阵。利用自旋算符 $\hat{S}_z$ 的本征方程，即

$$\hat{\boldsymbol{S}}_z\boldsymbol{\Psi}_{1/2}=\frac{\hbar}{2}\boldsymbol{\Psi}_{1/2} \qquad (3.4-12)$$

$$\hat{\boldsymbol{S}}_z\boldsymbol{\Psi}_{-1/2}=-\frac{\hbar}{2}\Psi_{1/2} \tag{3.4-13}$$

可得其矩阵表示为

$$\hat{\boldsymbol{S}}_z=\frac{\hbar}{2}\begin{pmatrix}1 & 0\\ 0 & -1\end{pmatrix} \tag{3.4-14}$$

由对易关系式(3.4-3),可求得

$$\hat{\boldsymbol{S}}_x=\frac{\hbar}{2}\begin{pmatrix}0 & 1\\ 1 & 0\end{pmatrix},\quad \hat{\boldsymbol{S}}_y=\frac{\hbar}{2}\begin{pmatrix}0 & -i\\ i & 0\end{pmatrix} \tag{3.4-15}$$

自旋算符用矩阵式(3.4-14)及式(3.4-15)表示后,自旋算符的任意函数也表示为二行二列的矩阵。

一般情况下,电子的自旋和轨道运动之间存在相互作用,因而电子的自旋状态对轨道运动有影响,表现为波函数 $\boldsymbol{\Psi}$ 的分量Ψ_1 和Ψ_2 是 x,y,z 的不同的函数。当电子的自旋和轨道相互作用小到可以忽略时,电子的自旋状态不影响轨道运动,这时Ψ_1 和Ψ_2 对 x,y,z 的依赖关系是一样的,可以把 $\boldsymbol{\Psi}$ 写成

$$\boldsymbol{\Psi}(x,y,z,s_z,t)=\Psi_1(x,y,z,t)\eta(m_s) \tag{3.4-16}$$

式中:$\eta(m_s)$是描述电子自旋状态的自旋波函数;m_s 也称为自旋量子数;$\hat{S}_z$ 的本征值 $S_z=m_s\hbar$ 自旋算符仅对波函数中的自旋函数起作用,由式(3.4-10)、式(3.4-12)和式(3.4-16)可知,自旋函数

$$\boldsymbol{\alpha}=\eta\left(\frac{1}{2}\right)=\begin{pmatrix}1\\ 0\end{pmatrix} \tag{3.4-17}$$

是 $\hat{S}_z$ 的本征函数,属于本征值$-\hbar/2$,即

$$\hat{S}_z\boldsymbol{\alpha}=m_s\hbar\boldsymbol{\alpha}=\frac{1}{2}\hbar\boldsymbol{\alpha}\quad (m_s=1/2) \tag{3.4-18}$$

同理可知

$$\boldsymbol{\beta}=\eta\left(-\frac{1}{2}\right)=\begin{pmatrix}0\\ 1\end{pmatrix} \tag{3.4-19}$$

是 $\hat{\boldsymbol{S}}_z$ 属于本征值$-\hbar/2$ 的本征函数,即

$$\hat{\boldsymbol{S}}_z\boldsymbol{\beta}=m_s\hbar\boldsymbol{\beta}=-\frac{1}{2}\hbar\boldsymbol{\beta}(m_s=-1/2) \tag{3.4-20}$$

$m_s=1/2$ 的 $\boldsymbol{\alpha}$ 态称为上自旋态,$m_s=-1/2$ 的 $\boldsymbol{\beta}$ 态称为下自旋态。上自旋态与下自旋态彼此正交,即

$$\boldsymbol{\alpha}^+\boldsymbol{\beta}=(1\quad 0)\begin{pmatrix}0\\ 1\end{pmatrix}=0 \tag{3.4-21}$$

3.4.2 全同粒子

在研究多粒子系统时常常涉及由全同粒子组成的系统,因此,有必要了解全同粒子和全同粒子系统的性质。所谓全同粒子是指质量、电荷、自旋等固有性质完全相同的微观粒子。例如,所有的电子是全同粒子,所有的质子是全同粒子。前面已经介绍过,不能用轨道来描

述微观粒子的运动，而全同粒子的固有性质又完全相同，因此，在微观尺度上全同粒子是不可区分的，即全同粒子具有不可区分性。

一个由 N 个全同粒子组成的系统，以 q_i 表示第 i 个粒子的坐标和自旋，$q_i=(r_i, s_i)$，$\Phi(q_1, q_2, \cdots, q_i, \cdots, q_j, \cdots, q_N, t)$是描述该全同粒子系统状态的波函数。若

$$\Phi(q_1, q_2, \cdots, q_i, \cdots, q_j, \cdots, q_N, t)=\Phi(q_1, q_2, \cdots, q_j, \cdots, q_i, \cdots, q_N, t)$$

即任意两粒子交换后波函数不变，则称 Φ 是对称波函数，波函数的这种性质称为交换对称性。若

$$\Phi(q_1, q_2, \cdots, q_i, \cdots, q_j, \cdots, q_N, t)=-\Phi(q_1, q_2, \cdots, q_j, \cdots, q_i, \cdots, q_N, t)$$

即任意两粒子交换后波函数改变符号，则称 Φ 是反对称波函数，波函数的这种性质称为交换反对称性。

全同粒子系统具有以下性质。

(1)满足全同性原理：全同粒子系统中，两全同粒子相互代换不引起物理状态的改变，即不引起任何可观察到的物理效应。

(2)遵从泡利法则：自旋量子数是半整数的粒子称为费米子，由费米子组成的系统遵从费米-狄拉克统计，描述费米子系统的波函数是反对称波函数；自旋量子数是整数的粒子称为玻色子，由玻色子组成的系统遵从玻色-爱因斯坦统计，描述玻色子系统的波函数是对称波函数。

(3)具有对称的或反对称的波函数：描述全同粒子系统状态的波函数只能是对称波函数或反对称波函数，且它们的对称性不随时间改变。

(4)满足泡利不相容原理：对于费米子系统，不可能有两个或两个以上的费米子处于同一状态。

3.5　微扰理论与变分原理

量子力学中最基本的问题是求描述体系状态的波函数和体系可能具有的能量，即求解薛定谔方程。对于不同的物理问题，有不同的薛定谔方程，但在经常遇到的问题中，可以准确求解的问题是很少的。由于体系的哈密顿算符比较复杂，许多问题不能求得精确解，只能求近似解，因此，量子力学中用来求物理问题近似解的方法（简称“近似方法”）就显得十分重要。

近似方法一般是从简单问题的精确解出发求复杂问题的近似解。根据适用范围，近似方法可分为两大类：一类用于体系的哈密顿算符不是时间的显函数的情况，讨论的是定态问题；另一类用于体系的哈密顿算符是时间的显函数的情况，讨论的是体系状态之间的跃迁问题。本节和下一节将介绍广泛使用的 3 种近似方法：微扰理论、变分原理和密度泛函理论。在讲述近似方法之前，先介绍量子力学计算中经常使用的原子单位制和求解多体问题需使用的 Born-Oppenheimer 近似。

3.5.1　原子单位制

在量子力学计算过程中，薛定谔方程中经常出现电子质量、电子电荷、玻尔半径等常数，

为了简化，研究者们规定了一种新的单位制，称为原子单位制（atomic unit system，缩写为 a. u.）。在原子单位制中规定：

$$1\ \text{a. u.的质量} = m_e = \text{电子静质量} \tag{3.5-1a}$$

$$1\ \text{a. u.的电荷} = \mathrm{e} = \text{电子电荷} \tag{3.5-1b}$$

$$1\ \text{a. u.的长度(1 Bohr)} = a_0 = \text{玻尔半径} \tag{3.5-1c}$$

采用原子单位后，许多常数可写成十分简便的形式，如由玻尔半径定义

$$a_0 = \frac{\hbar^2}{m_e \mathrm{e}^2}$$

可推得

$$\hbar = 1\ \text{a. u.} \tag{3.5-1d}$$

则 Planck 常数$h = 2\pi$ a. u. 。

在原子单位制中，将电荷为一个原子单位的两个质点相隔一个原子单位距离时的势能定义为一个原子单位的能量，这个能量单位称为 Hartree，即

$$1\ \text{a. u.的能量(1 Hartree)} = \frac{\mathrm{e}^2}{a_0} = 27.210\ 70\ \text{eV} \tag{3.5-1e}$$

3.5.2 Born-Oppenheimer 近似——绝热近似

如不考虑外场的作用，组成分子和固体的多粒子系统的哈密顿量应该包括所有粒子（原子核和电子）的动能和这些粒子之间的相互作用能，因此，哈密顿算符形式上可写成

$$\hat{H} = \hat{H}_e + \hat{H}_N + \hat{H}_{e\text{-}N} \tag{3.5-2}$$

式中：$\hat{H}_e$ 包括所有电子的动能 $\hat{T}_e$ 和电子之间的库仑相互作用 $\hat{V}_{e\text{-}e}$，是电子坐标的函数；$\hat{H}_N$ 包括所有原子核的动能 $\hat{T}_N$ 和原子核之间的库仑相互作用 $\hat{V}_{N\text{-}N}$，是原子核坐标的函数；$\hat{H}_{e\text{-}N}$ 包括所有电子与原子核之间的相互作用 $\hat{V}_{e\text{-}N}$。这里，用 $\boldsymbol{r}$ 表示所有电子坐标的集合 $\{\boldsymbol{r}_i\}$，用 $\boldsymbol{R}$ 表示所有核坐标的集合 $\{\boldsymbol{R}_i\}$，则有

$$\hat{H}_e(\boldsymbol{r}) = \hat{T}_e(\boldsymbol{r}) + \hat{V}_{e\text{-}e}(\boldsymbol{r}) \tag{3.5-3}$$

$$\hat{H}_N(\boldsymbol{R}) = \hat{T}_N(\boldsymbol{R}) + \hat{V}_{N\text{-}N}(\boldsymbol{R}) \tag{3.5-4}$$

$$\hat{H}_{e\text{-}N}(\boldsymbol{r},\boldsymbol{R}) = \hat{V}_{e\text{-}N}(\boldsymbol{r},\boldsymbol{R}) \tag{3.5-5}$$

由于$\hat{H}_{e\text{-}N}$中电子坐标和核坐标同时出现，且电子与核的相互作用与其他相互作用具有相同的数量级，不能简单地忽略不计，但考虑到原子核质量比电子质量大 3 个数量级，根据动量守恒可以推断，原子核的运动速度比电子的运动速度小得多。电子处于高速运动中，而原子核只是在它们的平衡位置附近振动；电子几乎绝热于核运动，而原子核只能缓慢地跟上电子分布的变化。因此玻恩（M. Born）和奥本海墨（I. E. Oppenheimer）提出将整个问题分成电子的运动和核的运动来考虑：考虑电子运动时原子核处在它们的瞬时位置上，而考虑原子核的运动时则不考虑电子在空间的具体分布。这就是绝热近似或称 Born-Oppenheimer 近似。

多粒子系统的薛定谔方程

$$\hat{H}\Psi(\boldsymbol{r},\boldsymbol{R}) = E^H\Psi(\boldsymbol{r},\boldsymbol{R}) \tag{3.5-6}$$

在绝热近似下的解为

$$\Psi(\boldsymbol{r},\boldsymbol{R})=\chi(\boldsymbol{R})\Phi(\boldsymbol{r},\boldsymbol{R}) \tag{3.5-7}$$

式中：$\chi(\boldsymbol{R})$是描述系统中全部原子核运动的波函数；$\Phi(\boldsymbol{r},\boldsymbol{R})$是描述系统中全部电子运动的波函数。电子波函数 $\Phi(\boldsymbol{r},\boldsymbol{R})$是系统中电子部分的哈密顿算符

$$\hat{H}_0(\boldsymbol{r},\boldsymbol{R})=\hat{H}_e(\boldsymbol{r})+\hat{V}_{\text{N-N}}(\boldsymbol{R})+\hat{H}_{\text{e-N}}(\boldsymbol{r},\boldsymbol{R}) \tag{3.5-8}$$

对应的薛定谔方程

$$\hat{H}_0(\boldsymbol{r},\boldsymbol{R})\Phi(\boldsymbol{r},\boldsymbol{R})=E(\boldsymbol{R})\Phi(\boldsymbol{r},\boldsymbol{R}) \tag{3.5-9}$$

的解，原子核的瞬时位置坐标值在电子波函数中作为参数出现。

将式(3.5-7)代入式(3.5-6)，得到核波函数满足的薛定谔方程：

$$[\hat{T}(\boldsymbol{R})+E(\boldsymbol{R})]\chi(\boldsymbol{R})=E^H\chi(\boldsymbol{R}) \tag{3.5-10}$$

这个方程表明，原子核在势函数为 $E(\boldsymbol{R})$ 的势阱中运动。解电子系统的薛定谔方程(3.5-9)，得到电子波函数 $\Phi(\boldsymbol{r},\boldsymbol{R})$和电子总能量 $E(\boldsymbol{R})$。以 $E(\boldsymbol{R})$作为核运动的势函数，解核的薛定谔方程[见式(3.5-10)]，得到核波函数 $\chi(\boldsymbol{R})$。对于分子，便可得到分子的平动、转动和振动态。

3.5.3 微扰理论

微扰理论是量子力学中重要的近似方法之一，其具体形式多种多样，但基本思想是一致的，即逐级近似。若体系的哈密顿算符不是时间的显函数，求解的是定态薛定谔方程

$$\hat{H}\Psi=E\Psi \tag{3.5-11}$$

这类关于求解体系可能状态(能量本征值、本征函数)的微扰理论称为定态微扰理论。定态微扰理论按未受微扰时能态的简并情况分为非简并的微扰理论和简并的微扰理论。将体系的哈密顿算符 $\hat{H}$ 分成两部分：

$$\hat{H}=\hat{H}_0+\hat{H}' \tag{3.5-12}$$

$\hat{H}'$很小，可以看作是加在$\hat{H}_0$上的微扰，$\hat{H}_0$的本征值和本征函数较容易解出或已有现成的解，在此基础上，把微扰$\hat{H}'$对能量和波函数的影响逐级考虑进去，得出式(3.5-10)的尽可能接近于精确解的近似解。

若体系的哈密顿算符是时间的显函数，求解的是含时间的薛定谔方程

$$\hat{H}\Psi=i\hbar\frac{\partial}{\partial t}\Psi \tag{3.5-13}$$

这类关于求解体系状态随时间变化的微扰理论称为与时间有关的微扰理论(或称为含时微扰理论)。将体系的哈密顿算符 $\hat{H}$ 分成两部分：

$$\hat{H}=\hat{H}_0+\hat{H}'(t) \tag{3.5-14}$$

式中：$\hat{H}_0$与时间无关，与时间有关的$\hat{H}'(t)$可看作是加在$\hat{H}_0$上的微扰。$\hat{H}_0$的定态薛定谔方程可解，微扰$\hat{H}'(t)$的作用是使体系由$\hat{H}_0$的某个本征态变为$\hat{H}_0$的全部本征态的线性组合，从而可以计算无微扰体系在微扰作用下由一个量子态跃迁到另一个量子态的跃迁概率。

各类微扰理论的公式及推导过程见相关参考文献，这里仅以非简并态的定态微扰理论为例介绍微扰理论的逐级近似思想。

以 E_n 和Ψ_n 表示 $\hat{H}$ 的本征值和本征函数，由式(3.5－10)可知

$$\hat{H}\Psi_n = E_n\Psi_n \tag{3.5-15}$$

没有微扰时，$\hat{H}=\hat{H}_0$，并且$\hat{H}_0$ 的本征值 $E_n^{(0)}$ 和本征函数$\Psi_n^{(0)}$ 是已知的，即

$$\hat{H}_0\Psi_n^{(0)} = E_n^{(0)}\Psi_n^{(0)} \tag{3.5-16}$$

微扰$\hat{H}'$使体系的能级由 $E_n^{(0)}$ 变为 E_n，波函数由$\Psi_n^{(0)}$ 变为Ψ_n。为了表示微扰项$\hat{H}'$很小，用一个很小的实参数 λ 来表示其微小程度，将$\hat{H}'$写成

$$\hat{H}=\lambda\hat{H}^{(1)} \tag{3.5-17}$$

由于 E_n 和Ψ_n 都与微扰有关，可以把它们看作是表征微扰程度的参数 λ 的函数，将它们展开成 λ 的幂函数：

$$E_n = E_n^{(0)} + \lambda E_n^{(1)} + \lambda^2 E_n^{(2)} + \cdots \tag{3.5-18}$$

$$\Psi_n = \Psi_n^{(0)} + \lambda\Psi_n^{(1)} + \lambda^2\Psi_n^{(2)} + \cdots \tag{3.5-19}$$

式中：$E_n^{(0)}$，$\Psi_n^{(0)}$ 分别是体系未受微扰时的能量和波函数，称为零级近似能量和零级近似波函数。$\lambda E_n^{(1)}$ 和 $\lambda\Psi_n^{(1)}$ 分别是能量和波函数的一级修正，$\lambda^2 E_n^{(2)}$ 和$\lambda^2\Psi_n^{(2)}$ 分别是能量和波函数的二级修正，等等。

将式(3.5－17)～式(3.5－19)代入式(3.5－15)，令等号两边的 λ 同次幂项的系数对应相等，得到关于 $E_n^{(0)}$，$E_n^{(1)}$，$E_n^{(2)}$，…，$\Psi_n^{(0)}$，$\Psi_n^{(1)}$，$\Psi_n^{(2)}$，…的一系列方程。在 $E_n^{(0)}$ 非简并的情况下，与 $E_n^{(0)}$ 对应的$\hat{H}_0$ 的本征函数只有一个$\Psi_n^{(0)}$，它就是Ψ_n 的零级近似。设$\hat{H}_0$ 的全部零级近似波函数均为正交归一化的，解关于 $E_n^{(1)}$，$E_n^{(2)}$，…，$\Psi_n^{(1)}$，$\Psi_n^{(2)}$，…的系列方程，得

$$E_n^{(1)} = \int \Psi_n^{(0)*} H' \Psi_n^{(0)} \mathrm{d}\tau = H'_m \tag{3.5-20}$$

$$E_n^{(2)} = \sum_m{}' \frac{|H'_{nm}|^2}{E_n^{(0)} - E_m^{(0)}} \tag{3.5-21}$$

$$\Psi_n^{(1)} = \sum_m{}' \frac{H'_{mn}}{E_n^{(0)} - E_m^{(0)}} \Psi_m^{(0)} \tag{3.5-22}$$

式(3.5－21)和式(3.5－22)中求和号右上角加一撇表示求和不包括 $m=n$ 的项，H'_{nm} 和 H'_{mn} 均为微扰矩阵元，即

$$H'_{nm} = \int \Psi_n^{(0)*} H' \Psi_m^{(0)} \mathrm{d}\tau \tag{3.5-23}$$

因$\hat{H}$是厄密算符，由式(3.5－21)可推出

$$H'_{mn} = H'^{*}_{nm} \tag{3.5-24}$$

引进 λ 的目的是求解 $E_n^{(0)}$，$E_n^{(1)}$，$E_n^{(2)}$，…，$\Psi_n^{(0)}$，$\Psi_n^{(1)}$，$\Psi_n^{(2)}$，…，达到目的后，可将 λ 省去(即令 $\lambda=1$)，则$\hat{H}^{(1)}=\hat{H}'$，$E_n^{(1)}$ 和$\Psi_n^{(1)}$ 为能量和波函数的一级修正，$E_n^{(2)}$ 和$\Psi_n^{(2)}$ 为能量和波函数的二级修正，等等。分别将求得的能量和波函数的各级修正值代入式(3.5－18)和式(3.5－19)($\lambda=1$)，得到受微扰体系的能量 E_n 和波函数Ψ_n 如下：

$$E_n = E_n^{(0)} + H'_m + \sum_m{}' \frac{|H'_{nm}|^2}{E_n^{(0)} - E_m^{(0)}} + \cdots \tag{3.5-25}$$

$$\Psi_n = \Psi_n^{(0)} + \sum_m{}' \frac{H'_{mn}}{E_n^{(0)} - E_m^{(0)}} \Psi_m^{(0)} + \cdots \tag{3.5-26}$$

微扰理论的使用条件是级数式(3.5-25)和式(3.5-26)收敛。由于所讨论的级数的高级项是未知的,只能要求级数的几个已知项中后面的项远小于前面的项,以保证级数的收敛,由此得到非简并态微扰理论的适用条件:

$$\left|\frac{H'_{mn}}{E_n^{(0)}-E_m^{(0)}}\right| \ll 1 \quad (E_n^{(0)} \neq E_m^{(0)}) \tag{3.5-27}$$

这就是前面提到的$\hat{H}'$很小的表示式。当式(3.5-27)被满足时,能量经二级修正、波函数经一级修正就可得到相当精确的结果。由式(3.5-27)可以看出,非简并态微扰的方法是否适用,不仅取决于矩阵元 H'_{mn},还取决于能级间距$|E_n^{(0)}-E_m^{(0)}|$。

3.5.4　变分原理

量子力学中用微扰法求解问题的条件是体系的哈密顿算符 $\hat{H}$ 可以分为$\hat{H}_0$ 和$\hat{H}'$两部分,$\hat{H}=\hat{H}_0+\hat{H}'$,其中$\hat{H}_0$ 的本征值与本征函数是已知的,而$\hat{H}'$很小。如果这些条件不能够满足,微扰法就不能应用。下面介绍量子力学中求解能量本征值与本征函数的另一种近似方法——变分原理,这个方法的应用不受上述条件的限制。

薛定谔的变分原理与求解薛定谔方程是等价的。设体系的波函数 Ψ 是归一化的,体系能量的平均值为

$$\overline{H}=\int \Psi^* \hat{H} \Psi \mathrm{d}\tau \tag{3.5-28}$$

可以证明,在满足一定边界条件(包括归一化条件)的情况下,让 $\overline{H}$ 取极值,即

$$\delta\overline{H}-\lambda\delta\int \Psi^* \Psi \mathrm{d}\tau=0 \tag{3.5-29}$$

式中:λ 为拉格朗日不定乘子,求得的 λ 和 Ψ 就是体系的能量本征值和本征函数,反之,若体系的波函数是满足薛定谔方程的本征函数,则体系能量的平均值 $\overline{H}$ 一定取极值。

用变分原理处理实际问题的基本思想是:根据具体问题的特点,选择某种形式的试探波函数(尝试变分函数),给出该试探波函数形式下体系能量的平均值 $\overline{H}$,然后让 $\overline{H}$ 取极值,求出在所用试探波函数形式下最好的波函数和相应的能量平均值,用它们分别作为体系本征函数和能量本征值的精确解的近似。运用变分原理的具体形式有多种,这里介绍常用的里兹变分法和哈特里-福克自洽场法。

1. 里兹变分法

最低能量原理:设体系哈密顿算符 $\hat{H}$ 的本征值由小到大的顺序排列为

$$E_0, E_1, E_2, \cdots, E_n, \cdots$$

与这些本征值对应的本征函数是

$$\Psi_0, \Psi_1, \Psi_2, \cdots, \Psi_n, \cdots$$

则在任意波函数 Ψ 所描述的状态中,体系能量的平均值一定大于或等于基态能量,即

$$\overline{H} \equiv \frac{\int \Psi^* \hat{H} \Psi d\tau}{\int \Psi^* \Psi \mathrm{d}\tau} \geqslant E_0 \tag{3.5-30}$$

等号在$\Psi=\Psi_0$ 时成立。若波函数 Ψ 是归一化的,$\overline{H}\equiv\int \Psi^* \hat{H} \Psi \mathrm{d}\tau \geqslant E_0$。

推论：在任意一个与Ψ_0正交的波函数Ψ所描述的状态中，体系能量的平均值$\overline{H} \geqslant E_1$，等号在$\Psi = \Psi_1$时成立。

(1)求基态的近似波函数和近似能量。设体系的基态波函数为

$$\Psi(q, c_1, c_2, \cdots) \tag{3.5-31}$$

q代表体系的全部坐标，$c_1, c_2, \cdots$是特定参数，则

$$\overline{H} = \overline{H}(c_1, c_2, \cdots) \tag{3.5-32}$$

按变分原理，波函数应使$\overline{H}$取极值，即$\delta \overline{H} = 0$：

$$\sum_i \frac{\partial \overline{H}}{\partial c_i} \delta c_i = 0 \tag{3.5-33}$$

因为δc_i是任意的，所以

$$\frac{\partial \overline{H}}{\partial c_i} = 0 \quad (i = 1, 2, \cdots) \tag{3.5-34}$$

式(3.5-34)是c_i满足的方程组。解这个方程组，求得c_i，代入式(3.5-32)和式(3.5-31)，得到$\overline{H}_0$和Ψ_0。根据最低能量原理，$\overline{H}_0$和Ψ_0就是波函数限制在式(3.5-34)形式下的近似基态能量和近似波函数。

(2)求激发态的近似波函数和近似能量。选取第一激发态的波函数Ψ_1，要求Ψ_1与基态波函数Ψ_0正交。若Ψ_1不与Ψ_0正交，改取$\Psi_1' = \Psi_1 - \Psi_0 \int \Psi_0^* \Psi_1 \mathrm{d}\tau$为第一激发态波函数。根据最低能量原理的推论，用类似于处理基态问题的方法，可求出第一激发态的近似能量与近似波函数。

2.哈特里-福克自洽场方法

通过Born-Oppenheimer近似，可将多粒子系统中电子的运动与原子核的运动分开。在考虑电子运动时，把原子核看成是固定的，电子在原子核形成的势场中运动。如果原子核的相对位置发生变化，电子的运动状态将随之而改变，因此，有必要将原子核之间的排斥能加到电子系统的能量中。由于原子核之间的排斥势$\hat{V}_{\text{N-N}}(\boldsymbol{R})$只与原子核的位置有关，对于原子核位置确定的体系，$\hat{V}_{\text{N-N}}(\boldsymbol{R})$是常数，它只影响电子系统的总能量，不影响电子波函数，所以，在求解电子波函数和电子能量时，先不计入原子核之间的排斥能，最后再将原子核之间的排斥能加入电子能量中。根据上述分析，由方程(3.5-9)得到电子的薛定谔方程：

$$\left[-\frac{1}{2}\sum_i \nabla_i^2 + \sum_i V(r_i) + \frac{1}{2}\sum_{i,j} \frac{1}{|r_i - r_j|}\right]\Phi = E\Phi \tag{3.5-35}$$

多电子系统的哈密顿算符可分成两部分：

$$\hat{H} = \sum_i \hat{H}_i + \sum\nolimits_{i,j}' \hat{H}_{ij} \tag{3.5-36}$$

$$\hat{H}_i = -\frac{1}{2}\nabla_i^2 + V(r_i) \tag{3.5-37}$$

$$H\,\nabla_{ij}^2 = \frac{1}{2}\frac{1}{|r_i - r_j|} \tag{3.5-38}$$

式中：$\sum'_{i,j}$表示对i,j分别求和，但不包括$i=j$项；$\hat{H}_i$包含单电子动能和原子核对单电子的作用势，只是单电子坐标的函数，称为单电子算符；$\hat{H}_{ij}$是两电子间的相互作用势，是双电

子坐标的函数，称为双电子算符。多电子系统的哈密顿算符中含有双电子算符，不能简单地用分离变量法求薛定谔方程的精确解，因此，应考虑如何求薛定谔方程的近似解。

哈特里(Hartree)提出：以单电子波函数$\varphi_i(r_i)$的连乘积

$$\Phi(r)=\varphi_1(r_1)\varphi_2(r_2)\cdots\varphi_i(r_i)\cdots\varphi_n(r_n) \tag{3.5-39}$$

作为多电子薛定谔方程的近似解，这种近似称为哈特里近似。式(3.5-39)形式的波函数称为哈特里波函数，其中$\varphi_i(r_i)$表示位于r_i处的第i个电子处于状态φ_i。

电子的自旋量子数为1/2，是费米子。由前边讲述的全同粒子系统的性质可知，多电子系统的波函数应该是交换反对称的。虽然哈特里波函数满足泡利不相容原理，即没有两个电子处于同一状态，但哈特里波函数不具有交换反对称性。考虑到多电子系统的波函数应具有交换反对称性，福克(Fock)和斯莱特(Slater)分别独立地提出：处于位矢$r_1, r_2, \cdots, r_n$的N电子系统，其近似波函数为形如

$$\Phi=\frac{1}{\sqrt{N!}}\begin{vmatrix} \varphi_1(q_1) & \varphi_2(q_1) & \cdots & \varphi_N(q_1) \\ \varphi_1(q_2) & \varphi_2(q_2) & \cdots & \varphi_N(q_2) \\ \vdots & \vdots & & \vdots \\ \varphi_1(q_N) & \varphi_2(q_N) & \cdots & \varphi_N(q_N) \end{vmatrix} \tag{3.5-40}$$

的Slater行列式，其中$\varphi_i(q_i)$表示第i个电子在坐标q_i处的归一化波函数，这里q_i已包含电子的位置r_i和自旋。这种近似称为福克近似。福克近似所采用的波函数既满足泡利不相容原理又满足交换反对称性：两电子具有相同状态相当于Slater行列之中的两列相等，则波函数$\Phi=0$；交换两个电子相当于交换Slater行列式的两行，使波函数Φ改变符号。福克近似的实质是用归一化的单电子波函数的乘积线性组合成具有交换反对称性的函数作为多电子系统的波函数。

采用福克近似，系统能量的期待值E等于系统的哈密顿算符在Slater行列式上的平均值$\overline{H}$，即

$$\begin{aligned} E = \overline{H} = & \sum_i \int \mathrm{d}r_1\ \varphi_i^*(q_1)\hat{H}_i\varphi_i(q_1) + \\ & \frac{1}{2}\sum_{i,j}{}' \iint \mathrm{d}r_1\mathrm{d}r_2\ \frac{|\varphi_i(q_1)|^2\ |\varphi_j(q_2)|^2}{|r_1-r_2|} - \\ & \frac{1}{2}\sum_{i,j}{}' \iint \mathrm{d}r_1\mathrm{d}r_2\ \frac{\varphi_i^*(q_1)\varphi_j^*(q_2)\varphi_i(q_2)\varphi_j(q_1)}{|r_1-r_2|} \end{aligned} \tag{3.5-41}$$

式(3.5-41)中第一项是单电子算符对应的能量，第二项是电子库仑能，第三项是由多电子系统波函数交换反对称而产生的电子交换能。若采用哈特里近似，系统的能量只包含式(3.5-41)的前两项，不包含电子交换能。

根据变分原理，由最佳单电子波函数φ_i构成的波函数Φ一定给出系统能量E的极小值。将E对φ_i作变分，以E_i为拉格朗日乘子，得到单电子波函数应满足的微分方程：

$$\begin{aligned} & \left[-\frac{1}{2}\nabla^2+V(r)\right]\varphi_i(r)+\sum_{j(\neq i)}\int \mathrm{d}r'\ \frac{|\varphi_i(r')|^2}{|r-r'|}\varphi_i(r)+ \\ & \sum_{j(\neq i),\parallel}\int \mathrm{d}r'\ \frac{\varphi_j^*(r')\varphi_i(r')}{|r-r'|}\varphi_j(r)=E_i\varphi_i(r) \end{aligned} \tag{3.5-42}$$

式(3.5-42)表示的单电子方程称为Hartree-Fock方程。Hartree-Fock方程左边第一

项是单电子动能和原子核对单电子的作用项，第二项是电子库仑相互作用项，第三项是电子交换相互作用项，“$\parallel$”表示求和只对与φ_i有平行自旋的φ_j进行，即只包含自旋平行的电子间的交换作用。

定义：

电荷分布

$$\rho(r') = \sum_i \rho_i(r') = -\sum_i |\varphi_i(r')|^2 \tag{3.5-43}$$

交换电荷分布

$$\rho_i^{\mathrm{HF}}(r,r') = -\sum_{j,\parallel} \frac{\varphi_j^*(r')\varphi_i(r')\varphi_i^*(r)\varphi_j(r)}{\varphi_i^*(r)\varphi_i(r)} \tag{3.5-44}$$

利用电荷分布和交换电荷分布，可把 Hartree-Fock 方程写成如下形式：

$$\left[-\frac{1}{2}\nabla^2 + V(r) + \int \mathrm{d}r' \frac{\rho(r') - \rho_i^{\mathrm{HF}}(r,r')}{|r-r'|}\right]\varphi_i(r) = E_i\varphi_i(r) \tag{3.5-45}$$

方程(3.5-45)表明，电子在原子核和其他电子形成的势场$U(r)$中运动，即

$$U(r) = V(r) + \int \mathrm{d}r' \frac{\rho(r') - \rho_i^{\mathrm{HF}}(r,r')}{|r-r'|} \tag{3.5-46}$$

因势函数$U(r)$的电子相互作用项(第二项)含有方程的解φ_i，Hartree-Fock 方程只能用迭代法求解。先设 Hartre-Fock 方程的初解，一组单电子态$\{\varphi_i\}$，根据所设单电子态求出势函数，解方程得到更好的解$\{\varphi_i\}$，重复这一过程，直到$\{\varphi_i\}$在所考虑的计算精度内不再变化，即由单电子态决定的势场与由势场决定的单电子态之间达到自洽，这就是 Hartree-Fock 自洽场近以方法。

对于含有大量电子的系统，用ρ_i^{HF}对i取平均的方法来简化 Hartree-Fock 方程，用ρ^{HF}代替ρ_i^{HF}，即

$$\rho_i^{\mathrm{HF}} = \rho^{\mathrm{HF}} = \sum_i \frac{\varphi_i^*(r)\varphi_i(r)\rho_i^{HF}(r,r')}{\sum_i \varphi_i^*(r)\varphi_i(r)} \tag{3.5-47}$$

于是式(3.5-45)可改写成单电子有效势方程

$$\left[-\frac{1}{2}\nabla^2 + V_{\mathrm{eff}}(r)\right]\varphi_i(r) = E_i\varphi_i(r) \tag{3.5-48}$$

其中：

$$V_{\mathrm{eff}}(r) = V(r) + \int \mathrm{d}r' \frac{\rho(r') - \rho^{\mathrm{HF}}(r,r')}{|r-r'|} \tag{3.5-49}$$

利用 Hartree-Fock 近似，可将多电子薛定谔方程简化为单电子有效势方程。由此可见，Hartree-Fock 近似的实质是将每个电子的运动近似成单个电子在一个有效势场中的独立运动，这种近似称为单电子近似。在 Hartree-Fock 近似中，有效势包含了原子核对电子的静电吸引作用、电子与电子的库仑排斥作用和电子与电子的交换相互作用。

在 Hartree-Fock 方程中拉格朗日乘子 E 的物理意义是什么？Koopmans 定理给出了这个问题的答案。

Koopmans 定理：在 Hartree-Fock 方程中本征值E_i具有单电子能的意义，即$-E_i$是从该系统中移走一个i态电子所需要的能量；换句话说，将一个电子从i态移到j态所需要的

能量为$E_j - E_i$。

3.6　Dirac 符号

量子力学的规律可以在不同的表象中表述,但量子力学的规律和所选用的表象无关。

量子力学中描写态和力学量也可以不用具体表象,这种描写方式由 Dirac 最先引入一组符号实现,称之为 Dirac 符号。

Dirac 符号体系的特点是与表象无关且运算简便。

3.6.1　Dirac 符号的含义

微观体系状态用一种矢量来表示,符号是$|\ \rangle$,称为右矢;表示某一确定的右矢 $\boldsymbol{A}$,用符号$|\boldsymbol{A}\rangle$表示。

微观体系的状态也可以用另一种矢量来表示,符号是$\langle\ |$,称为左矢;表示某一确定的左矢 $\boldsymbol{B}$,用符号$\langle\boldsymbol{B}|$表示。

右矢和左矢是两种性质不同的矢量,两者不能相加。它们在同一表象中的相应分量互为共轭复数。

如果右矢$|\boldsymbol{A}\rangle$在 Q 表象中的分量为$\{a_1, a_2, \cdots\}$,可记为

$$|\boldsymbol{A}\rangle = \begin{Bmatrix} a_1 \\ a_2 \\ \vdots \\ a_n \\ \vdots \end{Bmatrix}$$

则相应的左矢$\langle\boldsymbol{A}|$在 Q 表象中的分量为$\{a_1^*, a_2^*, \cdots\}$可记为

$$\langle\boldsymbol{A}| = (a_1^*, a_2^*, \cdots, a_n^*, \cdots)$$

右矢$|\boldsymbol{B}\rangle$ 在 Q 表象中的分量为$\{b_1, b_2, \cdots\}$,可记为

$$|\boldsymbol{B}\rangle = \begin{Bmatrix} b_1 \\ b_2 \\ \vdots \\ b_n \\ \vdots \end{Bmatrix}$$

相应地,左矢$\langle\boldsymbol{B}|$在 Q 表象中的分量为$\{b_1^*, b_2^*, \cdots\}$,可记为

$$\langle\boldsymbol{B}| = (b_1^*, b_2^*, \cdots b_n^*, \cdots)$$

则归一化条件可写为

$$\langle\boldsymbol{A}|\boldsymbol{A}\rangle = \sum_n |a_n|^2 = 1$$

$|\boldsymbol{A}\rangle$和$\langle\boldsymbol{B}|$的标积(亦称为内积)可写为

$$\langle\boldsymbol{B}|\boldsymbol{A}\rangle = \sum_n a_n b_n^*$$

显然有

$$\langle \boldsymbol{B}|\boldsymbol{A}\rangle=\langle \boldsymbol{A}|\boldsymbol{B}\rangle^*$$

设 $\hat{F}$ 有一组本征态，对应的本征值有分立部分 F_i 和连续部分 F_λ，则 $\hat{F}$ 的本征态的右矢和左矢写为 $|\boldsymbol{F}_i\rangle$、$|\boldsymbol{F}_\lambda\rangle$ 和 $\langle \boldsymbol{F}_i|$、$\langle \boldsymbol{F}_\lambda|$，相应的正交归一条件为

$$\langle \boldsymbol{F}_i|\boldsymbol{F}_j\rangle=\delta_{ij} \text{ 和 } \langle \boldsymbol{F}_{\lambda'}|\boldsymbol{F}_\lambda\rangle=\delta(\lambda'-\lambda)$$

例如，坐标 x 的本征矢量的正交归一条件为

$$\langle \boldsymbol{x}'|\boldsymbol{x}\rangle=\delta(x'-x)$$

事实上

$$\langle \boldsymbol{x}'\mid \boldsymbol{x}\rangle=\int_{-\infty}^{+\infty}\delta(x-x'')\delta(x-x')\mathrm{d}x'=\delta(x'-x)$$

动量 p 的本征矢量的正交归一条件为

$$\langle \boldsymbol{p}'|\boldsymbol{p}\rangle=\delta(p'-p)$$

事实上

$$\langle \boldsymbol{p}'\mid \boldsymbol{p}\rangle=\int_{-\infty}^{+\infty}\delta(p'-p''')\delta(p-p'')\mathrm{d}p''=\delta(p'-p)$$

任何一个力学量 $\hat{F}$ 的全部本征函数的右矢（或左矢）组成完全系，任何一个右矢（或左矢）可以用这组完全系来展开，称这组完全系的右矢（或左矢）为 F 表象中的基右矢（或基左矢）。

3.6.2 从 Dirac 符号进入表象

进入 Q 表象：设 Q 的本征值 Q_n（$n=1,2,\cdots$）组成分立谱，对应的本征右矢是 $|\boldsymbol{n}\rangle$，则

$$|\boldsymbol{A}\rangle=\sum_n|\boldsymbol{n}\rangle\langle \boldsymbol{n}|\boldsymbol{A}\rangle$$

$$\langle \boldsymbol{A}|=\sum_n\langle \boldsymbol{A}|\boldsymbol{n}\rangle\langle \boldsymbol{n}|$$

式中：$\langle \boldsymbol{n}|\boldsymbol{A}\rangle$ 和 $\langle \boldsymbol{A}|\boldsymbol{n}\rangle$ 分别是 $|\boldsymbol{A}\rangle$ 和 $\langle \boldsymbol{A}|$ 在 Q 表象中的分量，由上两式有

$$\sum_n|\boldsymbol{n}\rangle\langle \boldsymbol{n}|=1 \tag{3.6-1}$$

式(3.6-1)称为本征矢 $|\boldsymbol{n}\rangle$ 的封闭性。

用 $\langle \boldsymbol{x}|$ 左乘，用 $|\boldsymbol{x}\rangle$ 右乘式(3.6-1)，有

$$\sum_n\langle \boldsymbol{x}|\boldsymbol{n}\rangle\langle \boldsymbol{n}|\boldsymbol{x}'\rangle=\delta(x-x')$$

即

$$\sum_n u_n^*(x')u_n(x)=\delta(x-x')$$

如果 $\hat{Q}$ 既有分立谱又有连续谱，则

$$\sum_n|\boldsymbol{n}\rangle\langle \boldsymbol{n}|+\int|q\rangle\mathrm{d}q\langle q|=1$$

进入 x 表象：设 $|\boldsymbol{A}\rangle$ 为表示某一状态的右矢，这一状态在 x 表象中用波函数 $\Psi(x,t)$ 描写，$\Psi(x,t)$ 就是 $|\boldsymbol{A}\rangle$ 在 x 表象中的分量，由于基矢 $|\boldsymbol{x}\rangle$ 组成完全系，所以 $|\boldsymbol{A}\rangle$ 可以按 $|\boldsymbol{x}\rangle$ 展开：

$$|A> = \int \Psi(x',t)\,|x'>\,dx'$$

以$<\boldsymbol{x}|$左乘上式两边，有

$$<\boldsymbol{x}|\boldsymbol{A}> = \int \Psi(x',t)<\boldsymbol{x}|\boldsymbol{x}'>dx' = \Psi(x,t)$$

即

$$|\boldsymbol{A}> = \int |\boldsymbol{x}'>d\boldsymbol{x}'<\boldsymbol{x}'|\boldsymbol{A}> \qquad (3.6-2)$$

对于任意的$<\boldsymbol{a}|$，有

$$\left.\begin{aligned} &<\boldsymbol{a}|\boldsymbol{A}> = \int <\boldsymbol{a}|\boldsymbol{x}'>d\boldsymbol{x}'<\boldsymbol{x}'|\boldsymbol{A}> \\ &\Rightarrow <\boldsymbol{a}|\boldsymbol{A}> = \int <\boldsymbol{x}'|\boldsymbol{a}>d\boldsymbol{x}'<\boldsymbol{A}|\boldsymbol{x}'> = \int <\boldsymbol{A}|\boldsymbol{x}'>d\boldsymbol{x}<\boldsymbol{x}'|\boldsymbol{a}> \\ &\Rightarrow <\boldsymbol{A}| = \int <\boldsymbol{A}|\boldsymbol{x}'>d\boldsymbol{x}<\boldsymbol{x}'| \end{aligned}\right\} \qquad (3.6-3)$$

由式(3.6－1)及式(3.6－2)有

$$\int |\boldsymbol{x}'>d\boldsymbol{x}<\boldsymbol{x}'| = 1 \qquad (3.6-4)$$

式(3.6－4)称为坐标本征矢$|\boldsymbol{x}>$的封闭性。

算符的 Dirac 符号表示：设算符 $\hat{F}$ 作用在右矢$|\boldsymbol{A}>$上，得到右矢$|\boldsymbol{B}>$。

$$\begin{aligned} |\boldsymbol{B}> = \hat{\boldsymbol{F}}|\boldsymbol{A}> &\Rightarrow \sum_n |\boldsymbol{n}><\boldsymbol{n}||\boldsymbol{B}> \\ &= \sum_n \hat{\boldsymbol{F}}|\boldsymbol{n}><\boldsymbol{n}|\boldsymbol{A}> \Rightarrow <\boldsymbol{m}|\boldsymbol{B}> \\ &= \sum_n <\boldsymbol{m}|\hat{\boldsymbol{F}}|\boldsymbol{n}><\boldsymbol{n}|\boldsymbol{A}> \end{aligned}$$

式中：$<\boldsymbol{m}|\hat{\boldsymbol{F}}|\boldsymbol{n}>$是算符 $\hat{\boldsymbol{F}}$ 在 Q 表象中的矩阵元。则有

$$\begin{aligned} <\boldsymbol{m}|\hat{\boldsymbol{F}}|\boldsymbol{n}> &= \iint <\boldsymbol{m}|\boldsymbol{x}'>d\boldsymbol{x}'<\boldsymbol{x}'|\hat{\boldsymbol{F}}|\boldsymbol{x}>d\boldsymbol{x}<\boldsymbol{x}|\boldsymbol{n}> \\ &= \int <\boldsymbol{m}|\boldsymbol{x}>\hat{\boldsymbol{F}}\left(\boldsymbol{x},\frac{h}{i}\frac{\partial}{\partial x}\right)d\boldsymbol{x}<\boldsymbol{x}|\boldsymbol{n}> \end{aligned}$$

此式即为 $\hat{\boldsymbol{F}}$ 的矩阵元的 Dirac 符号写法。特别地，平均值公式用 Dirac 符号可表为

$$\bar{\boldsymbol{F}} = <\boldsymbol{n}|\hat{\boldsymbol{F}}|\boldsymbol{n}>$$

又

$$\begin{aligned} <\boldsymbol{B}|\boldsymbol{m}> = <\boldsymbol{m}|\boldsymbol{B}>^* = <\boldsymbol{m}|\hat{\boldsymbol{F}}|\boldsymbol{A}>^* &= \sum_n <\boldsymbol{m}|\boldsymbol{F}|\boldsymbol{n}>^*<\boldsymbol{n}|\boldsymbol{A}>^* \\ &= \sum_n <\boldsymbol{A}|\boldsymbol{n}><\boldsymbol{n}|\hat{\boldsymbol{F}}^+|\boldsymbol{m}> \end{aligned}$$

有

$$<\boldsymbol{B}| = <\boldsymbol{A}|\boldsymbol{F}^+$$

当 $\hat{\boldsymbol{F}}$ 是 Hermite 算符时

$$<\boldsymbol{B}| = <\boldsymbol{A}|\boldsymbol{F} = (\boldsymbol{F}|\boldsymbol{A}>)^+$$

习　题

1. 氦原子的动能 $E=3/2kT$，求 $T=1$ K 时氦原子的德布罗意波长。

2. $\Psi(x,t)=A\mathrm{e}^{-\frac{1}{2}a^2x^2-i\omega t}$（$a$ 为常数），求归一化常数 A。

3. 质量为 μ 的粒子在势场

$$V(x)=\begin{cases}0, & |x|\leqslant\dfrac{a}{2}\\ \infty, & |x|\geqslant\dfrac{a}{2}\end{cases}$$

中运动，求定态薛定谔方程的解。

4. 一维无限深势阱（$0\leqslant x\leqslant a$）中粒子受到的微扰

$$H'(x)=\begin{cases}2\lambda\dfrac{x}{a}, & 0\leqslant x\leqslant\dfrac{a}{2}\\ 2\lambda\left(1-\dfrac{x}{a}\right), & \dfrac{a}{2}\leqslant x\leqslant\dfrac{a}{2}\end{cases}$$

作用，求基态能级的一级修正。

参考文献

[1] 张跃，谷景华，尚家香，等. 计算材料学基础[M]. 北京：北京航空航天大学出版社，2007.

[2] 尹建武. 简明量子力学教程[M]. 北京：科学出版社，2012.

[3] 周世勋. 量子力学教程[M]. 2 版. 北京：高等教育出版社，2009.

[4] 钱伯初. 量子力学[M]. 北京：高等教育出版社，2006.

第4章　密度泛函理论

4.1　波函数方法

4.1.1　多粒子哈密顿

在绝热近似下，多粒子哈密顿可以简化成下式（这里采用原子单位制）

$$\begin{aligned}\hat{H} &= \hat{T}+\hat{V}_{\text{ext}}+\hat{V}_{\text{ee}} \\ &= -\frac{1}{2}\sum_{i}^{N}\nabla_{\boldsymbol{r}_i}^2-\sum_{i}^{N}\sum_{j}^{N_{\text{ion}}}\frac{Z_j}{|\boldsymbol{R}_j-\boldsymbol{r}_i|}+\frac{1}{2}\sum_{i}^{N}\sum_{j\neq i}^{N}\frac{1}{|\boldsymbol{r}_i-\boldsymbol{r}_j|}\end{aligned} \tag{4.1-1}$$

式中：N，N_{ion}分别为电子数和离子数；$\hat{V}_{\text{ext}}$为电子和离子相互作用项；$\hat{V}_{\text{ee}}$为电子-电子相互作用项，这是最复杂的多体项。如果可以写出多粒子波函数$|\Psi\rangle$，就可以得到能量期望值

$$E=\langle\Psi|\hat{H}|\Psi\rangle \tag{4.1-2}$$

4.1.2　Hartree 方程

量子力学刚创立时，总以波函数作为最根本的物理量，即通过薛定谔方程直接求解系统的波函数，这被称为波函数方法。Hartree 在 1928 年假设多粒子波函数可直接写成单粒子波函数的乘积，这很显然是不对的，因为它不满足电子波函数的反对称性，但仍然可以得到一些有用的结果。

Hartree 把多粒子波函数直接写成单粒子波函数的乘积：

$$\Psi_H(\boldsymbol{r})=\prod_{i=1}^{N}\Psi_i(\boldsymbol{r}) \tag{4.1-3}$$

另外，先把多粒子方程(4.1-1)改写成如下形式：

$$\hat{H}=\sum_{i}^{N}\hat{h}_1(\boldsymbol{r}_i)+\frac{1}{2}\sum_{i}^{N}\sum_{j\neq i}^{N}\hat{v}_2(\boldsymbol{r}_i,\boldsymbol{r}_j)$$

式中：$\hat{h}_1(\boldsymbol{r}_i)$代表单电子算符，它包含式(4.1-1)的前两项，因为它们都只涉及一个电子i：

$$\hat{h}_1(\boldsymbol{r}_i)=-\frac{1}{2}\nabla_{\boldsymbol{r}_i}^2+v_{\text{ext}}(\boldsymbol{r}_i)$$

式中：

$$v_{\text{ext}}(\hat{\boldsymbol{r}}_i) = -\sum_j^{N_{\text{ion}}} \frac{Z_j}{|\boldsymbol{R}_j - \boldsymbol{r}_i|}$$

表示第 i 个电子感受到所有离子的作用。

而 $\hat{v}_2(\boldsymbol{r}_i,\boldsymbol{r}_j)$ 是双电子算符，它其实就是式(4.1-1)中的第三项，即电子-电子相互作用项，它涉及两个电子 i,j

$$\hat{v}_2(\boldsymbol{r}_i,\boldsymbol{r}_j) = \frac{1}{|\boldsymbol{r}_i - \boldsymbol{r}_j|}$$

把 Hartree 波函数(4.1-3)代入式(4.1-2)得到系统的能量，它可以分为两部分，第一部分是单电子项 E_1

$$\begin{aligned} E_1 &= \langle \Psi_H(\boldsymbol{r}) \mid \sum_i^N \hat{h}_1(\boldsymbol{r}_i) \mid \Psi_H(\boldsymbol{r}) \rangle \\ &= \langle \Psi_1(\boldsymbol{r}_1)\cdots\Psi_N(\boldsymbol{r}_N) \mid \sum_i^N \hat{h}_1(\boldsymbol{r}_i) \mid \Psi_1(\boldsymbol{r}_1)\cdots\Psi_N(\boldsymbol{r}_N) \rangle \\ &= \sum_i^N \langle \Psi_1(\boldsymbol{r}_1)\cdots\Psi_N(\boldsymbol{r}_N) \mid \hat{h}_1(\boldsymbol{r}_i) \mid \Psi_1(\boldsymbol{r}_1)\cdots\Psi_N(\boldsymbol{r}_N) \rangle \end{aligned}$$

在上式中，对于某一个特定的 $\hat{h}_1(\boldsymbol{r}_i)$，只会作用到第 i 个电子的波函数上，而其他电子的波函数是归一的，即 $\langle \Psi_i(\boldsymbol{r}_i)\Psi_j(\boldsymbol{r}_j) \rangle = 1$，所以

$$E_1 = \sum_i^N \langle \Psi_i(\boldsymbol{r}_i) \mid \hat{h}_1(\boldsymbol{r}_i) \mid \Psi_i(\boldsymbol{r}_i) \rangle = \sum_i^N \langle \Psi_i \mid \hat{h}_1 \mid \Psi_i \rangle \qquad (4.1-4)$$

类似地，对于双电子算符，会涉及两个电子的波函数，即

$$\begin{aligned} E_2 &= \langle \Psi_H(\boldsymbol{r}) \mid \frac{1}{2}\sum_i^N \sum_{j\neq i}^N \hat{v}_2(\boldsymbol{r}_i,\boldsymbol{r}_j) \mid \Psi_H(\boldsymbol{r}) \rangle \\ &= \langle \Psi_1(\boldsymbol{r}_1)\cdots\Psi_N(\boldsymbol{r}_N) \mid \frac{1}{2}\sum_i^N \sum_{j\neq i}^N \hat{v}_2(\boldsymbol{r}_i,\boldsymbol{r}_j) \mid \Psi_1(\boldsymbol{r}_1)\cdots\Psi_N(\boldsymbol{r}_N) \rangle \\ &= \frac{1}{2}\sum_i^N \sum_{j\neq i}^N \langle \Psi_1(\boldsymbol{r}_1)\cdots\Psi_N(\boldsymbol{r}_N) \mid \hat{v}_2(\boldsymbol{r}_i,\boldsymbol{r}_j) \mid \Psi_1(\boldsymbol{r}_1)\cdots\Psi_N(\boldsymbol{r}_N) \rangle \\ &= \frac{1}{2}\sum_i^N \sum_{j\neq i}^N \langle \Psi_i(\boldsymbol{r}_i)\ \Psi_j(\boldsymbol{r}_j) \mid \hat{v}_2(\boldsymbol{r}_i,\boldsymbol{r}_j) \mid \Psi_j(\boldsymbol{r}_j)\ \Psi_i(\boldsymbol{r}_i) \rangle \\ &= \frac{1}{2}\sum_i^N \sum_{j\neq i}^N \langle \Psi_i\ \Psi_j \mid \hat{v}_2 \mid \Psi_j\ \Psi_i \rangle \end{aligned} \qquad (4.1-5)$$

式(4.1-5)也可以写成

$$E_2 = \frac{1}{2}\sum_i^N \sum_{j\neq i}^N \iiint \frac{\rho_i(i)\rho_j(j)}{|\boldsymbol{r}_i - \boldsymbol{r}_j|} \mathrm{d}\,\boldsymbol{r}_i \mathrm{d}\,\boldsymbol{r}_j$$

式中：$\rho_i(\boldsymbol{r}_i) = |\Psi_i(\boldsymbol{r}_i)|^2$ 就是单个电子的密度。所以这一项[见式(4.1-5)]就是经典的库仑相互作用。

把两个能量[见式(4.1-4)和式(4.1-5)]加起来就是 Hartree 波函数下系统的能量：

$$E_H = \sum_i^N \langle \Psi_i \mid \hat{h}_1 \mid \Psi_i \rangle + \frac{1}{2}\sum_i^N \sum_{j\neq i}^N \langle \Psi_i\ \Psi_j \mid \hat{v}_2 \mid \Psi_j\ \Psi_i \rangle \qquad (4.1-6)$$

对上述能量进行变分(针对Ψ_i^*),同时考虑限制条件(即波函数归一化)引入拉格朗日乘子ε_i

$$\delta\left[\sum_i^N\langle\Psi_i|\hat{h}_1|\Psi_i\rangle+\frac{1}{2}\sum_i^N\sum_{j\neq i}^N\langle\Psi_i\Psi_j|\hat{v}_2|\Psi_j\Psi_i\rangle-\sum_i^N\varepsilon_i(\langle\Psi_i|\Psi_i\rangle-1)\right]=0$$

最后得到 Hartree 方程

$$\left[-\frac{1}{2}\nabla^2+V_{\text{ext}}+\sum_{j\neq i}^N\int\frac{|\Psi_j(\boldsymbol{r}_j)^2|}{|\boldsymbol{r}_i-\boldsymbol{r}_j|}\mathrm{d}\boldsymbol{r}_j\right]\Psi_i(\boldsymbol{r}_i)=E_i\Psi_i(\boldsymbol{r}_i)\qquad(4.1-7)$$

上述方程哈密顿中的第三项经典静电势,表示第 i 个电子感受到其他所有电子的库仑相互作用,也称为 Hartree 项。这个方程只针对第 i 个电子,所以是一个单电子方程。

4.1.3　Hartree-Fock 方法

Hartree 假设的多粒子波函数[见式(4.1-3)]直接写成单电子波函数的乘积,很显然不满足反对称性。后来,Slater 发现行列式形式的波函数自然地满足这种反对称性

$$\Psi_{\text{HF}}(\boldsymbol{x}_1,\boldsymbol{x}_2,\cdots,\boldsymbol{x}_N)=\frac{1}{\sqrt{N!}}\begin{vmatrix}\Psi_1(\boldsymbol{x}_1) & \Psi_2(\boldsymbol{x}_1) & \cdots & \Psi_N(\boldsymbol{x}_1)\\ \Psi_1(\boldsymbol{x}_2) & \Psi_2(\boldsymbol{x}_2) & \cdots & \Psi_N(\boldsymbol{x}_2)\\ \vdots & \vdots & \vdots & \vdots\\ \Psi_1(\boldsymbol{x}_N) & \Psi_2(\boldsymbol{x}_N) & \cdots & \Psi_N(\boldsymbol{x}_N)\end{vmatrix}$$

其中$\Psi_i(\boldsymbol{x}_j)$表示第 i 个单电子的波函数,$\boldsymbol{x}_j$ 表示空间和自旋两部分的坐标,$\boldsymbol{x}_j=(\boldsymbol{r}_j,\sigma_j)$。因为交换行列式的任意两列,行列式整体会多一个负号,即自然满足了波函数的反对称性。

根据行列式的莱布尼茨(Leibniz)公式,上述波函数可以写成 $N!$ 个多项式相加

$$\Psi_{\text{HF}}(\boldsymbol{x}_1,\boldsymbol{x}_2,\cdots,\boldsymbol{x}_N)=\frac{1}{\sqrt{N!}}\sum_i^{N!}(-1)^{P(i)}\Psi_{i1}(\boldsymbol{x}_1)\Psi_{i2}(\boldsymbol{x}_2)\cdots\Psi_{iN}(\boldsymbol{x}_N)\qquad(4.1-8)$$

这里每一个多项式就是 N 个单电子波函数的乘积,但是其乘积的顺序不同,可以用$(i_1,i_2,\cdots,i_N)$表示第 i 个多项式中波函数的乘积顺序。前面 Hartree 波函数只是其中一种最基本的情况,即电子乘积的顺序是$(1,2,\cdots,N)$。而所有可能的电子乘积顺序其实就是集合$(1,2,\cdots,N)$所有元素的全排列,一共有 $N!$ 种可能性。上述求和公式中,多项式前会有一个系数(+1 或者−1),取决于整数 $P(i)$的奇偶性。$P(i)$表示一个序列$(i_1,i_2,\cdots,i_N)$,通过对调相邻元素恢复到$(1,2,\cdots,N)$所需的步数。例如,交换第 1 个电子和第 2 个电子,因为只交换一次,即 $P=1$,此时波函数前的系数为−1。但如果交换两次,如第 1 个电子和第 2 个电子交换,然后第 1 个电子和第 3 个电子再交换,即 $P=2$,则波函数前的系数为+1。

把上述满足反对称性的多粒子波函数[见式(4.1-8)]代入式(4.1-2),便可求出系统的总能量。

类似于前面对 Hartree 方程的推导,此时仍然有单电子和双电子两个部分。首先考虑单电子的哈密顿

$$\begin{aligned}E_1&=\langle\Psi_{\text{HF}}|\sum_n^N\hat{h}_1(\boldsymbol{x}_n)|\Psi_{\text{HF}}\rangle\\&=\frac{1}{N!}\sum_n^N\sum_i^{N!}\sum_j^{N!}(-1)^{P(i)}(-1)^{P(j)}\times\end{aligned}$$

$$\langle \Psi_{j1}(\boldsymbol{x}_1)\Psi_{j2}(\boldsymbol{x}_2)\cdots\Psi_{jN}(\boldsymbol{x}_N) \mid \widehat{h}_1(\boldsymbol{x}_n) \mid \Psi_{i1}(\boldsymbol{x}_1)\Psi_{i2}(\boldsymbol{x}_2)\cdots\Psi_{iN}(\boldsymbol{x}_N)\rangle$$
$$= \frac{1}{N!}\sum_n^N\sum_i^{N!}\sum_j^{N!}(-1)^{P(i)}(-1)^{P(j)}\langle \Psi_{j1}(\boldsymbol{x}_1)\Psi_{i1}(\boldsymbol{x}_1)\rangle\cdots\langle \Psi_{jn-1}(\boldsymbol{x}_{n-1}) \mid \Psi_{i_{n-1}}(\boldsymbol{x}_{n-1})\rangle\times$$
$$\langle \Psi_{jn}(\boldsymbol{x}_n) \mid \widehat{h}_1(\boldsymbol{x}_n) \mid \Psi_{in}(\boldsymbol{x}_n)\rangle\times\langle \Psi_{j_{n+1}}(\boldsymbol{x}_{n+1}) \mid \Psi_{i_{n+1}}(\boldsymbol{x}_{n+1})\rangle\cdots\langle \Psi_{jN}(\boldsymbol{x}_N)\Psi_{i_N}(\boldsymbol{x}_N)\rangle \tag{4.1-9}$$

式(4.1-9)中,对于任意一个单电子算符 $\hat{h}_1(\boldsymbol{x}_n)$,都有 $N!\times N!$ 项的求和,但 $\hat{h}_1(\boldsymbol{x}_n)$ 只会作用到单粒子 n 上,而其他所有指标的波函数满足正交归一,$\langle \Psi_j(\vec{x}) \mid \Psi_i(\vec{x})\rangle=\delta_{ij}$。因此式(4.1-9)可以写成

$$E_1 = \frac{1}{N!}\sum_n^N\sum_i^{N!}\sum_j^{N!}(-1)^{P(i)}(-1)^{P(j)}\delta_{j_1 i_1}\cdots\delta_{jn-1,in-1}\times$$
$$\langle \Psi_{jn}(\boldsymbol{x}_n) \mid \widehat{h}_1(\boldsymbol{x}_n)\Psi_{in}(\boldsymbol{x}_n)\rangle\delta_{j_{n+1},i_{n+1}}\cdots\delta_{j_n,j_n}$$

这里,根据克罗内克 δ 函数的性质,要求所有的 i 和 j 指标都相等(除了 i_n 可以不等于 j_n),即必须要求 $i_k=j_k(k\neq n)$。但因为每个电子指标有且只有出现一次,所以上述要求实际上表明 i_n 也一定等于 j_i。同时,$i_k=j_k$ 也意味着 $P(i)=P(j)$,即 $(-1)^{P(i)}(-1)^{P(j)}=1$。由此,上式可以进一步简化

$$E_1 = \frac{1}{N!}\sum_n^N\sum\nolimits_i^{N!}\langle \Psi_{i_n}(\boldsymbol{x}_n) | \hat{h}_1(\boldsymbol{x}_n) | \Psi_{i_n}(\boldsymbol{x}_n)\rangle$$

第一个求和符号是对所有单电子的求和[来自 $\sum_n^N\hat{h}_1(\boldsymbol{x}_n)$],第二个求和是对 N 个电子全排列的求和,有 $N!$ 种可能性。对于特定的 $\hat{h}_1(\boldsymbol{x}_n)$ 以及特定的 i_n,一共有 $(N-1)!$ 项求和。例如,对于 $\hat{h}_1(\boldsymbol{x}_1)$,上述求和公式中出现的可能项无非就是 $\langle\Psi_1(\boldsymbol{x}_1)|\hat{h}_1(\boldsymbol{x}_1)|\Psi_1(\boldsymbol{x}_1)\rangle$,$\langle\Psi_2(\boldsymbol{x}_1)|\hat{h}_1(\boldsymbol{x}_1)|\Psi_2(\boldsymbol{x}_1)\rangle$,…,$\langle\Psi_N(\boldsymbol{x}_1)|\hat{h}_1(\boldsymbol{x}_1)|\Psi_N(\boldsymbol{x}_1)\rangle$,一共有 N 种可能性。但求和有 $N!$ 项,所以对于任意一项 $\langle\Psi_i(\boldsymbol{x}_1)|\widehat{h}_1(\boldsymbol{x}_1)|\Psi_i(\boldsymbol{x}_1)\rangle$,有 $N!/N=(N-1)!$ 项是完全一样的。换个角度理解,对于 N 个整数,如果已经确定其中某一个位置的数字,那么剩下 $N-1$ 个数字的全排列数只有 $(N-1)!$ 种。因此,上式可以写成

$$E_1 = \frac{(N-1)}{N!}\sum_n^N\sum\nolimits_{i_n}^N\langle \Psi_{i_n}(\boldsymbol{x}_n) | \hat{h}_1(\boldsymbol{x}_n) | \Psi_{i_n}(\boldsymbol{x}_n)\rangle$$

这里对于每一个 i_n,对动的积分都是一样的,所以

$$E_1 = \frac{(N-1)}{N!}\sum_{i_n}^{N!}N\langle \Psi_{i_n}(\boldsymbol{x} \mid \hat{h}_1(\boldsymbol{x}) \mid \Psi_{i_n}(\boldsymbol{x})\rangle = \sum_i^N\langle \Psi_i \mid \hat{h}_1 \mid \Psi_i\rangle \tag{4.1-10}$$

很显然,这一项的能量和 Hartree 波函数下的能量[见式(4.1-4)]是完全一样的。

对于双电子算符,情况是类似的,区别在于双电子哈密顿涉及两个电子 $\boldsymbol{x}_n$、$\boldsymbol{x}_m$,所以积分中要涉及两个电子的波函数(不失一般性,假设 $n<m$):

$$E_2 = \langle \Psi_{\mathrm{HF}} \mid \frac{1}{2}\sum_n^N\sum_{m\neq n}^N\hat{v}_2(\boldsymbol{x}_n,\boldsymbol{x}_m) \mid \Psi_{\mathrm{HF}}\rangle$$
$$= \frac{1}{N!}\frac{1}{2}\sum_n^N\sum_{m\neq n}^N\sum_i^{N!}\sum_j^{N!}(-1)^{P(i)}(-1)^{P(j)}\times$$

$$\delta_{j_1,i_1}\cdots\delta_{j_{n-1},i_{n-1}}\ \delta_{j_{n+1},i_{n+1}}\cdots\delta_{j_{m-1},i_{m-1}}\ \delta_{j_{m+1},i_{m+1}}\cdots\delta_{j_N,i_N}\times$$
$$\langle\boldsymbol{\Psi}_{j_n}(\boldsymbol{x}_n)\boldsymbol{\Psi}_{j_m}(\boldsymbol{x}_m)\mid\hat{v}_2(\boldsymbol{x}_n,\boldsymbol{x}_m)\mid\boldsymbol{\Psi}_{i_n}(\boldsymbol{x}_n)\boldsymbol{\Psi}_{i_m}(\boldsymbol{x}_m)\rangle \tag{4.1-11}$$

对于 δ 函数，j_n、i_n、j_m、i_m 四个数之间只存在以下两种可能性(很显然，$i_n\neq i_m$，$j_n\neq j_m$)：

1)$j_n=i_n$ 且 $j_m=i_m$。

2)$j_n=i_m$ 且 $j_m=i_n$。

对于第一种情况，即求和项形式为 $\langle\boldsymbol{\Psi}_{i_n}(\boldsymbol{x}_n)\boldsymbol{\Psi}_{i_m}(\boldsymbol{x}_m)|\hat{v}_2(\boldsymbol{x}_n,\boldsymbol{x}_m)|\boldsymbol{\Psi}_{i_n}(\boldsymbol{x}_n)\boldsymbol{\Psi}_{i_m}(\boldsymbol{x}_m)\rangle$，这其实和 Hartree 近似中的双电子项[见式(4.1-5)]是一样的。而第二种情况，可以看成是在第一种情况中把两个电子交换了一下，所以波函数前会多一个负号。在 Hartree 近似中没有这个第二项。把这两项加起来，得

$$E_2=\frac{1}{N!}\frac{1}{2}\sum_{n}^{N}\sum_{n\neq m}^{N}\sum_{i}^{N!}[\langle\boldsymbol{\Psi}_{i_n}(\boldsymbol{x}_n)\boldsymbol{\Psi}_{i_m}(\boldsymbol{x}_m)\hat{v}_2(\boldsymbol{x}_n,\boldsymbol{x}_m)\ \boldsymbol{\Psi}_{i_n}(\boldsymbol{x}_n)\ \boldsymbol{\Psi}_{i_m}(\boldsymbol{x}_m)\rangle-$$
$$\langle\boldsymbol{\Psi}_{i_m}(\boldsymbol{x}_n)\ \boldsymbol{\Psi}_{i_n}(\boldsymbol{x}_m)\hat{v}_2(\boldsymbol{x}_n,\boldsymbol{x}_m)(\boldsymbol{\Psi}_{i_n}(\boldsymbol{x}_n)\ \boldsymbol{\Psi}_{i_m}(\boldsymbol{x}_m)\rangle] \tag{4.1-12}$$

此时，对于特定的 i_n，i_m，i，相当于对于 N 个整数，已经确定其中某两个位置的数字，那么剩下 $N-2$ 个数字的全排列可能性就是$(N-2)!$。所以

$$E_2=\frac{(N-2)!}{N!}\frac{1}{2}\sum_{n}^{N}\sum_{n\neq m}^{N}\sum_{i_n\neq i_m}^{N!}[\langle\boldsymbol{\Psi}_{i_n}(\boldsymbol{x}_n)\boldsymbol{\Psi}_{i_m}(\boldsymbol{x}_m)\hat{v}_2(\boldsymbol{x}_n,\boldsymbol{x}_m)\boldsymbol{\Psi}\boldsymbol{\Psi}_{i_n}(\boldsymbol{x}_n)\ \boldsymbol{\Psi}_{i_m}(\boldsymbol{x}_m)\rangle-$$
$$\langle\boldsymbol{\Psi}_{i_m}(\boldsymbol{x}_n)\ \boldsymbol{\Psi}_{i_n}(\boldsymbol{x}_m)\hat{v}_2(\boldsymbol{x}_n,\boldsymbol{x}_m)\boldsymbol{\Psi}\boldsymbol{\Psi}_{i_n}(\boldsymbol{x}_n)\ \boldsymbol{\Psi}_{i_m}(\boldsymbol{x}_m)\rangle] \tag{4.1-13}$$

第二个对 n、m 的求和符号中，要求 $n\neq m$，所以一共可能的组合是 $N(N-1)$。令 $i_n\to i$，$i_m\to j$，式(4.1-13)可以写成

$$E_2=\frac{1}{2}\sum_{i\neq j}^{N}[\langle\boldsymbol{\Psi}_i(\boldsymbol{x}_i)\ \boldsymbol{\Psi}_j(\boldsymbol{x}_j)\mid\hat{v}_2(\boldsymbol{x}_i,\boldsymbol{x}_j)\mid\boldsymbol{\Psi}_i(\boldsymbol{x}_i)\ \boldsymbol{\Psi}_j(\boldsymbol{x}_j)\rangle-$$
$$\langle\boldsymbol{\Psi}_j(\boldsymbol{x}_i)\ \boldsymbol{\Psi}_i(\boldsymbol{x}_j)\mid\hat{v}_2(\boldsymbol{x}_i,\boldsymbol{x}_j)\mid\boldsymbol{\Psi}_i(\boldsymbol{x}_i)\ \boldsymbol{\Psi}_j(\boldsymbol{x}_j)\rangle] \tag{4.1-14}$$

$$E_2=\frac{1}{2}\sum_{i,j}^{N}[\langle\boldsymbol{\Psi}_i\ \boldsymbol{\Psi}_j|\hat{v}_2|\boldsymbol{\Psi}_i\ \boldsymbol{\Psi}_j\rangle-\langle\boldsymbol{\Psi}_j\ \boldsymbol{\Psi}_i|\hat{v}_2|\boldsymbol{\Psi}_i\ \boldsymbol{\Psi}_j\rangle]$$

这里求和指标 $i=j$ 是允许的，这是因为当 $i=j$ 时，上式求和中的两项正好抵消，并不影响最后的结果。

最后，可以得到 Slater 行列式形式的多粒子波函数的总能量：

$$E_{\mathrm{HF}}=\sum_{i}^{N}\langle\boldsymbol{\Psi}_i|\hat{h}_1|\boldsymbol{\Psi}_i\rangle+\frac{1}{2}\sum_{i,j}^{N}[\langle\boldsymbol{\Psi}_i\ \boldsymbol{\Psi}_j|\hat{v}_2|\boldsymbol{\Psi}_i\ \boldsymbol{\Psi}_j\rangle-\langle\boldsymbol{\Psi}_j\ \boldsymbol{\Psi}_i|\hat{v}_2|\boldsymbol{\Psi}_i\ \boldsymbol{\Psi}_j\rangle]$$

同样，对该能量进行变分，同时需要考虑单粒子波函数的正交归一条件：$\langle\boldsymbol{\Psi}_i|\boldsymbol{\Psi}_j\rangle=\delta_{ij}$，引入拉格朗日算子$\lambda_{ij}$

$$\delta\Big[E_{\mathrm{HF}}-\sum\nolimits_{i,j}\lambda_{ij}(\langle\boldsymbol{\Psi}_i|\boldsymbol{\Psi}_j\rangle-\delta_{ij})\Big]=0$$

得到著名的 Hartree-Fock 方程

$$\Big[-\frac{1}{2}\nabla^2+V_{\mathrm{ext}}+\sum_{j}^{N}\int\frac{|\boldsymbol{\Psi}_j(\boldsymbol{r}_j)^2|}{|\boldsymbol{r}_j-\boldsymbol{r}_i|}\mathrm{d}\boldsymbol{r}_j\Big]\boldsymbol{\Psi}_i(\boldsymbol{r}_i)-$$
$$\sum_{j}^{N}\int\frac{|\boldsymbol{\Psi}_j^*(\boldsymbol{r}_j)\boldsymbol{\Psi}_i(\boldsymbol{r}_j)|}{|\boldsymbol{r}_j-\boldsymbol{r}_i|}\mathrm{d}\boldsymbol{r}_j\ \boldsymbol{\Psi}_j(\boldsymbol{r}_i)=\sum\nolimits_j\lambda_{ij}\ \boldsymbol{\Psi}_j(\boldsymbol{r}_i) \tag{4.1-15}$$

在等号的右边，总可以进行一个幺正变换，使得 λ 对角化：$\lambda_{ki}=\delta_{ki}\varepsilon_k$，由此 Hartree-Fock 方程

可以写成

$$\left[-\frac{1}{2}\nabla^2+V_{\text{ext}}+\sum_j^N\int\frac{|\Psi_j(\boldsymbol{r}')^2|}{|\boldsymbol{r}'-\boldsymbol{r}|}\mathrm{d}\boldsymbol{r}'\right]\Psi_i(\boldsymbol{r})-$$

$$\sum_j^N\int\frac{|\Psi_j^*(\boldsymbol{r}')\Psi_i(\boldsymbol{r}')|}{|\boldsymbol{r}'-\boldsymbol{r}|}\mathrm{d}\,\boldsymbol{r}'\,\Psi_j(\boldsymbol{r})=\varepsilon_i\,\Psi_i(\boldsymbol{r}) \qquad (4.1-16)$$

Hartree-Fock 方程比 Hartree 方程[见式(4.1－7)]多了一项,即式(4.1－16)等式左边的最后一项,这一项也被称为交换相互作用项(Exchange Interaction)或者交换项。交换项来自电子波函数的反对称性,是一个完全量子的行为,在经典物理中没有对应项。正是因为 Hartree-Fock 方法中的波函数考虑了反对称性,所以才出现了这一项。此时 Hartree-Fock 方程和 Hartree 方程不同,不再是一个单电子的方程。

Hartree-Fock 方法考虑了波函数的反对称性,但这种反对称性只存在于自旋平行的情况下。Hartree-Fock 方法还有一部分能量并没有考虑到。一方面,单个 Slater 行列式形式的波函数依然不能完全描述多体波函数,这会造成一部分的能量差。另一方面,Hartree-Fock 方法中的电子库仑相互作用,考虑的是一个电子与其他所有电子的平均作用,而实际上电子是运动的,任何一个电子的运动都会影响其他电子的分布,所以这种动态的库仑相互作用在 Hartree-Fock 方法里也是没有考虑的。通常,Hartree-Fock 方法可以考虑约 99%的总能量,在量子化学中,把 Hartree-Fock 方法的能量和真正的能量之间的差别称为关联能(correlation energy)。

为了提高计算精度,人们发展了一些 post-Hartree-Fock 方法。例如,把多个 Slater 行列式进行线性组合来得到多体波函数,称为组态相互作用(Configuration Interaction, CI)方法;还有在 Hartree-Fock 基础上通过微扰方法来考虑电子关联,即 Moller-Plesset 微扰理论;等等。这些 post-Hartree-Fock 方法虽然精度高,但计算量太大,通常都是按照 M^5 甚至更高的次数增加(其中 M 是基组的数目)。所以实际上这些方法通常在量子化学领域运用较多,用于处理一些小分子体系,而很少在材料领域应用。本书的主要内容是密度泛函理论,这个理论的特点是在计算精度和计算速度上取得了比较好的平衡,在可接受误差范围内,可以用来研究许多实际的材料。但因为密度泛函理论和 Hartree-Fock 方法有许多相似之处,所以了解 Hartree-Fock 方法有助于理解密度泛函理论。

4.1.4 后 Hartree-Fock 方法

Hartree-Fock 方法给出了电子交换的精确描述,这意味着当两个或更多个电子彼此交换时,HF 计算得到的波函数具有相同的特点,这就如同完全 Schrödinger 方程的真实解一样。如果 HF 计算能够采用无限大的基底,则所计算得到的 N 电子体系能量就是所谓的 Hartree-Fock 极限(Hartree-Fock limit)。该能量与真实电子波函数的能量并不相同,这是由于 HF 方法并没有正确地描述两部分电子之间是如何相互影响的。更简单地说,HF 方法并没有考虑电子关联效应。

正如我们在前面部分所提示的,可以直接写出电子关联作用所遵循的物理定律,但除了最简单的体系之外,对于一个任意体系而言,想要准确描述其电子关联作用是很棘手的。为了完成量子化学的计算,电子关联作用所引起的能量是以一种特定方式定义的:电子关联能是 Hatree-Fock 极限和真实(非相对论的)基态能之间的差值。量子化学方法以某种方式改进了 Hatree-Fock 方法所采用的其中一条假设,因此量子化学方法要比 HF 方法更为复杂,而且在近似求解 Schrödinger 方程时,也包含了一些电子关联能。

在 HF 方法之上,更先进的量子化学方法是如何进行改善的呢? 不同的方法均有所不同,但它们共同的目的都是把电子关联效应包含进来。电子关联通常也被描述为在波函数中"掺混(mixing)"了一些从较低能量轨道被激发(或提高)到较高能级上的电子。可以用单个行列式方法对此进行处理,其中使用单个 Slater 行列式作为参考波函数,并在该波函数的基础上表示激发态。这类方法通常称为"后 Hatree-Fock (Post-Hartree-Fock)"方法,其中包括 CI(Configuration Interaction)、CC(Coupled Cluster)、MP (Moller-Plesset Perturbation Theory)和 QCI (Quadratic Configuration Interaction)等方法。这些方法中每一种都具有多个变量,而它们的名字就表明了各自最重要的细节。例如,CCSD 计算是耦合簇(Coupled Cluster)计算,含有单个电子(S)的激发,以及电子对(double-D);CCSDT 计算则还包括了三电子的激发(Triples-T)。Moller-Plesset 微扰理论(Moller-Plesset Perturbation Theory)是在零阶哈密尔顿量(通常是 HF 哈密尔顿量)中加入了微扰(关联势能)。在 Moller-Plesset 微扰理论方法中,使用一个数值表征微扰理论的阶次,如 MP2 就是二阶理论。

另一类方法使用了不止一个 Slater 行列式作为参考波函数。在这些计算中,描述电子关联效应的方法与上面列出的方法在某些方面是类似的。这些方法句括多构型自治场(MultiConfigurational Self-Consistent Field, MCSCF)方法,多参考单(或双)构型互作用(Multireference Single and Double Configuration Interaction,MRDCI)方法,以及 N 电子价态微扰理论(N-Electron Valence state Perturbation Theory, NEVPT)方法。

4.2 密度泛函理论基础

4.2.1 Thomas-Fermi 模型

1927 年 Thomas 和 Fermi 同时提出,不用体系的波函数,用比较简单的单电子密度来解 Schrödinger 方程。基于统计考虑,Thomas 和 Fermi 将多电子运动空间划分为边长为 l 的小容积(立方元胞)$\Delta\nu=l^3$,其中含有 ΔN 个电子(不同的元胞中所含电子数不同)。ρ 为每一元胞的电子密度。不同的元胞电子的密度 ρ 可取不同的值。加和所有元胞的贡献,使得总动能(采用原子单位,并以 T 记之)为

$$T_{\mathrm{TF}}[\rho]=c\int\rho^{5/3}(r)\mathrm{d}r \qquad (4.2-1)$$

$$C=\frac{3}{10}(3\pi^2)^{\frac{2}{3}}\mathrm{d}r=2.871 \qquad (4.2-2)$$

由于式中被积分函数 $\rho(r)$ 仍然是个待定的函数,所以式(4.2-2)为一泛函方程,称为 Thomas-Fermi(简写为 TF)动能泛函。

对于多电子原子,若只考虑核与电子以及电子间的相互作用时,则能量公式为

$$E_{\mathrm{TF}}[\rho(r)]=C\int\rho^{\frac{5}{3}}(r)\mathrm{d}r-Z\int\frac{\rho(r)}{r}+\frac{1}{2}\iint\frac{\rho(r_1)\rho(r_2)}{|r_1-r_2|}\mathrm{d}r_1\mathrm{d}r_2 \qquad (4.2-3)$$

这就是原子的 Thomas-Fermi 理论的能量泛函公式。若对于分子，式(4.2-3)中第二项需要作适当的改动。要利用式(4.2-3)进行计算，必须先求出电子密度 $\rho(r)$。$\rho(r)$可由基态原子的电子密度在约束条件之下满足变分原理来求出。将 $\rho(r)$代入能量公式，便可以给出电子的总能量了。Thomas-Fermi 模型是简明的，然而它应用于原子体系时其精度不是很理想，而且计算得到的原子没有壳层结构；若用于分子与固体体系又需要作出重大的改进。因此 Thomas-Fermi 模型提出后很长时间并没引起人们的重视。直到 20 世纪 60 年代，基于 Hohenberg 和 Kohn 的工作，Thomas-Fermi 模型才开始被关注。

4.2.2 Thomas-Fermi-Dirac 近似

Hartree 方程和 Hartree-Fock 方程都以波函数为出发点，这些方法称为波函数方法。这个想法是很自然的，因为薛定谔方程本身就是一个关于电子波函数的方程。但是对于多电子系统，波函数本身是非常复杂的。1927 年，Thomas 和 Fermi 另辟蹊径，他们首先提出在均匀电子气中电子的动能可以写成电子密度的泛函：

$$T_{\mathrm{TF}}[\rho]=\frac{3}{10}(3\pi^2)^{2/3}\int\rho^{5/3}(\boldsymbol{r})\mathrm{d}\boldsymbol{r}$$

而电子的其他项也都可以写成电子密度的函数，如狄拉克提出交换能也可写成电荷密度的泛函：

$$E_x[\rho]=-\frac{3}{4}\left(\frac{3}{\pi}\right)^{1/3}\int\rho(\boldsymbol{r})^{4/3}\mathrm{d}\boldsymbol{r} \tag{4.2-4}$$

以上近似称为 Thomas-Fermi-Dirac 理论。维格纳给出了关联能的形式为

$$E_C[\rho]=-0.056\int\frac{\rho(\boldsymbol{r})^{4/3}}{0.079+\rho(\boldsymbol{r})^{1/3}}\mathrm{d}\boldsymbol{r} \tag{4.2-5}$$

所以最后电子的总能量可以写成电子密度的泛函。关于这方面的相关理论可见综述文献。

相对于波函数，使用电子密度的好处是明显的，因为电子密度只是三维空间的函数，而不像波函数是一个高维函数。但 Thomas-Fermi-Dirac 理论只是针对电子气系统，在实际材料中的应用效果很差。特别是它甚至不能得到成键态，最主要的原因是该理论对电子动能项的近似过于粗糙。它把电子动能项直接写成局域密度的函数，而动能项是含有梯度项的(动量算符)。但是，这个理论给出了另外一个方向，即用电子密度表示系统的能量，而这也是现代密度泛函理论的思路。

Thomas-Fermi-Dirac 理论是不含有轨道的，完全使用了电子密度，而现代密度泛函虽然也写成电子密度的函数，但它却含有轨道，电子密度通过波函数来构造。这是现代密度泛函理论优于传统的 Thomas-Fermi-Dirac 理论的原因。

4.2.3 Hohenberg-Kohn 定理

电子密度是波函数模的二次方，所以很显然电子密度包含了比波函数更少的信息，缺少了波函数的相位信息。那么电子密度是否可以完全决定能量呢？回答是肯定的，这是由 P. Hohenberg 和 W. Kohn 在 1964年首先证明的，称为 Hohenberg-Kohn 定理，该定理分为两个部分

定理一 哈密顿的外势场 V_{ext}是电子密度的唯一泛函，即电子密度可以唯一确定外

势场。

证明　使用反证法，假设有两个不同的外势场 $\hat{V}_{ext}$，$\hat{V}'_{ext}$，它们具有相同的基态电子密度 ρ，对应的哈密顿［见式(4.1-1)］分别为

$$\hat{H}=\hat{T}+\hat{V}_{ext}+\hat{V}_{ee}$$
$$\hat{H}'=\hat{T}+\hat{V}'_{ext}+\hat{V}_{ee}$$

哈密顿 $\hat{H}$ 对应的波函数和电子能量分别为 Ψ 和 $E_0=\langle\Psi|\hat{H}|\Psi\rangle$，哈密顿 $\hat{H}'$ 的波函数和电子能量分别为 Ψ' 和 $E'_0=\langle\Psi'|\hat{H}|\Psi'\rangle$，因为两个哈密顿是不同的，所以这两个基态波函数是不同的（$\Psi\neq\Psi'$）。根据变分原理，得

$$E_0=\langle\Psi|\hat{H}|\Psi\rangle<\langle\Psi'|\hat{H}|\Psi'\rangle=\langle\Psi'|\hat{H}|\Psi'\rangle+\langle\Psi'|\hat{H}-\hat{H}'|\Psi'\rangle$$
$$=E'_0+\int\rho(\boldsymbol{r})[\hat{V}_{ext}-\hat{V}'_{ext}]\mathrm{d}\vec{\boldsymbol{r}}$$

这里，外势对应的能量写成了电子密度的泛函 $\int\rho(\boldsymbol{r})\hat{V}_{ext}\mathrm{d}\boldsymbol{r}$，类似地，还可以得

$$E'_0=\langle\Psi'|\hat{H}'|\Psi'\rangle<\langle\Psi|\hat{H}'|\Psi\rangle=\langle\Psi|\hat{H}|\Psi\rangle+\langle\Psi|\hat{H}'-\hat{H}|\Psi\rangle$$
$$=E_0-\int\rho(\vec{r})[\hat{V}_{ext}-\hat{V}'_{ext}]\mathrm{d}\vec{\boldsymbol{r}}$$

把上述两个不等式相加，得

$$E_0+E'_0<E'_0+E_0$$

这显然是不可能的。因此，不存在两个不同的外势场（$\hat{V}_{ext}\neq\hat{V}'_{ext}$）具有相同的基态电子密度。当然，这两个外势场可以相差一个常数，但是哈密顿中的常数项是不重要的。

Hohenberg-Kohn 定理一直接的推论是：电子密度唯一确定势能 V_{ext}，所以整个多粒子哈密顿量也就确定了。通过求解多粒子薛定谔方程就可以确定基态波函数。

定理二　能量可以写成电子密度的泛函：$E[\rho]$，而且该泛函的最小值就是系统的基态能量。

证明　系统能量可以写成电子密度的泛函：

$$E[\rho]=\langle\Psi|\hat{T}+\hat{V}_{ext}+\hat{V}_{ee}|\Psi\rangle=\langle\Psi|\hat{T}+\hat{V}_{ee}|\Psi\rangle+\langle\Psi|\hat{V}_{ext}|\Psi\rangle$$

可以定义

$$F[\rho]=\langle\Psi|\hat{T}+\hat{V}_{ee}|\Psi\rangle$$

为一个通用的泛函，它只包含电子的信息只依赖于电子密度，不依赖于外势，不包含任何原子或者晶体结构的信息。如果知道了这个泛函 $F[\rho]$ 的表达式，那么就可用于任意的材料系统。此时总能量可以写成 ρ 的泛函

$$E[\rho]=F[\rho]+\int\rho(\boldsymbol{r})\hat{V}_{ext}\mathrm{d}\boldsymbol{r}$$

假设 ρ 是基态的电子密度，对应的能量为基态能量 $E_0=\langle\Psi|\hat{H}|\Psi\rangle$，那么对于任意一个其他的电子密度 $\rho'\neq\rho$［也需要满足 $\rho'\geqslant 0$ 和 $\int\rho'(\boldsymbol{r})\mathrm{d}\boldsymbol{r}=N$］，必然有一个不同的波函数 $\Psi'\neq\Psi$，假设它的能量是 E'，则

$$E_0=\langle\Psi|\hat{H}|\Psi\rangle<\langle\Psi'|\hat{H}|\Psi'\rangle=E'$$

所以通过将 $E[\rho]$ 对电子密度作变分，就可以得到基态能量，而此时的电子密度就是基态电子密度。

以上证明适用于基态是非简并的情况，但后续的研究表明，上述结论对于简并的基态也成立。Hohenberg-Kohn 定理证明了电子密度可以完全确定系统的基态能量，这也成为密

度泛函理论的理论基础。

4.2.4 Kohn-Sham 方程

Hohenberg-Kohn 定理证明了系统的能量可以写成电子密度的泛函，但并没有给出具体可解的方程。为此，回到本章一开始的多粒子哈密顿[见式(4.1-1)]，与前面的 Hartree 或者 Hartree-Fock 方法不同，这里不直接写出多体波函数的具体形式，而是把整个哈密顿中的每一项都写成电子密度的函数，因为 Hohenberg-Kohn 定理证明电子密度和波函数其实具有相同的地位，都可以唯一确定系统的基态能量，最后写出具体的方程，即 Kohn-Sham 方程。

对于具有 N 个电子的系统，多粒子波函数写成 $\Psi(\boldsymbol{r}_1,\boldsymbol{r}_2,\cdots,\boldsymbol{r}_N)$，而单粒子(One-Body)电子密度 $\rho(\boldsymbol{r})$ 为(这里直接省略了自旋的指标)：

$$\rho(\boldsymbol{r})=N\int\cdots\int|\Psi(\boldsymbol{r}_1,\boldsymbol{r}_2,\cdots,\boldsymbol{r}_N)|^2\mathrm{d}\boldsymbol{r}_2\cdots\mathrm{d}\boldsymbol{r}_N$$

这里的电子密度 $\rho(\boldsymbol{r})$ 表示在空间 $\mathrm{d}(\boldsymbol{r})$ 内找到任意一个电子的概率。严格来说 $\rho(\boldsymbol{r})$ 是概率密度，但通常也称电子密度。因为电子是不可区分的粒子，所以找到任意一个电子的概率都是一样的，直接乘以 N。我们还可以定义双粒子(two-body)电子密度 $\rho^{(2)}$，它表示在某一个位置找到一个电子，同时在另一个位置找到另一个电子的概率为

$$\rho^{(2)}(\boldsymbol{r},\boldsymbol{r}')=N(N-1)\int\cdots\int|\Psi(\boldsymbol{x}_1,\boldsymbol{x}_2,\cdots,\boldsymbol{x}_N)|^2\mathrm{d}\boldsymbol{r}_3\cdots\mathrm{d}\boldsymbol{r}_N$$

通常可以定义一个电子对关联函数 g，把单粒子和双粒子电子密度联系起来

$$\rho^{(2)}(\boldsymbol{r},\boldsymbol{r}')=\rho(\boldsymbol{r})\rho(\boldsymbol{r}')g(\boldsymbol{r},\boldsymbol{r}')$$

现分别考虑多粒子哈密顿[见式(4.1-1)]中的三项，首先考虑多粒子哈密顿中的外场项

$$V_{\mathrm{ext}}=-\sum_i^N\sum_j^{N_{\mathrm{ion}}}\frac{Z_j}{|\boldsymbol{R}_j-\boldsymbol{r}_i|}$$

其能量为

$$\begin{aligned}
\langle\Psi|V_{\mathrm{ext}}|\Psi\rangle&=-\sum_i^N\sum_j^{N_{\mathrm{ion}}}\int\Psi^*(\boldsymbol{x}_1,\boldsymbol{x}_2,\cdots,\boldsymbol{x}_N)\frac{Z_j}{|\boldsymbol{R}_j-\boldsymbol{r}_i|}\Psi(\boldsymbol{x}_1,\boldsymbol{x}_2,\cdots,\boldsymbol{x}_N)\mathrm{d}\boldsymbol{r}_1\mathrm{d}\boldsymbol{r}_2\cdots\mathrm{d}\boldsymbol{r}_N\\
&=-\sum_i^N\sum_j^{N_{\mathrm{ion}}}\int\frac{Z_j}{|\boldsymbol{R}_j-\boldsymbol{r}_i|}|\Psi(\boldsymbol{x}_1,\boldsymbol{x}_2,\cdots,\boldsymbol{x}_N)|^2\mathrm{d}\boldsymbol{r}_1\mathrm{d}\boldsymbol{r}_2\cdots\mathrm{d}\boldsymbol{r}_N\\
&=-\sum_j^{N_{\mathrm{ion}}}\Big[\int\frac{Z_j}{|\boldsymbol{R}_j-\boldsymbol{r}_1|}|\Psi(\boldsymbol{x}_1,\boldsymbol{x}_2,\cdots,\boldsymbol{x}_N)|^2\mathrm{d}\boldsymbol{r}_1\mathrm{d}\boldsymbol{r}_2\cdots\mathrm{d}\boldsymbol{r}_N+\\
&\quad\int\frac{Z_j}{|\vec{R}_j-\boldsymbol{r}_2|}|\Psi(\boldsymbol{x}_1,\boldsymbol{x}_2,\cdots,\boldsymbol{x}_N)|^2\mathrm{d}\boldsymbol{r}_1\mathrm{d}\boldsymbol{r}_2\cdots\mathrm{d}\boldsymbol{r}_N\Big]\\
&=-\sum_j^{N_{\mathrm{ion}}}\Big[\int\frac{Z_j}{|\boldsymbol{R}_j-\boldsymbol{r}_1|}\mathrm{d}\boldsymbol{r}_1|\Psi(\boldsymbol{x}_1,\boldsymbol{x}_2,\cdots,\boldsymbol{x}_N)|^2\mathrm{d}\boldsymbol{r}_2\cdots\mathrm{d}\boldsymbol{r}_N+\\
&\quad\int\frac{Z_j}{|\boldsymbol{R}_j-\boldsymbol{r}_2|}\mathrm{d}\boldsymbol{r}_2|\Psi(\boldsymbol{x}_1,\boldsymbol{x}_2,\cdots,\boldsymbol{x}_N)|^2\mathrm{d}\boldsymbol{r}_1\cdots\mathrm{d}\boldsymbol{r}_N\Big]\\
&=-\frac{1}{N}\sum_j^{N_{\mathrm{ion}}}\Big[\int\frac{Z_j}{|\boldsymbol{R}_j-\boldsymbol{r}_1|}\rho(\boldsymbol{r}_1)\mathrm{d}\boldsymbol{r}_1+\int\frac{Z_j}{|\boldsymbol{R}_j-\boldsymbol{r}_2|}\rho(\boldsymbol{r}_2)\mathrm{d}\boldsymbol{r}_2\Big]
\end{aligned}$$

$$= \sum_{j}^{N_{\text{ion}}} \int \frac{Z_j}{|\boldsymbol{R}_j - \boldsymbol{r}_1|} \rho(\boldsymbol{r}) \mathrm{d}\boldsymbol{r}$$

$$= -\int \sum_{j}^{N_{\text{ion}}} \frac{Z_j}{|\boldsymbol{R}_j - \boldsymbol{r}_1|} \rho(\boldsymbol{r}) \mathrm{d}\boldsymbol{r}$$

$$= \int v_{\text{ext}}(\boldsymbol{r}) \rho(\boldsymbol{r}) \mathrm{d}\boldsymbol{r} \tag{4.2-6}$$

上述推导用到了单粒子电子密度的定义。所以，外场项可以写成电子密度的泛函。

外场项是一个单粒子项，而电子一电子相互作用项涉及两个电子，所以它需要写成双粒子电子密度的泛函，即

$$\langle \Psi | V_{\text{ee}} | \Psi \rangle = \frac{1}{2} \iiint \frac{\rho^{(2)}(\boldsymbol{r}, \boldsymbol{r}')}{|\boldsymbol{r} - \boldsymbol{r}'|} \mathrm{d}\boldsymbol{r} \mathrm{d}\boldsymbol{r}'$$

这里的双粒子电子密度$\rho^{(2)}(\boldsymbol{r}, \boldsymbol{r}')$表示一个电子在 $\boldsymbol{r}$ 处，而另外一个电子在 $\boldsymbol{r}'$处的概率，它包含了多电子的信息。如果能严格得到双粒子电子密度函数，就可以严格求解多粒子系统。但实际上只能采用一些近似方法，如果考虑两个电子完全没有关联，那么双粒子电子密度简单地等于两个单粒子密度函数的乘积：$\rho^{(2)}(\boldsymbol{r}, \boldsymbol{r}') = \rho(\boldsymbol{r})\rho(\boldsymbol{r}')$，这其实就是 Hartree 项。实际上电子是有关联的，所以需要额外增加一个对 Hartree 能的修正项Δ_{ee}，整个电子-电子相互作用项可以写成：

$$\langle \Psi | V_{\text{ee}} | \Psi \rangle = \frac{1}{2} \iint \frac{\rho^{(2)}(\boldsymbol{r}, \boldsymbol{r}')}{|\boldsymbol{r} - \boldsymbol{r}'|} \mathrm{d}\boldsymbol{r} \mathrm{d}\boldsymbol{r}' + \Delta_{\text{ee}}$$

上式右边第一项就是 Hartree 能，而第二项是对前者的修正项。

下面考虑电子的动能项：

$$T = -\frac{1}{2} \int \Psi^*(\boldsymbol{x}_1, \boldsymbol{x}_2, \cdots \boldsymbol{x}_N) \nabla^2 \Psi^*(\boldsymbol{x}_1, \boldsymbol{x}_2, \cdots \boldsymbol{x}_N) \mathrm{d}\boldsymbol{r}_1 \cdots \mathrm{d}\boldsymbol{r}_N$$

这里，动能算符中有求导项，而对多粒子波函数的导数是未知的，所以这里的动能项不能写成电子密度的泛函。Kohn 和 Sham 建议，既然多粒子波函数的动能项是未知的，那就考虑一个假设的没有相互作用的多粒子系统，它的电子密度可以简单写成单粒子轨道的求和

$$\rho(\boldsymbol{r}) = \sum_{i}^{N} |\Psi_i(\boldsymbol{r})|^2$$

这里，$\Psi_i(\boldsymbol{r})$就是假设的无相互作用的单粒子轨道，也称 Kohn-Sham 轨道。这个假设也是密度泛函理论的关键之处。这些 Kohn-Sham 轨道构成一个无相互作用的参考系统，并期望这个无相互作用多粒子系统和有相互作用的多粒子系统具有相同的基态电子密度。如果存在这样一个无相互作用系统，那么其动能项就可以很方便地写成单个粒子动能之和。当然，这个无相互作用系统的动能和真实的多粒子系统的动能是不一样的，为此，也必须加一个修正项：

$$T = -\frac{1}{2} \sum_{i}^{N} \int \Psi_i^*(\boldsymbol{r}) \nabla^2 \Psi_i(\boldsymbol{r}) \mathrm{d}\boldsymbol{r} + \Delta T$$

其中上式右边第一项就是无相互作用系统的动能项，第二项是对前者的修正项。

最后，把上述三项合并起来，得到基态总能量：

$$E = -\frac{1}{2} \sum_{i}^{N} \int \Psi_i^*(\boldsymbol{r}) \nabla^2 \Psi_i(\boldsymbol{r}) \mathrm{d}\boldsymbol{r} + \int v_{\text{ext}}(\boldsymbol{r}) \rho(\boldsymbol{r}) \mathrm{d}\boldsymbol{r} + \frac{1}{2} \iint \frac{\rho^{(2)}(\boldsymbol{r}, \boldsymbol{r}')}{|\boldsymbol{r} - \boldsymbol{r}'|} \mathrm{d}\boldsymbol{r} \mathrm{d}\boldsymbol{r}' + \Delta_{\text{ee}} + \Delta T$$

上式右边第一项是假想的一个无相互作用系统的动能项;第二项是外场项;第三项是经典的库仑作用项,即 Hartree 项;第四项是对 Hartree 项的修正项:第五项是对无相互作用系统动能的修正项。这里前三项都有明确的表达式,而最后两个修正项的具体形式是未知的,但这两项是至关重要的。如果知道了它们的准确表达式,则整个能量的表达式是严格的,不存在任何近似(除绝热近似之外)。但在实际计算中,这两项的表达式都是未知的,不妨直接把它们合并起来称为交换关联能(Exchange-Correlation Energy)

$$E_{xc}=\Delta_{ee}+\Delta T$$

此时,基态能量表达式为

$$E=-\frac{1}{2}\sum_{i}^{N}\int \Psi_i^*(\boldsymbol{r})\nabla^2\Psi_i(\boldsymbol{r})\mathrm{d}\boldsymbol{r}+\int v_{ext}(\boldsymbol{r})\rho(\boldsymbol{r})\mathrm{d}\boldsymbol{r}+\frac{1}{2}\iint\frac{\rho^{(2)}(\boldsymbol{r},\boldsymbol{r}')}{|\boldsymbol{r}-\boldsymbol{r}'|}\mathrm{d}\boldsymbol{r}\mathrm{d}\boldsymbol{r}'+E_{xc} \tag{4.2-7}$$

交换关联能包含有相互作用多粒子系统和无相互作用多粒子系统之间的能量差,既包括电子的交换项,也包括关联项。这个交换关联能的严格表达式是未知的,但可以把它写成电子密度的泛函,最简单的一种方法就是认为交换关联能只是依赖局域的电子密度,可以写成电子密度的泛函:$E_{xc}[\rho]=\int\varepsilon_{xc}(\rho)\rho(\boldsymbol{r})\mathrm{d}\boldsymbol{r}$,这就是局域密度近似(Local Density Approximation, LDA)。这个方案虽然看似简单,但实际使用效果不错,目前依然广泛用于实际材料的计算中。

基于上面能量的表达式(4.2-4),对$\Psi_i^*(\boldsymbol{r})$进行变分,同时利用单粒子波函数的正交归一条件:$\langle\Psi_i|\Psi_j\rangle=\delta_{ij}$,引入拉格朗日算子$\lambda_{ij}$。类似前面推导 Hartree-Fock 方程一样,总是可以把 λ 对角化($\lambda_{ki}=\delta_{ki}\varepsilon_k$),最后得到方程

$$-\frac{1}{2}\nabla^2\Psi_i(\boldsymbol{r})+\left[v_{ext}(\boldsymbol{r})+\int\mathrm{d}\boldsymbol{r}'\frac{\rho(\boldsymbol{r}')}{|\boldsymbol{r}-\boldsymbol{r}'|}+\mu_{xc}[\rho]\right]\Psi_i(\boldsymbol{r})=\varepsilon_i\Psi_i(\boldsymbol{r}) \tag{4.2-8}$$

这就是著名的 Kohn-Sham 方程,其中

$$\mu_{xc}[\rho]=\frac{\delta E_{xc}[\rho]}{\delta\rho}$$

为交换关联势(Exchange-Correlation Potential),把式(4.2-5)中的所有势能项写成一个有效势能 $\hat{V}_{eff}$,可以得到一个更为简洁的形式:

$$[\hat{T}+\hat{V}_{eff}]\Psi_i(\boldsymbol{r})=\varepsilon_i\Psi_i(\boldsymbol{r})$$

Kohn-Sham 方程使密度泛函理论成为一种切实可行的计算方法,随着近几十年计算机技术的飞速发展,利用数值计算求解 Kohn-Sham 方程已经成为非常常规的任务。现在,密度泛函理论在凝聚态物理、材料科学、化学甚至生物等领域都有了非常广泛的应用。

Kohn-Sham 方程有许多含义:Kohn-Sham 方程的核心思想是把有相互作用的多粒子系统转换成一个无相互作用的单粒子系统(见图 4.2-1),而把电子间的相互作用归结到未知的交换关联势中。因此,Kohn-Sham 方程的形式与 Hartree 方程类似,都是单粒子方程。但是 Kohn-Sham 方程比 Hartree 方程多考虑了交换关联势,而常规的交换关联势(如采用局域密度近似)计算速度很快,所以两者具有类似的计算量。但是,Kohn-Sham 方程与

Hartree Fock 方程相比,计算量要小很多,因为 Hartree-Fock 方程中包含非局域的交换能。

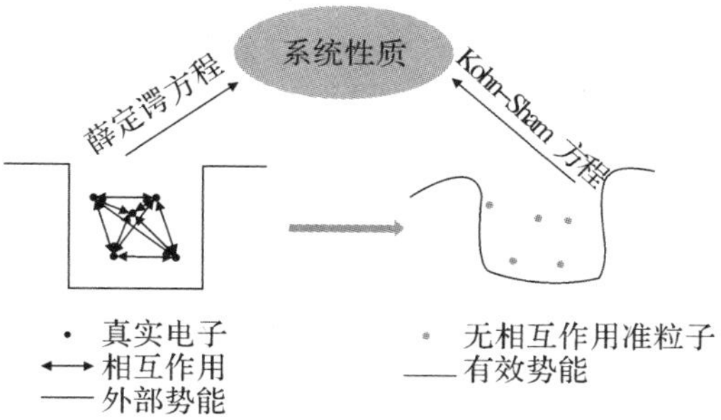

4.2-1 **薛定谔方程和 Kohn-Sham 方程的意义**

另外,Kohn-Sham 方程除了绝热近似之外是严格的。遗憾的是,交换关联势的形式是未知的,必须进一步引入近似,但原则上可以通过寻求更好的交换关联势来充分考虑多电子的关联效应,提高计算精度,而且交换关联势的形式不依赖于具体材料,具有一定的普适性。

Kohn-Sham 方程通常要通过自洽求解,因为要求解 Kohn-Sham 方程,必须先得到哈密顿量。哈密顿是电子密度的泛函,电子密度是从波函数得到的,而波函数又需要利用哈密顿求解。因此只能通过自洽求解的方式来求解 Kohn-Sham 方程,整个流程图如图 4.2-2 所示。

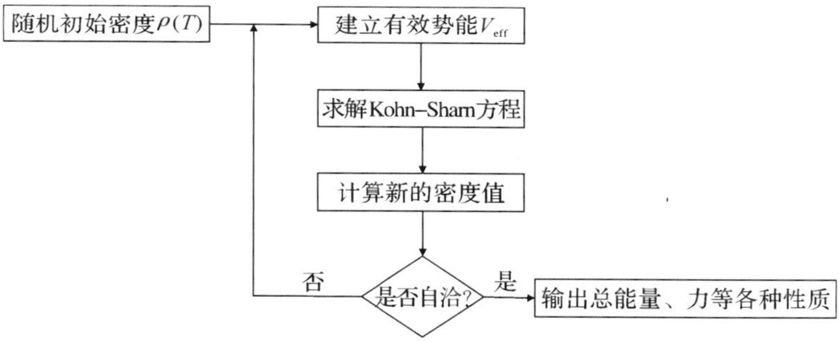

图 4.2-2 Kohn-Sham **方程自洽求解流程**

首先可以随机构造一个电子密度,然后通过构造有效势能 $\hat{V}_{eff}$,再求解 Kohn-Sham 方程得到波函数。而波函数又可以构造一个新的电子密度,通常这个电子密度和初始猜测的电子密度是不同的,此时需要用这个新的电子密度(一般需要和老的电子密度进行混合)重新构造势能函数,再次求解 Kohn-Sham 方程获得新的波函数。由此通过多次的迭代,直到最后收敛,并计算所需的各种物理量(如能量、力等)。这里所谓的收敛可以有多种判断条件,最简单的是通过总能量来判断,如果最后两次迭代能量差小于一个预设的小量,则表示计算已经收敛。也可以通过迭代过程中电子密度、力,甚至波函数的差异来判断是否收敛。

当然,在具体求解过程中,还会涉及很多细节。例如,为了求解 Kohn-Sham 方程,也必须先选定基组,才能够得到本征方程。另外,在 Kohn-Sham 方程中交换关联势的形式还是未知的,在计算中也必须选取一个具体的形式才可以。关于更深入的密度泛函理论可以参考相关综述论文和书籍。下面对基组、赝势、交换关联势等作简要的介绍。

4.3 基 函 数

4.3.1 平面波基组

在求解 Kohn-Sham 方程过程中，首先需要确定基组。其中平面波基形式简单，是比较常用的一种基组。

1. 平面波基组下的本征方程

考虑一个一般的哈密顿

$$\hat{H}\Psi_i(\boldsymbol{r})=\left[-\frac{\hbar^2}{2m_e}\nabla^2+V(\boldsymbol{r})\right]\Psi_i(\boldsymbol{r})=E_i\Psi_i(\boldsymbol{r}) \tag{4.3-1}$$

波函数用平面波展开

$$\Psi_i(\boldsymbol{r})=\frac{1}{\sqrt{\Omega}}\sum_{\boldsymbol{q}}c_{i,\boldsymbol{q}}e^{i\boldsymbol{q}\cdot\boldsymbol{r}}=\sum_{\boldsymbol{q}}c_{i,\boldsymbol{q}}|\boldsymbol{q} \tag{4.3-2}$$

$$\sum_{\boldsymbol{q}}\left[-\frac{\hbar^2}{2m_e}\nabla^2+V(\boldsymbol{r})\right]|\boldsymbol{q}\rangle c_{i,\boldsymbol{q}}=\sum_{\boldsymbol{q}}|\boldsymbol{q}\rangle c_{i,\boldsymbol{q}}$$

很显然，平面波$|\boldsymbol{q}\rangle=\frac{1}{\sqrt{\Omega}}e^{i\boldsymbol{q}\cdot\boldsymbol{r}}$本身是正交的（$\Omega$是元胞的体积）：

$$\langle\boldsymbol{q}'|\boldsymbol{q}\rangle=\frac{1}{\Omega}\int V^{e^{-i(\boldsymbol{q}'-\boldsymbol{q})\cdot\boldsymbol{r}}\mathrm{d}\boldsymbol{r}}=\delta_{\boldsymbol{q}',\boldsymbol{q}} \tag{4.3-3}$$

把波函数的展开式（4.3-2）代入式（4.3-1），得

$$\sum_{\boldsymbol{q}}\left[-\frac{1}{2m_e}\nabla^2+V(\boldsymbol{r})\right]|\boldsymbol{q}\rangle c_{i,\boldsymbol{q}}=E_i\sum_{\boldsymbol{q}}\langle\boldsymbol{q}'|\boldsymbol{q}\rangle c_{i,\boldsymbol{q}}$$

两边同时左乘$\langle\boldsymbol{q}'|$，得

$$\sum_{\boldsymbol{q}}\langle\boldsymbol{q}'|\left[-\frac{\hbar^2}{2m_e}\nabla^2+V(\boldsymbol{r})\right]|\boldsymbol{q}\rangle c_{i,\boldsymbol{q}}=E_i\sum_{\boldsymbol{q}}\langle\boldsymbol{q}'|\boldsymbol{q}\rangle c_{i,\boldsymbol{q}}=E_ic_{i,\boldsymbol{q}'} \tag{4.3-4}$$

这里利用了平面波的正交性。其实这个方程就是本征方程，只不过平面波是正交的，所以这里交叠矩阵就是一个单位矩阵。下面计算哈密顿矩阵元，它显然有两项，其中第一项是动能项，容易计算

$$\langle\boldsymbol{q}'|-\frac{\hbar^2}{2m_e}\nabla^2|\boldsymbol{q}\rangle=\frac{\hbar^2}{2m_e}|\boldsymbol{q}|^2\delta_{\boldsymbol{q}',\boldsymbol{q}} \tag{4.3-5}$$

第二项是势能项

$$\langle\boldsymbol{q}'|V(\boldsymbol{r})|\boldsymbol{q}\rangle \tag{4.3-6}$$

这里，势能函数是正格矢的周期函数$V(\boldsymbol{r})=V(\boldsymbol{r}+\boldsymbol{R}_l)$，用傅里叶级数展开

$$V(\boldsymbol{r})=\sum_{\boldsymbol{K}_h}V(\boldsymbol{K}_h)e^{i\boldsymbol{K}_h\cdot\boldsymbol{r}} \tag{4.3-7}$$

其中展开系数

$$V(\boldsymbol{K}_h)=\frac{1}{\Omega}\int_{\Omega}V(\boldsymbol{r})e^{-i\boldsymbol{K}_h\cdot\boldsymbol{r}}\mathrm{d}\boldsymbol{r} \tag{4.3-8}$$

把势能函数的展开式（4.3-7）代入式（4.3-6），得

$$\langle \boldsymbol{q}' | V(\boldsymbol{r}) | \boldsymbol{q} \rangle = \sum_{\boldsymbol{K}_h} V(\boldsymbol{K}_h) \int_{\Omega} \mathrm{e}^{-i(\boldsymbol{q}'-\boldsymbol{q}-\boldsymbol{K}_h)\cdot \boldsymbol{r}} \mathrm{d}\boldsymbol{r} = \sum_{\boldsymbol{K}_h} V(\boldsymbol{K}_h) \delta_{\boldsymbol{q}'-\boldsymbol{q},\boldsymbol{K}_h} \qquad (4.3-9)$$

即只有当 $\boldsymbol{q}'-\boldsymbol{q}=\boldsymbol{K}_h$ 时，上述矩阵元才不等于 0。

特别注意，当 $\boldsymbol{q}'=\boldsymbol{q}$，即 $\boldsymbol{K}_h=0$ 时，$V(0)$ 其实代表了势能的平均值，式(4.3－8)变成

$$V(0) = \frac{1}{\Omega} \int_{\Omega} V(\boldsymbol{r}) \mathrm{d}\boldsymbol{r} = \bar{V}$$

这是一个常数，而一个常数在哈密顿的对角项上是不重要的。为简单起见，可以假设 $\bar{V}=0$。最后，重新定义波矢：$\boldsymbol{q}=\boldsymbol{k}+\boldsymbol{K}_m$，$\boldsymbol{q}'=\boldsymbol{k}+\boldsymbol{K}_{m'}$，显然 $\boldsymbol{K}_h=\boldsymbol{K}_{m'}-\boldsymbol{K}_m$，在此定义下，动量矩阵元(4.3－5)和势能矩阵元(4.3－9)分别写成

$$\langle \boldsymbol{q}' | -\frac{\hbar^2}{2m_\mathrm{e}} \nabla^2 | \boldsymbol{q} \rangle = \frac{\hbar^2}{2m_\mathrm{e}} |\boldsymbol{k}+\boldsymbol{K}_m|^2 \delta_{m',m}$$

$$\langle \boldsymbol{q}' | V(\boldsymbol{r}) | \boldsymbol{q} \rangle = V(\boldsymbol{K}_{m'}-\boldsymbol{K}_m)$$

即整个哈密顿矩阵元为

$$H_{m',m}(\boldsymbol{k}) = \frac{\hbar^2}{2m_\mathrm{e}} |\boldsymbol{k}+\boldsymbol{K}_m|^2 \delta_{m',m} + V(\boldsymbol{K}_{m'}-\boldsymbol{K}_m)$$

最后，得到本征方程[见式(4.3－4)]：

$$\sum_m H_{m',m}(\boldsymbol{k}) c_{i,m} = E_i c_{i,m'}$$

上述方程也可以写成

$$\frac{\hbar^2}{2m_\mathrm{e}} |\boldsymbol{k}+\boldsymbol{K}_m|^2 c_{i,m'} + \sum_m V(\boldsymbol{K}_{m'}-\boldsymbol{K}_m) c_{i,m} = E_i c_{i,m'}$$

这其实是一个关于 $c_{i,m}$ 的线性方程组，通过求解其系数行列式，便可求出能量本征值。

为清楚起见，也可以写出整个哈密顿矩阵的具体形式：

$$\boldsymbol{H} = \begin{pmatrix} \frac{\hbar^2}{2m}|\boldsymbol{k}+\boldsymbol{K}_1|^2 & V(\boldsymbol{K}_1-\boldsymbol{K}_2) & V(\boldsymbol{K}_1-\boldsymbol{K}_3) & \cdots \\ V(\boldsymbol{K}_2-\boldsymbol{K}_1) & \frac{\hbar^2}{2m}|\boldsymbol{k}+\boldsymbol{K}_2|^2 & V(\boldsymbol{K}_2-\boldsymbol{K}_3) & \cdots \\ V(\boldsymbol{K}_3-\boldsymbol{K}_1) & V(\boldsymbol{K}_3-\boldsymbol{K}_2) & \frac{\hbar^2}{2m}|\boldsymbol{k}+\boldsymbol{K}_3|^2 & \cdots \\ \vdots & \vdots & \vdots & \end{pmatrix}$$

通过求解系数行列式便可求出能量本征值：

$$\det \begin{vmatrix} \frac{\hbar^2}{2m}|\boldsymbol{k}+\boldsymbol{K}_1|^2-E & V(\boldsymbol{K}_1-\boldsymbol{K}_2) & V(\boldsymbol{K}_1-\boldsymbol{K}_3) & \cdots \\ V(\boldsymbol{K}_2-\boldsymbol{K}_1) & \frac{\hbar^2}{2m}|\boldsymbol{k}+\boldsymbol{K}_2|^2-E & V(\boldsymbol{K}_2-\boldsymbol{K}_3) & \cdots \\ V(\boldsymbol{K}_3-\boldsymbol{K}_1) & V(\boldsymbol{K}_3-\boldsymbol{K}_2) & \frac{\hbar^2}{2m}|\boldsymbol{k}+\boldsymbol{K}_3|^2-E & \cdots \\ \vdots & \vdots & \vdots & \end{vmatrix} = 0$$

如果考虑到具体的 Kohn-Sham 哈密顿，则势能部分会包括很多项，如外场项，交换关联项等，因此需要针对每一项分别在平面波下作傅里叶展开，得到每一项对应的 $V(\boldsymbol{k})$ 的解析表达式。这里我们只是简单展示平面波计算的大致数学过程，所以并没有写出 $V(\boldsymbol{k})$ 的具

体表达式。如果需要编写密度泛函程序,则必须明确每一个解析表达式。

原则上,只有无穷多个平面波才可以构成一套完备的基组,换言之,上述哈密顿矩阵的维度是无穷大,这显然是不可求解的。因此,实际计算中只能取有限多个平面波,如 N 个。此时哈密顿矩阵是一个 $N\times N$ 的矩阵,求解可得到 N 个能量本征值。同时上述方程针对的是某一个波矢 $\boldsymbol{k}$,对于不同的 $\boldsymbol{k}$ 点,会得到类似的本征方程,即每个 $\boldsymbol{k}$ 点都会有 N 个本征值。通过改变 $\boldsymbol{k}$ 点,就可以获得材料的电子结构 $E_n(\boldsymbol{k})$。

最后,因为 $\boldsymbol{q}=\boldsymbol{k}+\boldsymbol{K}_m$,所以一开始定义的平面波展开公式也可以直接写成

$$\Psi_{i,\boldsymbol{k}}(\boldsymbol{r}) = \frac{1}{\sqrt{\Omega}}\sum_{\boldsymbol{K}_m} c_{i,\boldsymbol{k}+\boldsymbol{K}_m} \mathrm{e}^{i(\boldsymbol{k}+\boldsymbol{K}_m)\cdot\boldsymbol{r}} \tag{4.3-10}$$

2.平面波截断能

在具体计算中,如果平面波个数 N 取得太少,则计算精度不够;如果取得太多,则会大大增加计算量,浪费计算资源。因此,在计算中必须小心选取平面波个数,以保证获得可靠的结果。在实际的程序中,并不是直接指定需要多少个平面波来展开波函数,而是通过设定平面波截断能(plane wave cutoff energy) E_{cut}来控制平面波个数。在平面波展开公式[见式(4.3-10)]中,凡是能量小于 E_{cut}的平面波都会被采用:

$$\frac{\hbar^2}{2m_{\mathrm{e}}}|\boldsymbol{k}+\boldsymbol{K}_m|^2<E_{\mathrm{cut}}$$

而更高能量的平面波会被舍去。

对于 Γ 点($\boldsymbol{k}=0$),可以考虑如图 4.3-1 所示的一个二维倒易点阵,以任意一点作为原点,选取一个最大的倒格矢 $K_{\mathrm{cut}}=\sqrt{2m_{\mathrm{e}}E_{\mathrm{cut}}}/h$,以 K_{cut} 为半径做一个圆(在三维系统中,以 K_{cut}为半径做一个球),凡是在该圆(球)之内的倒格矢都是需要的,而在该圆(球)之外的倒格矢都是被舍去的。对于非 Γ 点($\boldsymbol{k}\neq0$),在相同的截断能下,平面波的个数会略有不同,但差别不会很大。

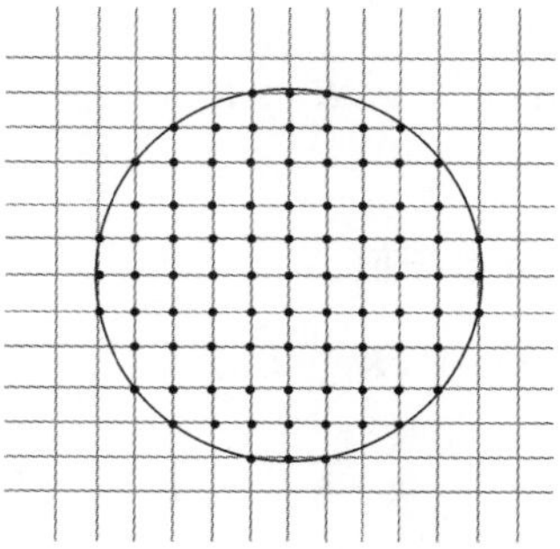

图 4.3-1 倒易点阵和平面波的截断能

3.使用平面波基组的困难

在平面波基组的计算中必须对平面波截断,即在倒易空间中存在一个最大的K_{cut}(对应的能量为 E_{cut}),变换到实空间,则对应波函数存在一个最小的波长$\lambda_m=2\pi/K_{\mathrm{cut}}$,也就是说用平面波展开的晶体波函数的波长不可能小于λ_m。换言之,如果实际材料的波函数的波长比

λ_m 更短，则不可以用截断能为 E_{cut} 的平面波去展开。

事实上，在靠近原子核附近，由于库仑势是按照 $-1/r$ 发散的，所以该区域波函数的能量非常高（即波长很短）。以图 4.3-2 为例，考虑 *Ca* 原子的 3s 轨道，可以发现在离原子核附近约 0.1 Å 的位置，波函数就出现了节点（即波函数为 0 的点）。为了展开这里的波函数，要求平面波的波长更短，假设为 0.01 Å，由此可反推出平面波的 $K_{cut}=2\pi/0.01\approx 628\ (\text{Å})^{-1}$。假设 *Ca* 的原胞是一个边长为 3 Å 的正方体，则其布里渊区的体积为 $(2\pi)^3/3^3\approx 9.19(\text{Å})^{-3}$，由此可以估算出在以 K_{cut} 为半径的球内，一共大约有 10^8 个平面波，即哈密顿矩阵的大小约为 $10^8\times 10^8$，而这已经远远超出了当今计算机的能力范围。

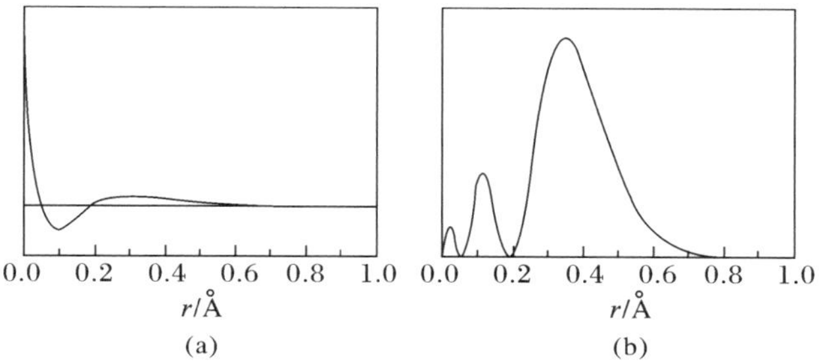

图 4.3-2　Ca 原子 3s 轨道的径向波函数(a)和径向概率分布(b)

因此，直接使用平面波去展开实际材料的真实波函数是不可行的，为了解决这个问题，通常有两种方法：第一种方法是构造一个赝势去替代真实的 $-1/r$ 形式的势能，保证赝势在原子核附近不发散，从而使得晶体波函数变得比较平滑（称为赝波函数），在此基础上再用平面波展开，可大大减少平面波的个数。这就是当今许多密度泛函程序中使用的赝势平面波方法。第二种方法是改造平面波，如使用混合基组等。

4. 平面波基组的优缺点

平面波基组有许多优点：①平面波形式简单，方便计算哈密顿矩阵元。许多物理量（如力、应力）的表达式也比较简单。②平面波下矩阵元的表达式其实就是傅里叶变换，所以许多物理量可以通过高效的快速傅里叶变换（Fast Fourier Transform，FFT）在实空间和倒空间之间转换。③平面波不依赖于原子的位置，方便对材料中的原子进行结构优化。④平面波的个数可方便地通过截断能来调节。当然，平面波基组也有一些缺点：①平面波不适合展开原子核附近的波函数。一般情况下只能采用赝势来替代真实的相互作用势。但此时芯电子完全被舍去，而且价电子的波函数也不再是真实波函数，而是赝波函数。但是，最新的 PAW（projector augmented wave）方法是对赝势方法的改进，PAW 方法形式上与赝势相似，可以用纯平面波展开，但 PAW 方法仍然能够获得真实的波函数。②平面波是非局域的，所以哈密顿矩阵元一般是稠密矩阵，难以实现线性标度（order-N）算法，难以计算原子数很多的材料。③平面波方法一定要求是周期性边界条件，对于低维系统（如分子、纳米线等），只能通过增加真空层的超原胞方法来模拟，大大增加了计算量。

很多常用的密度泛函程序都采用平面波基组，如 VASP，Quantum ESP-RESSO（原名 PW scf），CASTEP，Abinit 等。

4.3.2 数值原子轨道基组

平面波基组虽然形式简单，但对于原子数较多的系统，平面波基组计算效率较低。此时，采用局域的数值原子轨道基组，可以大幅提高计算速度。一个原胞中的原子轨道可以写成径向函数 μ 和球谐函数Y_l^m的乘积：

$$\varphi_u(\boldsymbol{r}) = u_{Il\zeta}(\boldsymbol{r}) Y_l^m(\hat{r})$$

式中：$\mu = I, l, m, \zeta$（表示轨道的指标，I 是元胞中原子的指标，l 是轨道角动量量子数，m 是磁量子数，ζ 是 l 轨道的数目）。这里原子轨道可以通过求解径向薛定谔方程获得。系统电子波函数可表示原子轨道的线性组合，即

$$\Psi_n^{\boldsymbol{k}}(\boldsymbol{r}) = \frac{1}{\sqrt{N_c}} \sum_{\boldsymbol{R}}^{N_c} \mathrm{e}^{i\boldsymbol{k}\cdot\boldsymbol{R}} \sum_{\mu} c_{n\mu}^{\boldsymbol{k}} \varphi_\mu(\boldsymbol{r} - \boldsymbol{\tau}_I - \boldsymbol{R}) \tag{4.3-11}$$

式中：n 是能带指标；N_c 是元胞数；$\boldsymbol{k}$ 是电子的波矢；$\boldsymbol{R}$ 是晶格的平移矢量；$\varphi_\mu(\boldsymbol{r} - \boldsymbol{\tau}_I - \boldsymbol{R})$表示元胞 $\boldsymbol{R}$ 中的原子轨道 μ。将该波函数代入 Kohn-Sham 方程，可以得到类似的本征方程，只是这里的哈密顿矩阵元和交叠矩阵元分别是

$$H_{\mu,v} = \langle \varphi_\mu | H | \varphi_v \rangle \quad S_{\mu,v} = \varphi_\mu | \varphi_v$$

波函数为

$$\boldsymbol{C} = (c_{n1} \ c_{n2} \cdots)^{\mathrm{T}}$$

这种方法其实就是紧束缚近似中的原子轨道线性组合方法。主要区别在于，紧束缚近似中哈密顿矩阵元和交叠矩阵元中的积分结果往往直接使用经验参数，而这里需要通过数值方法计算这些积分。另外，在紧束缚近似中，轨道的数目往往就是实际材料中原子真实轨道的数目，很多时候还可以舍去很多不感兴趣的轨道。例如，对于石墨烯，因为费米能附近只有碳的 p_z 电子，所以在紧束缚计算中每个碳只取一个轨道即可。但是在密度泛函中，为了提高求解 Kohn-Sham 方程的精度，往往需要较多的基函数。此时原子真实轨道的数目是不够的，一般需要采用所谓多数值基(Multiple ζ Basis)的方法增加基组。例如，每个碳原子考虑四个轨道——2s，$2p_x$，$2p_y$，$2p_z$（不考虑 1s 电子），为了增加基组数目，可以把每个真实轨道扩充到两个数值轨道，称为双数值基(Double ζ Basis, DZ)，也可以扩充到三个数值轨道，称为三数值基(Triple ζ Basis, TZ)，等等。如果数值轨道的数目和真实轨道的数目一样多，则称为最小基组，也称单数值基(Single ζ Basis, SZ)，通常最小基组的精度是不够的，但计算速度很快，可以给出一些半定量的结果。除此以外，数值原子轨道还可以额外增加极化轨道(Polarization Orbital)和扩散轨道(Diffuse Orbital)。

数值原子轨道的优点是：①基组数目少，计算速度快。②原子轨道在空间是局域的，由此得到的哈密顿矩阵和交叠矩阵都是稀疏矩阵，可以实现线性标度算法(即计算时间和系统的大小星线性关系)，用于大规模系统的计算。③适合处理真空层。

原子轨道也有一些缺点：①基组数目增加不方便，可以通过多数值基方法增加基组数目，但不如平面波方便和系统化。②基组依赖于原子位置，在结构优化或者分子动力学过程中会发生移动。③数值原子轨道基组需要事先用专门的程序产生。④数值轨道基组有时会出现过

完备(Over Completeness)的情况。

除了数值原子轨道，在量子化学领域，人们往往更多使用解析形式的轨道，如 Gaussian 和 Slater 型轨道。但是在材料计算领城，人们往往更多地使用数值原子轨道。目前国内外开发了多款基于数值原子轨道基组的程序，如 Open MX，SIESTA，ABACUS 等。其中 ABACUS 由中国科学技术大学何力新教授小组开发，是国内为数不多的具有完全自主知识产权的、完整的第一性原理软件包。

4.3.3　缀加波方法

1. Muffin-tin 球

晶体中靠近原子核区域的电子波函数振荡剧烈，非常接近自由原子的情况，可以用原子轨道展开。但远离原子核区域的电子，电子波函数变化比较平缓，适合用平面波展开。所以可以把晶体原胞在空间上划分为两部分。如图 4.3-3 所示，以每个原子的原子核为中心，半径为 R 作球，称为 Muffin-tin 球。Muffin-tin 球内的区域称为球区。不同 Muffin-tin 球之间的区域称为间隙区(Interstitial Region)。不同原子的 Muffin-tin 球半径可以不同，只要保证半径足够大，就可以包括所有的芯电子，但通常也要求不同 Muffin-tin 球之间不相交。在球区和间隙区，电子波函数便可用不同的基组分别展开。

势能函数也可以在两个区域分别展开：

$$V(\boldsymbol{r})=\begin{cases}\sum\limits_{lm}V_{lm}(\boldsymbol{r})Y_l^m(\hat{r}), & r<R\\ \sum\limits_{\boldsymbol{K}}V_{\boldsymbol{K}}\mathrm{e}^{i\boldsymbol{K}\cdot\boldsymbol{r}} & r\geqslant R\end{cases}\tag{4.3-12}$$

这里 R 为 Muffin-tin 球半径。在 Muffin-tin 球内部，势能函数用球谐函数展开，而在间隙区仍然用平面波展开。在早期的计算中，往往只保留 $L=0$ 和 $K=0$ 的项，对势能函数作了很大的近似。但现代的计算中一般都可以取到足够多的项，所以也被称为“全势”(Full-Potential)方法。同时，Muffin-tin 球内的电子波函数可以用原子轨道展开，而不像赝势方法那样只能得到赝波函数，芯电子能级也可以通过求解类自由原子的薛定谔方程得到，所以这也被称为“全电子”(All-Electron)方法。

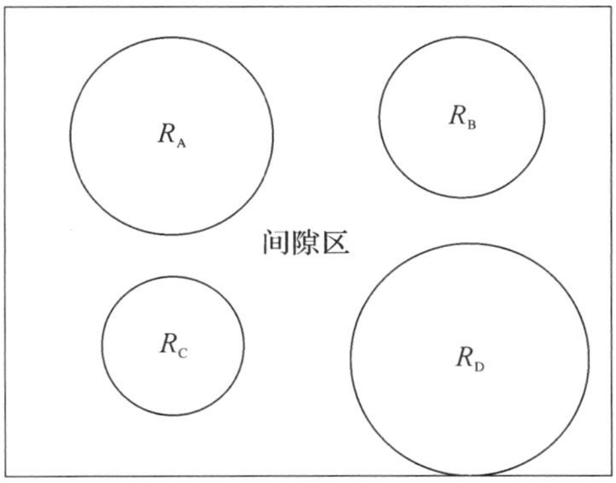

图 4.3-3　Mufin-tin 球的示意图

其中 R_A, R_B, R_C, R_D 表示元胞中四个原子所取的 Muffin-tin 球的半径，而不同 Muffin-tin 球之间的空间称为间隙区。

2. 缀加平面波

缀加平面波（Augmented Plane Wave，APW）方法最早由 Slater 提出，在 APW 方法中，基组的选取也分为球内和间隙区：

$$\varphi_{\boldsymbol{K}}^{\boldsymbol{k}}(\boldsymbol{r},E)=\begin{cases}\sum\limits_{lm}A^{\alpha},\boldsymbol{k}+\boldsymbol{K}_{lm}\,u_l^{\alpha}(r',E)Y_l^m(\hat{r}'), & r<R\\ \dfrac{1}{\sqrt{V}}\mathrm{e}^{i(\boldsymbol{k}+\boldsymbol{K})\boldsymbol{r}}, & r\geqslant R\end{cases}\tag{4.3-13}$$

在 Muffin-tin 球内部，基函数使用原子轨道展开，其中 α 是原子指标，$u_l^{\alpha}(r',E)$ 则是孤立原子径向薛定谔方程在能量为 E 时的解（实际的孤立原子的径向波函数在无穷远处应该趋近于 0，利用这个边界条件便可得到孤立原子的能级 E_n（但这里 E 并不是孤立原子中的电子能级，而是晶体中电子的能级）。坐标 $\boldsymbol{r}'$ 代表以该原子为原点的局域坐标系下的矢量 $\boldsymbol{r}'=\boldsymbol{r}-\boldsymbol{r}_{\alpha}$。其中 r' 表示矢量 $\boldsymbol{r}'$ 的长度，$\hat{r}'$ 表示矢量 $\boldsymbol{r}'$ 的方向。Y_l^m 为球谐函数，$A^{\alpha},\boldsymbol{k}+\boldsymbol{K}_{lm}$ 为待定的组合系数。为了确定这个系数，可以利用基函数的连续性条件，即要求 Mufin-tin 球内部的原子轨道和间隙区的平面波在 Muffin-tin 球表面数值上连续。为此可以将平面波用球谐函数展开：

$$\frac{1}{\sqrt{V}}\mathrm{e}^{i(\boldsymbol{k}+\boldsymbol{K})\cdot\boldsymbol{r}}=\frac{4\pi}{\sqrt{V}}\mathrm{e}^{i(\boldsymbol{k}+\boldsymbol{K})\cdot\boldsymbol{r}_{\alpha}}\sum_{lm}i^l j_l(|\boldsymbol{k}+\boldsymbol{K}|\,|\boldsymbol{r}|)Y_l^{m^*}(\boldsymbol{k}+\hat{\boldsymbol{K}})\,Y_l^m(\hat{r})\tag{4.3-14}$$

$j_l(x)$ 是贝塞尔（Bessel）函数。由此得到展开系数：

$$A_{lm}^{\alpha,\boldsymbol{k}+\boldsymbol{K}}=\frac{4\pi i^l\mathrm{e}^{i(\boldsymbol{k}+\boldsymbol{K}).\boldsymbol{r}_{\alpha}}}{\sqrt{V}\mu_l^{\alpha}(R_{\alpha},E)}j_l(|\boldsymbol{k}+\boldsymbol{K}|\,|\boldsymbol{R}_{\alpha}|)Y_l^{m^*}(\boldsymbol{k}+\hat{\boldsymbol{K}})\tag{4.3-15}$$

在确定基组后，晶体波函数便可在此基础上展开，即

$$\varphi_{\boldsymbol{K}}^{\boldsymbol{k}}(\boldsymbol{r})=\sum_{\boldsymbol{K}}c_{\boldsymbol{K}}^{\boldsymbol{k}}\,\varphi_{\boldsymbol{K}}^{\boldsymbol{k}}(r',E)$$

通过求解本征方程就可以确定能量本征值。但 APW 方法一个不便之处在于基函数中含有能量参数 E，这个能量在求解本征方程前是未知的。在实际的计算中，需要采用自洽循环的方法来求解，而这个自洽过程是嵌套在常规的密度泛函自洽循环中的，所以整个 APW 计算需要两重自洽循环，从而使得速度非常慢。

3. 线性缀加平面波

为了克服 APW 方法中基组依赖于 E 的问题，O. K. Andersen 提出了线性化方法，即线性缀加平面波（Linearized Augmented Plane Wave，LAPW）方法，该方法将径向函数 $u_l^{\alpha}(r,E)$ 在某一个合适的能量 E_0 处进行泰勒展开，即

$$\begin{aligned}u_l^{\alpha}(r',E)&=u_l^{\alpha}(r',E_0)+(E_0-E)\frac{\partial u_l^{\alpha}(r',E)}{\partial E}+o\,(E_0-E)^2\\&=u_l^{\alpha}(r',E_0)+(E_0-E)\dot{u}_l^{\alpha}(r',E_0)+o\,(E_0-E)^2\end{aligned}\tag{4.3-16}$$

式中：$\dot{u}$表示 u 对能量的导数；E_0 是一个常数。上述泰勒展开只保留到一阶项，此时计算得到 E_n处的径向波函数后，便可通过线性化条件得到其他能量处的值。但很显然 E 和 E_0 不能相差太大，否则会带来较大的误差。

将式(4.3－16)的前两项代入 APW 的基函数中，便可得到 LAPW 的基组

$$\varphi_{\mathbf{K}}^{\mathbf{k}}(\boldsymbol{r})=\begin{cases}\sum\limits_{lm}A_{lm}^{\alpha,\mathbf{k}+\mathbf{K}}u_l^{\alpha}(r',E_0)+B_{lm}^{\alpha,\mathbf{k}+\mathbf{K}}\dot{u}_l^{\alpha}(r',E_0)Y_l^m(\hat{r}'), & r<R\\ \dfrac{1}{\sqrt{V}}\mathrm{e}^{i(\overrightarrow{k+K})r}, & r\geqslant R\end{cases}\tag{4.3-17}$$

利用 Muffin-tin 球面上基函数连续和导数连续条件，可确定两个系数 $A_{lm}^{\alpha,\mathbf{k}+\mathbf{K}}$和 $B_{lm}^{\alpha,\mathbf{k}+\mathbf{K}}$。在实际计算中，能量 E_0 往往选择在能带中心，以便最大程度地减少线性化的误差。很显然，对于不同的原子(不同的 α)和不同的轨道(不同的 l)，需要选择不同的能带中心，所以实际上 E_0 应该写成 E_l^{α}。把 E_l^{α}代入基组中才得到真正的 LAPW 基函数，即

$$\varphi_{\mathbf{K}}^{\mathbf{k}}(\boldsymbol{r})=\begin{cases}\sum\limits_{lm}[A_{lm}^{\alpha,\mathbf{k}+\mathbf{K}}u_l^{\alpha}(r',E_l^{\alpha})+B_{lm}^{\alpha,\mathbf{k}+\mathbf{K}}\dot{u}_l^{\alpha}(r',E_l^{\alpha})]Y_l^m(\hat{r}'), & r<R\\ \dfrac{1}{\sqrt{V}}\mathrm{e}^{i(k+K)r}, & r\geqslant R\end{cases}\tag{4.3-18}$$

4. LAPW + LO

晶体中的电子可以分为芯电子和价电子两种，芯电子能量远离费米能，波函数全部限制在 Mufin-tin 球内，也不参与化学键。而价电子可以延伸到 Muffin-tin 球外，参与化学反应。但是有时会出现“半芯态”的情况，即不同主量子数，但相同 l 轨道的电子都靠近费米能，如 bcc 铁的 4p 电子靠近费米能，是价电子。但是其 3p 电子也比较靠近费米能，不能当作芯电子，这被称为半芯态。这种情况对 E_l^{α}的选取造成一定的困难。为此，人们又在 LAPW 的基函数基础上增加了局域轨道(Local Orbital，LO) 基函数，这样便可以分别对 3p 和 4p 电子指定不同的能量中心。局域基组定义在特定的原子(α)和轨道(lm)上，且只局限在 Mufin-tin 球内，所以称为局域轨道。局域轨道的形式如下

$$\Phi_{\alpha,\mathrm{LO}}^{lm}(\boldsymbol{r}')=\begin{cases}[A_{lm}^{\alpha,\mathrm{LO}}u_l^{\alpha}(r',E_{1,l}^{\alpha})+B_{lm}^{\alpha,\mathrm{LO}}\dot{u}_l^{\alpha}(r',E_{1,l}^{\alpha})+C_{lm}^{\alpha,\mathrm{LO}}u_l^{\alpha}(r',E_{2,l}^{\alpha})]Y_l^m(\hat{r}') & r<R\\ 0 & r\geqslant R\end{cases}$$

这里 $E_{1,l}^{\alpha}$，和 $E_{2,l}^{\alpha}$，分别可以对应两个相同 l 轨道的能带中心。局域轨道不与平面波连接，所以不依赖于 $\boldsymbol{k}$ 或者 $\boldsymbol{K}$。局域轨道基函数的三个系数 $A_{lm}^{\alpha,\mathrm{LO}}$，$B_{lm}^{\alpha,\mathrm{LO}}$，$C_{lm}^{\alpha,\mathrm{LO}}$可以由局域轨道的归一化条件以及它们在 Mufin-tin 球面上数值和导数都为零这些条件确定。

5. APW + lo

Sjostedt 等证明了 LAPW 方法并不是解决 APW 基组能量依赖问题的最有效方法，事实上可直接对 APW 基组增加另外一种局域轨道(local orbital)(这里的 local orbitals 是小写的，缩写成 lo。而前面 LAPW＋Local Orbitals 中 LO 是大写的，两者不一样)，这被称为 APW＋lo 方法。该方法中，APW 基函数固定在某一个特定的能量 $E_{1,l}^{\alpha}$上：

$$\Phi_{\mathbf{K}}^{k}(\boldsymbol{r}) = \begin{cases} \sum_{lm} A_{lm}^{\alpha,\boldsymbol{k}+\mathbf{K}} u_l^{\alpha}(r',E_{1,l}^{\alpha}) Y_l^m(\hat{r}'), & r < R \\ \frac{1}{\sqrt{V}} e^{i(\vec{k+K})\cdot r}, & r \geqslant R \end{cases} \tag{4.3-19}$$

同时增加额外一个局域轨道

$$\Phi_{\alpha,\mathrm{lo}}^{lm}(\boldsymbol{r}) = \begin{cases} [A_{lm}^{\alpha,\mathrm{lo}} u_l^{\alpha}(r',E_{1,l}^{\alpha}) + B_{lm}^{\alpha,\mathrm{lo}} \dot{u}_l^{\alpha}(r',E_{1,l}^{\alpha})] Y_l^m(\hat{r}'), & r<R \\ 0, & r \geqslant R \end{cases}$$

这里的局域轨道形式上不同于 LAPW+LO 中的局域轨道，相同之处是都定义在 Muffin-tin 球内，其中系数 $A_{lm}^{\alpha,\mathrm{lo}}$，$B_{lm}^{\alpha,\mathrm{lo}}$可以由归一化条件和局域轨道在 Muffin-tin 球面上数值为零这两个条件确定。

测试计算表明，在相同的精度下，APW+lo 方法可以获得与 LAPW 方法一样的计算结果，但是通常可以大大减少基组的数目(最多减少 50%左右)，从而大大缩短计算时间（最多可以缩短一个能量级）。

6. APW+lo+LO

在使用 APW+lo 基组时，也会遇到半芯态的问题，类似 LAPW 方法，这里也可以通过增加局域基组(local orbitals)的方法来解决。但是 APW+lo 的局域基组和 LAPW+LO 的局域基组形式略有不同：

$$\Phi_{\alpha,\mathrm{LO}}^{lm}(\boldsymbol{r}') = \begin{cases} [A_{lm}^{\alpha,\mathrm{LO}} u_l^{\alpha}(r',E_{1,l}^{\alpha}) + C_{lm}^{\alpha,\mathrm{LO}} u_l^{\alpha}(r',E_{2,l}^{\alpha})] Y_l^m(\hat{r}'), & r<R \\ 0, & r \geqslant R \end{cases}$$

这里并没有$\dot{u}_l^{\alpha}$的导数项。系数 $A_{lm}^{\alpha,\mathrm{LO}}$和 $C_{lm}^{\alpha,\mathrm{LO}}$仍然可以通过归一化条件以及波函数在 Muffin-tin 球面数值为零这些条件确定。

缀加波方法，特别是(L)APW+lo 方法是目前能带计算方法中最为有效和精确的方法之一。该方法不使用赝势或者数值原子轨道基组，所以原则上更少依赖经验参数，具有更好的通用性。缀加波方法是全电子和全势的，可以获得真实的波函数和芯电子的能级，这在一些计算领域显得特别重要，如高压计算或者 X 射线吸收谱等。另外，(L)APW+lo 方法公式推导和程序编写都较为复杂，虽然基组数目比平面波少很多，但计算速度往往并不快，在处理真空层时效率也较低。著名的密度泛函理论程序 WIEN2k 就是使用了(L)APW+lo 方法。

4.4 赝势方法

4.4.1 正交化平面波

赝势(Pseudopotential) 方法是密度泛函理论计算中常用的方法。所谓赝势，顾名思义，是一种“假”的有效势，用来替代真实的原子核与电子相互作用势($-1/r$ 的形式)。在介绍平面波基组时可以看到，真实电子波函数在原子核附近具有较大的振荡，必须用非常多的平面波才可以展开，所需平面波的数目远远超出了目前超级计算机的能力范围。而赝势方法的思想是用一个不发散的有效势替代真实势能，形成一个变化比较平缓的赝波函数，再用较少数量的平面波展开来求解能量本征值。

赝势的思想源于正交化平面波（Orthogonalized Plane Wave，OPW）方法。事实上，原子内部的电子波函数可以分为芯态（Core State）和价态（Valence State）。其中芯态被认为基本不受外界环境的影响，不参与成键，在晶体中形成窄带，远离费米能，基本保持孤立原子时的性质。而价态则是原子的外层电子，在原子形成晶体时一般会参与化学键的形成，价态处于费米能附近，决定固体的主要物理化学性质。1940 年，C. Herring 为了克服平面波基组无法有效展开原子核附近波函数的问题，提出了正交化平面波方法。这种方法的核心思想是在平面波的基组上，额外增加一项芯电子的波函数。芯态电子写成原子轨道的布洛赫波的形式：

$$\Psi_c(\boldsymbol{k},\boldsymbol{r})=\frac{1}{\sqrt{N}}\sum_{\boldsymbol{R}_l}\mathrm{e}^{i\boldsymbol{k}\cdot\boldsymbol{R}_l}\,\Phi_c(\boldsymbol{r}-\boldsymbol{R}_l) \tag{4.4-1}$$

式中：$\Phi_c(\boldsymbol{r}-\boldsymbol{R}_l)$是孤立原子芯电子的波函数。假定式(4.4－1)是晶体哈密顿的本征函数，本征值为芯电子的能量 E_c，有

$$\hat{H}\,|\,\Psi_c\rangle=(\hat{T}+\hat{V})\,|\,\Psi_c\rangle=E_c\,|\,\Psi_c\rangle \tag{4.4-2}$$

晶体波函数同时用平面波和芯态波函数展开：

$$|\,\Psi_k\rangle=\sum_{\boldsymbol{K}_h}c_{\boldsymbol{k}+\boldsymbol{K}_h}\,|\,\boldsymbol{k}+\boldsymbol{K}_h+\sum_c\beta_c\,|\,\Psi_c\rangle \tag{4.4-3}$$

式中：$|\,\boldsymbol{k}+\boldsymbol{K}_h=\mathrm{e}^{i(\boldsymbol{k}+\boldsymbol{K}_h)\cdot\boldsymbol{r}}$。式(4.4－3)右边第二个求和是对所有芯态的求和。为了获得芯电子的展开系数β_c，考虑正交化条件：

$$\langle\Psi_c\,|\,\Psi_k\rangle=0$$

得

$$\beta_c=-\sum_{\boldsymbol{K}_h}c_{\boldsymbol{k}+\boldsymbol{K}_h}\langle\Psi_c\,|\,\boldsymbol{k}+\boldsymbol{K}_h\rangle$$

代入方程(4.4－3)得晶体波函数：

$$|\,\Psi_k\rangle=\sum_{\boldsymbol{K}_h}c_{\boldsymbol{k}+\boldsymbol{K}_h}\left[|\,\boldsymbol{k}+\boldsymbol{K}_h\rangle-\sum_c\,|\,\Psi_c\rangle\langle\Psi_c\,|\,\boldsymbol{k}+\boldsymbol{K}_h\rangle\right]=\sum_{\boldsymbol{K}_h}c_{\boldsymbol{k}+\boldsymbol{K}_h}\,|\,\mathrm{OPW}_{\boldsymbol{k}+\boldsymbol{K}_h}\rangle \tag{4.4-4}$$

式中：|OPW＞ 就是正交化后的平面波，即

$$|\,\mathrm{OPW}_{\boldsymbol{k}+\boldsymbol{K}_h}\rangle=|\,\boldsymbol{k}+\boldsymbol{K}_h-\sum_c|\,\Psi_c\rangle\langle\Psi_c\,|\,\boldsymbol{k}+\boldsymbol{K}_h\rangle$$

正交化平面波是常规的平面波减去芯电子的波函数，因为芯电子波函数总是靠近原子核且剧烈振荡，所以正交化平面波在远离原子核处的行为接近常规的平面波，而在原子核附近则会发生剧烈振荡，总体而言正交化平面波非常接近晶体中电子的真实波函数。因此原则上只需要少量的正交化平面波就可以展开晶体的波函数，从而方便求解本征方程。

在 20 世纪 60 年代，OPW 方法已经可以用于求解硅、锗等材料的能带结构。但从现在的角度来看，OPW 方法不够精确，如假设芯电子波函数是晶体哈密顿的本征态[见式(4.4－2)]为一个近似，将引起较大的误差，因此现在基本不用 OPW 方法。

4.4.2 赝势

1959 年，J. C. Philips 和 L. Kleinman 在 OPW 方法基础上提出了最早的赝势概念。把波函数展开式(4.4-4)代入单电子薛定谔方程：

$$\hat{H}|\Psi_c\rangle=(\hat{T}+\hat{V})|\Psi_c\rangle=E(\boldsymbol{k})|\Psi_c\rangle \tag{4.4-5}$$

即

$$\sum_{\boldsymbol{K}_h} c_{\boldsymbol{k}+\boldsymbol{K}_h}(\hat{T}+\hat{V})[|\boldsymbol{k}+\boldsymbol{K}_h\rangle-\sum_c|\Psi_c\rangle\langle\Psi_c|\boldsymbol{k}+\boldsymbol{K}_h\rangle]$$
$$=E(\boldsymbol{k})\sum_{\boldsymbol{K}_h} c_{\boldsymbol{k}+\boldsymbol{K}_h}[|\boldsymbol{k}+\boldsymbol{K}_h\rangle-\sum_c|\Psi_c\rangle\langle\Psi_c|\boldsymbol{k}+\boldsymbol{K}_h\rangle]$$

利用式(4.4-2)，得

$$\sum_{\boldsymbol{K}_h} c_{\boldsymbol{k}+\boldsymbol{K}_h}[\hat{T}+\hat{V}+\sum_c[E(\boldsymbol{k})-E_c]|\Psi_c\rangle\langle\Psi_c|]|\boldsymbol{k}+\boldsymbol{K}_h\rangle$$
$$=E(\boldsymbol{k})\sum_{\boldsymbol{K}_h} c_{\boldsymbol{k}+\boldsymbol{K}_h}[|\boldsymbol{k}+\boldsymbol{K}_h\rangle \tag{4.4-6}$$

这里，不妨定义一个新的势能 $\hat{U}$ 和新的波函数 $|\chi_k\rangle$

$$\left.\begin{aligned}\hat{U}&=\hat{V}+\sum_c[E(\boldsymbol{k})-E_c]|\Psi_c\rangle\langle\Psi_c|\\|\chi_k\rangle&=\sum_{\boldsymbol{K}_h} c_{\boldsymbol{k}+\boldsymbol{K}_h}[|\boldsymbol{k}+\boldsymbol{K}_h\rangle\end{aligned}\right\} \tag{4.4-7}$$

则式(4.4-6)可以写成

$$(\hat{T}+\hat{U})|\chi_k\rangle=E(\boldsymbol{k})|\chi_k\rangle \tag{4.4-8}$$

对比式(4.4-5)和式(4.4-8)，可以发现它们具有相似的形式，其中方程(4.4-5)是真实势能的薛定谔方程，解出真实的波函数和本征值。而式(4.4-8)是在一个有效势能 $\hat{U}$ 下的薛定谔方程，相应的本征波函数为 $|\chi_k$。从有效势能 $\hat{U}$ 的定义[见式(4.4-7)]来看，它的第一项 $\hat{V}$ 是负的真实的吸引势能，而第二项来自正交化手续，因为 $E(\boldsymbol{k})>E_c$，所以它是一个正的排斥势。两者相加，正好可以抵消势能函数 $\hat{V}$ 在原子核附近的发散，从而得到一个比较平坦的有效势能 $\hat{U}$，也被称为赝势。在赝势作用下得到的电子波函数 $|\chi_k$ 也称赝波函数，它比真实波函数更为平缓，所以适合用纯平面波基组展开。从式(4.4-5)和式(4.4-8)可以看到，虽然它们的哈密顿和波函数不同，但两者具有相同的本征值 $E(\boldsymbol{k})$。很多时候，材料计算关心的主要是电子能带结构，而不是波函数本身。因此通过赝势替代真实势能，可以大大减少平面波基组数目，从而方便计算电子能带结构。

赝势[见式(4.4-7)]是从 OPW 出发得到的，这里的芯态波函数是孤立原子芯电子的布洛赫波的形式[见式(4.4-2)]，但实际上它不是晶体哈密顿的本征函数。实际上质势的形式不是唯一的，完全可以从更一般的形式来讨论。仿造 OPW 的思路，可以更一般地构造每一种元素的赝势。例如，可以考虑晶体真实的芯态为 $|\Phi_n$，对应的能量为 E_n，即满足 $\hat{H}|\Phi_n=E_n|\Phi_n$，期望找到一个平滑的赝波函数 $|\chi$ 替代真实的价电子波函数 Ψ。类似 OPW 方法构造波函数

$$|\Psi\rangle = |\chi\rangle + \sum_n a_n |\Phi_n \qquad (4.4-9)$$

但与 OPW 不同，这里Φ_n是真正的晶体芯态波函数。因为价电子和芯电子要正交，所以把式(4.4－9)与芯电子做内积：

$$0 = \langle\Phi_m|\Psi\rangle = \langle\Phi_m|\chi\rangle + \sum_n a_n\langle\Phi_m|\Phi_n\rangle = \langle\Phi_m|\chi\rangle + a_m \qquad (4.4-10)$$

即

$$a_n = -\langle\Phi_n|\chi\rangle$$

把上式代入式(4.4－9)，得

$$|\Psi\rangle = |\chi\rangle - \sum_n \langle\Phi_n|\chi\rangle|\Phi_n \qquad (4.4-11)$$

把该波函数代入薛定谔方程 $\hat{H}|\Psi\rangle = E|\Psi\rangle$，得

$$\hat{H}(|\chi\rangle - \sum_n \langle\Phi_n|\chi\rangle|\Phi_n) = E(|\chi\rangle - \sum_n \langle\Phi_n|\chi\rangle|\Phi_n)$$

$$\hat{T} + \hat{V}|\chi\rangle - \sum_n E_n|\Phi_n\rangle\langle\Phi_n|\chi\rangle = E|x\rangle - \sum_n E|\Phi_n\rangle\langle\Phi_n|\chi\rangle$$

$$\hat{T}|\chi\rangle + \hat{V}|\chi\rangle + \sum_n (E - E_n)|\Phi_n\rangle\langle\Phi_n|\chi = E|\chi\rangle$$

$$(\hat{T} + \hat{V}^{\mathrm{PS}})|\chi\rangle = E|\chi\rangle \qquad (4.4-12)$$

式中：

$$\hat{V}^{\mathrm{PS}} = \hat{V} + \sum_n (E - E_n)|\Phi_n\rangle\langle\Phi_n|$$

就是赝势。

4.4.3 模守恒赝势和超软赝势

赝势方法的形式不是唯一的，早期的赝势一般都依赖于经验参数，通过实验结果来拟合一些参数。而现代的赝势则尽量不用经验参数，即所谓的从头赝势。赝势是用来替代原子核和价电子之间的真实库仑势，所以需要针对每一个元素分别产生相应的赝势。赝势一方面要能够尽量产生平滑的赝波函数，从而降低平面波基组的数目，另一方面也需要考虑迁移性(Transfer Ability)，即当把赝势用于各种不同材料中时，都能得到合理的结果。

目前在密度泛函计算中常用的赝势有模守恒赝势(Norm Conserving Pseudopotential，NCPP)和超软赝势(Ultra Soft Pseudopotential，USPP)两种。

模守恒赝势最早由 D. R. Hamann 等于 1979 年提出，它要满足 4 个条件：①赝势哈密顿的能量本征值要和全电子薛定谔方程求解的能量本征值相同；②赝波函数没有节点；③在一定的截断半径(r_c)($r>r_c$)之外赝波函数和全电子波函数完全相同；④在截断半径之内，赝波函数和全电子波函数的模的积分相等，即电荷数要守恒，这也就是模守恒条件，这样可以保证在截断半径之外的静电势不变。一般来说，还要求赝波函数和真实波函数对数的导数相等，但实际上模守恒条件直接可以保证它们的导数相等，所以不单独列出。

赝势的示意图如图 4.4－1 所示，相比于真实的势能和波函数(虚线)，赝势不会发散(实线)，在赝势下求解得到的波函数也更加平滑，没有节点。在截断半径之外，赝势、赝波函数与真实的势能和波函数都是严格一致的。

模守恒赝势由于有模守恒的限制，使得有些情况下赝波函数并不会太“平滑”。如图4.4－2所示，实线和点画线条分别表示氧2p轨道的全电子波函数和赝势波函数，因为氧的2p轨道本身就没有节点，但因为存在模守恒条件，所以模守恒赝势并不能有效平滑波函数。如果去掉模守恒条件，则有可能进一步软化真实的波函数，如图4.4－2中短画线条所示就是Vanderbilt在1990年提出的超软质势(Uctrasoft Pseudopotential，USPP)。当然由于去掉了模守恒条件，USPP在形式上相对复杂一些，在计算电荷密度时需要进行补偿。目前模守恒赝势和超软赝势都在使用，对于平面波基组而言，使用超软赝势可以降低截断能，计算速度快。但是如果是数值原子轨道基组，则并不需要使用超软赝势，往往还可以使用模守恒赝势。

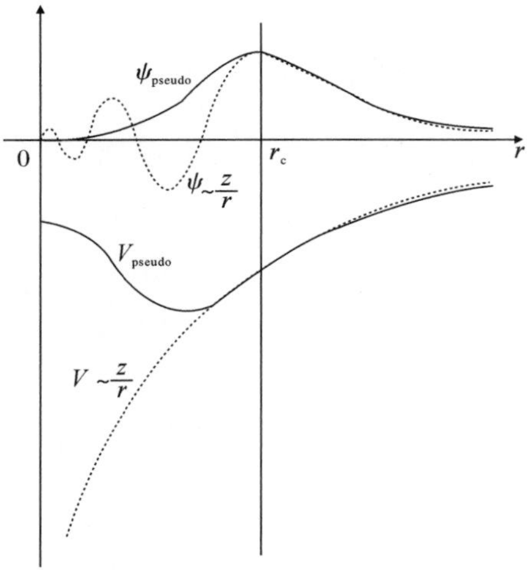

图4.4－1　赝势的示意图

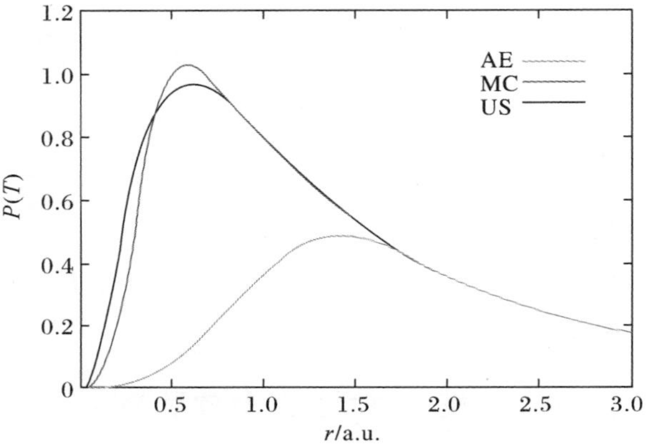

图4.4－2　氧 $2p$ 轨道的模守恒势和超软势的波函数对比

(AE表示全电子结果；NC表示模守恒势结果；US表示超软势结果)

赝势的构造一般包括以下几个过程：①求解单个原子的薛定谔方程，得到全电子波函数；②确定哪些电子作为芯电子，哪些作为价电子；③构造一个赝波函数的数学形式，如可以采用一个多项式，使其满足一些条件，如本征值相同，截断半径外波函数相等，电荷相等，对数和能量导数相等；④反向代入原子薛定谔方程，获得赝势。

赝势的产生往往需要丰富的经验积累，产生的赝势一般需要严格的测试，才能用于实际计算。一个好的赝势应该有较高的计算精度、较低的计算量和良好的可移植性。

4.4.4　PAW方法

赝势平面波和缀加波方法是两大类电子结构计算的有效方法。1994年，P. E. Blöchl提出了另外一种方法，即投影缀加波(Projector Augmented Wave, PAW)方法。这种方法引入一个线性变换的算符，把振荡剧烈的电子波函数变换到一个比较平缓的赝波函数上，直接采用纯平面波基组求解一个变换后的Kohn-Sham方程。

考虑一个变换算符 $\hat{\mathcal{T}}$，可以把赝波函数 $|\widetilde{\Psi}_n$ 变换到真实的全电子的Kohn-Sham单粒子波函数 $|\varphi_n\rangle$，即

$$|\varphi_n\rangle=\hat{\mathcal{T}}+\hat{\mathcal{T}}|\widetilde{\Psi}_n\rangle \tag{4.4-13}$$

而变换后的 Kohn-Sham 方程为

$$\hat{\mathcal{T}}+\hat{H}\hat{\mathcal{T}}|\widetilde{\Psi}_n\rangle=E_n\hat{\mathcal{T}}+\hat{\mathcal{T}}|\widetilde{\Psi}_n\rangle$$

因为赝波函数比较平缓，所以上述 Kohn-Sham 方程的求解完全可以使用纯平面波基组，过程与赝势平面波方法类似。但是 PAW 方法的好处是一旦获得赝波函数，便可以通过式(4.4-13)得到真实的波函数。

与赝势方法类似，赝波函数和真实波函数在一定的截断半径(r_c)之外是完全一致的，所以变换算符主要集中在原子核附近

$$\hat{\mathcal{T}}=1+\sum_a\hat{\mathcal{T}}^a$$

这里 a 是原子指标，$\hat{\mathcal{T}}^a$ 定义在 a 原子的半径 r_c 范围内，在 PAW 方法中称为缀加区域(Augmentation Region)，其实就是 APW 方法中的 Muffin-tin 球内区域，其作用就是在球内把赝波函数变换到真实波函数。把投影算符代入式(4.4-13)得

$$\varphi_n(\boldsymbol{r})=\left(1+\sum_a\hat{\mathcal{T}}^a\right)\widetilde{\Psi}_n(\boldsymbol{r}) \tag{4.4-14}$$

下面引入在缀加区域内的全电子分波函数(All-Electron Partial Wave) $\Phi_i^a(\boldsymbol{r})$和赝分波函数(Pseudo Partial Wave) $\widetilde{\Phi}_i^a(\boldsymbol{r})$。而算符可以实现对它们的转换：

$$\Phi_i^a(\boldsymbol{r})=(1+\hat{\mathcal{T}}^a)\widetilde{\Phi}_i^a(\boldsymbol{r})$$

$$\hat{\mathcal{T}}^a\widetilde{\Phi}_i^a(\boldsymbol{r})=\Phi_i^a(\boldsymbol{r})-\widetilde{\Phi}_i^a(\boldsymbol{r}) \tag{4.4-15}$$

赝分波函数$\widetilde{\Phi}_i^a(\boldsymbol{r})$在 r_c 之外必须与全电子分波函数完全一致，而在 r_c 之内要求变化平坦，且可以构成一组基函数。赝波函数可以写成赝分波函数的线性组合(在缀加区域内)：

$$\widetilde{\Psi}_n(\boldsymbol{r})=\sum_i C_{ni}^a\widetilde{\Phi}_i^a(\boldsymbol{r}) \tag{4.4-16}$$

在此选择一个投影函数(Projector Function)，它和分波函数正交，$\langle\hat{p}_i^a|\widetilde{\Phi}_i^a=\delta_{ij}$，所以

$$C_{ni}^a=\langle\hat{p}_i^a|\widetilde{\Psi}_n\rangle \tag{4.4-17}$$

根据式(4.4-14)～式(4.4-17)，得

$$\begin{aligned}\Psi_n(\boldsymbol{r})&=\widetilde{\Psi}_n(\boldsymbol{r})+\sum_a\hat{\mathcal{T}}^a\sum_i C_{ni}^a\widetilde{\Phi}_i^a(\boldsymbol{r})\\&=\widetilde{\Psi}_n(\boldsymbol{r})+\sum\nolimits_a\sum\nolimits_i\hat{\mathcal{T}}^a\widetilde{\Phi}_i^a(\boldsymbol{r})C_{ni}^a\\&=\widetilde{\Psi}_n(\boldsymbol{r})+\sum_a\sum_i[\Phi_i^a(\boldsymbol{r})-\widetilde{\Phi}_i^a(\boldsymbol{r})]\langle\hat{p}_i^a|\widetilde{\Psi}_n\rangle\end{aligned} \tag{4.4-18}$$

这就是 PAW 方法中真实波函数和赝波函数之间的关系。一旦通过求解得到赝波函数 $\widetilde{\varphi}_n(\boldsymbol{r})$，再结合全电子分波函数$\Phi_i^a(\boldsymbol{r})$、赝分波函数$\widetilde{\Phi}_i^a(\boldsymbol{r})$以及投影函数$\hat{p}_i^a$，就可以得到真实的波函数中$\Psi_n(\boldsymbol{r})$。实际上由式(4.4-18)可知，式(4.4-13)中的投影算符$\hat{\mathcal{T}}$可以写成

$$\hat{\mathcal{T}}=1+\sum_i[\Phi_i^a(\boldsymbol{r})\rangle-\widetilde{\Phi}_i^a(\boldsymbol{r})\rangle]\langle\hat{p}_i^a|$$

为了更好地理解式(4.4－18)的含义，定义新的全电子波函数：

$$\Psi_n^a(\boldsymbol{r})=\sum_i\langle\hat{p}_i^a\mid\widetilde{\Psi}_n\rangle\Phi_i^a(\boldsymbol{r})$$

这里是对所有的全电子分波函数的求和，所以$\Psi_n^a(\boldsymbol{r})$可以看成是原子a的缀加区域内的全电子 Kohn-Sham 波函数，它具有剧烈的振荡。类似地也可以定义新的赝波函数

$$\widetilde{\Psi}_n^a(\boldsymbol{r})=\sum_i\langle\hat{p}_i^a\mid\widetilde{\Psi}_n\rangle\widetilde{\Phi}_i^a(\boldsymbol{r})$$

这里是对缀加区域内的赝分波函数的求和。所以式(4.4－18)可以写成

$$\Psi_n(\boldsymbol{r})=\widetilde{\Psi}_n(\boldsymbol{r})+\sum_a\Psi_n^a(\boldsymbol{r})-\sum_a\widetilde{\Psi}_n^a(\boldsymbol{r})$$

这个公式表明实际的全电子 Kohn-Sham 波函数可以分成整体变换平缓的赝波函数加上每个原子核附近缀加区域内的变化剧烈的全电子波函数，再减去每个原子核附近缀加区域内的变化平缓的赝波函数。

PAW 方法提出后已经在多个程序中实现，如 CP-PAW，Abinit 和 VASP 等。PAW 方法在形式上与赝势方法类似，所以 VASP 程序中可以同时支持超软赝势和 PAW 方法计算。一些对比计算表明大部分情况下两种方法的计算结果接近，但是在一些情况下，如计算磁性能量，PAW 方法比超软赝势具有更高的精度，基本与全电子计算(LAPW 方法)一致。

4.5 交换关联势

基于密度泛函理论的 Kohn-Sham 方程，其核心思想是把多粒子的相互作用归结到交换关联能 E_{xc}这一项中。这里，交换能的概念原则上在 Hartree-Fock 方程中已有明确表达式，但是其中的积分比较复杂，计算量较大。而关联能的形式甚至是未知的，对于比较简单的均匀电子气，维格纳已经尝试写出了关联能关于电子密度的函数形式，见式(4.2－2)，但并没有类似交换能那样更加准确的表达式。因此，实际上我们通常只考虑交换能和关联能两者的加和，把它们作为一项来统一处理。此时，自由电子气仍然是一个合理的出发点。

局域密度近似 (Local Density Approximation，LDA)是最早提出用来处理交换关联势的一种方法，最早的思想在 Thomas-Fermi-Dirac 理论中已经体现。局域密度近似认为交换关联项只与局域的电荷密度有关，局域密度近似虽然简单，却取得了出人意料的成功，事实上对于大部分材料都可以得到合理的结果。

如果考虑到电荷分布的不均匀性，特别是在一些局域电子的系统中，需要引入电荷密度的梯度(即不均匀的程度)，即广义梯度近似(Generalized Gradient Approximation，GGA)。

交换关联能量泛函最简单且最早提出来的近似是局域密度近似，它假设非均匀电子气的电子密度改变是缓慢的，在任何一个小体积元内的电子密度，可以近似看作均匀的无相互作用的电子气，交换关联能为

$$E_{xc}^{LDA}=\int\rho(\boldsymbol{r})\in_{xc}[\rho(\boldsymbol{r})]d\boldsymbol{r}$$

式中：$\in_{xc}[\rho(\boldsymbol{r})]$是密度为$\rho$的均匀电子气的交换关联能密度。由此相应的交换关联势写成

$$V_{xc}^{LDA}\rho(\boldsymbol{r})=\frac{\delta E_{xc}^{LDA}}{\delta_\rho}=\in_{xc}[\rho(\boldsymbol{r})]+\rho(\boldsymbol{r})\frac{\delta\in_{xc}[\rho(\boldsymbol{r})]}{\delta_\rho}$$

如果知道$\in[\rho(\boldsymbol{r})]$的具体形式，就可以得到交换关联能和交换关联势。目前最常用的方案是 Ceperley 和 Alder 等基于量子蒙特卡罗方法，通过精确的数值计算拟合得到的形式

$$\begin{aligned}\in_{xc}[\rho(\boldsymbol{r})]&=\in_x+\in_c\\&=-\frac{0.9164}{r_s}\begin{cases}-0.2846/(1+1.0529\sqrt{r_s}+0.3334r_s) & (r_s\geqslant 1)\\-0.096+0.0622\ln r_s-0.00232r_s+0.004r_s\ln r_s & (r_s<1)\end{cases}\end{aligned}\qquad(4.5-1)$$

式中：$r_s=(3/4\pi\rho)^{1/3}=1.919k_F$，且 $k_F=(3\pi^2\rho)^{1/3}$。一般我们称之为 CA 形式的 LDA，事实上还有其他人提出的形式，但最常用的就是 CA-LDA。

LDA 的出发点是认为电子密度改变比较缓慢，在典型的金属中的确是这样的。事实上，LDA 在很多实际系统(如具有共价键的半导体材料)中都可以得到合理的结果。但是，LDA 通常会高估结合能及低估键长和晶格常数，而对于绝缘体或者半导体，LDA 总是会严重低估它们的能隙(可以达到 50%左右)。

考虑到空间电子密度的不均匀性，一个自然的改进就是把这种不均匀性也加入交换关联势中，考虑其电子密度的梯度，这就是所谓的广义梯度近似。具有如下的形式：

$$E_{xc}^{GGA}=\int\rho(\boldsymbol{r})\in_{xc}[\rho(\boldsymbol{r}),|\nabla\rho(\boldsymbol{r})|]\mathrm{d}\boldsymbol{r}$$

GGA 构造的形式更为多种多样，主要包括 PW91 和 PBE 等。总体来说，GGA 在有的方面比 LDA 有所改善，但 GGA 并不总是好于 LDA，如 GGA 通常会高估晶格常数，而且 GGA 同样也有严重低估能隙的问题。

在 GGA 基础上发展起来的 meta-GGA 包含密度的高阶梯度，如 PKZB 泛函就在 GGA-PBE 基础上包含占据轨道的动能密度信息，而 TPSS 则是在 PKZB 泛函基础上提出的一种不依赖于经验参数的 meta-GGA 泛函。除了 LDA，GGA 之外，还有一类称为杂化泛函的交换关联势，它采用杂化的方法，将 Hartree-Fock 形式的交换泛函包含到密度泛函的交换关联项中，即

$$E_{xc}=c_1E_x^{HF}+c_2E_{xc}^{DFT}$$

其中前一项就是 Hartree-Fock 形式的交换作用，后一项代表 LDA 或者 GGA 的交换泛函。例如，PBE0 杂化泛函包括 25%的严格交换能、75%的 PBE 交能和全部的 PBE 关联能，即

$$E_{xc}^{PBE0}=0.25E_x+0.75E_x^{PBE}+E_c^{PBE}$$

再例如 HSE 杂化泛函具有如下的形式

$$E_{xc}^{HSE}=0.25E_x^{SR}(\mu)+0.75E_x^{PBE,SR}(\mu)+E_x^{PBE,LR}(\mu)+E_c^{PBE}$$

一般认为，至少在能量、能隙计算方面，杂化泛函可以得到比常规交换关联势更好的结果，但是杂化泛函计算量非常大。在一些高精度的计算中，特别是对一些能隙大小敏感的物理量的计算中，最好使用杂化泛函计算来验证计算结果。

总体来说，交换关联势仍然处于不断的发展中，到现在还有不少文章提出新的泛函形式。泛函的发展包含越来越多的信息，同时也变得越来越精确。例如，在 2015 年，Sun，Ruzsinszky 和 Perdew 等提出了一种新的 meta-GGA 泛函- SCAN (Strongly Constrained and Appropriately Normed)泛函。该泛函在固体各种性质的计算中会比 LDA 和 GGA 有很大的改进，几乎达到了杂化泛函的程度，但计算量却远小于杂化泛函。

习　题

1. 针对多电子体系，通常利用平均场近似转化为单粒子问题，查阅文献，了解其他解决量子多体问题的计算方法。

2. 阅读 Kohn W 和 Pople J A 教授 1998 年诺贝尔获奖致词的经典论文，比较、分析密度泛函理论与量子化学方法的异同。

3. 通过互联网调查流行的计算软件主要有哪些优缺点以及其适用领域。

4. Abinit 或 PWscf 为开源软件包，参考相关文档分析其程序结构，理解计算流程。

5. 阅读《固体能带理论》(谢希德，复旦大学出版社，2007)，说明赝势平面波法采用了哪些近似处理。

6. 阐述第一布里渊区、不可约布里渊区以及布里渊区空间积分方法。

7. LDA 近似虽比较简单，但在很多应用场合取得巨大成功，GGA 近似在某些场合与实验符合得更好。请查阅相关文献了解 LDA 近似与 GGA 近似各擅长于何种体系。

8. 通常对实际材料进行计算研究时，需要先优化晶体结构和原子位置坐标，以找到稳定的体系结构。阐述其计算流程。

9. 利用 LSDA 和 GGA 近似方法计算 Si 和 ZnO 单胞的能带结构，比较两种近似方法对于半导体禁带宽度的影响，并与实验结果对比，确定适合这两种半导体材料计算的近似方法。

参考文献

[1]周健，梁奇锋. 第一性原理材料计算基础[M]. 北京：科学出版社，2019.

[2] 江建军，缪灵，梁培，等. 计算材料学：设计实践方法[M]. 北京：高等教育出版社，2010.

[3] DAVIDS S，JANICEA S. 密度泛函理论[M]. 李健，周勇，译. 北京：国防工业出版社，2014.

[4] FELICIANO G. Materials modelling using density functional theory[M]. Oxford：Oxford University Press，2014.

第 5 章　量子化学计算基础

量子化学计算是利用量子力学基本原理，对多电子原子、分子体系的能量、电子结构、与电子结构有关的性质及化学反应进行的计算。在前面的章节已经介绍过，薛定谔方程能被精确求解的体系很少，绝大多数的体系只能求近似解。早期的量子化学计算仅限于原子、双原子分子、高对称的分子等可进行手工解析求解的体系。随着量子化学计算方法的发展和计算机技术在计算中的应用，现在量子化学计算已广泛用于具有实用意义的真实分子的计算。利用绝热近似将多电子原子和分子体系的原子核和电子的运动分开考虑；对多电子原子和分子中电子系统的计算，主要采用 Hartree-Fock 自洽场近似法、密度泛函理论和半经验方法。这一章将对多电子原子的自洽场计算和分子轨道理论框架下的从头计算法进行介绍。

5.1　多电子原子的自洽场计算

5.1.1　哈特里-福克自洽场法

氢的确切波函数是已知的，对氦和锂，很准确的波函数是用在变分函数中包含着电子之间的距离来计算的。对更高原子序数的原子，得到一个好的波函数的最佳方法是首先用哈特里-福克(Hartree- Fork)步骤计算近似的波函数，而本节将概述哈特里-福克步骤。哈特里-福克法是在多电子体系中利用原子和分子轨道的基础。

首先写出原子的哈密顿算符。假定原子核是无限重的点，对 n 电子原子，有

$$\hat{H}=-\frac{\hbar^2}{2m}\sum_{i=1}^{n}\nabla_i^2-\sum_{i=1}^{n}\frac{Ze^2}{r_i}+\sum_{i=1}^{n}\sum_{j>i}\frac{e^2}{r_{ij}} \tag{5.1-1}$$

式(5.1-1)中第一个求和包含了 n 个电子的动能算符；第二个求和是电子与电荷为 Z（对中性原子 $Z=n$）的核的吸引势能；最后一个求和是电子间排斥的势能-限制 $j>i$ 以避免相同的电子间排斥计算两次，以及避免 e^2/r_{ii} 项。因为有电子间排斥项 e^2/r_{ij}，原子的薛定谔方程是不能分离的。我们可以忽略它们的排斥而得到一个零级波函数。于是薛定谔方程分离成 n 个单电子类氢的方程式。零级波函数就是 n 个类氢(单电子) 轨道的乘积

$$\Psi^{(0)}=f_1(r_1,\theta_1,\varphi_1)f_2(r_2,\theta_2,\varphi_2)\cdots f_n(r_n,\theta_n,\varphi_n) \tag{5.1-2}$$

这里类氢轨道是

$$f=R_{nl}(r)Y_l^m(\theta,\varphi) \tag{5.1-3}$$

对原子的基态，按泡利不相容原理，每个最低轨道中填充两个自旋相反的电子，这样产生了

基态组态。虽然近似的波函数(5.1-2)是定性地有用,然而它严重地缺少定量的准确性。举个例说明,所有的轨道用完全的核电荷 Z,回顾对氦和锂的变分处理,我们知道对不同的轨道,考虑到电子的屏蔽,用不同的有效原子序数能得到一个较好的近似。有效原子序数的应用得出相当大的改进,但离一个准确的波函数仍相差很远。下一步是用式的 5(5.1-2)一样形式的变分函数,但不限于用类氢或任何其他特别形式的轨道。于是取

$$\varphi = g_1(r_1,\theta_1,\varphi_1)g_2(r_2,\theta_2,\varphi_2)\cdots g_n(r_n,\theta_n,\varphi_n) \tag{5.1-4}$$

试图决定g_1,g_2,…,g_n函数,它们使变分积分$\int\varphi * \hat{H}\varphi \mathrm{d}v/\int\varphi * \varphi \mathrm{d}v$ 成极小。我们的任务比以前的变分计算困难得多,在以前的变分计算里,猜想一个包含一些参数的尝试函数,然后再变更参数。这里,必须变更函数g_i。求出最可能的函数g_i 以后,式(5.1-4)依然仅是一个近似的波函数。多电子薛定谔方程是不能分离的,所以真实波函数不能写成 n 个单电子函数的乘积。

求式(5.1-4)形式的最可能的近似波函数对多电子原子来说,是一项艰难的计算工作。把事情稍微简化一下,我们用径向因子和球谐函数的乘积来近似最可能的轨道:

$$g_i = h_i(r_i)Y_{l_i}^{m_i}(\theta_i,\varphi_i) \tag{5.1-5}$$

计算这些g_i 的步骤是哈特利在 1928 年引入的,叫作哈特利自洽场(Self Consistent Field,SCF)法。哈特利得到 SCF 步骤是基于直观的物理的理由;1930 年斯雷特和福克证明了哈特利步骤给出式(5.1-4)形式的最可能的变分函数。

哈特利的步骤如下。首先猜测一个波函数的乘积

$$\varphi_0 = s_1(r_1,\theta_1,\varphi_1)s_2(r_2,\theta_2,\varphi_2)\cdots s_n(r_n,\theta_n,\varphi_n) \tag{5.1-6}$$

式中:每个 s_i 是归一化的 r 函数乘以一个球谐函数。对φ_0 的一个合理猜想是具有效原子序数的类氢轨道的乘积。对函数(5.1-6),电子 i 的概率密度是$|s_i|^2$。我们现在把注意力集中在电子 1,而把电子 2,3,…,n 看成是弥散开形成一个稳定的电荷分布,电子 1 在其中运动;这样我们把电子 1 与其他电子的瞬时相互作用作了平均。两个点电荷 q_1 和 q_2 之间的作用势能 $V_{12} = q_1q_2/T_{12}$。我们现在取 q_2 并把它弥散成一连续的电荷分布,这样 ρ_2 就是电荷密度,即单位体积的电荷。在无限小体积 $\mathrm{d}v_2$ 中的无限小的电荷是 $\rho_2\mathrm{d}v_2$,对 q_1 与无限小电荷元之间的作用求和,有

$$V_{12} = q_1\int\frac{\rho_2}{r_{12}}\mathrm{d}\,v_2 \tag{5.1-7}$$

对电子 2(带电荷$-$e),假设的电荷云的电荷密度是 $\rho_2 = -\mathrm{e}|S_2|^2$。所以

$$V_{12} = \mathrm{e}^2\int\frac{|s_2|^2}{r_{12}}\mathrm{d}v_2 \tag{5.1-8}$$

把电子 1 与其他电子的作用加起来,有

$$V_{12}+V_{13}+\cdots+V_{1n} = \sum_{j=2}^{n}\mathrm{e}^2\int\frac{|s_j|^2}{r_{1j}}\mathrm{d}v_j \tag{5.1-9}$$

于是电子 1 和其他电子以及原子核作用的势能是

$$V(r_1,\theta_1,\varphi_1) = \sum\nolimits_{j=2}^{n}\mathrm{e}^2\int\frac{|s_j|^2}{r_{1j}}\mathrm{d}v_j - \frac{Z\mathrm{e}^2}{r_1} \tag{5.1-10}$$

除假定波函数是单电子轨道的乘积外,现在我们再作进一步的近似。假定作用于原子中一个电子上的有效电势可以适当地近似为仅是 r 的函数。这个中心场近似可以证明是一

般地准确。所以 $V(r_1,\theta_1,\varphi_1)$ 对角度的平均得到一个仅依赖于 r_1 的势能

$$V(r_1)=\frac{\int_0^{2\pi}\int_0^{\pi}V(r_1,\theta_1,\varphi_1)\sin\theta_1\,\mathrm{d}\,\theta_1\,\mathrm{d}\,\varphi_1}{\int_0^{2\pi}\int_0^{\pi}\sin\theta\mathrm{d}\theta\mathrm{d}\varphi} \tag{5.1-11}$$

现在用 $V(r_1)$ 作为单电子薛定谔方程中的势能，有

$$\left[-\frac{\hbar^2}{2m}\nabla_1^2+V(r_1)\right]t_1(1)=\varepsilon_1 t_1(1) \tag{5.1-12}$$

解出 $t_1(1)$，它将是电子 1 改进过的轨道。在式(5.1-12)中，ε_1 是在此近似阶段电子 1 的轨道能量。因为式(5.1-12)中势能是球形对称的，$t_1(1)$ 中的角度因子是一个含有量子数 l_l 和 m_1 的球谐函数。$t_1(1)$ 中的径向因子 $R(r_1)$ 是一维薛定谔方程的解。我们得到一组解 $R(r_1)$，它们在边界点（$r=0$ 和 $+\infty$）内结点的个数是 k，k 由在最低能量时为零开始，每增高一个能级增多一个节。现在定义量子数 n 为 $n=l+1+k$，$k=0,1,2,\cdots$。于是我们有 1s，2s，2p 等轨道（轨道能量 ε 随 n 而增加），正与类氢原子一样，并且内部径向结点数 $(n-l-1)$ 也与类氢原子中的一样。然而由于 $V(r_1)$ 不是简单的库仑势能，因此径向因子 $R(r_1)$ 不是类氢函数。从这一组解 $R(r_1)$ 中，我们取对应于正在改进的一个轨道。例如，若电子 1 是 Be$1s^2 2s^2$ 组态中的 1s 电子，则 $V(r_1)$ 由猜想的一个 1s 电子和两个 2s 电子的轨道来计算，并用 $k=0$ 的径向解式(5.1-12)去求一个改进的 1s 轨道。

现在讨论电子 2，把它看成是运动于有如下密度的电荷云中：

$$-\mathrm{e}[|t_1(1)|^2+|s_3(3)|^2+|s_4(4)|^2+\cdots+|s_n(n)|^2]$$

此电荷云由其他电子产生。计算一个有效的势能 $V(r_2)$ 并解电子 2 的单电子薛定谔方程以得到改进的轨道 $t_2(2)$。继续这个过程直到对所有 n 个电子有一组改进的轨道。然后我们再回到电子 1 重复这个过程。继续计算改进的轨道直到从一次迭代到下一次不再有进一步的改进为止。最后一组轨道给出哈特利自洽场波函数。

在 SCF 近似中我们如何得到原子的能量？简单地取电子轨道能量的加和，$\varepsilon_1+\varepsilon_2+\cdots+\varepsilon_n$，似乎是自然的，有些教科书就给出了这样的表示式，这是错误的。在计算轨道能量 ε_1 时，我们解的是象式(5.1-12)那样的单电子薛定谔方程。式(5.1-12)中的势能以平均的方式包含了电子 1 和 2，1 和 3，…，1 和 n 之间的排斥。当解 ε_2 时，我们解的是势能包含电子 2 和 1，2 和 3，…，2 和 n 之间排斥的薛定谔方程。如果取 $\sum\varepsilon_i$，我们将每对电子间的排斥计算了两次。要得到原子的总能量，必须取

$$E=\sum_{i=1}^{n}\varepsilon_i-\sum_{i=1}^{n}\sum_{j>i}\iint\frac{\mathrm{e}^2\,|g_i(i)|^2\,|g_j(j)|^2}{r_{ij}}\mathrm{d}v_i\mathrm{d}v_j$$

$$E=\sum_{i=1}^{n}\varepsilon_i-\sum_{i=1}^{n}\sum_{j>i}J_{ij} \tag{5.1-13}$$

式中：从轨道能量之和中减去了电子的平均排斥能，而且用了 J_{ij} 符号表示库仑积分。

属于一定主量子数 n 的一组轨道组成一个壳层。$n=1,2,3,\cdots$，壳层分别是 K，L，M，…。属于一给定 n 和给定 l 的轨道组成的一个支壳层。考虑电子在一充满的支壳层中其哈特利概率密度之和。用式(5.1-5)，有

$$2\sum_{m=-l}^{l}|h_{n,l}(r)|^2\,|Y_l^m(\theta,\varphi)|^2=2\,|h_{n,l}(r)|^2\sum_{m=-l}^{l}|Y_l^m(\theta,\varphi)|^2 \tag{5.1-14}$$

式中:因子 2 来自每个轨道中的电子对。式(5.1-14)右端的求和等于$(2l+1)/4\pi$,这是球谐函数加法定理的一个结果。所以概率密度之和是$[(2l+1)/2\pi]|h_{n,1}(r)|^2$,与角度无关。一个闭支壳层给出一个球形对称的概率密度,这个结果叫作 Unsold 定理。对于半充满支壳层,去掉(5.1-14)中的因子 2,也得到一个球形对称的概率密度。

细心的读者可能认识到,在简单的哈特里乘积波函数[见式(5.1-4)]中有个基本的错误。虽然我们已注意到自旋和泡利原理,放入每个空间轨道中的电子不多于两个,然而,任何真实波函数的近似应当明显地包括自旋,并且交换两个电子应当是反对称的。所以,代替空间轨道,我们必须用自旋-轨道,并且必须取自旋-轨道乘积的反对称的线性组合。这是 1930 年福克(和斯雷特)指出的,反对称化自旋-轨道的 SCF 计算叫作哈特里-福克计算。我们曾看到自旋-轨道的斯雷特行列式提供了合适的对称性。例如,对锂基态进行哈特利-福克计算,从对 1s 和 2s 轨道猜想的函数开始,然后进行 SCF 迭代的过程直到 f 和 g 没有进一步的改进为止;这给出了锂基态的哈特里-福克波函数。求哈特里-福克轨道的微分方程具有象式(5.1-12)一样的一般形式,即

$$\hat{H}_i^{\text{eff}} f_i = \varepsilon_i f_i, i=1,2,\cdots,n \tag{5.1-15}$$

式中:f_i 是电子 i 的自旋-轨道;算符 $\hat{H}_i^{\text{eff}}$ 是电子 i 的有效哈特里-福克哈密顿算符;本征值ε_i 是电子 i 的轨道能量。然而,有效哈特里-福克哈密顿算符与式(5.1-12)中方括号项给出的有效哈特里哈密顿算符相比较,有额外的项。原子的总能量的哈特利福克表示式中除了有式(5.1-13)中出现的库仑积分以外,还包括交换积分 K_{ij}。

哈特里-福克是做数字计算的,所得轨道是以表的形式给出各个 r 值的径向函数值。1951 年罗汤(Roothaan)建议把哈特里-福克轨道表示成已知函数(称基函数)完备集的线性组合。于是对于锂,把哈特里-福克的空间轨道写成

$$f = \sum_i b_i \chi_i, \qquad g = \sum_i c_i \chi_i$$

式中:χ_i 是某个完备函数集;b 和 c 是展开系数,由 SCF 迭代步骤决定。由于 X_i 形成一个完备集,因此这些展开是正确的。

5.1.2 原子中电子态的描述

原子中单电子波函数$\varphi_i(q_i)$包括描述电子空间运动的空间波函数$\varphi_i(r_i)$和自旋波函数$\eta_i(\gamma_i)$,即

$$\varphi_i(q_i) = \Phi_i(r_i)\eta_i(m_i) = \begin{cases} \Phi_i(r_i)\alpha, \text{自旋向上} \\ \Phi_i(r_i)\beta, \text{自旋向下} \end{cases} \tag{5.1-16}$$

原子中单电子波函数$\varphi_i(q_i)$称为自旋轨道。描述原子中单电子空间运动状态的波函数$\varphi_i(r_i)$称为原子轨道。

电子在中心势场的作用下运动,原子轨道具有径向函数与球谐函数乘积的形式

$$\Phi_i(r_i) = R_{nl}(r) Y_l^m(\theta, \varphi) \tag{5.1-17}$$

式中:径向函数 $R_{nl}(r)$通常取一种较简单的解析形式

$$R_{nl} = (2\xi)^{n+\frac{1}{2}}[(2n)!]^{-\frac{1}{2}} r^{n-1} e^{-\xi r} \tag{5.1-18}$$

式(5.1-18)表示的函数被称为 Slater 函数或 Slater 型轨道(Slater Type Orbital,STO),

ξ 称为轨道指数，可以调节。STO 的径向函数实际上是适当的拉盖尔多项式的主项。

像类氢原子离子一样，自旋轨道用主量子数 n、角量子数 l、磁量子数 m_l 和自旋量子数 m_s 来共同标志。在中心力场近似下，自旋轨道的能量只取决于量子数 n 和 l，而与 m_l 和 m_s 无关，因此，自旋轨道的简并度为 $2(2l+1)$。

由 (nl) 决定的一组自旋轨道称为 (nl) 亚层。每一亚层内的原子轨道（每一轨道相当于两个自旋轨道）称为等价轨道，例如 $n=2$，$l=1$ 的 2p 亚层共有 $2(2l+1)=6$ 个自旋轨道，2p 亚层有三个等价轨道。根据泡利原理，每一自旋轨道上只能容纳一个电子，所以，nl 亚层可以容纳 $2(2l+1)$ 个电子。

n 相同的各亚层总称为壳层，$n=1,2,3,\cdots$ 的壳层，依次称为 K，L，M，N，O，…层。原子中电子在原子轨道上的填充遵循泡利原理，即每个原子轨道上最多填充两个自旋相反的电子。

用电子在各个亚层中的分布来标志中心力场近似下原子的电子结构，称为原子的电子组态。每个亚层都被充满［填有 $2(2l+1)$ 个电子］的组态，称为闭壳层组态，如 $1s^2$，$1s^2 2s^2$，$1s^2 2s^2 2p^6$。含有未充满亚壳层的组态称为开壳层组态，如 $1s^2 2s^2$，$1s^2 2s^2 2p^2$。

多电子原子的总电子波函数 Φ 是由电子自旋轨道构成的 Slater 行列式，如碳原子的电子组态为 $1s^2 2s^2 2p^2$，其电子排布方式有 15 种，若电子排布方式是 $(1s\alpha)(1s\beta)(2s\alpha)(2s\beta)(2p_1\alpha)(2p_1\beta)$，相应的 Slater 行列式为

$$\Phi=\frac{1}{\sqrt{6!}}\begin{vmatrix} \phi_{1s}(1) & \alpha(1) & \phi_{1s}(1) & \alpha(1) & \cdots & \phi_{2p}(1) & \beta(1) \\ \phi_{1s}(2) & \alpha(2) & \phi_{1s}(2) & \alpha(2) & \cdots & \phi_{2p}(2) & \beta(2) \\ & & \vdots & \vdots & \vdots & & \\ \phi_{1s}(6) & \alpha(6) & \phi_{1s}(6) & \alpha(6) & \cdots & \phi_{2p}(6) & \beta(6) \end{vmatrix}$$

$$=|\phi_{1s}\alpha\,\phi_{1s}\beta\,\phi_{2s}\alpha\,\phi_{2s}\beta\,\phi_{2p_1}\alpha\,\phi_{2p_1}\beta| \tag{5.1-19}$$

在 Slater 行列式中电子自旋轨道表达式的括号内，数字 1，2，…，6 分别表示第 1，2，…，6 个电子，第二个等号后给出了该行列式的简写形式。量子化学计算中常用数字标识电子坐标，例如：$\phi_{1s}(6)\alpha(6)=\phi_{1s}(r_6)\alpha(m_{s6})$。

5.1.3　闭壳层组态的 Hartree-Fock 方程

具有闭壳层组态的原子中，自旋态为 α 态的电子（α 电子）和自旋态为 β 态的电子（β 电子）数相等。这类原子的电子排列方式只有一种，因此，电子系统的行列式波函数只有一个。若具有闭壳层组态的原子含有 N 个电子，则 α 电子和 β 电子的数目均为 $\frac{N}{2}$，其行列式波函数为

$$\Phi=|\phi_1\alpha\,\phi_2\alpha\cdots\phi_{\frac{N}{2}}\alpha\,\phi_{\frac{N}{2}+1}\beta\cdots\phi_N\beta| \tag{5.1-20}$$

把系统的总能量表达成原子轨道的泛函，在保持原子轨道正交归一的条件下变分求极值，按照变分原理推导过程进行推导，可得到闭壳层组态原子的 Hartree-Fock 方程，即

$$\hat{F}_i\,\phi_i=\varepsilon_i\,\phi_i\,(i=1,2,\cdots,N) \tag{5.1-21}$$

式中：$\hat{F}_i$ 称为单电子 Fock 算符；ϕ_i 为原子轨道；ε_i 是可用 Koopmans 定理解释的单电子能。Fock 算符定义如下：

$$\hat{F}_i(1) = \hat{h}(1) + \sum_{j=1}^{N}[\hat{J}_j(1) - \hat{K}_j(1)] \tag{5.1-22}$$

由于 Fock 算符作用到所有的原子轨道上都有同样的表达式，一般用数字来标识和区分电子的坐标。在式(5.1-22)中，$\hat{h}(1)$为单电子算符，包括单个电子的动能和核的吸引势能；$\hat{J}_j(1)$为库仑算符，$\hat{K}_j(1)$为交换算符，$\hat{J}_j(1)$和$\hat{K}_j(1)$都是双电子算符，这些算符定义如下：

$$\hat{h}(1) = -\frac{1}{2}\nabla_1^2 - \frac{Z}{r_1} \tag{5.1-23}$$

$$J\ \nabla_j^2(1)\ \phi_i(1) = [\int d\tau_2\ \phi_j^*(2)\ \frac{1}{r_{12}}\ \phi_j(2)]\ \phi_i(1) \tag{5.1-24}$$

$$K(1)\ \phi_i(1) = [\delta(m_{s_i}, m_{s_j})\int d\tau_2\ \phi_j^*(2)\ \frac{1}{r_{12}}\ \phi_i(2)]\ \phi_j(1) \tag{5.1-25}$$

$$\frac{1}{r_{12}} = \frac{1}{|r_1 - r_2|} \tag{5.1-26}$$

闭壳层组态的 Fock 算符 $\hat{F}_i(1) = \hat{F}_{\frac{N}{2}+i}(1)$，则$\phi_i(1) = \phi_{\frac{N}{2}+i}$，这表明一个原子轨道可容纳自旋方向相反的两个电子。

由式 Fock 近似可知，系统能量的期待值 E 等于系统哈密顿算符在 Slater 行列式上的平均值$\bar{H}$。闭壳层组态系统中电子的总能量 E 是单电子算符对应的能量$\sum\hat{H}_{ii}$、电子库仑能$\sum\limits_{i<j}J_{ij}$和电子交换能$-\sum\limits_{i<j}K_{ij}$之和

$$E = \sum_{i=1}^{N} H_{ii} + \frac{1}{2}\sum_{i=1}^{N}\sum_{j=1}^{N}(J_{ij} - K_{ij}) \tag{5.1-27}$$

式中

$$H_{ii} = \int d\tau_1\ \phi_i^*(1)\hat{h}(1)\phi_i(1) \tag{5.1-28}$$

$$J_{ij} = \iint d\tau_1 d\tau_2\,\phi_i^*(1)\ \phi_j^*(2)\ \frac{1}{r_{12}}\ \phi_i(1)\ \phi_j(2) \tag{5.1-29}$$

$$K_{ij} = \delta(m_{s_i}, m_{s_j})\iint d\tau_1 d\tau_2\ \phi_i^*(1)\ \phi_j^*(2)\ \frac{1}{r_{12}}\ \phi_i(2)\ \phi_j(1) \tag{5.1-30}$$

其中，J_{ij}和K_{ij}分别为库仑积分和交换积分。对于多电子原子系统，原子轨道的坐标原点是共同的，所以，库仑积分、交换积分以及 Fock 算符中的积分均为单中心积分。

5.1.4 开壳层组态的 Hartree-Fock 方法

具有开壳层组态的原子中，自旋态为 α 态的电子和自旋态为 β 态的电子数目不等。一般情况下，一个开壳层组态有几种电子排布方式，其波函数是几个 Slater 行列式的线性组合；只有在特殊情况下，波函数才是单个 Slater 行列式。为了叙述简单，假定波函数可以取为单个 Slater 行列式。若具有开壳层组态的原子中含有 N 个电子，P 个 α 电子，$N-P$ 个 β 电子，其行列式波函数为

$$\Phi = |\phi_1\alpha\,\phi_2\alpha\cdots\phi_P\alpha\ \phi_{P+1}\beta\cdots\phi_N\beta| \tag{5.1-31}$$

对开壳层组态问题，用 Hartree-Fock 自洽场方法求解有两种方法：一种方法不要求一个原子轨道容纳两个自旋方向相反的电子，即 $P\neq N-P$，得到的 Hartree-Fock 方程在形式

上与闭壳层组态的 Hartree-Fock 方程[见式(5.1-21)]一致，但 α 电子与 β 电子的 Fock 算符不同，导致 $\phi_i \neq \phi_{P+i}$，即 α 电子与 β 电子占据不同的原子轨道，这种现象称为自旋极化，这种对能量变分函数不加限制的方法称为自旋非限制的 Hartree-Fock 方法(SUHF 或 UHF)；另一种方法对电子的自旋或/和轨道对称性等加以限制，对能量变分函数加上这些限制的方法称为限制的 Hartree-Fock 方法(RHF)。例如，为了保证波函数是 $\hat{S}^2$，$\hat{S}_z$ 的本征函数，规定一个原子轨道上可以容纳两个自旋方向相反的电子，即强令 $\phi_i = \phi_{P+i}$，这一限制称为自旋等价限制；若单电子态是 n 重简并的，规定这 n 个原子轨道满足一定的对称性变换要求，这一限制称为对称性等价限制。

UHF 方法的主要优点：①保持 Hartree-Fock 方法的简单性，与闭壳层组态的 Hartree-Fock 方法的区别仅在于 $\phi_i \neq \phi_{P+i}$；②可计算体系的自旋密度，即空间任一点 α 电子密度 ρ_α 与 β 电子密度 ρ_β 之差($\rho_\alpha - \rho_\beta$)，计算结果与实验值相符。若令 $\phi_i = \phi_{P+i}$，计算得到的自旋密度与实验值不符，所以，对与自旋密度相关的问题进行计算时，经常使用 UHF 方法。

UHF 方法也存在一定的缺点。它的 Fock 算符不具有体系完全的对称性，从而它的解不具有正确的对称性。精确波函数一定满足对称性的要求。使用 RHF 方法可以得到满足对称性要求的近似波函数，但该波函数对应的能量值不一定最接近真实值，在计算时应加以考虑。

人们提出过多种处理开壳层组态的 UHF 方法，现在最流行的是 Roothaan 提出的方法，将原子轨道分为两组，一组满足自旋等价限制，构成一个闭壳层子空间；另一组满足对称性等价限制，构成一个开壳层子空间。有关这种方法的详细介绍请参阅相关文献。

5.2　分子轨道理论

5.2.1　概述

分子作为一个多粒子体系，从量子力学的角度上看，分子与原子体系无区别，所以，处理原子问题的许多方法，如波函数交换反对称、泡利原理、单电子近似、自洽场近似方法和 Hartree-Fock 方程等，对分子同样成立。但分子与原子也有明显的区别，主要区别有以下两点：

(1)分子的运动形式更复杂。一个分子中有两个或两个以上的原子核和多个电子，分子体系的运动包括分子整体的平动和转动、分子内部各原子核之间的相对运动(振动)、电子在各原子核势场和电子间相互排斥作用下的运动以及这几种运动形式间的相互耦合等。利用 Born-Oppenheimer 近似，可将原子核的运动与电子的运动分开。在无外场作用的情况下，分子中电子系统的哈密顿算符为

$$\hat{H} = -\frac{1}{2}\sum_i \nabla_i^2 - \sum_{i=1}\sum_s \frac{Z_s}{r_{is}} + \frac{1}{2}\sum_{i,j}{}' \frac{1}{|r_i - r_j|} \tag{5.2-1}$$

式(5.2-1)右边第一项是电子的动能，第二项是分子中原子核对电子的吸引作用，第三项是电子之间的静电排斥作用，因为磁相互作用比电子间的静电排斥作用小得多，所以忽略了磁相互作用项。

(2)分子中电子所处的势场不具有球形对称性，只具有点群对称性。分子不能像原子一样用 n,l,m_l,m_s，四个量子数标志电子状态，而要用分子所属点群的不可约表示符号来标志。对分子电子结构的计算主要有三种理论：分子轨道理论(MO)、价键理论(VB)和密度泛函理论(DFT)。价键理论和分子轨道理论几乎是在相同的时间(20 世纪 20 年代)发展起来的，由于价键理论不合适对大分子进行计算，因此分子轨道理论在电子结构理论中，占据了统治地位，被广泛使用，但在处理某些类型的问题时使用价键理论比使用分子轨道理论更合适，特别是处理的问题涉及断键、成键的过程。前面已经对密度泛函理论的基本内容作了较详细的介绍，使用密度泛函理论对分子的电子结构进行计算时，单电子态即为分子自旋轨道，分子轨道理论中所有构建分子轨道的方法均可在密度泛函计算中使用。因此，本节只对分子轨道理论进行介绍。

在分子轨道理论中，对于分子体系电子态的计算采用单电子近似，即假定每个电子都在包括各原子核势和其他电子平均作用势的等效势场中独立运动，其运动状态用单电子波函数描述，这种单电子波函数是采用等效势场的单电子薛定谔方程的解。考虑到电子自旋，单电子波函数 φ_i 可写成依赖于电子坐标的空间函数 $\varphi i(r)$ 和依赖于电子自旋的自旋函数的乘积，自旋函数用 a,β 来表示，即

$$\varphi_i=\begin{cases}\Psi_i(r)\alpha,\text{自旋向上}\\ \Psi_i(r)\beta,\text{自旋向下}\end{cases} \tag{5.2-2}$$

分子的单电子波函数 φ_i 也称为自旋轨道；单电子波函数中依赖于电子坐标的空间函数 $\varphi_i(r)$ 称为分子轨道，分子轨道描述电子密度的空间分布。假定单个电子所处的等效势场具有分子骨架的对称性，则分子轨道是构成相应点群的不可约表示的基，用 (λ, t) 标志分子轨道，指明它属于 λ 不可约表示的第 i 行基。若属于某个不可约表示的分子轨道有多组，则另加一个数字 n 来区别。根据泡利不相容原理，一个空间轨道可容纳两个自旋方向的电子(α 态，β 态)，每个电子态还要用一个自旋量子数 m_s 来表示。这样，分子中每个单电子态也用四个量子数 n,λ,t,m，来标志，如 CH_4，分子的对称性属于 T_d 群，可以有 $1a_1\alpha$，$1a_1\beta$，$2a_1\alpha$，$2a_1\beta$，$1t_{2x}\alpha$，$1t_{2x}\beta$，$1t_{2y}\alpha$，$1t_{2y}\beta$，$1t_{2z}\alpha$，$1t_{az}\beta$ 等电子态。

作为不可约表示的同一组基的单电子态是简并的，构成分子电子结构的亚层。例如 CH_4 中分子轨道 la_1 是 T_d 群中不可约表示 A_1 的第一组基，$1a_1\alpha$ 与 $1a_2\beta$ 是简并态，构成 CH_4 分子的 $1a_1$ 亚层；$2a_1$ 是不可约表示 A_1 的第二组基，对应的单电子态构成 $2a_1$ 亚层；$1t_{2x}$，$1t_{2y}$，$1t_{2z}$ 分别是 T_d 群中不可约表示 T_2 的第 x,y,z 行基，对应的单电子态构成 $1t_2$ 亚层。分子中电子在各个亚层中的分布称为分子的电子组态。作为零级近似，分子的电子结构可以用电子组态来描述。例如，CH_4 分子(T_d 群)的基态电子组态为

$$(1a_1)^2(2a_1)^2(1t_2)^6$$

O_2 分子($D_{\infty A}$ 群)的基态电子组态为

$$(1\sigma_g)^2(1\sigma_m)^2(2\sigma_m)^2(3\sigma_g)^2(1\pi_m)^4(1\pi_g)^2$$

把每个亚层都充满的电子组态称为闭壳层组态，如 CH_4 的基态。把含有未充满亚层的电子组态称为开壳层组态，如 O_2 的基态。根据分子的电子组态，可以写出分子的零级近似波函数——由电子占据的分子轨道构成的 Slater 行列式，如 CH_4 分子基态的 Slater 行列式波函数为

$1a_1\alpha \quad 1a_1\beta \quad 2a_1\alpha \quad 2a_1\beta \quad 1t_{2x}\alpha \quad 1t_{2y}\alpha \quad 1t_{2y}\alpha \quad 1t_{2x}\alpha \quad 1t_{2x}\beta$

求分子轨道的方法与求原子轨道的方法类似，就是把系统的总能量表达成分子轨道的泛函，在保持分子轨道正交归一的条件下变分求极值，导出分子体系的单电子方程(Hartree-Fock 方程)，解这个 Hartree-Fock 方程，得到分子轨道函数和轨道能量。第一节中关于 Hartree-Fock 方法的论述同样适用于分子体系。

由于分子不具有球形对称性，除了双原子分子可以用解析法求解以外，其他的分子不能用解析方法求解。为了解决计算上的困难，把分子轨道按某个选定的完全基函数集合$\{\phi_u\}$展开，即

$$\Psi_i = \sum_{\mu} c_{\mu i}\, \phi_\mu \tag{5.2-3}$$

这个完全基函数集合$\{\phi_u\}$称为基组。选取适当的基组，可以用有限项展开式按一定精确度要求逼近精确的分子轨道。这样，对分子轨道的变分就转化为对式(5.2-3)中展开系数的变分，Hartree-Fock 方程由一组关于分子轨道的非线性的积分微分方程转化为一组数目有限的关于基组函数的代数方程——Hartree-Fock-Roothaan 方程(HFR 方程)。这组方程仍然是非线性方程，只能用迭代法求解，但比微分方程的求解容易得多。通常把 Hartree-Fock 方程的精确波函数解称为 Hartree-Fock 轨道，而把在选定有限基组的条件下满足 HFR 方程的波函数称为自洽场分子轨道。目前，除了极简单的分子，分子的精确 Hartree-Fock 轨道是得不到的。由于自洽场轨道是用有限项来近似 HartreeFock 轨道，通常把精确度足够高的自洽场轨道称为近似 Hartree-Fock 轨道。

基组的选择是任意的，总的原则是“提高效率”，即要求基函数的数目尽可能的小，而精确度尽可能高。人们最早是将基组选为分子组分原子的轨道集合。将分子轨道表示成原子轨道线性组合的方法，称为原子轨道线性组合-分子轨道法(LCAO-MO 方法)。用 LCAO 方法能够只用很小的基组就把分子轨道的特征表达出来，这是别的基组做不到的。另外，LCAO 方法还能把分子的性质和原子的性质联系起来，对寻找化学现象的规律性十分有利。但原子形成分子时电荷分布变化较大，特别是价电子层，所以，基组不一定要选精确原子轨道的集合，也可以选择其他形式的基组。

利用分子轨道理论对分子的电子结构进行计算的方法分两类：从头计算(Ab Inito)方法和半经验(Semi-Empirical)方法。从头计算方法和半经验方法所解的单电子方程(HFR 方程)是一样的，从头计算方法只要求输人光速、普朗克常数、基本粒子质量等物理常数，对 HFR 方程中的全部积分进行计算，不忽略哈密顿算符的任何一项，计算量很大；而半经验方法对分子轨道的计算进行了近似，不同程度地忽略哈密顿算符中的一些项，并用实验数据来确定 HFR 方程中的一些积分值，与从头计算方法相比计算量小。因此，这两种方法没有本质的区别。早期的量子化学计算多采用半经验方法，由于计算机技术的发展，从头计算方法已被广泛使用，但半经验方法仍在使用。有关分子轨道近似计算中使用的半经验方法，请参阅相关文献。

与多电子原子类似，分子的电子组态决定分子体系的总电子波函数(Slater 行列式)。若电子组态为闭壳层组态，每个分子轨道上有两个自旋方向相反的电子，没有未成对电子，即 α 电子与 β 电子的数目相等且具有两组相同的能级，总电子波函数唯一。若电子组态为

开壳层组态，有一个或多个未成对电子，即 α 电子与 β 电子的数目不相等，总电子波函数不唯一。下面分别对闭壳层组态分子和开壳层组态分子的计算进行介绍。

5.2.2 闭壳层组态的 Hartree-Fock-Roothaan 方程

现在考虑一个具有闭壳层电子组态的分子体系，设分子有 M 个原子核和 N 个电子，这 N 个电子分布于一组分子轨道$\{\Psi_i\}$$(i=1,2,\cdots,N/2)$之中，则总电子波函数为

$$\Psi_0=|\Psi_1\alpha\,\Psi_1\beta\cdots\Psi_{\frac{N}{2}}\alpha\,\Psi_{\frac{N}{2}}\beta| \tag{5.2-4}$$

分子中电子系统的哈密顿算符[式(5.2-1)]可写成

$$\hat{H}=\sum_i\hat{h}(i)+\frac{1}{2}\sum_{i,j}{}'\hat{g}_{ij} \tag{5.2-5}$$

式中：$\hat{h}(i)$是单电子算符，即

$$\hat{h}(i)=-\frac{1}{2}\nabla_i^2-\sum_s\frac{Z_s}{|r_i-R_s|} \tag{5.2-6}$$

$\hat{g}_{ij}$是双电子算符，即

$$\hat{g}_{ij}=\frac{1}{r_{ij}}=\frac{1}{|r_i-r_j|} \tag{5.2-7}$$

把分子轨道Ψ_i 用基函数$\{\Psi_i\}$$(\mu=1,2,\cdots,K)$的线性组合来表示，见式(5.2-3)，一般取实基函数。利用变分原理，得到闭壳层组态的 HFR 方程为

$$\boldsymbol{FC}=\boldsymbol{SCE} \tag{5.2-8}$$

HFR 方程是一个矩阵方程，是 Hartree-Fock 方程在基组函数空间的矩阵表示，K 个基函数组合出 K 个分子轨道，则 HFR 方程中所有矩阵均为 $K\times K$ 矩阵，矩阵 $\boldsymbol{F}$ 称为 Fock 矩阵。

闭壳层系统的 Fock 矩阵元 $F_{\mu\nu}$ 为

$$F_{\mu\nu}=H_{\mu\nu}+\sum_{\lambda=1}^{K}\sum_{\sigma=1}^{K}P_{\lambda\sigma}[(\mu\nu\mid\lambda\sigma)-\frac{1}{2}(\mu\sigma\mid\lambda\nu)] \tag{5.2-9}$$

式中

$$H_{\mu\nu}=\int d\tau_1\phi_\mu^*(1)\hat{h}(1)\phi_\nu(1)=\int d\tau_1\phi_\mu^*(1)[-\frac{1}{2}\nabla_1^2-\sum_s\frac{Z_s}{|r_1-R_s|}]\phi_\nu(1) \tag{5.2-10}$$

$$P_{\lambda\sigma}=2\sum_{j=1}^{N/2}c_{\lambda j}^*c_{\sigma j} \tag{5.2-11}$$

矩阵 $\boldsymbol{P}=[P_{\lambda\sigma}]$是一个 $K\times K$ 的矩阵，称为闭壳层组态的密度矩阵。$(\mu v|\lambda\sigma)$和$(\mu\sigma|\lambda v)$是量子化学计算中常用的一种表示，是双电子积分的缩写形式，电子 1 和电子 2 的波函数分别写在括号内竖线的左边和右边，即

$$(\mu v\mid\lambda\sigma)=\iint d\tau_1 d\tau_2\phi_\mu^*(1)\phi_\nu^*(1)\frac{1}{r_{12}}\phi_\lambda(2)\phi_\sigma(2) \tag{5.2-12}$$

$$(\mu\sigma\mid\lambda v)=\iint d\tau_1 d\tau_2\phi_\mu^*(1)\phi_\sigma^*(1)\frac{1}{r_{12}}\phi_\lambda(2)\phi_\nu(2) \tag{5.2-13}$$

矩阵 $\boldsymbol{S}=[S_{\mu\nu}]$称为重叠矩阵，重叠矩阵元 $S_{\mu\nu}$是基函数φ_μ与φ_v的重叠积分，即

$$S_{\mu\nu}=\int d\tau_1\phi_\mu^*(1)\phi_\nu(1) \tag{5.2-14}$$

矩阵 $\boldsymbol{C}$ 是本征矢(分子轨道系数)矩阵，即

$$\boldsymbol{C}=\begin{bmatrix} c_{11} & c_{12} & \cdots & c_{1K} \\ c_{21} & c_{22} & \cdots & c_{2K} \\ \vdots & \vdots & & \vdots \\ c_{K1} & c_{K2} & \cdots & c_{KK} \end{bmatrix} \tag{5.2-15}$$

矩阵 $\boldsymbol{E}$ 是个对角矩阵，其对角元是分子轨道的能量ε_i，即

$$\boldsymbol{E}=\begin{bmatrix} \varepsilon_1 & 0 & \cdots & 0 \\ 0 & \varepsilon_2 & \cdots & 0 \\ \vdots & \vdots & & \vdots \\ 0 & 0 & \cdots & \varepsilon_K \end{bmatrix} \tag{5.2-16}$$

分子体系中电子的总能量为

$$E=\frac{1}{2}\sum_{\mu=1}^{K}\sum_{\nu=1}^{K}P_{\mu\nu}(H_{\mu\nu}+F_{\mu\nu}) \tag{5.2-17}$$

在 r 处的电子密度可用密度矩阵来表示，即

$$\rho(r)=\sum_{\mu=1}^{K}\sum_{\nu=1}^{K}P_{\mu\nu}\,\phi_{\mu}(r)\,\phi_{\nu}(r) \tag{5.2-18}$$

5.2.3　开壳层电子组态的 Hartree-Fock-Roothaan 方程

与处理多电子原子问题类似，对具有开壳层组态的分子也可采取自旋限制或自旋非限制方法，从而发展成自旋限制的 Hartree - Fock 理论(RHF)和自旋非限制的 Hartree - Fock 理论(UHF)。设一个具有开壳层电子组态的分子体系中有 M 个原子核和 N 个电子，且每个分子轨道Ψ_i 可用Ψ_i 个基函数(一般取实基函数)$\{\Psi_i\}$的线性组合式来表示，见式(5.2-3)。

在 RHF 理论中，部分电子轨道被两个电子占据，部分分子轨道只被一个电子占据，即分子中有 $2p$ 个电子填充在 p 个闭壳层轨道$\{\Psi_i\}(i=1,2,\cdots,p)$中，有 $N-2p$ 个电子填充在开壳层轨道$\{\Psi_j\}(j=p+1,\cdots,p+q)$中，填充于闭壳层轨道的 α 电子与 β 电子具有相同的空间轨道函数。前面讨论的闭壳层组态的 HFR 方法相当于 RHF 理论的一个极端情况。利用变分法可得到自旋限制的 HFR 方程，这里不作详细介绍，请读者参阅文献。

在 UHF 理论中，对分子中电子自旋没有任何限制，设分子中有 p 个 α 电子和 $N-p$ 个 β 电子($p>N/2$)，则总电子波函数为

$$\boldsymbol{\Psi}=|\boldsymbol{\Psi}_1\alpha\,\boldsymbol{\Psi}_2\alpha\cdots\boldsymbol{\Psi}_p\alpha\,\boldsymbol{\Psi}_{p+1}\beta\cdots\boldsymbol{\Psi}_N\beta| \tag{5.2-19}$$

用将分子轨道用基函数展开，有

$$\boldsymbol{\Psi}_i=\sum_{\mu=1}^{K}c_{\mu i}^{\alpha}\,\phi_{\mu}\,(i=1,2,\cdots,p) \tag{5.2-20}$$

$$\boldsymbol{\Psi}_i=\sum_{\mu=1}^{K}c_{\mu i}^{\beta}\,\phi_{\mu}\,(i=p+1,\cdots,N) \tag{5.2-21}$$

利用变分法，得到非限制的 HFR 方程，即

$$\boldsymbol{F}^{\alpha}\boldsymbol{C}^{\alpha}=\boldsymbol{S}\boldsymbol{C}^{\alpha}\boldsymbol{E} \tag{5.2-22}$$

$$\boldsymbol{F}^{\beta}\boldsymbol{C}^{\beta}=\boldsymbol{S}\boldsymbol{C}^{\beta}\boldsymbol{E} \tag{5.2-23}$$

这里涉及两个 Fock 矩阵，分别对应于 α 电子和 β 电子，相应的 Fock 矩阵元为

$$F^{\alpha}_{\mu\nu} = H_{\mu\nu} + \sum_{\lambda=1}^{K}\sum_{\sigma=1}^{K}[P_{\lambda\sigma}(\mu\nu \mid \lambda\sigma) - P^{\alpha}_{\lambda\sigma}(\mu\sigma \mid \lambda\nu)] \tag{5.2-24}$$

$$F^{\beta}_{\mu\nu} = H_{\mu\nu} + \sum_{\lambda=1}^{K}\sum_{\sigma=1}^{K}[P_{\lambda\sigma}(\mu\nu \mid \lambda\sigma) - P^{\beta}_{\lambda\sigma}(\mu\sigma \mid \lambda\nu)] \tag{5.2-25}$$

式中

$$P^{\alpha}_{\lambda\sigma} = \sum_{i=1}^{\alpha_{occ}} c^{\alpha}_{\lambda i} c^{\alpha}_{\sigma i}, P^{\beta}_{\lambda\sigma} = \sum_{i=1}^{\beta_{occ}} c^{\beta}_{\lambda i} c^{\beta}_{\sigma i} \tag{5.2-26}$$

$$P_{\lambda\sigma} = P^{\alpha}_{\lambda\sigma} + P^{\beta}_{\lambda\sigma} \tag{5.2-27}$$

α_{occ} 和 β_{occ} 分别是 α 自旋电子和 β 自旋电子占据的分子轨道。在 UHF 理论中，定义了两个密度矩阵 $\boldsymbol{P}^{\alpha}=[P^{\alpha}_{\lambda\sigma}]$ 和 $\boldsymbol{P}^{\beta}=[P^{\beta}_{\lambda\sigma}]$，分别对应于 α 自旋电子和 β 自旋电子，总密度矩阵是二者之和，即 $\boldsymbol{P}=\boldsymbol{P}^{\alpha}+\boldsymbol{P}^{\beta}$

在闭壳层组态的分子中，电子的自旋分布是零，因为电子都是相反自旋态配对的。在开壳层组态的分子中，α 电子与 β 电子的数目不同，类似于电子密度，由式(5.2-28)定义过剩的电子自旋为自旋密度。

$$\rho^{\text{spin}}(r) = \rho^{\alpha}(r) - \rho^{\beta}(r) = \sum_{\mu=1}^{K}\sum_{\nu=1}^{K}(P^{\alpha}_{\mu\nu} - P^{\beta}_{\mu\nu})\varphi_{\mu}(r)\varphi_{\nu}(r) \tag{5.2-28}$$

在闭壳层组态分子中，α 电子与 β 电子占据一组相同分子轨道。在开壳层组态的 UHF 理论中，α 电子与 β 电子分别占据两组不同的分子轨道（自旋极化），因此，UHF 方法具有普遍性，而 RHF 方法只是 UHF 方法的一种特殊情况。图 5.2-1 显示了 RHF 和 UHF 方法的概念性差别。在处理涉及电子自旋密度、分子解离的问题时，采用 UHF 方法才能得到与实验相符的计算结果。

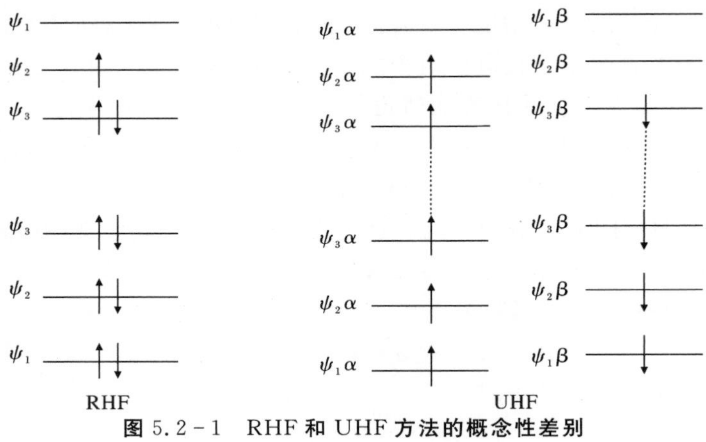

图 5.2-1 RHF **和** UHF **方法的概念性差别**

5.3 分子轨道从头计算法

5.3.1 基组的选择

Hartree-Fock-Roothaan 方程需要用自洽迭代法求解，即用自洽场近似法求解。求解 HFR 方程首先要选取基组，基组是分子轨道的一种数学表达的基函数集合，可以解释为将分子中的电子限制在特定的空间区域，基组的选择对自洽场计算的结果至关重要，如果基组选择不当，无论用什么方法进行计算，结果都不会好。理论上，任何完全函数集合都可以选为基组，大基组加在电子上的限制较少，能较精确地近似为真实的分子轨道，但计算量较大。在量子化学计算的实际应用中，选择基组的准则是“效率”，即要求基组小、计算量小、结果尽可能好。这些要求常常不能同时满足，只能根据实际需要做折衷处理。通常选择的基组函数有三种类型：类氢离子型轨道、Slater 型轨道和 Gauss 型轨道。

1.类氢离子型轨道基组

历史上最早使用的基组是分子中组分原子的近似原子轨道集合，即原子轨道的线性组合构成分子轨道(LCAO-MO)，所用的近似原子轨道就是类氢离子轨道：

$$\phi_{\min}=N_{nl}\,e^{-Zr/n}L_{n+l}^{2l+1}\left(\frac{2Zr}{n}\right)Y_{lm}(\theta,\varphi)$$

由于类氢离子轨道函数的径向部分是含有 r 的多项式，解 HFR 方程时积分部分的计算量很大，现在已很少使用这种类型的函数作为基函数，而最常用的基函数是 Slater 函数和 Gauss 函数。

2.Slater 型轨道函数(STO)基组

Slater 函数最早是由 Slater 提出来的，取类氢离子轨道函数中 r 的最高次项，坐标原点取在原子中心处。Slater 型轨道函数：

$$\phi_{\mathrm{mln}}=\sqrt{\frac{(2\xi)^{2n+1}}{(2n)!}}\,r^{a-1}e^{-c}Y_{\mathrm{lim}}(\theta,\varphi)$$

式中：n,l,m 取整数，变化范围与原子轨道的三个量子数一致，即 $l\geqslant0,n\geqslant l+1,-l\leqslant m\leqslant l$；$\zeta$ 是与 n,l 有关的参数，称为轨道指数，即

$$\zeta=\frac{Z-\sigma}{n^*} \tag{5.3-1}$$

式中：Z 是原子的核电荷数；σ 是电子屏蔽常数；n^* 是有效主量子数。

最初，ζ 是按经验规则(Slater 规则)确定的；后来，有人用 STO 基组对原子进行自洽场计算，根据使原子总能最低的原则选择 ζ，求出了所有元素的电子占据轨道的 ζ。原则上，当 STO 用于分子计算时，ζ 应重新优选(即选取 ζ，使分子总能量最低)，但这样做计算量太大而计算结果没有显著改善，所以，在一般计算中不做这种优选。

在分子计算中，通常选用实基函数。用直角坐标表示的常见实 Slater 型基函数列于表 5.3-1 中。常用的 STO 基组有以下几种。

(1)最小基组。组成分子的原子中，每个被填充的原子轨道用一个 STO 表示，以这些 STO 函数为基函数而形成的基组称为最小基组。实际应用中，最小基组常常包括原子中被填充壳层的全部原子轨道，例如，碳原子的最小基组是 1s(5.672 7)，2s(1.608 3)，$2p_z$(1.210 7)，$2p_x$(1.210 7)，$2p_y$(1.210 7)(括号内的数字是 ζ 值)。

(2)双 ζ 基组。每个原子轨道用 ζ 值不同的两个同类型 STO 表示，以这些 STO 函数为基函数而形成的基组称为双 ζ 基组，即

$$\phi_{nl}(r)=\phi_{nl}^{\mathrm{STO}}(r,\zeta_1)+d\,\phi_{nl}^{\mathrm{STO}}(r,\zeta_2) \tag{5.3-2}$$

式中：d 是常数。

双 ζ 基组比最小基组大一倍，例如，碳原子的双 ζ 基组是 1s(7.483 1)，1s(5.111 7)，2s(1.836 6)，2s'(1.163 5)，$2p_z$(2.723 8)，$2p_x$(2.723 8)，$2p_y$(2.723 8)，$2p'_z$(1.254 9)，$2p'_x$(1.254 9)，$2p'_y$(1.254 9)。

表 5.3-1　用直角坐标表示的 Slater 函数

n	l	m	标　记	函　数
1	0	0	1s	$(\zeta^3/\pi)^{1/2}\exp(-\zeta r)$
2	0	0	2s	$(\zeta^5/3\pi)^{1/2} r \exp(-\zeta r)$
2	1	0	$2p_z$	$(\zeta^5/\pi)^{1/2} z \exp(-\zeta r)$
2	1	±1	$2p_x$	$(\zeta^5/\pi)^{1/2} x \exp(-\zeta r)$
2	1	±1	$2p_y$	$(\zeta^5/\pi)^{1/2} y \exp(-\zeta r)$
3	0	0	3s	$(2\zeta^7/45\pi)^{1/2} r^2 \exp(-\zeta r)$
3	1	0	$3p_z$	$(2\zeta^7/15\pi)^{1/2} zr \exp(-\zeta r)$
3	1	±1	$3p_x$	$(2\zeta^7/15\pi)^{1/2} xr \exp(-\zeta r)$
3	1	±1	$3p_y$	$(2\zeta^7/15\pi)^{1/2} yr \exp(-\zeta r)$
3	2	0	$3d_z{}^2$	$(\zeta^7/18\pi)^{1/2}(3z^2-r^2)\exp(-\zeta r)$
3	2	±1	d_{xz}	$(2\zeta^7/3\pi)^{1/2} xz \exp(-\zeta r)$
3	2	±1	$3d_{yz}$	$(2\zeta^7/3\pi)^{1/2} yz \exp(-\zeta r)$
3	2	±2	$3d_{x^2-y^2}$	$(2\zeta^7/3\pi)^{1/2}\dfrac{(x^2-y^2)}{2}\exp(-\zeta r)$
3	2	±2	$3d_{xy}$	$(2\zeta^7/3\pi)^{1/2} xy \exp(-\zeta r)$
4	3	0	$4f_z{}^2$	$(\zeta^9/180\pi)^{1/2} z(5z^2-r^2)\exp(-\zeta r)$
4	3	±1	$4f_{xz}{}^2$	$(\zeta^9/120\pi)^{1/2} x(5z^2-r^2)\exp(-\zeta r)$
4	3	±1	$4f_{yz}{}^2$	$(\zeta^9/120\pi)^{1/2} y(5z^2-r^2)exp(-\zeta r)$
4	3	±2	$4f(_{x}{}^2{}_{-y}{}^2)_z$	$(\zeta^9/3\pi)^{1/2}\dfrac{(x^2-y^2)z}{2}\exp(-\zeta r)$
4	3	±2	$4f_{xyz}$	$(\zeta^9/3\pi)^{1/2} xyz \exp(-\zeta r)$
4	3	±3	$4f_x{}^3$	$(\zeta^9/72)^{1/2} y(y^2-3x^2)\exp(-\zeta r)$
4	3	±3	$4f_y{}^3$	$(\zeta^9/72)^{1/2} x(x^2-3y^2)\exp(-\zeta r)$

(3)扩展基组。任何大于双 ζ 基组的基组称为扩展基组。如用 3 个 STO 表示原子轨道的 3ζ 基组和用 4 个 STO 表示原子轨道的 4ζ 基组。扩展基组中最重要的是加入“极化函数”的基组。考虑到原子在形成分子时电荷分布发生了变化，即出现了极化，在基组中加入比价电子层角量子数大 1 或 1 以上的 STO 函数作为极化函数。例如，第二周期元素的极化函数是 5 个 3d 轨道。

使用最小基组能使分子轨道与组分原子的原子轨道有清晰的联系，对于定性讨论分子中原子间成键很方便，并能满意地预测分子的几何构型和给出相似分子的某些性质的正确相对值和变化趋势，但一般不能得出具有定量意义的结果。如果使用大基组，分子的自洽场计算结果会得到改善，但计算量将显著增加。经验表明，双 ζ 基组加极化函数构成的扩展基组可以得到相当接近 Hartree Fock 极限的结构。

当 $r\to 0$ 和 $r\to+\infty$ 时，STO 基函数具有正确波函数的渐近行为，这是 STO 基组的重要优点。对于双原子分子和线型分子，由于有较简便的方法，计算分子积分使用 STO 基组的较多。然而，使用 STO 基组时计算三中心和四中心分子积分很困难，例如，ϕ_u，ϕ_v，ϕ_λ，ϕ_σ 是不同原子的原子轨道时积分 $(\mu v|\lambda\sigma)$ 的计算，所以，对非线型分子的严格自洽场计算（即从头计算）很少直接用 STO 基组，一般用 Gauss 函数来拟合 STO 函数，即采用 Gauss 型轨道函数基组。

3. Gauss 型轨道函数（GTO）基组

Gauss 函数是 Boys 首先提出的，其形式为

$$\chi_{nlm}=R_{nl}(\alpha,r)Y_{lm}(\theta,\varphi) \tag{5.3-3}$$

式中：

$$R_{nl}(\alpha,r)=N_n(\alpha)r^{n-1}e^{-\alpha r^2} \tag{5.3-4}$$

式中：$N_n(\alpha)$ 是归一化常数，即

$$N_n(\alpha)=2^{n+1}\alpha^{(2n+1)/r}[(2n-1)!!]^{-\frac{1}{2}}(2\pi)^{-\frac{1}{4}} \tag{5.3-5}$$

式(5.3-3)～式(5.3-5)中 α 是与 n，l 有关的参数，n，l，m 具有 STO 函数中相应量子数的含义，GTO 使用类似的标记，如 $(1s)_G$，$(2p)_G$ 等。实际计算中用直角坐标表示的 GTO 函数较方便，且只选用最小的 n 值，即 $n=l+1$，其形式为（不含归一化常数）

$$x^a y^b z^c e^{-\alpha(x^2+y^2+z^2)} \tag{5.3-6}$$

式中：$a+b+c=n-1$，称为 GTO 函数的级。

零级 Gauss 函数 g，具有与 s 原子轨道相同的角对称性。一级 Gauss 函数 g_x，g_y，g_z 具有与 $2P_x$，$2P_y$，$2P_z$ 原子轨道相同的角对称性。它们的归一化形式如下。

$$(1s)_G: g_s(\alpha,r)=\left(\frac{2a}{\pi}\right)^{\frac{3}{4}}e^{-\alpha r^2} \tag{5.3-7}$$

$$(2p_x)_G: g_x(\alpha,r)=\left(\frac{128a^5}{\pi^3}\right)^{\frac{1}{4}}xe^{-\alpha r^2} \tag{5.3-8}$$

$$(2p_y)_G: g_y(\alpha,r)=\left(\frac{128a^5}{\pi^3}\right)^{\frac{1}{4}}ye^{-\alpha r^2} \tag{5.3-9}$$

$$(2p_z)_G: g_z(\alpha,r)=\left(\frac{128a^5}{\pi^3}\right)^{\frac{1}{4}}ze^{-\alpha r^2} \tag{5.3-10}$$

二级 Gauss 函数有 6 个，形式上有两类，如

$$g_{xx}(\alpha,r)=\left(\frac{2\,048a^7}{9\pi^3}\right)^{\frac{1}{4}}x^2e^{-\alpha r^2} \tag{5.3-11}$$

$$g_{xy}(\alpha,r)=\left(\frac{2\,048a^7}{9\pi^3}\right)^{\frac{1}{4}}xye^{-\alpha r^2} \tag{5.3-12}$$

这 6 个二级 Gauss 函数不都具有 3d 原子轨道的角对称性，但它们线性组合可以给出与

3d 原子轨道具有相同角对称性的五个 GTO，即

$$(3\,d_{xy})_G \quad g_{xy}(\alpha,r)$$

$$(3\,d_{xz})_G \quad g_{xz}(\alpha,r)$$

$$(3\,d_{yz})_G \quad g_{yz}(\alpha,r)$$

$$(3\,d_{x^2-y^2})_G \quad g_{xx-yy}=\sqrt{\frac{3}{4}}(g_{xx}-g_{yy}) \tag{5.3-13}$$

$$(3\,d_{3z^2-r^2})_G \quad g_{3zz-rr}=\frac{1}{2}(2g_{zz}-g_{xx}-g_{yy}) \tag{5.3-14}$$

剩下的一个线性组合具有 s 原子轨道的角对称性，即

$$g_{rr}=\sqrt{5}(g_{xx}+g_{yy}-g_{zz}) \tag{5.3-15}$$

Gauss 函数的优点是容易实现三中心和四中心的积分计算，但用单个 GTO 作为近似原子轨道将引入不可接受的误差，其原因主要有两个：①$r\to 0$ 时 GTO 很平滑，不像 STO 一样出现歧点；②$r\to\infty$时，GTO 下降过快。图 5.3-1 画出了 1s Slater 型轨道和最好的 Gauss 函数近似。

为了解决这一问题，用 GTO 的线性组合来表示每个原子轨道，即

$$\phi_\mu=\sum_{i=1}^{L} d_{iu}\,\phi_i^{\mathrm{GTO}}(\alpha_{iu}) \tag{5.3-16}$$

式中：$d_{i\mu}$是原 Gauss 函数 $\phi_i{}^{\mathrm{GTO}}$的组合系数；$\alpha_{i\mu}$是 $\phi_i{}^{\mathrm{GTO}}$的指数，L 是展开式中的函数个数。常用的方法有两种，一种是将多个 GTO 线性组合成新的 GTO（收缩的 Gauss 函数）作为基函数；另一种是用多个 GTO 来拟合 STO，以拟合得到的 Slater 函数 ϕ_μ作为基函数。这两种方法中均用最小二乘法来求 $d_{i\mu}$和 $\alpha_{i\mu}$，后者较常用。研究表明，增加 Gauss 函数的数目虽然可以改善拟合效果，但仍不能正确描述原子轨道在 $r\to 0$ 的歧点和 $r\to\infty$的指数函数尾部，这意味着使用 GTO 函数将低估原子间的长距离重叠及原子核附近的电荷与自旋密度。

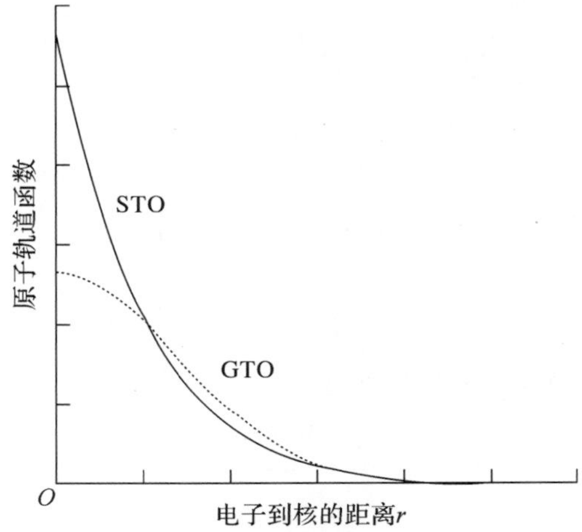

图 5.3-1　1s Slater 型轨道和最好的 Gauss 函数近似

如果展开式(5.3－16)中的系数 $d_{i\mu}$ 和指数 $\alpha_{i\mu}$ 在计算中是可变的，则称该计算使用的是原 Gauss 函数。虽然使用原 Gauss 函数基组的灵活性高，但计算量很大，一般采用以收缩的 Gauss 函数为 STO 基函数的基组，在收缩函数 ϕ_μ 中系数 $d_{i\mu}$ 和指数 $\alpha_{i\mu}$ 是预先设定的，并在计算中保持不变，$d_{i\mu}$ 称为收缩 GTO 系数，这种 Gauss 函数展开式通常称为收缩，展开式项数称为这个收缩的收缩长度。为了提高计算效率，常采用进一步的近似，令同层的 s 轨道和 p 轨道使用相同的指数，以减少需计算的积分。

下面介绍从头计算法中常用的 Gauss 函数基组，采用 Pople 及其同事在他们的 Gaussian 系列程序中用于描述基组的缩写符号。

(1)最小基组。基组中只包含电子填充的壳层的全部原子轨道，每个原子轨道用一个 STO 来描述，每个 STO 函数用 n 个 GTO 来拟合，这样得到的基组称为最小基组。最小基组符号为 STO-NG，N 表示用于拟合 STO 的 GTO 数目。研究发现，至少用 3 个 GTO 才能正确表示 1 个 STO，因此 STO-3G 是“绝对的最小”基组。

随 Gauss 展开式中函数数目的增加，计算量增大。最小基组的优点是计算量小，其缺点也十分明显，原子亚层内电子数都使用相同的基组，只含有一个收缩且径向指数不变，原子轨道不能随分子环境变化，不能描述电子分布的非球形情况。

(2)双 ζ 基组。基组中只包含电子填充的壳层的全部原子轨道，每个原子轨道用两个 STO 的线性组合来描述，每个 STO 用 n 个 GTO 来拟合，即原子轨道表示成一个“收缩”函数(ζ 值大)和一个“扩散”函数(ζ 值小)的线性组合，所得到的基组称为双 ζ 基组。双 ζ 基组的基函数是最小基组的二倍。

(3)劈裂基组。在形成分子时原子的内层轨道变化不大，而价层轨道变化较大，因此，用单个 STO 表示内层原子轨道，用多个 STO 表示外层原子轨道，并用 GTO 拟合各 STO，这样得到的基组称为价层劈裂基组，简称劈裂基组。劈裂基组的符号为 N-mmmG。

以 3－21G 为例说明基组符号的意义，3 表示每个内层轨道用 3 个 GTO 拟合的一个 STO 描述；21 表示每个价层轨道用两个 STO 描述，2 表示第一个 STO 用两个 GTO 拟合，1 表示第二个 STO 用一个 GTO 拟合。最常用的劈裂基组是 3－21G，4－31G 和 6－31G。

(4)加极化函数的基组。分子中围绕原子核的电子分布不同于孤立原子，原子轨道对称性发生变化，产生极化，而我们所用的基函数是以原子核为中心对称的，这个问题不可能通过简单地增加基函数的数目(三 ζ 基组、四 ζ 基组等)和使用价层劈裂基组来完全解决。最常用的解决办法是在基组中加入极化函数，极化函数具有较高的角量子数，所以，用 p 轨道作为 H 原子的极化函数，用 d 轨道、f 轨道作为重原子(比 H 重的原子)的极化函数。

在基组符号后加 * 表示使用极化基函数或在基组符号后加括号，括号内给出极化函数。例如，6－31G* 表示使用 6－31G 基组并给重原子加一组“d”极化函数，与 6－31G(d)等价；6－31G**，表示使用 6－31G 基组，给重原子加一组“d”极化函数，给 H 原子加一组“p”极化函数，与 6－31G(d,p)等价；6－31G($2df$,p)表示使用 6－31G 基组，给重原子加两组“d”极化函数和一组“f”极化函数，给 H 原子加一组“p”极化函数。

(5)加弥散函数的基组。前边讲过的基组在处理离核较远处仍有不可忽略的电子密度的物种(如阴离子和有孤电子对的分子)时，常常出现明显错误，这是因为在远离核的区域 Gauss 函数的值偏低。解决这个问题的方法是在基组中加入弥散函数。一般在基组符号中字母 G 的前边加一个或两个“＋”号表示基组中加入弥散函数。第一个“＋”表示给所有重原子的力轨道添加一套弥散函数，第二个“＋”表示给 H 原子的 s 轨道添加一套弥散函数。例如：3-21＋G 表示3-21G基组中给重原子的 p 轨道加一套弥散函数；6-311＋＋G(3df，3pd)表示内外层轨道分别用单个和 3 个 STO 表示，并给重原子加 3 套 d 函数和 1 套 f 函数，给 H 原子加 3 套 p 函数和 1 套 d 函数。

(6)均匀调节(Even-Tempered)基组。上述基组可以满足大多数计算的要求，然而一些高精度的计算需要用能够达到基组极限的基组，均匀调节基组是为此而设计的。在均匀调节基组中，每个基函数都具有如下形式：

$$\chi_{klm}=\mathrm{e}^{-\zeta_k r^2}r^l Y_{lm}(\theta,\varphi) \tag{5.3-17}$$

对每种对称性类型的轨道，轨道指数与可表示为

$$\zeta_k=\alpha\beta^k(k=1,2,3,\cdots,N) \tag{5.3-18}$$

式中：α，β 是待优化参数。因此，均匀调节基组仅包含 1s，2p，3d，4f 等函数。这种基组的优点是对大基组进行指数优化较容易。

5.3.2 电子相关

Hartree-Fock 理论最严重的缺陷是没有充分地考虑电子相关。在 Hartree-Fock 自洽场方法中，假设电子在其他电子的平均势场中运动，所以一个电子的瞬时位置不受相邻电子的影响。实际上，电子的运动是相互关联的，电子间趋向于相互“回避”，比 Hartree-Fock 理论所描述的情况更甚。在单组态的 Hartree-Fock 自洽场方法中，过高地估计了电子相互接近的概率，使计算出的电子排斥能过高，从而导致用 Hartree-Fock 自洽场方法计算的体系能量(Hartree-Fock 能)高于体系的哈密顿算符的精确本征值。体系的哈密顿算符在某一本征态的精确本征值与其 Hartree-Fock 能之差被定义为该本征态的电子相关能。

相关能反映了单电子模型的偏差，由 Hartree-Fock 方法的变分性质可知它一定是负值。哈密顿的精确本征值是由实验值扣除相对论校正后得到的，但现在还无法进行精确的相对论校正，而在许多自洽场计算中并未求得 Hartree-Fock 极限能量值(由 Hartree-Fock 方程的精确解算出的体系能量)，因此，给出的相关能只是一种近似值。各种能值的关系如图 5.3-2 所示。

忽略电子相关能会导致一些明显的错误结果，特别是涉及解离极限的问题。在分子轨道理论的从头计算方法中，有一系列对电子相关能进行计算的方法，这里只介绍两种主要的计算稳态分子电子相关能的方法。

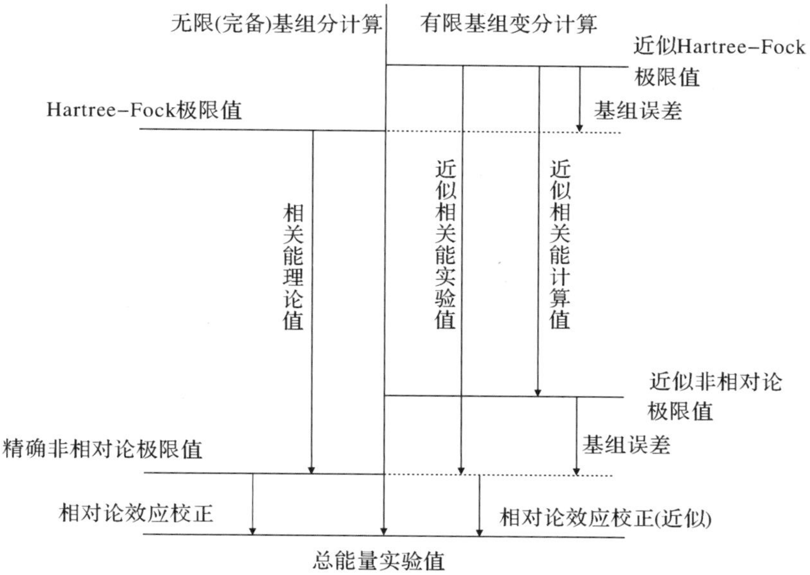

图 5.3-2 各种能值的关系

1. 组态相互作用(CI)

在前边介绍的 Hartree-Fock 方法中,用单组态(一个 Slater 行列)来描述电子的状态。在组态相互作用方法中,用基态与激发态的线性组合来描述电子的状态,并采用与单组态计算相同的变分法求组合系数。

设体系中含有 N 个电子,若在 Hartree-Fock 计算中使用 K 个基函数,则有 $2K$ 个自旋轨道,其中 N 个自旋轨道被占据,$2K-N$ 个自旋轨道未被占据,这 $2K-N$ 个未被占据的自旋轨道被称为虚轨道。体系处于基态时,N 个电子占据 N 个低能自旋轨道。电子状态用一个 Slater 行列式波函数Ψ_0 来描述,Ψ_0 是用 Hartree-Fock 自洽场方法求得的 Hartree-Fock 波函数。如果基态中一个或多个电子占据的自旋轨道被虚轨道代替,就构成了激发态的波函数Ψ_1 和 Ψ_2,因此,CI 波函数可以写成

$$\Psi = C_0 \Psi_0 + C_1 \Psi_1 + C_2 \Psi_2 + \cdots \quad (5.3-19)$$

求出用 CI 波函数描述电子状态时体系能量的表达式,利用变分法确定组合系数 C_0,C_1,C_2。

包括全部激发态的组态相互作用,称为全组态相互作用。全组态相互作用十分重要,因为它是在所选基组限制下最完全的处理,但由于激发态的数目太大,除了非常小的体系,通常在计算中对所考虑的激发态加以限制。例如,在单取代组态相互作用(Configuration Interaction Singles, CIS)中,CI 波函数 Ψ 中只包含 Hartree-Fock 波函数中一个自旋轨道被虚轨道替代的激发态;在双取代组态相互作用(Configuration Interaction Doubles, CID)中,Ψ 中只包含Ψ_0。中两个自旋轨道被虚轨道替代的激发态;在单双取代相互作用(Configuration Interaction Singles and Doubles, CISD)中,Ψ 中包含Ψ_0 中一个和两个自旋轨道被虚轨道取代的激发态。加了这些限制后,激发态的数目还很大时,可对取代所涉及的轨道进行限制,例如,只考虑涉及最高占据分子轨道(Highest Occupied Molecular Orbital, HOMO)和最低未占分子轨道(Lowest Unoccupied Molecular Orbital, LUMO)的激发态,忽略内层电

子激发而只考虑价电子激发的激发态，等等。

在传统的 CI 计算中，CI 波函数的展开式(2.64)中各 Slater 行列式Ψ_i 均由 HFR 方程的解确定的分子自旋轨道构成，进行 CI 计算时，只允许系数 C_0，C_1，…改变。为了得到更好的计算结果，除了允许行列式的组合系数改变，基函数的组合系数也可以改变，这种方法被称为多组态自洽场方法(Multi - Configuration Self - Consistent Field, MCSCF)。MCSCF 方法比 HFR 方法复杂得多，在各种 MCSCF 方法中，完全活性空间自洽场方法(Complete Active Space Self - Consistent Field, CASSCF)最引人注意。使用 CASSCF 方法可以对含大量组态的体系进行计算，在计算中将分子轨道分成三组：在所有组态中都被双电子占据的轨道、在所有组态中均未被占据的轨道和所有处于“活性"状态的轨道；只需考虑活性电子(可激发电子)在活性轨道上的排布即可得到全部组态。

CI 计算的主要缺点是除了全组态相互作用以外，不具有大小一致性，即 N 个无相互作用原子(或分子)的能量不等于单个原子(或分子)能量的 N 倍。

2. 多体微扰理论(MP)

Moller 和 Plesset 于 1934 年提出用多体微扰法解决电子相关问题。设体系中有 N 个电子，以 Hartree-Fock 单电子方程中的单电子 Fock 算符$\hat{F}_i$ 之和为无微扰的哈密顿算符，即

$$\hat{H}_0 = \sum_i \hat{F}_i = \sum_{i=1}^{N}[\hat{h}(i) + \sum_{j=1}^{N}(\hat{J}_j - \hat{K}_j)] \tag{5.3-20}$$

解 Hartree - Fock 方程得到的 Slater 行列式波函数$\Psi_0^{(0)}$ 是$\hat{H}_0$ 的本征函数，$\hat{H}_0$ 在$\Psi_0^{(0)}$ 态的本征值 $E_0^{(0)}$ 等于被占据的分子自旋轨道的轨道能 E_i(HF 方程的本征值)之和，即

$$E_0^{(0)} = \sum_{i=1}^{N} E_i \tag{5.3-21}$$

哈密顿算符中的微扰部分$\hat{H}'$为

$$\hat{H}' = \hat{H} - \hat{H}_0 = \sum_{i=1}^{N}[\sum_{j=i+1}^{N}\frac{1}{r_{ij}} - \sum_{j=1}^{N}(\hat{J}_j - \hat{K}_j)] \tag{5.3-22}$$

体系的能量为

$$E_0 = E_0^{(0)} + E_0^{(1)} + E_0^{(2)} + \cdots = \sum_{i=1}^{N} E_0^{(i)} \tag{5.3-23}$$

计算结果表明，$E_0^{(0)} + E_0^{(1)}$ 相当于体系的 Hartree - Fock 能。欲获得对 Hartree-Fock 能的修正，至少要计算到能量的二级修正项 $EE_0^{(2)}$，计算到能量的二级修正的多体微扰法称为二级 Moller-Plesset 方法(MP2 方法或 MP2 理论)。计算到能量的三级修正、四级修正的多体微扰法分别称为三级和四级 Moller Plesset 方法(MP3 和 MP4 方法)。在计入电子相关作用的分子量子化学计算中，MP 方法是最常用的方法，特别是 MP2 方法。

MP 方法的优点是不受体系大小的影响，但由于 MP 方法不是一种变分方法，有时计算出的能量低于体系的真实能量。MP 方法在使用时要标明所用的基组，例如，MP2/6 - 31G* 表示一个以 6 - 31G* 为基组的二级 MP 方法。

5.3.3 分子自洽场计算过程

Hartree-Fock Rothaan 方程是非线性代数方程（对于 C_{ui} 是三次的），只能用迭代法求解。利用从头计算法对分子体系进行量子化学计算的过程如图 5.3－3 所示，基本步骤如下。

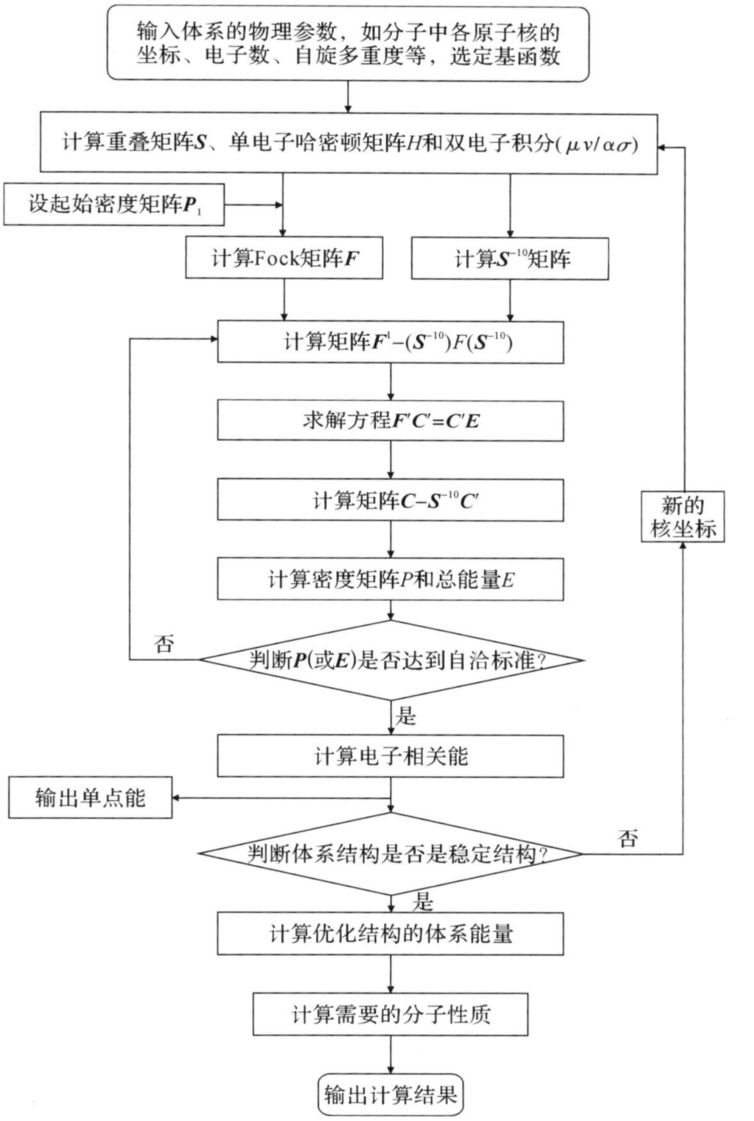

图 5.3－3　从头计算法的计算过程

（1）输入分子体系中各原子核的坐标、电子数、自旋多重度等物理参数，选定基函数：

（2）计算重叠积分 $S_{\mu v}$、单电子积分 $H_{\mu v}$ 和双电子积分 $(\mu v|\lambda\sigma)$；

（3）假定起始密度矩阵 $\boldsymbol{P}_0$，求起始 Fock 矩阵（最简单的方法是取起始密度矩阵为零，即用单电子哈密顿矩阵 $\boldsymbol{H}$ 作起始的 Fock 矩阵）；

(4)由重叠矩阵 $\boldsymbol{S}$ 计算 $\boldsymbol{S}^{-1/2}$ 矩阵；

(5)利用 $\boldsymbol{S}^{-1/2}$ 矩阵将 HFR 方程变换成标准本征方程进行求解，得到第一轮计算的能量本征值和本征矢(能量矩阵 $\boldsymbol{E}$ 和矩阵 $\boldsymbol{C}$)，由矩阵 $\boldsymbol{C}$ 可计算出新的密度矩阵 $\boldsymbol{P}$，计算总能量 E；

(6)用新的密度矩阵 P 构建进行第二轮计算的 Fock 矩阵 $\boldsymbol{F}$；

(7)重复步骤(5)(6)，直到相继两轮计算的密度矩阵或总能量的差别达到指定的自洽标准为止，得到步骤(1)所设条件下 HFR 方程的解；

(8)计算电子相关能，将电子相关能加入总能量。这时输出的能量是分子体系具有特定几何结构(步骤所设)时的能量，称为单点能；

(9)根据力判据和位移判据，判断体系结构是否是稳定结构，如果不是稳定结构，重新设定原子核的坐标；

(10)重复步骤(2)～(9)，直到获得稳定结构为止；

(11)计算结构优化后体系的能量和需要的各种物理性质；

(12)输出计算结果。

在量子化学计算中，传统的原子核坐标输入形式是由分子的内坐标构成的 $\boldsymbol{Z}$ 矩阵，有些计算软件也接受原子核坐标以笛卡儿坐标的形式输入。对于很大的体系，用笛卡尔坐标表示核坐标比较方便，而在某些情况下使用合适的内坐标更有利，例如确定能量最低点、过渡态、反应路径等。

使用从头计算法进行分子自洽场计算时，计算量非常大，为了减少计算量和缩短计算时间，常采用以下几种方法：

(1)在整个计算过程中，不同阶段使用不同水平的理论进行计算。常常用低水平理论进行密度初猜和几何结构优化，用高水平理论计算结构优化后体系的单点能量、波函数及所需物理性。不同基组之间及计算方法与基组之间用单斜杠分开，不同计算方法之间用双斜杠分开，例如，6－31G* /STO－3G 表示用 STO－3G 基组进行几何结构优化，而用 6－31G* 基组确定波函数；MP2/6－31G* //HF/6－31G* 表示用 HartreeFock 方法进行几何优化，而用 MP2 方法对优化的结构进行单点能计算，两阶段所用的基组均为 6－31G* 。

(2)通过利用体系的对称性、让同层的 s，p 轨道取相同的 Gauss 指数、忽略小积分等方法，减少需计算积分的数量。

(3)选择合适的迭代方法，加快分子自洽场计算的收敛速度。

利用从头计算法对分子体系进行量子化学计算已有许多商业化的软件，如 Gaussian，Hyperchem ，Molpro，PQS，Q－CHEM，Turbomole 等。

5.4 量子化学计算的应用

在上节中讲述了分子轨道理论中从头计算法的原理和计算过程，这一节将对量子化学计算的一般应用进行介绍，主要介绍利用量子化学理论计算分子的能量、分子轨道与轨道能量分子的平衡结构、分子中的电荷分布、分子的振动频率及热力学量。

5.4.1　单点能计算

单点能计算是对具有特定几何结构的分子的总能量和有关性质的计算，是对分子势能曲面上某一点进行计算的。单点能是电子能量与核排斥能之和，精确的单点能计算应进行零点振动能校正。单点能计算的有效性取决于输入的分子结构的合理性，主要用于：①获得关于分子的基本信息；②检验用作几何优化初始点的分子结构的一致性；③计算采用低水平理论进行几何优化后分子能量的精确值和其他性质。单点能的计算可以采用不同水平的近似理论方法和不同大小的基组进行计算。

在进行单点能计算时应提供下列信息：①进行计算的理论方法和基组，理论方法如 RHF，UHF，MP2，MP4，QCISD，B3LYP 等，基组如 3－21G，6－31G(d)，6－31＋G($3df$，p) 等；②计算任务的名称，对计算进行描述，用于识别计算任务的输出和计算结果的输出；③分子的特性，包括分子的总电荷、分子的自旋多重度 $2S+1$(S 是分子的总自旋量子数)和分子的结构，分子结构可以用内建坐标(**Z** 矩阵)、直角坐标、内建坐标与直角坐标混合的方式来表示。

对给定结构的分子进行单点能计算可以得到以下结果：①分子能量，计算分子能量可以采用不同的近似理论(也称为采用不同水平的理论)；②分子轨道和轨道能量，给出原子轨道线性组合成分子轨道的线性组合系数、轨道的对称性、轨道占据情况和各分子轨道的能量；③总电荷在分子中各原子上的分布；④分子的电偶极矩和高阶电多极矩，电偶极矩表征分子中电荷分布的非对称性，高阶电多极矩可提供有关电子分布形状的信息，只有电偶极矩为零时，电四极矩和更高的电多极矩才重要；⑤预测的 NMR 性质，通过计算原子的磁屏蔽张量，预测其化学位移。

例如，使用 Gaussian 软件对甲醛分子进行单点能计算。采用 RHF 方法和 6－31G(d) 基组进行计算，甲醛分子的总电荷为 0，自旋多重度为 1，并在输入文件中给出甲醛分子中各原子的位置坐标(这里给出的是直角坐标)。输入文件如下：

```
#T RHF/6-31G(d)Pop=Full Test


FOrmaldehyde Single Point


0     1
C     0.00      0.00      0.0
O     0.00      1.22      0.0
H     0.94     -0.54      0.0
H    -0.94     -0.54      0.1
```

上述计算的输出文件中给出的主要结果如下：

(1)标准取向几何。标准取向是以直角坐标表示分子中原子的位置，其坐标原点位于分子的核电荷中心。在计算过程中，使用标准取向可使计算效率达到最大，许多分子性质的计算结果是以标准取向坐标给出的。甲醛分子的标准取向见表 5.4－1，甲醛分子被放在 YOZ 平面内，C＝O 键与 Z 轴重合，其标准取向坐标见表 5.4－1。

表 5.4-1 甲醛分子的标准取向

原子编号	原子序数	原子坐标/nm		
		X	Y	Z
1	6	0.000 000	0.000 000	−0.524 500
2	8	0.000 000	0.000 000	0.677 500
3	1	0.000 000	0.940 000	−1.082 500
4	1	0.000 000	−0.940 000	−1.082 500

(2)单点能。经过 6 次自洽场(SCF)循环计算后,得到具有输入结构的甲醛分子的总能量:

$$E(\text{RHF}) = -113.863\ 70\ \text{Hartree}$$

(3)分子轨道和轨道能量。在表 5.4-2 和表 5.4-3 中按能量增大的次序列出了醛分子的 10 个分子轨道的对称性、占据情况(O——占据,V——未占据)和轨道能量,并在表 5.4-2中给出第 1 至第 5 分子轨道中原子轨道的线性组合系数。

表 5.4-2 甲醛分子轨道能与分子轨道系数

分子轨道			1 (A1)—O	2 (A1)—O	3 (A1)—O	4 (A1)—O	5 (B1)—O
轨道能量			−20.582 75	−11.339 51	−1.392 70	−0.872 60	−0.697 17
原子轨道线性组合系数	1C	1 s	0.000 00	0.995 66	−0.110 59	−0.162 63	0.000 00
		2s	−0.000 47	0.026 75	0.209 80	0.339 95	0.000 00
		2px	0.000 00	0.000 00	0.000 00	0.000 00	0.000 00
		2py	0.000 00	0.000 00	0.000 00	0.000 00	0.420 14
		2pz	−0.000 07	0.000 66	0.172 58	−0.184 48	0.000 00
	2O	1s	0.594 72	0.000 38	−0.196 72	0.088 90	0.000 00
		2s	0.020 94	−0.000 25	0.441 86	−0.203 52	0.000 00
		2px	0.000 00	0.000 00	0.000 00	0.000 00	0.000 00
		2py	0.000 00	0.000 00	0.000 00	0.000 00	0.321 28
		2pz	−0.001 53	0.000 29	−0.135 38	−0.142 21	0.000 00
	3H	1s	0.000 02	−0.002 10	0.030 17	0.179 02	0.190 80
	4H	1s	0.000 02	−0.002 10	0.030 17	0.179 03	−0.190 80

表 5.4-3 甲醛分子轨道能

分子轨道	6 (A1)—O	7 (B1)—O	8 (B2)—O	9 (B1)—V	10 (B1)—V
轨道能量	−0.639 55	−0.522 96	−0.440 79	0.135 72	0.248 42

(4)电荷分布:对分子进行 Mulliken 布居分析,得到的电荷分布见表 5.4-4。甲醛分子中各原子上的 Mulliken 电荷之和为 0。

表 5.4－4　甲醛的电荷分布

原　子	原子电荷
1C	0.128 551
2O	－0.439 936
3H	0.155 697
4H	0.155 697

(5)偶极矩和高阶多极矩：甲醛分子的偶极矩与四极矩的计算预测值见表 5.4－5，偶极矩与四极矩均用标准取向来表达。偶极矩分解成 X,Y,Z 分量，单位为德拜(Debye)。甲醛分子的偶极矩大小为 2.84 Debye，方向沿 C＝O 键方向(Z 方向)，指离 O 原子，如图5.4－1、图 5.4－2 所示。

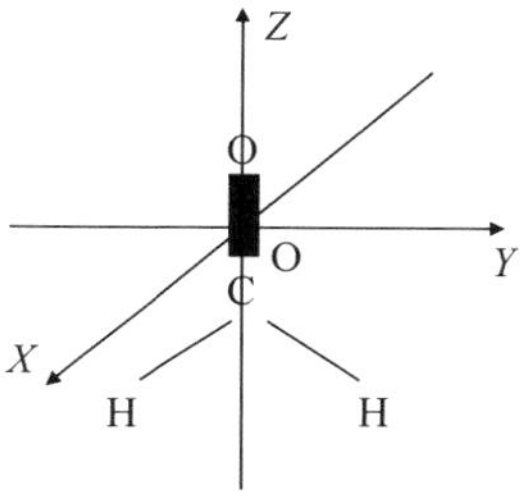

图 5.4－1　甲醛分子的标准取向

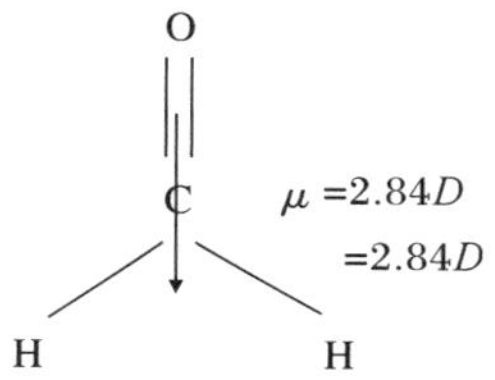

图 5.4－2　甲醛的偶极矩

表 5.4－5　甲醛的偶极矩和四极矩

偶极矩(Debye)	X＝0.000	Y＝0.000	Z＝－2.842 7
	总偶极矩＝2.842 7		
四极矩(Debye. A)	XX＝11.539 5	XY＝－11.308 5	ZZ＝－11.896 3
	XY＝0.000 0	XZ＝0.000 0	YZ＝0.000 0

5.4.2　几何优化

势能面表示的是分子能量与分子结构的数学关系。分子体系的能量随结构的变化可用势能面来说明，势能面的维数等于分子内坐标的自由度数。势能面的极小值点出现在体系的平衡结构处，势能面上的鞍点对应于体系的两个平衡状态之间的过渡态结构。

几何优化是通过确定势能面的极小值点来预测体系的平衡结构的，通过寻找鞍点来预测体系的过渡态结构。在势能面的极小值点和鞍点处，能量的梯度为零，则分子内力为零(力等于能量梯度的相反数)。在势能面上分子受力为零的点，称为稳定点。成功的几何优化就是确定了稳定点。

几何优化以输入的分子结构为起点，沿着势能面步进。在每一步进点计算能量和能量梯度，然后决定下一步的前进方向和步长。能量梯度指明沿势能面能量下降最快的方向以及能量下降的陡度。当分子所受的力全部为零时，若下一步非常小，低于算法中的预设值，并且满足其他条件，则可以认为优化已收敛，这时几何优化就完成了。几何优化收敛应满足的条件称为几何优化的收敛判据。例如，Gaussian 软件使用的收敛判据如下：

(1)所有的力必须基本上为零,即力的最大分量必须小于截断值 0.000 45;

(2)所有力的方均根必须基本上为零,即必须小于定义的截断值 0.000 3;

(3)计算出的下一步位移必须小于定义的截断值 0.001 8;

(4)计算出的下一步位移的方均根必须小于定义的截断值 0.001 2。

进行几何优化应提供的信息与进行单点能计算基本一致:①计算所采用的理论方法、基组、计算任务(几何优化);②任务说明;③分子的总电荷与自旋多重度;④分子结构,若计算过渡态结构应提供两个分子的结构。

进行几何优化计算后,可得到以下结果:①优化的分子结构;②具有优化结构的分子的单点能、分子轨道与轨道能量、电荷分布、电偶极矩与电多极矩。例如,采用 RHF 方法和 6-31G(d)基组对乙烯分子进行几何优化,优化前后乙烯分子的结构参数见表 5.4-6。

表 5.4-6 甲醛分子优化前后的结构参数

结构参数	优化前	优化后
C—H 键长/nm	0.107	0.107 6
C=C 键长/nm	0.131	0.131 7
HCC 键角/(*)	121.5	121.795 2
HCCH 二面角(*)	180	180

5.4.3 频率计算

在前面讲过的能量计算和几何优化都忽略了分子体系的振动,即将分子中各原子核看成是固定不动的。实际上,分子中各原子核在平衡位置附近不断地振动。当分子的结构为平衡结构时,这些振动是有规律的,并且是可以预测的,因此,可以通过分子的特征振动谱来确定分子结构。

分子的振动频率依赖于分子能量对分子中原子核坐标的二阶导数,因此,计算分子振动频率需提供的信息与计算分子能量类似:①计算所采用的理论方法、基组、计算任务(频率计算);②任务说明;③分子的总电荷与自旋多重度;④分子结构。

基于频率计算的性质,频率计算只有在势能面上的稳定点进行才有效,因此,频率计算必须在优化后的分子结构上进行。由于这个原因,在计算频率之前必须对分子进行几何优化,并且计算频率必须使用与进行几何优化相同的理论方法与基组。

对分子的振动频率进行计算,可以得到以下主要结果:①分子的 IR 和 Raman 谱(频率和强度)以及振动模式;②具有优化结构的分子的力常数;③势能面上稳定点的性质(极小值点还是鞍点);④分子的零点振动能、对总能量的热能校正、体系的热力学量(焓与熵等);⑤极化率与超极化率。

习 题

1. 比较多电子原子、分子的哈密顿算符与氢原子的哈密顿算符的异同。如何描述多电子原子、分子中电子的状态?

2. 原子轨道与原子的自旋轨道有什么区别？Slater 型轨道的形式与类氢离子轨道有何异同？

3. 什么是原子的电子组态、分子的电子组态、开壳层组态、闭壳层组态？如何表示原子的电子组态和分子的电子组态？

4. 假若电子自旋为零，锂的基态和第一激发态的零级波函数（忽略电子间的排斥）是什么？

5. 证明单电子哈特里-福克哈密顿算符是厄米的。

6. 分子轨道与分子的自旋轨道有什么区别？什么是 LCAO-MO 方法？

7. 什么是基函数、基组、STO 基组、GTO 基组？

8. 哪个 STO 有如类氢 AO 同样的形式？

9. Hartree-Fock-Roothaan 方程与 Hartree-Fock 方程有什么区别？

参考文献

[1] 徐光宪，黎乐民，王德民，等. 量子化学[M]. 北京：科学出版社，1999.

[2] ANDREW R L. Moleular modeling: principle and applcations[M]. Essex: Addison Wesley Longman Limited, 1996.

[3] 唐敖庆，杨忠志，李前树，等. 量子化学[M]. 北京：科学出版社，1984.

[4] ROOTHAAN C C J. Self - consistent field theory for open shells of electronic systems [J]. Rev Mod Phys, 1960, 32(2): 179 - 185.

[5] POPLE J A, SANTRY D P, SEGAL G A. Approximate self - consistent molecular orbital theory. i. invariant procedures[J]. J Chem Phys, 1965, 43(10): S129 - S135.

[6] POPLE J A, BEVERIDGE D L, DOBOSH P A. Approximate self - consistent molecular - orbital theory. V. intermediate neglect of differential overlap[J]. J Chem Phys, 1967, 47(6): 2026 - 2033.

[7] POPLE J A, SEGAL G A. Approximate self - consistent molecular orbital theory. ii. calculations with complete neglect of differential overlap[J]. J Chem Phys, 1965, 43 (10): S136 - S151.

[8] BINGHAM R C, DEWAR M J S, LO D H. Ground states of molecules. XXVI. MINDO/3 calculations for hydrocarbons[J]. J Am Chem Soc, 1975, 97(6): 1294 - 1301.

[9] DEWAR M J S, THIEL W. Ground states of molecules, 38. the MNDO method. approximations and parameters [J]. J Am Chem Soc, 1977, 99(15): 4899 - 4907.

[10] DEWAR M J S, ZOEBISCH E G, HEALY E F, et al. Development and use of quantum mechanical molecular models. 76. AM1: a new general purpose quantum mechanical molecular model[J]. J Am Chem Soc, 1985, 107(13): 3902 - 3909.

[11] STEWART J J P. Optimization of parameters for semiempirical methods I. Method [J]. J Comput Chem, 1989, 10(2): 209 - 220.

[12] DEWAR M J S, JIE C, YU J. SAM1; the first of a new series of general purpose quantum mechanical molecular models[J]. Tetrahedron, 1993, 49(23): 5003 - 5038.
[13] HICKEL Z. Quantentheoretische beiträge zum benzolproblem[J]. Zeitschrift fur Physik, 1931(3 - 4), 70:204 - 286.
[14] HOFFMANN R. An extended huckel theory. i. hydrocarbons [J]. J Chem Phys, 1963,39(6):1397 - 1412.
[15] RICHARD W G, COOPER D L. 分子轨道从头计算法[M]. 王银桂等,译. 北京:科学出版社,1987.
[16] FORESMAN J B, FRISCH A, Exploring chemistry with electronic structure methods[M]. 2nd ed. Pittsburgh, PA: Gaussian, Inc. 1996.
[17] LEVINE I N. Quantum chemistry[M]. San Antonio:Pearson Education, Inc. ,2014.
[18] 张跃, 谷景华, 尚家香等. 计算材料学基础[M]. 北京:北京航空航天大学出版社, 2007.

第6章 能带计算

固体能带理论是研究固体中电子运动的一个重要理论，是固体电子论的支柱。建立于Bloch定理之上的固体能带理论用量子力学方法来确定固体电子能级(能带)，并用以阐明和解释固体的许多基本性质，如电导率，热导率、磁有序、光学介电函数、振动谱等。本章主要介绍能带理论的理论基础、基本概念、能带计算方法以及应用能带理论对固体物理性质的计算。

能带理论是一个近似理论。固体中有大量的原子核和电子，严格求解这种多粒子系统的薛定谔方程是不可能的，必须采用一些近似和简化。能带理论采用了三个近似：

(1)Born-Oppenheimer 近似(绝热近似)，将原子核的运动与电子的运动分开；

(2)单电子近似，把每个电子的运动看成是独立的在一个等效势场中的运动，这个等效势场包括原子核的势场和其他电子对该电子的平均作用势(库仑势和交换相关势)；

(3)周期性等效势场近似，把固体抽象成具有平移周期性的理想晶体，将固体中电子的运动归结为单电子在周期性势场中的运动，其波动方程为

$$\left[\frac{\hbar^2}{2m}\nabla^2+\boldsymbol{v}(r)\right]\Psi_n=E_n\Psi_n \tag{6.0-1}$$

式中

$$\boldsymbol{v}(r)=\boldsymbol{v}(r+R_m) \tag{6.0-2}$$

为晶格平移矢量。

6.1 Bloch 定理与能带结构

6.1.1 Bloch 定理

能带理论的出发点是，固体中的电子不再被束缚于单个原子之中，而是在整个固体内运动。这种在整个固体内运动的电子称为共有化电子。Bloch 定理给出了在周期性势场中运动的共有化电子的波的数形式。

Bloch 定理：当势场 $\boldsymbol{v}(r)$其有晶格周期时，波动方程

$$\left[\frac{\hbar^2}{2m}\nabla^2+\boldsymbol{v}(r)\right]\Psi_n=E_n\Psi_n$$

的 Ψ_n解具有如下性质：

$$\Psi_n(k,r+R_m)=e^{ik\cdot R_m}\Psi_n(r+R_m) \quad (6.1-1)$$

由于周期性边界条件的限制，k 在倒易空间取不连续值，即

$$k=\frac{l_1}{\boldsymbol{N}_1}\boldsymbol{b}_1+\frac{l_2}{\boldsymbol{N}_2}\boldsymbol{b}_2+\frac{l_3}{\boldsymbol{N}_3}\boldsymbol{b}_3 \quad (l_1,l_2,l_3\text{为整数}) \quad (6.1-2)$$

式中：$\boldsymbol{b}_1,\boldsymbol{b}_2,\boldsymbol{b}_3$ 是晶体的倒格子基矢；$\boldsymbol{N}_1,\boldsymbol{N}_2,\boldsymbol{N}_3$ 分别是晶格基矢 a_1,a_2,a_3 对应方向上的原胞数。$\Psi_n(k,r)$ 称为 Bloch 函数，用它描写的晶格电子称为 Bloch 电子。波动方程[见式(5.0-1)]的本征值也依赖于 k，即 $E_n=E_n(k)$。

推论 1：Bloch 函数 $\Psi_n(k,r)$ 可以写成

$$\Psi_n(k,r)=e^{ik\cdot r}u_n(k,r) \quad (6.1-3)$$

式中：$u_n(k,r)$ 具有与晶格同样的周期性，即

$$u_n(k,r+R_m)=u_n(k,r) \quad (6.1-4)$$

推论 2：如果 $\boldsymbol{G}_m$ 是倒格矢，则与是等价的，即

$$\Psi_n(k+\boldsymbol{G}_m,r)=\Psi_n(k,r) \quad (6.1-5)$$

推论 1 表明晶体中共有化电子的运动可以用被周期性函数调幅的平面波表示。由推论 2 可知，只须将 k 值限制在一个包括所有不等价 k 的区域求解薛定谔方程，这个区域正是第一布里渊区（又称为简约布里渊区）。

6.1.2 能带的对称性

单电子方程[见式(6.0-1)]的本征值对每个 n 是一个对 k 准连续的、可区分（非简并情况）的函数，称为能带。所有的能带称为能带结构。人们常常关心由原子的价电子形成的能量相对较高的几个能带。其中在绝对零度(0 K)时，被价电子填满的能带称为价带，而未被填满或全空的能带称为导带。导带底与价带顶之间的能量区间称为禁带，导带底与价带顶的能量之差称为禁带宽度。

$E_n(k)$ 函数具有下列对称性：

(1) $E_n(k)$ 是 k 的偶函数，即

$$E_n(-k)=E_n(k) \quad (6.1-6)$$

(2) $E_n(k)$ 具有晶格的点群对称性，即

$$E(\hat{a}k)=E(k) \quad (6.1-7)$$

式中：$\hat{a}$ 是晶格的点群对称操作。

(3) 具有周期性，即对于同一能带有

$$E_n(k+\boldsymbol{G}_m)=E_n(k) \quad (6.1-8)$$

式中：$\boldsymbol{G}_m$ 是晶体的倒格子矢量，即

$$\boldsymbol{G}_m=m_1b_1+m_2b_2+m_3b_3 \quad (m_1,m_2,m_3\text{为整数}) \quad (6.1-9)$$

由能带的对称性可知，求 $E_n(k)$ 函数时，只须求出简约布里渊区的一部分区域内的 k 所对应的 $E_n(k)$ 即可得到整个 k 空间（倒易空间）的 $E_n(k)$ 函数。

能带有三种图像表示方式：

(1)简约布里渊区图像,将所有能带都画在第一布里渊区;

(2)周期布里渊区图像,在每一个布里渊区中画出所有能带;

(3)扩展布里渊区图像,将不同的能带画在 k 空间中不同的布里渊区。

由于三维晶体的波矢 $\boldsymbol{k}$ 也是三维的,图示 $E_n(k)$需要四维空间,因此。一般使波矢 $\boldsymbol{k}$ 沿选定的直线方向取值,画出二维的 $E_n(k)$图。所选定的直线方向一般是晶体倒易点阵的高对称方向,如立方晶体倒易点阵的。Δ 轴(〈100〉方向),Σ 轴(〈110〉方向)和 Δ 轴(〈111〉方向)。

6.1.3　能态密度和费米能级

在原子中电子的本征态形成一系列分立的能级,可以具体标明各能级的能量,说明它们的分布情况。然而,在固体中,电子能级非常密集,形成准连续分布,标明其中每个能级的能量是没有意义的。为了描述周体能带中电子能级的分布,引入"能态密度"概念。

若能量在 $E\sim(E+\Delta E)$范围内的电子能态数目为 ΔZ,则

$$N(E)=\lim_{\Delta E\to 0}\frac{\Delta Z}{\Delta E} \tag{6.1-10}$$

式中:$N(E)$称为能态密度(或态密度)。能态密度描述了电子态的能量分布,由态密度的定义式(6.1-10)可看出。第 n 个能带的态密度$N_n(E)$为

$$N_n(E)=\frac{N\Omega}{4\pi^3}\int_{BZ}\mathrm{d}k\delta[E-En(k)] \tag{6.1-11}$$

式中:Ω 为原胞体积;N 为晶体中原胞总数;积分在布里渊区内进行。总的态密度 $N(E)$为所有能带的态密度之和,即

$$N(E)=\Sigma N_n(E)=\frac{N\Omega}{4\pi^3}\int_{s_E}\frac{\mathrm{d}S}{|\nabla_k E(k)|} \tag{6.1-12}$$

积分在等能面 S_E 上进行。

在研究电子在能带中分布的时候,经常涉及费米能级的概念。费米能级又称为费米能,是遵从泡利不相容原理的电子体系的化学势。从费米-狄拉克分布函数上看。费米能级 E_F 在数值上等于电子占居概率为 1/2 的量子态的能量。在绝对零度(0 K)时,电子均按泡利不相容原理填充于能量低于费米能的状态中,即在费米能级以下的状态全部是满的,而费米能级以上的状态全部是空的。在一般温度下,费米能级近似地代表体系中电子所占据的最高能级。在 k 空间。能量 $E(k)$为常数的点构成等能面。能量等于费米能的等能面,称为费米面。

金属的费米能级一般位于导带之中。金属的大部分电子学性质,特别是输运性质,是由费米面附近的电子态确定的,只有费米面附近的电子才有可能跃迁到附近的空状态上,电流就是因为费米面附近的能态占据状况发生变化而引起的。相应地,如果加上一弱场,也只有费米面附近的状态会发生改变。

费米能级是分析半导体中电子运动状态的一个重要概念。对于本征半导体,费米能级在能带图上靠近禁带中央的位置;对于 N 型半导体,费米能级位于禁带的上半部分,掺施主

杂质越多,费米能级的位置越高,以至在简并时升入导带;对于P型半导体,费米能级位于禁带的下半部分,掺受主杂质越多,费米能级的位置越低,以至在简并时降入价带。

6.2 能带计算方法

固体能带计算就是求解对固体系统做了3次近似后得到的单电子方程式[见式(6.0-1)],前边已经讲过,对这样一个单电子方程进行精确求解是不可能的,只能求近似解。固体能带计算方法很多,有平面波方法、紧束缚近似法、正交平面波法、赝势法等。这种采用从头计算法求解固体的单电子薛定谔方程或Kohn-Sham方程得到能带和波函数的方法,称为第一性原理方法。下面将分别对这些计算方法的基本原理进行介绍。值得注意的是,通过周期性势场的近似,固体已被近似成具有周期性结构的理想晶体,将固体能带计算转化为晶体能带计算。

6.2.1 平面波方法

晶体电子能带的许多计算方法中,平面波(Plane Wave,PW)方法具有概念简单、结果物理意义清晰的特点。在平面波方法中,用波矢相差一个倒格子矢量的一系列平面波的线性组合作为描述晶体中电子运动状态的Bloch函数的近似,即以波矢相差一个倒格子矢量的一组平面波作为基函数。

势能$V(r)$是具有晶格周期性的函数,可以展开成傅里叶级数,即

$$V(r) = \sum_m V(\boldsymbol{G}_m) e^{i G_m + r} \tag{6.2-1}$$

式中:$\boldsymbol{G}_m$是倒格子矢量[见式(6.1-9)],$V(\boldsymbol{G}_m)$是傅里叶展开系数。

$$V(\boldsymbol{G}_m) = \frac{1}{\Omega}\int_{原胞} \mathrm{d}r V(r)\, e^{-i\boldsymbol{G}_m \cdot r} \tag{6.2-2}$$

式中:Ω是原胞体积。

Bloch函数中的周期性因子$u(k,r)$也可展开成傅里叶级数,因此

$$\boldsymbol{\Psi}_n(k,r) = \frac{1}{\sqrt{N\Omega}} e^{ik\cdot r} \sum_m a(\boldsymbol{G}_m) e^{i G_m \cdot r} = \frac{1}{\sqrt{N\Omega}} \sum_m a(\boldsymbol{G}_m) e^{i(\boldsymbol{G}_m + k)\cdot r} \tag{6.2-3}$$

式中:N是晶体中原胞的数目。

将式(6.2-1)和式(6.2-3)代入式(6.0-1),并与$e^{-i(\boldsymbol{G}_m+k)\cdot r}$作内积。得到$a(\boldsymbol{G}m)$满足的方程为

$$[\frac{\hbar^2}{2m}(k+\boldsymbol{G}_m)^2 - E(k)]a(\boldsymbol{G}_m) + \sum_m V(\boldsymbol{G}_n - \boldsymbol{G}_m)a(\boldsymbol{G}_m) = 0 \tag{6.2-4}$$

如果$\boldsymbol{G}_m$取不同的倒格矢,就得到一个关于式(6.2-3)中展开式系数可$a(\boldsymbol{G}_m)$的方程组。$a(\boldsymbol{G}_m)$有非零解的条件是方程组的系数行列式等于零,即

$$\det\left|\left[\frac{\hbar^2}{2m}(k+\boldsymbol{G}_n)^2 - E(k)\right]\delta_{G_m G_n} \,|\, V(\boldsymbol{G}_n - \boldsymbol{G}_m)\right| = 0 \tag{6.2-5}$$

式(6.2－5)的左边是无限阶的行列式。实际计算只能取有限阶的行列式,例如在式(6.2－3)中取 100 个平面波,得到一个 100 阶的行列式,解式(6.2－5)得到 100 个本征值。让 k 沿布里渊区的某个对称轴变化,重复上述计算,便可得到沿此对称轴的函数曲线,n 是能带序号。

近自由电子近似方法是平面波方法的一个特殊情况,其出发点是:电子在晶体中的共有化运动接近于势函数平均值势场中的自由电子运动,把势函数与其平均值之差看成微扰。以一个平面波作为零级波函数,即

$$\Psi^{(0)}(k,r)=\frac{1}{\sqrt{N\Omega}}\mathrm{e}^{\mathrm{i}k\cdot r} \tag{6.2-6}$$

则零级近似能量为

$$E^{(0)}(k)=-\frac{\hbar^2k^2}{2m}+\bar{V} \tag{6.2-7}$$

$\bar{V}=V(\boldsymbol{G}_m=0)$是电子势能平均值。这时 $a(0)\sim1$,其他 $a(\boldsymbol{G}_m)$很小,只有$(k+\boldsymbol{G}_m)^2=k^2$时 $a(\boldsymbol{G}_m)$很大。忽略展开式(6.2－3)中很小的项,解式(6.2－4)。结果表明,当 k 取倒易空间的一般值时,$E(k)\approx E^{(0)}(k)$是准连续的;当 k 取布里渊区边界附近时,偏差较大,在布里渊区边界,即在方程

$$\boldsymbol{G}_m\cdot\left(k-\frac{\boldsymbol{G}_m}{2}\right)=0 \tag{6.2-8}$$

所描述的界面处,$E(k)$函数断开,并存在一个阶跃。从而形成了不同的能带。图 6.1－1 上显示了用近自由电子近似方法求得的一维晶体能带的扩展区图像。

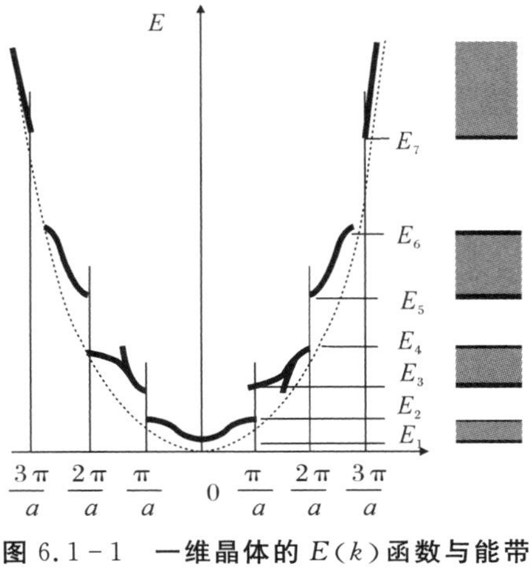

图 6.1－1　一维晶体的 $E(k)$函数与能带

平面波方法的缺点是需要用大量平面波的组合来表示 Bloch 函数,计算量大,收敛速度很慢。

6.2.2　紧束缚近似方法

紧束缚近似(Tight Binding,TB)方法的中心思想是用原子轨道的线性组合(Linear Combination of Atomic Orbitals,LCAO)作为一组基函数来求解固体的单电子薛定谔方程(6.0－1)。这一方法的出发点是:电子在一个原子附近时,将主要受到该原子场的作用,把

其他原子场的作用看成是微扰作用。

晶体势场可以表达成原子势场的线性叠加,即

$$V(r) = \sum_i \sum_a V^m (r - \boldsymbol{R}_l - t_a) \tag{6.2-9}$$

式中:$\boldsymbol{R}_l$ 是晶格平移矢量,是在第 l 个原胞中第 a 种原子的内位矢。波函数 $\Psi_{n(}k,r)$用原子轨道线性组合成的基函数$\{\varphi_j(k,r)\}$来表示:

$$\Psi_n(k,r) = \sum_j A_{nj}\, \varphi_j(k,r) \tag{6.2-10}$$

基函数$\phi_j(k,r)$是由原子轨道$\phi_j^{a_t}$ 组合成的 Block 函数:

$$\phi_j(k,r) = \frac{1}{\sqrt{N}} \sum_{l,a} \mathrm{e}^{\mathrm{i}k\cdot \boldsymbol{R}_l}\, \phi_j^{at}(r - \boldsymbol{R}_l - t_a) \tag{6.2-11}$$

式中:$\phi_j^{at}(r-\boldsymbol{R}_l-t_a)$是第 l 个原胞中第 a 种原子的第 j 个轨道;N 是晶体的原胞总数。

将式(6.2-9)～式(6.2-12)代入式(6.0-1)中,并与$\phi_j(k,r)$作内积,得到关于线性组合系数$\{A_{nj}\}$的方程:

$$\sum_j [H_{j'j} - E(k) S_{j'j}] A_{nj} = 0 \tag{6.2-12}$$

这里$H_{j'j}$为单电子方程中哈密顿算符 $\hat{H}$ 的矩阵元。即

$$H_{j'j} = \int \mathrm{d}r\, \phi_{j'}(k,r) \hat{H}\, \phi_j(k,r) \tag{6.2-13}$$

为基函数的重叠积分,即

$$S_{j'j} = \int \mathrm{d}r\, \phi_{j'}(k,r) \phi_j(k,r) \tag{6.2-14}$$

展开式系数$\{A_{nj}\}$有非零解的条件是

$$\det | H_{j'j} - En(k) S_{j'j} | = 0 \tag{6.2-15}$$

解这个行列式方程,得到函数。

由于原子轨道中心位于不同的原子上,由它们线性组合成的基函数ϕ_j 一般是非正交的,因此,在求能带 $E_n(k)$时会遇到两个困难:①多中心积分的计算;②复杂的矩阵方程,非对角项也含有 $E_n(k)$。为了克服这些困难,人们提出了许多方法,如 Slater-Koster 参量法、键轨道近似及正交原子轨道线性组合法。

6.2.3 正交化平面波方法

平面波方法虽然物理意义清晰,但难以实现,因为波函数展开式收敛很慢,即使用了很多平面波,也只收敛到能量最低的基态。这起因于波函数占有很宽的动量范围,在原子核附近,原子核势具有很强的定域性,电子具有很大的动量。波函数振荡很快,而在远离原子核处,原子核势被电子屏蔽,势能较浅且变化平坦,电子动量小,结果导致平面波展开既需要动量大的平面波也需要动量小的平面波。在大多数情况下,人们最关心的是价电子,在原子结合成固体的过程中价电子的运动状态发生了很大的变化,而内层电子的变化比较小,可以把原子核和内层电子近似看成是一个离子实(或称为芯)。内层电子的状态,称为芯态。

这时价电子的等效势包括离子实对电子的吸引势、其他价电子的平均库仑作用势及价

电子之间的交换关联作用。

为了解决平面波方法收敛慢的问题，C. Herring 提出了正交化平面波（Orthogonalized Plane Wave，OPW）方法，其基本思想是：单电子波函数展开式中的基函数不仅含有动量较小（即 $k+\boldsymbol{G}_i$ 较小）的平面波成分，还有在原子核附近其有较大动量的孤立原子波函数的成分，并且基函数与孤立原子芯态波函数组成的 Bloch 函数正交。这种基函数称为正交化平面波。

设内层电子波函数为孤立原子芯态波函数的 Bloch 的和，即

$$\phi_j^c(k,r)=\frac{1}{\sqrt{N}}\sum_{l,a}\mathrm{e}^{\mathrm{i}k\cdot\boldsymbol{R}_l}\,\phi_j^{at}(r-\boldsymbol{R}_l) \tag{6.2-16}$$

这里$\phi_j^{at}(r-\boldsymbol{R}_l)$是位于格点 R_i 的原子的第 j 电子态。定义正交化平面波

$$\chi_i(k,r)=\frac{1}{\sqrt{N\Omega}}\mathrm{e}^{\mathrm{i}(k+G_l)\cdot r}-\sum_j\mu_{ij}\,\varphi_j^c(k,r) \tag{6.2-17}$$

式中：$\boldsymbol{G}_i$ 是倒格矢；i 与 $\boldsymbol{G}_i$ 对应。对 j 求和包括所有的内层电子态，是投影系数，有

$$\mu_{ij}=\frac{1}{\sqrt{N\Omega}}\int\mathrm{d}r\,\phi_j^{cn}(k,r)\,\mathrm{e}^{\mathrm{i}(G_l+k)\cdot r} \tag{6.2-18}$$

这样定义的正交化平面波是平面波扣除其在内层电子态的投影，与内层电子态波函数正交，即满足如下正交化条件：

$$\int\mathrm{d}r\,\phi_j^{cn}(k,r)\chi_i(k,r)=0 \tag{6.2-19}$$

一个正交化平面波在远离原子核处的行为像一个平面波，而在近核处具有原子波函数的振荡特征，如图 6.2－1 所示。这样就能用这种正交平面波基函数较好地描述价电子态的特征。

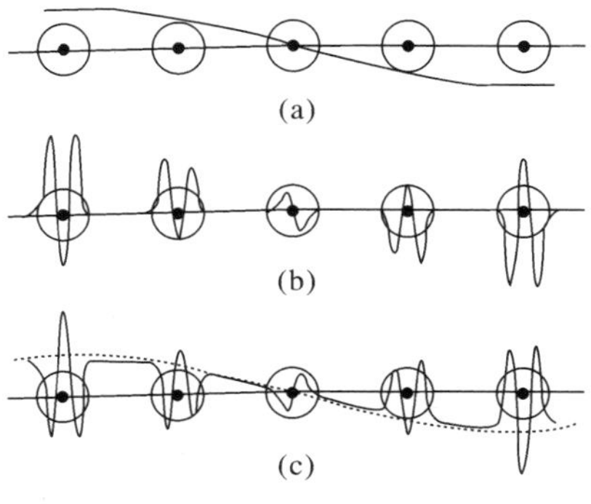

图 6.2－1　平面波和内层电子波函数构成正交化平面波的示意图

(a)平面波；(b)内层电子波函数；(c)正交化平面波

用正交化平面波$\chi_i(k,r)$线性组合成晶体的单电子波函数，即

$$\Psi(k,r)=\sum_i\beta_l\chi_i(k,r) \tag{6.2-20}$$

式中：组合系数β_l是$\boldsymbol{G}_l$的函数。

将式(6.2－20)代入方程(6.0－1)，并与$\chi_j^n(k,\gamma)$作内积，得到关于β_l的线性方程组

$$\sum_j [H_{ij} - ES_{ij}]\beta_l = 0 \tag{6.2-21}$$

β_l有非零解的条件为

$$\det|H_{ji} - ES_{j_i}| = 0 \tag{6.2-22}$$

式中:H_{ij}是在正交化平面波为基函数的空间中哈密顿算符的矩阵元,即

$$H_{ij} = \int \mathrm{d}r\, \chi_j^n(k,r)\hat{H}\, \chi_i(k,r) \tag{6.2-23}$$

S_{ij}是正交化下面波之间的重叠积分,即

$$S_{ij} = \int \mathrm{d}r\, \chi_j^n(k,r)\chi_i(k,r) \tag{6.2-24}$$

解式(6.2-22)可得到能量本征值函数,代入式(6.2-21)可求出β_l。从而求得单电子波函数$\Psi_n(k,r)$。

研究结果表明,价电子与芯电子的正交可以对价电子所受的核吸引作用起抵消作用。因此,只需用较少的正交化平面波就可以得到满意的计算结果。

在正交化平面波方法中,假设孤立原子芯态波函数的 Bloch 和$\phi_j^c(k,r)$有是晶体单电子方程的解,即$\phi_j^c(k,r)$是哈密顿算符的本征函数,这个假设是不合理的。通过与不正确的本征函数正交化而得到的近似能量偏低,这使正交化平面波方法的应用受到了限制。

6.2.4 赝势方法

在能带的理论计算过程中,全电子态的计算量作常大而且收敛很慢。实际上,人们最关心的是固体中的价电子,原子结合成固体时,价电子的状态有很大变化,而化学环境变化对内层电子的波函数一般只有微小的影响,内层电子的能带非常狭窄,几乎没有色散,且离子实的总能量基本不随晶体结构变化。在同样的计算精度下,局限于价态、类价态的总能量计算的绝对精度要比全电子方法高得多。因此。在能带计算中,局限于价态、类价态的方法不仅非常有价值,而且非常实用。

固体中价电子的波函数一般具有图 6.2-2(b)所示的形状。在离子实之间的区域,波函数变化平缓,与自由电子的平面波相近。在离子实内部的区域,波函数变化剧烈,存在若干节点。价电子波函数在离子实内部区域的剧烈波动起源于价电子波函数与内层电子波函数的正交要求。

在正交化平面波方法中提到,价电子波函数与内层电子波函数的正交起到一种排斥势的作用,它在很大程度上抵消了离子实内部 $V(r)$的吸引作用。可以证明,这一结论具有普遍性,并非仅限于正交化平面波方法。由此提出了赝势的概念:在求解固体的单电子波动方程时,用假想的势能代替离子实内部的真实势能,若不改变电子的能量本征值及其在离子实之间区域的波函数,则这个假想的势能叫赝势。利用赝势求出的价电子波函数叫赝波函数,赝波函数所满足的波动方程

$$\left[-\frac{\hbar^2}{2m}\nabla^2 + V^{PS}\right]\Psi_V^{PS} = E_V V^{PS} \tag{6.2-25}$$

式中：V^{PS} 是赝势；Ψ_V^{PS} 是价电子的赝波函数；E_V 是价电子的能量，称为赝势方程。

赝势同时概括了离子实内部的吸引作用和波函数的正交要求。二者相消，如图 6.2－2(c) 所示，赝势比离子势弱。比较平坦。对于这样的赝势系统，用平面波展开赝波函数可以很快收敛。因此，可选用式(6.2－3)形式的平面波展开式作为赝波函数。实际采用的赝势总是要使价电子波函数在离子实内部尽可能地平坦，在离子实之间的区域给出与采用真实势相同的波函数，见图 6.2－2(d)，值得指出的是，虽然是赝波函数，但由此得到的能量却相当于晶体真实价电子波函数的本征能 E_V。

方程(6.2－25)中的赝势是有效势，它包含离子实的作用(称为离子赝势或原子赝势)和价电子的作用。在赝势方法中，使用的离子赝势(原子赝势)可分成经验赝势、半经验原子赝势和第一性原理从头计算原子赝势。

在经验赝势方法(Empirical Pseudopotential Method，EPM)中，晶体势 $V(r)$ 表示成原子势叠加的形式，即

$$V(r)=\sum_{m,n}V^n(r-R_m-t_a) \tag{6.2-26}$$

晶体势在倒易空间展开，即

$$V(\dot{r})=\sum_{G_n}V^n(G_n)S^n(G_n)\mathrm{e}^{iG_n\cdot r} \tag{6.2-27}$$

式中：$V^n(G_n)$ 是原子势的形状因子；$S^n(G_n)$ 是结构因子，有

$$S^n(G_n)=\sum_n \mathrm{e}^{iG_n\cdot r_n} \tag{6.2-28}$$

经验赝势的拟合过程是：选取初始的 $V^n(G_n)$，解单电子方程(6.0－1)得到 $E_n(k)$ 和 $\Psi_n(k,r)$，与实验数据(一般是能带、态密度、响应函数等)作比较，修改，重复上述过程直至得到与实验数据接近的结果，目前，经验赝势方法最主要的用途是在现代从头算原子赝势自洽迭代计算中做初始值。

在现代能带理论中，能带 $E_n(k)$ 是通过自洽求解 Kohn-Sham 方程得到的，方程式(6.0－1)中的周期势就是 Kohn-Sham 方程中的有效势 $V_{KS}[\rho(r)]$。在赝势方程中，$V_{KS}[V^n(r)]=V_{KS}[\rho^{PS}]$，它包括各原子的离子实对单个价电子的作用、该价电子与其他价电子之间的库仑相互作用和交换关联作用，即

$$V_{KS}[\rho^{PS}]=\sum_{m,n}\rho_i^{PS}(r-R_m-t_a)+V_{KS}[\rho^{PS}]+V_{KS}[\rho^{PS}] \tag{6.2-29}$$

这里电子数密度是用赝波函数计算的，即

$$\rho^{PS}=\sum_{i=1}^{\infty}|\Psi_i^{PS}(r)|^2 \tag{6.2-30}$$

式(6.2－29)中：$V_i^{PS}(r)$ 是原子核与内层电子构成的离子实产生的有效势，称为原子赝势。

模型赝势是用于自洽计算的半经验原子赝势，在这种赝势表达式中含有一个或几个可变参量，用与实验数据相比较的办法来确定这些参量。空中心模型是一个最简单的例子，设离子实是价的且离子实的半径为，空中心模型给出的离子赝势为

$$V_i^{PS}(r)=\begin{cases}-z_v/r & (r>r_c)\\ -z_v/r_c & (r\leqslant\gamma_c)\end{cases} \tag{6.2-31}$$

式中：r_c 作为一个可调参数来拟合原子数据。

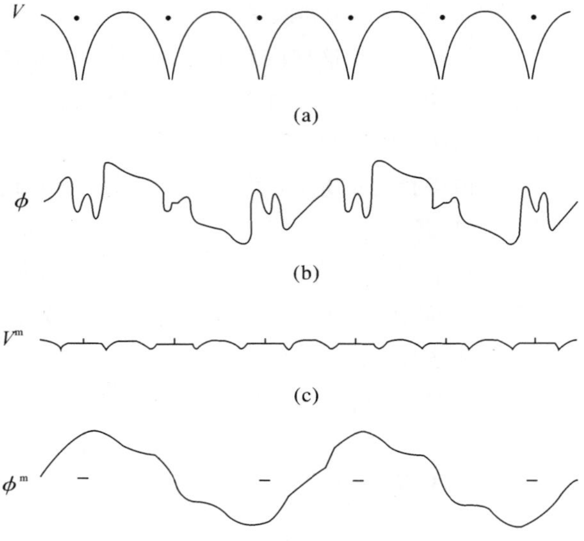

图 6.2-2 晶体周期势、Bloch 波函数与赝势、赝波函数的比较

(a)晶体周期势；(b)Bloch 波函数；(c)覆势；(d)覆波函数

没有任何附加经验参数的原子赝势，称为第一性原理从头算原子赝势。目前。在能带理论计算中最常用的从头算原子赝势是 D. R. hamann 提出的模守恒赝势（Norm Conserving Pseudopotential，NCPP），这种赝势所对应的赝波函数不仅与真实势对应的波函数具有相同的能量本征值，而且在以外，与真实波函数的形状和幅度都相同（模守恒），在以内变化缓慢，没有大的动能。模守恒赝势是用原子的单电子方程进行从头计算得到的，可以给出价电子或类价电子（包括部分内层电子）的正确电子数密度分布，适合作自洽计算。它具有较好的传递性，可用在不同的化学环境中。G. B. Bachelet，D. R. Hamann 和 M. Schluter 计算了从 H 到 Pt 所有原子的模守恒赝势并列成表格形式，称为 BHS 赝势。从头算原子赝势的导出并不唯一，因此有多种形式。

上述 4 种能带计算方法的主要区别表现在两个方面：①采用不同的函数展开晶体单电子波函数；②根据研究对象的物理性质对能体周期势作合理的、有效的近似处理。

这 4 种方法的共同特点是，选用具有 Bloch 函数特性的波函数来展开晶体的单电子波函数，即

$$\Psi(k,r)=\sum_{m}c_m b_m(k,r)$$

在平面波方法和赝势方法中选用的是平面波，即

$$b_m(k,r)=e^{i(k+G_m)\cdot r}$$

在紧束缚方法中选用的 $b_m(k,r)$ 是原子轨道函数的线性叠加，即

$$b_m(k,r)=\frac{1}{\sqrt{N}}\sum_{n}\mathrm{e}^{\mathrm{i}k\cdot\boldsymbol{R}_m}\varphi_j^{at}(r-\boldsymbol{R}_m)$$

在正交化平面波方法中选用的 $b_m(k,r)$是与内层电子波函数正交的平面波，即

$$b_m(k,r)=\chi_m(k,r)=\frac{1}{\sqrt{N\Omega}}\mathrm{e}^{\mathrm{i}(k+\boldsymbol{G}_m)\cdot r}-\sum_{j}\mu_{mj}\varphi_j^c(k,r)$$

这些方法对势场的处理是不同的。近自由电子方法把周期势偏离平均值的部分作为微扰，紧束缚方法把周期势与原子中电子势能之差作为微扰，正交化平面波方法没对周期势作限制，赝势方法对周期势作了若干简化。

除了前面介绍的方法外，计算能带还有另一类方法。其主要持点是，先求一个原胞中电子的能量和波函数，晶体的单电子波函数用原胞中的电子波函数展开，再用晶体的电子波函数在原胞边界面必须满足的边界条件来确定晶体的单电子波函数的展开式系数和能带 $E_n(k)$。从这一思想出发，发展了原胞法、缀加平面波方法和格林函数方法等能带计算方法，关于这类方法的介绍，读者可查阅相关参考文献。

6.3　能带计算的过程与晶体物理性质的计算

在探索新材料的研究中，理论计算可以帮助研究者节省时间和资金。为材料的制备提供方向性指导。由于固体的一些基本性质与其能带结构有关，利用能带理论来解释和预测固体的这些基本性质已成为现代材料研究中常用的方法，并且通过改变能带结构来改变固体的某些性质成为研究者努力的目标。能带理论是一种近似的单电子理论，目前，求解晶体中单电子问题的最精确的理论是密度泛函理论，因此，在现代能带理论研究中。较普遍地利用局域密度泛函理论求解单电子方程和计算晶体总能。所谓局域密度泛函理论，是指在密度泛函理论中采用局域密度近似。这一节介绍能带理论计算的基本过程和应用，以使读者增加对能带理论计算的了解。

6.3.1　能带计算的过程

晶体能带及晶体物理性质的计算过程与第 2 章讲过的分子自洽场计算类似，如图 6.3－1 所示。不同之处在于晶体是一个具有周期性结构的体系，输入时只能给出一个体积有限的晶体结构模型，需利用周期性边界条件，才能得到整个晶体的能带结构。

在选择了计算任务之后，对计算参数进行设置，如自洽场计算的精度、基组的大小、k 的取值等。自洽场计算的收敛用电子数密度或晶体总能量的收敛来标志，自洽场计算的精度是指收敛的标准。在晶体能带计算中，基组是指用于线性组合成单电子波函数的基函数集合，如平面波方法中的平面波、紧束缚近似方法中的原子轨道组合成的 Bloch 函数。在平面波赝势方法中，给出能量的截断值 E_{ext}，根据

$$E_{\text{ext}}=\frac{\hbar^2(k+\boldsymbol{G}_m)^2}{2u} \tag{6.3-1}$$

确定基组中平面波$e^{i(k+G_m)\cdot r}$的数目。能带数是 k 的准连续函数。k 在 k 空间均匀分布，其取值由式(3.4)给出并限定在布里渊区中，k 可以取大量的值。由于计算量大，计算时 k 只取简约布里渊区中有限的值，以$l_1\times l_2\times l_3$的形式表示所取的 k 在 b_1，b_2，b_3方向上的取值间隔分别为 b_1/l_1，b_2/l_2，b_3/l_3。在其他条件不变的情况下，k 的取值数目增加，得到的函数的精确度增大，但计算量显著增加。

利用自洽场方法求解 Kohn-Sham 方程，得到所设结构的晶体总能量(单点能)。在计算晶体的物理性质之前必须对所设晶体结构模型进行几何优化，根据关于能量、力、应力、位移的判据来判断晶体结构是否为稳定结构(总能量最小)。如果晶体结构不是稳定结构，重新设置晶格参数进行计算，直至得到稳定的晶体结构。对结构优化后的晶体进行物理性质计算，最后输出计算结果。

目前已有一些利用第一性原理对具有周期性结构的材料进行能带计算的商业软件，如ADF，VASP，Wien2K，CASTEP 等。

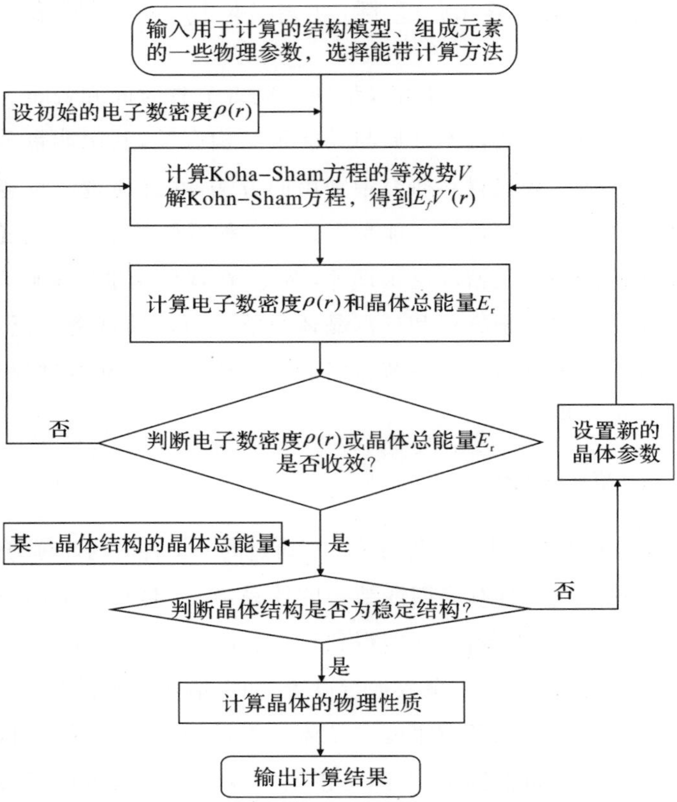

图 6.3-1　晶体能带及晶体物理性质的计算过程

6.3.2　晶体的总能量

晶体总能量(不包括核的动能部分)可分成两部分:一部分是原子核与内层电子组成的离子实的能量。这部分能量基本上与晶体结构无关,是一个常数,赝势方法中常把总能量中这部分不变的能量设为零;另一部分是总能量与离子实能量之差,包括离子实与价电子的相互作用,离子实之间的相互作用以及价电子间的相互作用。晶体总能量与核动能(通常是零点振动能)之和与全部组分原子的孤立原子能之和的差,称为晶体的结合能。

在密度泛函理论中,晶体总能量是晶格电子的能量与离子实的排斥能之和,即

$$E_T = T[\rho] + E_{\mathrm{ext}} + E_{\mathrm{coul}} + E_{\mathrm{xc}} + E_{\mathrm{N-N}} \tag{6.3-2}$$

式(6.3-2)中各项的物理意义已在密度泛函章节中介绍过,其中电子与外场 $\nu(r)$ 的相互作用能为

$$E_{\mathrm{ext}} = \int \mathrm{d}r \rho(r) \nu(r) \tag{6.3-3}$$

电子间库仑相互作用能为

$$E_{\mathrm{coul}} = \frac{1}{2}\iint \mathrm{d}r\mathrm{d}r' \frac{\rho(r)\rho(r')}{|r-r'|} \tag{6.3-4}$$

在局域密度近似条件下,电子的交换关联能为

$$E_{\mathrm{xc}} = \int \mathrm{d}r \rho(r)\, \varepsilon_{\mathrm{xc}}[\rho(r)] \tag{6.3-5}$$

离子实之间的库仑相互作用为

$$E_{\mathrm{N-N}} = \frac{1}{2}\sum_{\boldsymbol{R},j}\sum_{\boldsymbol{R}',j'}{}' \frac{Z_i Z_i'}{|k + \boldsymbol{t}_i - \boldsymbol{R}' - \boldsymbol{t}_{i'}|} \tag{6.3-6}$$

式中:Z_i 表示原子 s 的价电子数;$\boldsymbol{R}$ 表示晶格平移矢;$\boldsymbol{t}_i$ 表示原胞内原子 s 的相对位矢。动能泛函可通过 Kohn-Sham 方程用单电子能量表示为

$$T[\rho] = \sum_i \int \mathrm{d}r\, \boldsymbol{\Psi}_i'(\gamma)(E_i - V_{\mathrm{KS}})\boldsymbol{\Psi}_i(r) \tag{6.3-7}$$

式中:是 Kohn-Sham 方程的本征值。将式(6.3-3)、式(6.3-5)和式(6.3-7)代入式(6.3-2),得到晶体总能量为

$$E_T = \sum_i E_i - \frac{1}{2}\iint \mathrm{d}r\mathrm{d}r' \frac{\rho(r)\rho(r')}{|r-r'|} + \int \mathrm{d}r\rho(r)\{\varepsilon_{\mathrm{xc}}[\rho(r)] - V_{\mathrm{xc}}[\rho(r)]\} + E_{\mathrm{N-N}} \tag{6.3-8}$$

晶体的单电子能与晶体体积之间的关系可用 Murnaghan 状态方程

$$E(N\Omega) = \frac{B_0 N\Omega}{B_0'(B_0'-1)}\left[B_0'\left(1-\frac{\Omega_o}{\Omega}\right) + \left(\frac{\Omega_0}{\Omega}\right)^{B_0'} - 1\right] + E(N\Omega_o) \tag{6.3-9}$$

来描述。式中:N 是晶体中原胞的数目;Ω 是晶格常数尝试值为 a 时的原胞体积;是体弹性模量;B_0' 是 B_0 对 Ω 的导数。对于不同的晶格常数尝试值 a,即不同的晶体体积 $N\Omega$,可计算出相应的单点能 $E(N\Omega)$,用最小二乘法拟合 Murnaghan 状态方程,便可得到相应于该结构的晶体常数 a_0、体弹性模量 B_0 和该结构的能量极小值 $E(N\Omega_o)$。图 6.3-2 显示了用 CASTEP 软件计算出的晶格常数的准确性。

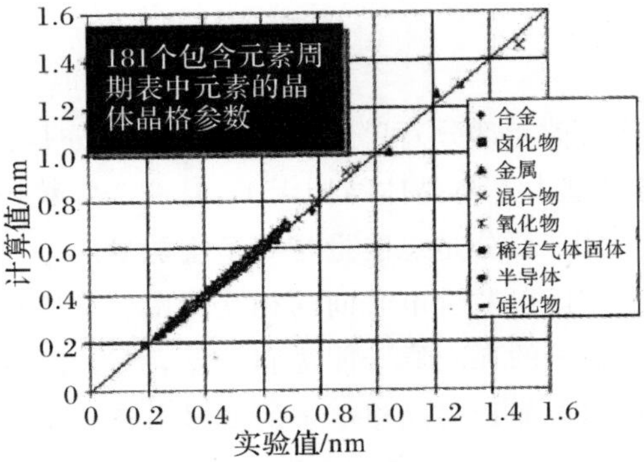

图 6.3-2　用 CASTEP 软件计算出的晶格常数的准确性

对于组成元素确定的体系。可能存在不同的晶体结构。分别对不同的晶体结构进行总能量计算和 Murnaghan 方程拟合，得到相应的能量极小值 $E(N\Omega_o)$，比较不同晶体结构的能量极小值，便可确定稳定的晶体结构。M. T. Yin 和 M. L. Cohen 成功地用第一性原理从头算方法研究了 Si 和 Ge 的晶体结构，指出常压下金刚石结构在能量上最稳定。用从头计算法算出的晶格常数与实验值符合得非常好。他们还从单点能的体积变化率预言了压力导致的相变，即当压力增加、体积缩小时，其他相的单点能可能比常压下稳定相的单点能更低，从而发生相变。计算结果表明，虽然六角金刚石是个次稳定的结构，其单点能极小值仅次干金刚石结构，但在稳定结构附近的单点能体积变化率比金刚石结构大，而 Si 和 Ge 结构的单点能体积变化率与金刚石结构接近一致，如图 6.3-3 所示。因此，他们预言，金刚石结构在静压力下将发生向锡结构转变，而不是向六角金刚石结构相变，这一预言已被实验证实。

由晶体总能量可以确定晶体的一些力学性质，如 Hellmann-Feynman 力和应力。作用于原子 s 上的力 F_s，可由晶体总能量 E_T 对原子 s 的原胞内位矢 τ_i 求负梯度得到，即

$$F_s = -\nabla_{\tau_i} E_T \tag{6.3-10}$$

这个作用于原子上的晶体内力称为 Hellmann - Feynman 力。

对于晶格应变张量 $\varepsilon=[\varepsilon_{\eta^3}]$，平均应力张量为 $\sigma=[\sigma_{\eta^3}]$，其中：

$$\sigma_{\eta^3} = \frac{1}{\Omega}\frac{\partial E_T}{\partial \varepsilon_{\eta^3}} \tag{6.3-11}$$

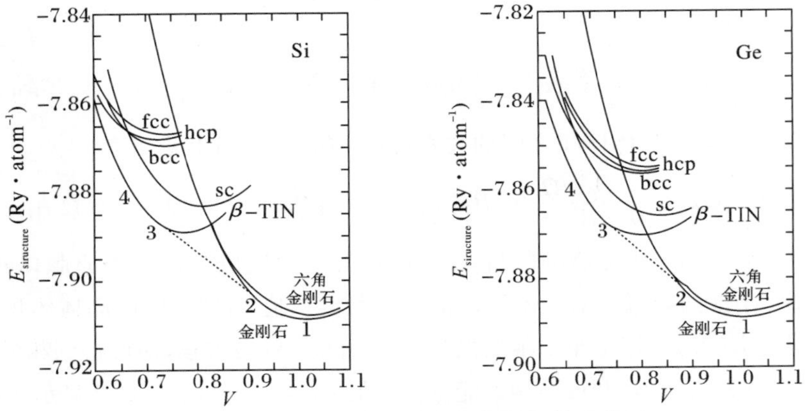

图 6.3-3　Si,Ge 的各种结构的能量-体积关系

6.3.3　几何优化

几何优化是通过调节结构模型的几何参数来获得稳定结构的过程，其结果是使模型结构尽可能地接近真实结构。

进行几何优化的判据可以根据研究的需要而定，一般是几个判据组合使用。常用的判据有以下几个：

(1)自洽场收敛判据。对给定的结构模型进行自洽场计算时，相继两次自洽计算得到的晶体总能量之差足够小，即相继两次自洽计算的晶体总能量之差小于设定的最大值。

(2)力判据。每个原子所受的晶体内作用力足够小，即单个原子受力小于设定的最大值。

(3)应力判据。每个结构模型单元中的应力足够小，即应力小于设定的最大值。

(4)位移判据。相继两次结构参数变化引起的原子位移的分量足够小，即原子位移的分量小于设定的最大值。

CASTEP 是对固体材料进行第一性原理量子力学计算的专业软件，在计算中采用密度泛函理论平面波赝势法。表 6.3－1 给出了 CASTEP 软件中进行几何优化时使用的收敛判据。

表 6.3－1　*CASTEP* 软件中几何优化的收敛判据

判据	精度			
	Course	Medium	Fine	Ultra－Fine
能量差 ΔE / (eV · atom^{-1})	5.0×10^{-5}	2.0×10^{-5}	1.0×10^{-5}	5.0×10^{-5}
最大力 F_{max} / (ev · nm^{-1})	1.0	0.5	0.3	0.1
最大应力σ_{max} / GPa	0.2	0.01	0.05	0.02
最大位移Δl_{max} / nm	5.0×10^{-4}	2.0×10^{-4}	1.0×10^{-4}	5.0×10^{-4}

6.3.4　能带结构

全部 $E_n(k)$函数给出能带结构，实际上人们最关心的是费米能级附近的一系列能带，因此，一般只计算有限个能带的 $E_n(k)$函数，从能带结构图上可以直观地看到在指定方向上各能带 $E_n(k)$函数随 k 的变化、导带底与价带顶的位置、禁带宽度以及禁带能隙随 k 的变化。

图 6.3－4 是用 CASTEP 计算的闪锌矿结构的 AlAs 的能带结构图。总能量的计算精度是 1.0×10^{-5}，k 的取值为 4×4×4，能量截断值为 300.0 eV。图中用虚线表示费米能级($E_F=0$)，费米能级以下的能带是价带，费米能级以上的能带是导带。导带底与价带顶位于相同点的能带结构。称为直接跃迁型能带结构。导带底与价带顶位于不同点的能带结构，称为间接跃迁型能带结构。从图 6.3－4 可以看出，导带底与价带顶均位于布里渊区的原点(Γ 点，图中以 G 表示 Γ)，这表明 AlAs 具有直接跃迁型能带结构。

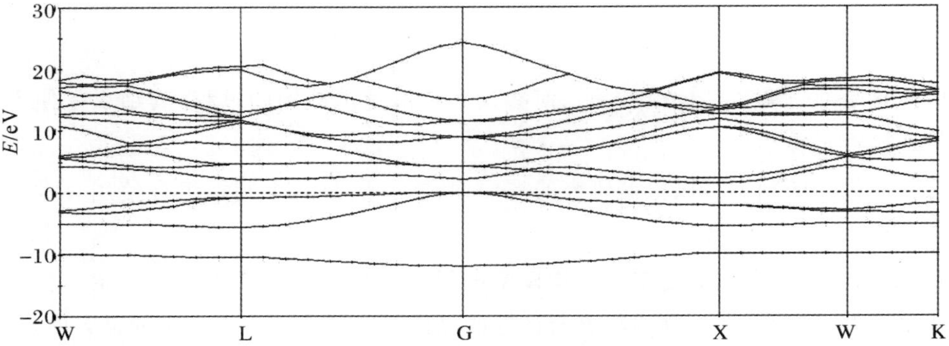

图 6.3－4　AlAs 的能带结构

6.3.5　能态密度

能态密度(Density of States,DOS)可分为总态密度、分波态密度和局域态密度。总态密度 $N(E)$是各能带的态密度之和,总电子数 N 等于 $N(E)$从负无穷到费米能级的积分,即

$$N=\int_{-\infty}^{E_F} N(E)\mathrm{d}E \qquad (6.3-12)$$

根据式(6.1－12),由图 6.3－4 所示的能带结构可计算出 AlAs 的总能态密度,如图6.3－5 所示。

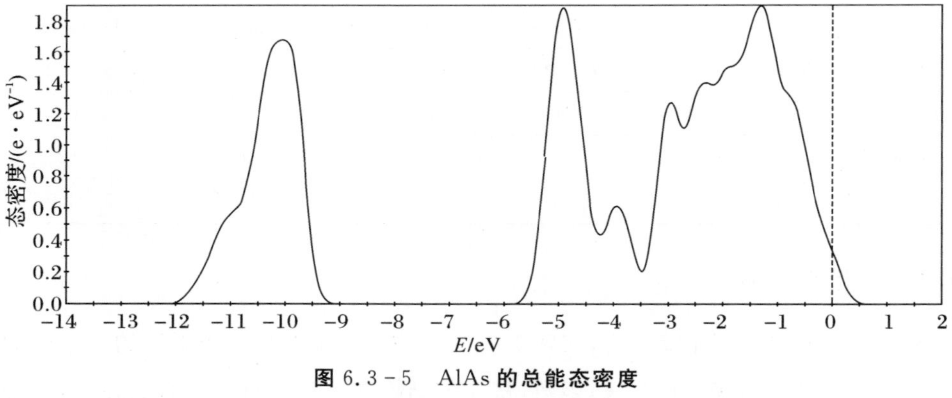

图 6.3－5　AlAs 的总能态密度

态密度是一个十分有用的概念,使用态密度可以用对电子能量 E 的积分代替在布里渊区内对 k 的积分。另外,态密度经常用于电子结构的快速可视分析,价带宽度、能隙及电子态密度 $N(E)$的主要特征处的强度和数目等特性有助于定性解释实验得到的光谱数据。态密度分析还有助于理解电子结构的变化,如外压引起的电子结构变化。

局域态密度(Local Density of States,LDOS)和分波态密度(Projected Density of States,PDOS)是对电子结构分析十分有用的半定量工具。LDOS 显示系统中各原子的电子态对能态密度谱的每个部分的贡献。PDOS 根据电子态的角动量来进一步分辨这些贡献，确定 DOS 的主要峰是否具有 s，p 或 d 电子的特征。LDOS 和 PDOS 分析可对体系中电子杂化的本质和体系的 XPS，光谱中主要特征的来源提供定性解释。PDOS 计算基于 Mulliken 布居分析，这种布居分析可将原子对每个能带的贡献归属于指定的原子轨道，对所有能带中某些原子轨道的贡献求和，可得到加权的态密度。可选择不同的加权方式，例如，将指定原子的所有原子轨道对各能带的贡献加起来便得到 LDOS。图 6.3－6 和图 6.3－7 分别是用 CASTEP 计算的 AlAs 中 Al 原子和 As 原子的局域态密度和分波态密度。

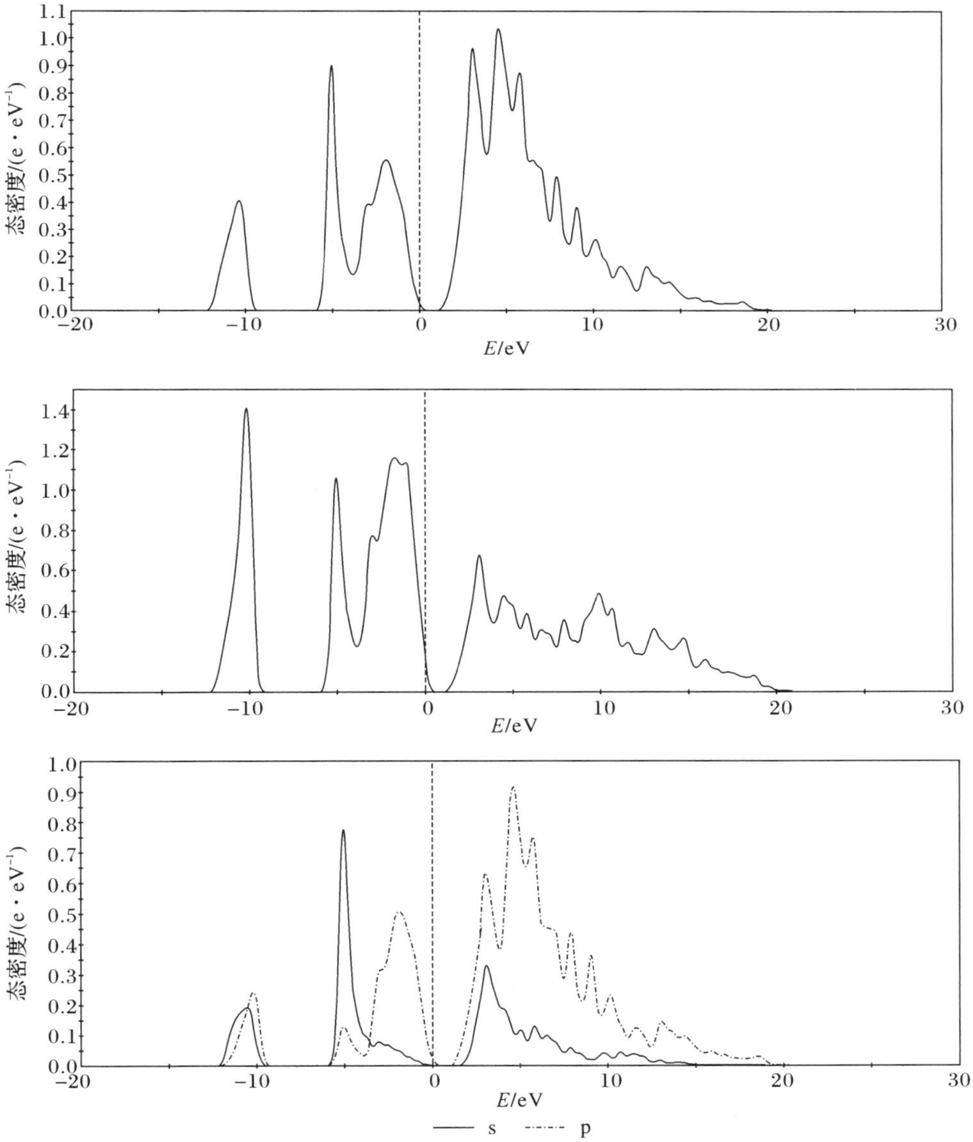

图 6.3－6　AlAs 中 Al 原子和 As 原子的局域态密度

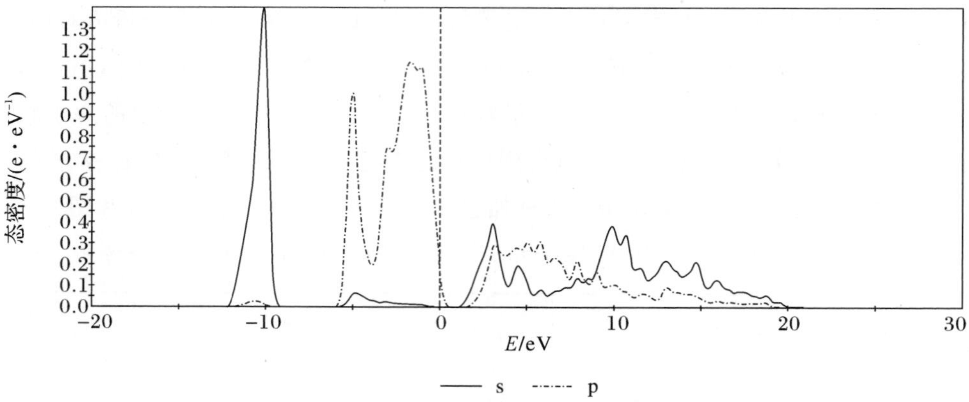

图 6.3-7　AlAs 中 Al 原子和 As 原子的分波态密度

在自旋极化体系中,α 电子和 β 电子具有不同的空间波函数,即占据不同的能态。可分别计算 α 电子的态密度 $N(E)\uparrow$ 和 β 电子的态密度 $N(E)\downarrow$,它们的和给出总态密度,它们的差 $N(E)\uparrow - N(E)\downarrow$ 被称为自旋态密度(Spin Density of States,SDOS)。材料的磁性质与自旋态密度有关。Fe 是典型的自旋极化体系。用 CASTEP 计算 α-Fe 的能态密度,总能量的计算精度是1.0×10^{-5},k 的取值为 $6\times6\times6$,能量截断值为 300.0 eV,分别得到的 α 电子和 β 电子的能态密度,如图 6.3-8 所示。

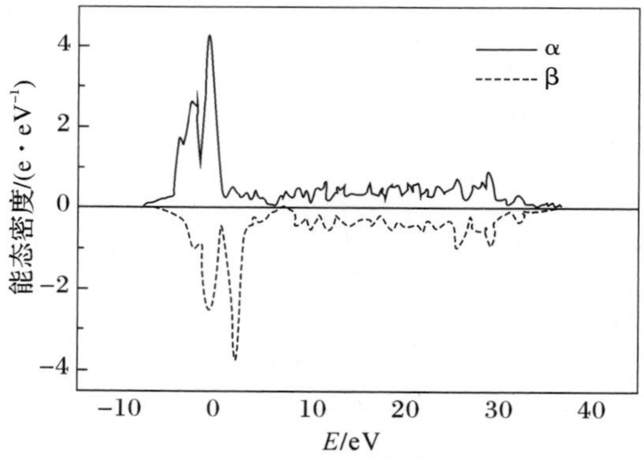

图 6.3-8　α-Fe 的能态密度

6.3.6　布居分析

对电子电荷在各组分原子之间的分布情况进行计算,称为布居分析。由布居分析得到的原子电荷值只有相对意义没有绝对意义,因为原子电荷值对所用基组十分敏感。如果使用相同的基组对不同体系进行布居分析计算,得到的电荷分布的相对值可以给出一些有用的信息。有多种布居分析方法,其中被广泛采用的布居分析方法是 Mulliken 布居分析。布居分析可以给出原子上、原子轨道上、两原子间的电子电荷分布,依次称为原子布居、轨道布居、键布居。

布居分析为原子间的成键提供了一个客观依据,并且两原子间的重叠布居还可用于评价一个键的共价性或离子性。键布居的值高表明键是共价的,键布居的位低表示键是一种离子相互作用。还可以用有效离子价来进一步评价键的离子性，有效离子价定义为阴离子物种上原来的离子电荷与 Mulliken 电荷之差，若这个值为零，则表明该键是完全的离子键，若这个值大于零，则表明该键的共价成分增加。

对前边计算过的 AlAs 作 Mulliken 布居分析，得到表 6.3-2 所列 Al 原子和 As 原子的轨道布居、总的原子布居及原子电荷值。

表 6.3-2　AlAs 的 Mulliken 布居分析结果

原子	s 轨道	p 轨道	原子布局	原子电荷/e
Al	1.07	1.55	2.63	0.37
As	1.43	3.94	5.37	−0.37

6.3.7　弹性常数

材料的弹性常数描述了它对所加应力的响应，或者反过来说，弹性常数描述了为维持一个给定的形变所需的应力。应力[σ_{η}^{3}]和应变[ε_{η}^{3}]均为二阶对称张量，可分别用σ_i($i=1,2,\cdots,6$)和ε_i($i=1,2,\cdots,6$)来表示，则线弹性常数可表示为一个 6×6 的对称矩阵[C_{ij}]，对于小的应力和应变，有

$$\sigma_i = \sum_j C_{ij}\varepsilon_j \tag{6.3-13}$$

根据式(6.3-11)和式(6.3-13)，由晶体总能量 E_T，可算出弹性常数 C_{ij}，利用计算得到的弹性常数 C_{ij}，还可以计算体弹性模量、泊松系数等性质。在计算弹性常数时，对能量的计算精度要求很高，因此 k 的取值不少于 15×15×15。例如，CASTEP 对 BN 的弹性常数进行计算，结果如下：

(1)弹性刚度常数 C_{ij}/GPa。

736.568 50	125.203 50	125.203 50	0.000 00	0.000 00	0.000 00
125.203 50	736.568 50	125.203 50	0.000 00	0.000 00	0.000 00
125.203 50	125.203 50	736.568 50	0.000 00	0.000 00	0.000 00
0.000 00	0.000 00	0.000 00	424.939 21	0.000 00	0.000 00
0.000 00	0.000 00	0.000 00	0.000 00	424.939 21	0.000 00
0.000 00	0.000 00	0.000 00	0.000 00	0.000 00	424.939 21

(2)弹性柔顺常数 S_{ij}/GPa^{-1}。

0.001 428 2	−0.000 207 5	−0.000 207 5	0.000 000 0	0.000 000 0	0.000 000 0
−0.000 207 5	0.001 428 2	−0.000 207 5	0.000 000 0	0.000 000 0	0.000 000 0
−0.000 207 5	−0.000 207 5	0.001 428 2	0.000 000 0	0.000 000 0	0.000 000 0
0.000 000 0	0.000 000 0	0.000 000 0	0.002 353 3	0.000 000 0	0.000 000 0
0.000 000 0	0.000 000 0	0.000 000 0	0.000 000 0	0.002 353 3	0.000 000 0
0.000 000 0	0.000 000 0	0.000 000 0	0.000 000 0	0.000 000 0	0.002 353 3

(3)体弹模量=(328.991 83±1.014)GPa。

坐标轴	弹性模量/GPa	泊松比
X	700.187 84	$E_{xy}=0.145\ 3$，$E_{xz}=0.145\ 3$
Y	700.187 84	$E_{yx}=0.145\ 3$，$E_{yz}=0.145\ 3$
Z	700.187 84	$E_{zx}=0.145\ 3$，$E_{zy}=0.145\ 3$

6.3.8 热力学性质

对体系热力学性质的描述基于声子，声子是晶格振动的能量子。声子的角频率与波矢 q 的函数关系 $\omega(q)$ 称为声子谱或色散关系。利用第一性原理计算声子谱 $\omega(q)$ 的方法有两种：超胞法和线性响应法。由声子谱可计算体系的焓 H、熵 S、自由能 F 和晶格热容 C_v，它们都是温度的函数。图 6.3－9 是用 CASTEP 计算的锗的焓（H）、功函数（F）、温度与熵的乘积（TS）和等容热容（C_v）随温度的变化。

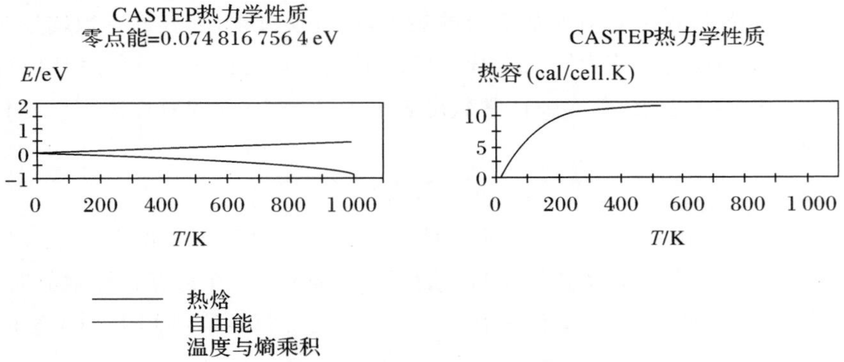

图 6.3－9　Ge **的热力学性质**

6.3.9 光学性质

利用第一性原理可计算由于电子跃迁而产生的光学性质。通常介质的折射指数 N 是复数，可表示成

$$N=n+\mathrm{i}k \tag{6.3-14}$$

式中：n 是折射率；虚部 k 与吸收系数之间的关系为

$$\eta=\frac{2k\omega}{c} \tag{6.3-15}$$

吸收系数标志波穿过单位厚度的介质后能量损失的部分，可通过介质内焦耳热产生的速度来推算。当光波垂直于介质表面入射时，反射系数 R 可表示成

$$R=\left|\frac{1-N}{1+N}\right|^2=\frac{(n-1)^2+k^2}{(n+1)^2+k^2} \tag{6.3-16}$$

在计算光学性质时，常先计算复介电常数 $\varepsilon(\omega)$，然后用复介电常数（函数）来表示其他性质。复介电常数为

$$\varepsilon=\varepsilon_1+\mathrm{i}\,\varepsilon_2=N^2 \tag{6.3-17}$$

因此，折射指数的实部和虚部与介电常数的关系为

$$\varepsilon_1=n^2-k^2,\varepsilon_2=2nk \tag{6.3-18}$$

由复介电常数可算出能量损失函数。能量损失函数描述电子穿过均匀介质造成的能量损失，它由下式给出：

$$\mathrm{Im}\left[\frac{-1}{\varepsilon(\omega)}\right] \tag{6.3-19}$$

理论上，测得吸收系数和反射系数就可计算出折射指数的实部 n 和虚部 k，而实际上实验测试非常复杂。通常利用电子跃迁计算介电常数的虚部$\varepsilon_2(\omega)$，然后利用 Kramers-Kronig 变换由介电常数的虚部$\varepsilon_2(\omega)$求出介电常数的实部$\varepsilon_1(\omega)$，进而计算出折射率、吸收系数等光学性质。光学性质的计算结果对一些计算参数十分敏感，如计算包括的导带数目、能量截断位、进行自洽场计算所用的 k 点数目以及计算光学矩阵元所用的 k 点数目。图 6.3-10 是用 CASTEP 计算的 AlAs 的介电函数。利用第一性原理计算光学性质是通过计算电子跃迁得到的，这对能带结构的计算结果有很高的要求，如果没有精确的能带计算结果，就不可能得到准确的光学性质计算结果。

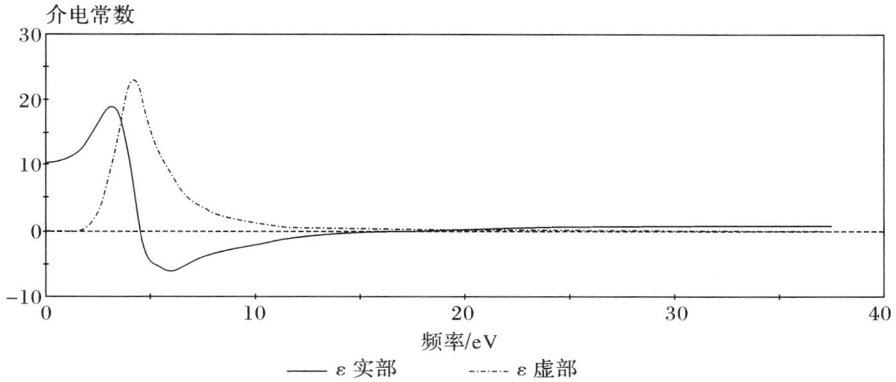

图 6.3-10　CASTEP 计算的 AlAs 介电函数

习　　题

1. 能带理论是个什么样的理论？

2. 求晶体能带时需要作哪些近似？这些近似的物理意义是什么？

3. 如何描述晶体中电子的运动状态？原子的价电子与原子内层电子在形成晶体之后有哪些改变？

4. 能带的 $E_n(k)$ 函数有哪些性质？

5. 能态密度的物理意义是什么？局域态密度与分波态密度有什么不同？

6. 什么是费米能级？什么是费米面？

7. 用平面波法、紧束缚近似法、正交化平面波法和赝势法计算能带的基本原理是什么？

8. 什么是单点能？如何判断晶体结构是否稳定？

9. 什么是几何优化？如何进行几何优化？为什么在计算晶体的物理性质时要先进行几何结构优化？

10. 自洽场计算与几何结构优化是否是一回事？为什么？

11. 晶体中全部电子的能量之和是否就是晶体的总能量？

参 考 文 献

[1] 黄昆,韩汝琦. 固体物理学[M]. 北京:高等教育出版社,1997.

[2] 方俊鑫,陆栋. 固体物理学[M]. 上海:上海科学技术出版社,1984.

[3] 谢希德,陆栋. 固体能带理论[M]. 上海:复旦大学出版社,1998.

[4] HAMANN D R, SCHLUTER M, CHIANG C. Norm - CONSERVING PSEudopotentials [J]. Phys Rev Lett, 1979, 43: 1494 - 1497.

[5] BCCHELET G B, HAMANN D R, SCHLUTER M. Pseudopotentials that work: from h to pu [J]. Phys Rev B, 1982, 26 (8): 4199 - 4228.

[6] MILMAN V, WINKLER B, WHITE J A, et al. Electronic structure, properties, and phase stability of inorganic crystals: A pseudopotential plane - wave study [J]. Int J Quantum Chem, 2000, 77 (5): 895 - 910.

[7] YIN M T, COHEN M L. Theory of static structural properties, crystal stability, and phase transformations: Application to Si and Ge [J]. Phys Rev B, 1982, 26 (10) : 5668 - 5687.

[8] MULLIKEN R S. Electronic population analysis on LCAO - MO molecular wave functions. [J]. J Chem Phys, 1955, 23 (10):1833 - 1840.

[9] ACKLAND G J, WARREN M C, CLARK S J. Practical methods in ab initio lattice dynamics [J]. J Phys Condens Matter, 1997, 9 (37): 7861 - 7872.

[10] BARONI S, GIRONCOLI S, CORSO A, et al. Phonons and related crystal properties from density—functional perturbation theory [J]. Rev Mod Phys, 2001, 73 (2): 515 - 562.

第7章 第一性原理分子动力学模拟

7.1 BOMD和CPMD模拟方法

7.1.1 经典MD模拟的局限性

在经典MD模拟中，必须预先构建模拟体系的分子力场，而分子力场模型的正确性，直接决定了经典MD模拟结果的可靠性。如果分子力场模型不正确，模拟结果就不能正确反映模拟体系的实际行为和性质。对分子力场模型的依赖，限制了经典MD模拟的应用范围。为了克服经典MD模拟的局限性，可以把第一性原理或半经验的电子结构计算方法与MD模拟结合起来，实现第一性原理分子动力学模拟（Ab Initio Molecular Dynamics, AIMD）。

第一性原理分子动力学方法主要基于以下3个假设：①忽略系统核的量子效应；②系统满足轨道近似（即单电子近似）；③认为系统满足绝热近似。其中电子基态本征函数和本征值的计算是第一性原理分子动力学的核心内容。电子基态计算属于复杂的量子多体问题，需引入密度泛函理论（Density Functional Theory, DFT）以简化计算量，把复杂的多体问题转化为一组自洽的单电子轨道方程，即Kohn-Sham方程。进一步根据电子和原子核的相互作用对电子密度的影响程度，对交换势采用局域密度近似（Local Density Approximation, LDA）或广义梯度近似（General Gradient Approximation, GGA），从而方程可解。在BOMD模拟中：首先，假设体系符合Born-Oppenheimer近似，计算得到相应的基态电子波函数；其次，利用Hellman-Feynman定理计算原子核的受力；最后，根据经典力学计算原子核的运动轨迹。与BOMD模拟不同，CPMD模拟充分利用了电子结构在每步计算前后变化很小的特点，通过在拉格朗日（Lagrangian）函数中引入扩展项的方法，使体系的电子结构也按一定的规律随时间演化，避免了电子波函数的直接计算，大大提高了模拟效率。这也是目前凝聚态物理中计算电子结构普遍采用的方法。电子基态计算不仅得到原子间相互作用势，也为分子动力学研究提供了精确的力场，这种将密度函数理论和分子动力学结合起来的方法，是目前第一性原理分子动力学中普遍采用的算法之一。

事实上，BOMD模拟是一种拉格朗日方法，体系的拉格朗日函数与经典拉格朗日函数一致。相反，CPMD模拟是一种扩展拉格朗日方法（Extended Lagrangian），其拉格朗日函数与经典拉格朗日函数不同。此外，在BOMD模拟中，每步模拟需要独立计算电子的基态波函数,电子的量子力学行为与原子核的经典力学行为相互独立;相反,在 CPMD 模拟中电子基态按一定规律演化,不需要独立计算基态波函数,电子的量子力学行为与原子核的经典力学行为相互关联。CPMD 模拟的计算量比 BOMD 模拟小许多。但是,由 CPMD 模拟得到的轨迹与 BOMD 模拟相似。

7.1.2 基于 Schrödinger 方程的 BOMD 模拟

Schrödinger 方程是量子力学的基础,即

$$\hat{\boldsymbol{H}}\varphi = E\varphi \tag{7.1-1}$$

式中:$\hat{\boldsymbol{H}}$为体系的哈密顿算符;φ 为波函数;E 为能量。原子、分子体系的哈密顿算符包括原子核的动能、电子的动能、原子核与电子间的库仑吸引能、原子核间的库仑排斥能和电子间的库仑排斥能。在原子单位中,哈密顿算符可以写成

$$\hat{\boldsymbol{H}} = -\sum_{\alpha=1}^{N}\frac{1}{2M_\alpha}\nabla_\alpha^2 - \sum_{i=1}^{n}\frac{1}{2}\nabla_i^2 - \sum_{i=1}^{n}\sum_{\alpha=1}^{N}\frac{Z_\alpha}{|\boldsymbol{r}_i - \boldsymbol{R}_\alpha|} + \sum_{\alpha=1}^{N}\sum_{\beta>\alpha}^{N}\frac{Z_\alpha Z_\beta}{|\boldsymbol{R}_\alpha - \boldsymbol{R}_\beta|} + \sum_{i=1}^{n}\sum_{j>i}^{n}\frac{1}{|\boldsymbol{r}_i - \boldsymbol{r}_j|} \tag{7.1-2}$$

式中:n 和 N 分别为体系包含的电子和原子核的数目;下标 i,j 用于标记不同的电子;α,β 标记原子核;M_α为原子核的质量;$\boldsymbol{r}_i$和$\boldsymbol{r}_j$为电子的坐标矢量;$\boldsymbol{R}_\alpha$和$\boldsymbol{R}_\beta$为原子核的坐标矢量;Z_α和Z_β为原子核的电荷数。Schrödinger 方程的形式虽然简单,但是求解非常困难。目前,除氢原子、类氢离子和氢分子离子等少数简单体系外,一般原子和分子体系的 Schrödinger 方程没有解析解,只能求得近似的数值解。

求解 Schrödinger 方程数值解的最常用方法是变分原理(Variational Principle)。根据变分原理,对于任意给定的近似波函数 φ,计算得到的近似能量 E 总是大于体系的基态能量 E_0。

$$E = \frac{\int \varphi^* \hat{\boldsymbol{H}}\varphi \mathrm{d}\tau}{\int \varphi^* \varphi d\tau} \geqslant E_0 \tag{7.1-3}$$

并且,当近似波函数 φ 趋近于精确的基态波函数中φ_0 时,近似能量 E 趋近于基态能量 E_0。在量子化学中,并不直接计算近似波函数,而是用一组特别设计的特殊函数(基组函数)展开波函数,把求解 Schrödinger 方程转化为求解展开系数。

除了变分原理和基组展开外,在量子化学中还用到一个重要的近似,即绝热近似或 Born-Oppenheimer 近似(BO 近似)。最轻的 H 原子核的质量也是电子质量的 1 836 倍以上,原子核的运动速度比电子的运动速度慢许多。因此,在原子核因运动而发生位置变化后,电子可以很快地调整运动状态,达到最终的平衡状态。据此,BO 近似假设,根据 Schrödinger 方程计算电子波函数时可以固定或冻结原子核的坐标$\boldsymbol{R}_\alpha$只计算电子波函数φ_{el}和能量 E_{el}。在 BO 近似下,原子核的动能为 0,体系的哈密顿算符被简化为

$$\hat{\boldsymbol{H}}_{\text{el}} = -\frac{1}{2}\sum_{i=1}^{n}\nabla_i^2 - \sum_{i=1}^{n}\sum_{\alpha=1}^{N}\frac{Z_\alpha}{|\boldsymbol{r}_i - \boldsymbol{R}_\alpha|} + \sum_{\alpha=1}^{N}\sum_{\beta=\alpha+1}^{N}\frac{Z_\alpha Z_\beta}{|\boldsymbol{R}_\alpha - \boldsymbol{R}_\beta|} +$$

$$\sum_{i=1}^{n}\sum_{j=i+1}^{n}\frac{1}{|\boldsymbol{r}_i-\boldsymbol{r}_j|} \tag{7.1-4}$$

此外，原子核的坐标$\boldsymbol{R}_\alpha$和$\boldsymbol{R}_\beta$只是参数，不是变量。电子波函数φ_{el}与原子核波函数φ_{nu}可以相互分离，

$$\varphi=\varphi_{el}\varphi_{nu}=\varphi_{el}(\boldsymbol{r}_1,\boldsymbol{r}_2,\cdots,\boldsymbol{r}_n;\boldsymbol{R}_1,\boldsymbol{R}_2,\cdots,\boldsymbol{R}_N)\varphi_{nu}(\boldsymbol{R}_1,\boldsymbol{R}_2,\cdots,\boldsymbol{R}_N) \tag{7.1-5}$$

由此得到的电子波函数$\varphi_{el}(\boldsymbol{r}_1,\boldsymbol{r}_2,\cdots,\boldsymbol{r}_n;\boldsymbol{R}_1,\boldsymbol{R}_2,\cdots,\boldsymbol{R}_N)$是所有电子坐标矢量和核坐标矢量的函数，能量$E(\boldsymbol{R}_1,\boldsymbol{R}_2,\cdots,\boldsymbol{R}_N)$是所有原子核坐标矢量的函数。对于任意给定的一组原子核坐标矢量$(\boldsymbol{R}_1,\boldsymbol{R}_2,\cdots,\boldsymbol{R}_n)$，都可以计算得到一个能量值$E(\boldsymbol{R}_1,\boldsymbol{R}_2,\cdots,\boldsymbol{R}_N)$，这就是势能函数或势能面。得到了势能函数$E(\boldsymbol{R}_1,\boldsymbol{R}_2,\cdots,\boldsymbol{R}_N)$后，就可以计算原子核所受的力矢量，即

$$\boldsymbol{f}_\alpha=-\nabla_\alpha E(\boldsymbol{R}_1,\boldsymbol{R}_2,\cdots,\boldsymbol{R}_N) \tag{7.1-6}$$

根据经典力学，原子核的运动轨迹可以由牛顿第二定律得到

$$\boldsymbol{f}_\alpha=M_\alpha\frac{\mathrm{d}^2\boldsymbol{R}_\alpha}{\mathrm{d}t^2} \tag{7.1-7}$$

以上就是以 Schrödinger 方程为基础的 BOMD 模拟的基本原理。

7.1.3　基于密度泛函理论的 BOMD 模拟

引入 BO 近似后，求解原子、分子体系的 Schrödinger 方程的目标，是得到描写电子运动状态的波函数。一个包含 n 个电子的体系的波函数是 $3n$ 个坐标变量和 n 个自旋变量的 $4n$ 元函数。因此，随着电子数目的增加，体系的波函数将变得异常复杂，计算量迅速增大。相反，电子密度分布 $\rho(\boldsymbol{r})$只是一个三元函数，与电子的数目无关。如果存在一种理论，可以用电子密度分布 $\rho(\boldsymbol{r})$替代波函数描述微观体系的状态，将大大简化对微观体系的描述。

在 Kohn-Sham 密度泛函理论中，体系的总电子能量 E^{KS}是电子密度分布 $\rho(\boldsymbol{r})$的泛函，即

$$E^{KS}[\rho(\boldsymbol{r})]=T_e[\rho(\boldsymbol{r})]+E_{e\text{-}n}[\rho(\boldsymbol{r})]+E_{e\text{-}e}[\rho(\boldsymbol{r})]+E_{xc}[\rho(\boldsymbol{r})] \tag{7.1-8}$$

式中：电子密度分布 $\rho(\boldsymbol{r})$可以由体系的 Kohn-Sham 轨道$\{\varphi_i(\boldsymbol{r})\,|\,i=1,2,\cdots,n\}$及其电子在轨道上布居数$\{f_i\,|\,i=1,2,\cdots,n\}$计算得到

$$\rho(\boldsymbol{r})=\sum_{i}^{occ}f_i\,|\varphi_i(\boldsymbol{r})|^2 \tag{7.1-9}$$

Kohn-Sham 轨道满足正交归一化条件，即

$$\langle\varphi_i(\boldsymbol{r})\,|\,\varphi_j(\boldsymbol{r})\rangle=\delta_{ij} \tag{7.1-10}$$

式中：δ_{ij}为 Kronecker delta 函数。

式(7.1－8)中等号右边的第一项为电子的动能，无相互作用体系的电子动能为

$$T_e[\rho(\boldsymbol{r})]=\sum_{i}^{n}f_i\int\varphi_i^*\left(-\frac{1}{2}\nabla^2\varphi_i\right)\mathrm{d}\boldsymbol{r} \tag{7.1-11}$$

根据 Thomas-Fermi 近似，电子的动能也可以直接由电子密度分布 $\rho(\boldsymbol{r})$计算得到

$$T_e[\rho(\boldsymbol{r})]=\frac{3}{10}(3\pi^2)^{2/3}\int\rho(\boldsymbol{r})^{5/3}\mathrm{d}\boldsymbol{r} \tag{7.1-12}$$

第二项为电子与原子核之间的库仑吸引能，即

$$E_{e\text{-}n}[\rho(\boldsymbol{r})]=\sum_{a=1}^{N}Z_a\int\frac{\rho(\boldsymbol{r})}{|\boldsymbol{r}-\boldsymbol{R}_a|}\mathrm{d}\boldsymbol{r} \tag{7.1-13}$$

第三项是电子间的库仑排斥能，即

$$E_{e\text{-}e}[\rho(\boldsymbol{r})]=\frac{1}{2}\int\frac{\rho(\boldsymbol{r})\rho(\boldsymbol{r}')}{|\boldsymbol{r}-\boldsymbol{r}'|}\mathrm{d}\boldsymbol{r}\mathrm{d}\boldsymbol{r}' \tag{7.1-14}$$

最后一项表示体系的交换-相关能，目前尚无精确的计算公式。

虽然 Kohn-Sham 的密度泛函理论为分子体系的理论计算提供了可靠的理论基础，但精确的交换能和相关能的泛函仍然未知。因此，Kohn-Sham 密度泛函理论是不完备的，仅从该理论无法计算体系的总能量。

为了利用 Kohn-Sham 密度泛函理论进行分子体系的理论计算，人们已经发展了大量的近似泛函。其中，最基本的近似泛函是局域密度近似（Local-Density Approximation，LDA)，交换-相关泛函只与电子密度的空间分布 $\rho(r)$ 有关。LDA 近似有多种，最常用的是均匀电子气(Homogeneous Electron Gas，HEG)模型。一般地，非自旋极化体系，LDA 的交换-相关能为

$$E_{xc}^{LDA}[\rho(\boldsymbol{r})]=\int\rho(\boldsymbol{r})\,\varepsilon_{xc}(\rho)\,\mathrm{d}\boldsymbol{r} \tag{7.1-15}$$

式中：$\rho(\boldsymbol{r})$ 为电子密度分布；$\varepsilon_{xc}(\rho)$ 为交换-相关能量密度，只与电子的密度有关。通常，把交换一相关能划分为交换能和相关能两个部分，即

$$E_{xc}[\rho(\boldsymbol{r})]=E_x[\rho(\boldsymbol{r})]+E_c[\rho(\boldsymbol{r})] \tag{7.1-16}$$

在 HEG 模型中，交换能的解析式为

$$E_{xc}^{LDA}[\rho(\boldsymbol{r})]=-\frac{3}{4}\left(\frac{3}{\pi}\right)^{1/3}\int\rho(\boldsymbol{r})^{4/3}\mathrm{d}\boldsymbol{r} \tag{7.1-17}$$

但是，除对应于无限弱(低密度极限)或无限强(高密度极限)相互作用的极限情况外，相关能的解析式是未知的。高密度极限为

$$\varepsilon_c=A\ln r_s+B+r_s(C\ln r_s+D) \tag{7.1-18}$$

低密度极限为

$$\varepsilon_c=\frac{1}{2}\left(\frac{g_0}{r_s}+\frac{g_1}{r_s^{3/2}}+\cdots\right) \tag{7.1-19}$$

式中：r_s 为 Wigner-Seitz 半径，与电子密度的关系为

$$\frac{4}{3}\pi r_s^3=\frac{1}{\rho} \tag{7.1-20}$$

实际应用时，可以通过量子蒙特卡罗(Quantum Monte Carlo，QMC) 模拟，得到 HEG 模型不同密度下的相关能密度。然后，拟合 QMC 结果得到相关能密度的经验表达式。常见的经验相关能密度表达式有 Vosko-Wilk-Nusair(VWN)，Perdew-Zunger (PZ81)，Cole-Perdew (CP)，Perdew-Wang(PW92) 等。

除最简单的 LDA 近似外，常用的还有自旋极化局域近似(Local Spin Density Approximation，LSDA) 。LSDA 泛函包括两个自旋项，对应不同自旋的电子 $\rho=\rho_\uparrow+\rho_\downarrow$，即

$$E_{xc}^{LSDA}[\rho_\uparrow,\rho_\downarrow]=\int\rho(r)\,\varepsilon_{xc}(\rho_\uparrow,\rho_\downarrow)\,\mathrm{d}r \tag{7.1-21}$$

式中:精确的交换能为

$$E_x^{\mathrm{LSDA}}[\rho_\uparrow,\rho_\downarrow]=\frac{1}{2}(E_x^{\mathrm{LDA}}[2\rho_\uparrow]+E_x^{\mathrm{LDA}}[2\rho_\downarrow]) \tag{7.1-22}$$

依赖自旋的相关能可以通过引入相对自旋极化函数得到

$$\zeta=\frac{\rho_\uparrow(\boldsymbol{r})-\rho_\downarrow(\boldsymbol{r})}{\rho_\uparrow(\boldsymbol{r})+\rho_\downarrow(\boldsymbol{r})} \tag{7.1-23}$$

式中:$\zeta=0$ 时,对应自旋非极化的状态;$\zeta=\pm1$ 时,对应自旋完全极化状态。

利用 LDA 近似计算碱金属等电子密度变化不大的体系,相对比较成功,但对分子等电子密度变化很大的体系则不甚成功。比 LDA 近似更高一级的近似是,在能量密度函数中引入电子密度的梯度,称为广义梯度近似(Generalized Gradient Approximation, GGA)。

$$\varepsilon_{\mathrm{xc}}^{\mathrm{GGA}}[\rho_\uparrow,\rho_\downarrow]=\int\rho(\boldsymbol{r})\varepsilon_{\mathrm{xc}}(\rho_\uparrow,\rho_\downarrow,\nabla\rho_\uparrow,\nabla\rho_\downarrow)\mathrm{d}\boldsymbol{r} \tag{7.1-24}$$

GGA 近似是一种具有化学精度的近似,处理有机分子非常成功。比 GGA 近似更高一级的是,在交换-相关能密度函数中不但引入电子的密度梯度(一阶导数),还引入两阶导数(Laplacian),称为超广义密度梯度近似(meta-GGA)。

与基于 Schrödinger 方程的 BOMD 类似,如此计算得到的电子能量,也是原子核坐标位置的函数 $E^{\mathrm{KS}}(\boldsymbol{R}_1,\boldsymbol{R}_2,\cdots,\boldsymbol{R}_N)$。在此基础上,可以计算原子核所受的作用力,由此计算原子核的运动轨迹,实现 BOMD 模拟。由于 Gaussian, Gamess, Hyperchem, Dalton, DMol, NWChem 等程序多已实现了电子结构计算,通过调用这些程序作为子程序,就可以实现 BOMD 模拟。

7.1.4　CPMD 模拟方法

为了克服 BOMD 模拟计算量巨大的缺点,Car 和 Parrinello 提出了一种新的 AIMD 模拟方法,不但让体系中的原子核坐标按经典力学随时间演化,还引入虚拟的电子动力学,让电子的基态波函数也按一定的规律随时间演化,克服了 BOMD 模拟的每一步都必须独立计算基态波函数的困难,大大降低了计算工作量,使 AIMD 模拟得以实现。目前,在许多场合,CPMD 模拟几乎成了 AIMD 模拟的同义词。

按照密度泛函理论(DFT),对有确定构成的粒子系,相互作用的电子系统的基态总能量 $E[\{R_I\}]$是电子密度 $n(r)$的函数,如果离子系统的组成结构正在变化,则 $E[\{R_I\}]$成为离子运动的势能,称为波恩-奥本海默势能,其基态能量 E_e 可通过将能量函数对电子的运动自由度$\{\varphi_i\}$取最小值而求得。CPMD 的基本思想是将基于密度泛函理论的电子论和描述离子的分子动力学的方法有机地结合起来,构成统一的计算方案。其关键之处是引入了基于平衡态电子结构的虚拟的电子动力学参量。一个电子态可由一组被占据的轨道$\{\varphi_i\}(i=1,2,\cdots,n)$表示,这个系统的普适经典拉格朗日量可表示成

$$L=\frac{1}{2}\sum_I M_I\dot{R}_I^2+\sum_i\mu_i\,|\varphi(r)|^2-E^{\mathrm{KS}}[\{\varphi_i\},\{R_I\}]+\{\mathrm{constraints}\} \tag{7.1-25}$$

式中:右边第一项表示真实离子的动能;第二项是电子系统虚拟的动能项。其中电子系统虚拟的动能与由下式定义的电子轨道的速度有关,即

$$\dot{\varphi}_i = \frac{d\varphi_i}{dt} \tag{7.1-26}$$

第三项势能 $E[\{\varphi_i\},\{R_I\}]$包括电子的能量和离子与离子相互作用能的贡献，是离子位置和电子轨道的函数。拉格朗日运动方程为

$$\frac{d}{dt}\frac{\partial L}{\partial \ddot{\varphi}_i} = \frac{\partial L}{\partial \dot{\varphi}_i} \tag{7.1-27}$$

电子轨道必须满足正交归一性，即

$$\int \dot{\varphi}_i(r)\ \varphi_i(r)\ d^3 r = \delta_{ij} \tag{7.1-28}$$

这种约束导致了额外的"束缚力"，因而需要引入拉格朗日乘子，所以在 CPMD 方法中将拉格朗日量写成如下形式：

$$L_{cp}[R^N, \dot{R}^N, \{\Phi_i\}, \{\dot{\Phi}_i\}] = \sum_l \frac{1}{2} M_l \dot{R}_l^2 + \sum_i \mu < \dot{\Phi}_i | \Phi_i > - \varepsilon_{KS}[\{\Phi_i\}, R^N] \tag{7.1-29}$$

从拉格朗日方程可导出两个耦合的运动方程，其中一个是虚拟的轨道运动方程，与 Kohn-Sham 方程等价：

$$\mu \ddot{\varphi}_i = -\frac{\partial E}{\partial \varphi_i} - \sum_k \lambda_{ik}\ \varphi_k \tag{7.1-30}$$

另一个是离子的经典运动方程，即

$$M_i \ddot{R}_i = -\frac{\partial E}{\partial R} \tag{7.1-31}$$

在这个方法中，电子参量的动力学过程是虚构的，可用动态模拟退火算法来实现，但是当$\dot{R}_I^2$，$\dot{\varphi}_i$ 很小时，这与降低系统的温度是等效的，温度趋近于 0 时，可达到能量最小的平衡态。在平衡态下，这个方程简化为 Kohn-Sham 方程。在研究原子系统动力学特征和有限温度下的电子、离子系统性质等问题时，这种方法非常有效。

7.1.5 Car-Parrinello 拉格朗日函数表达式

按照密度泛函理论，在离子实组态$\{R_I\}$确定的条件下，一个有相互作用的多电子体系的基态总能量 $\Phi(\{R_I\})$是电子密度的唯一泛函：

$$\rho(r) = 2\sum_i^{occ} |\varphi_i(r)|^2 \tag{7.1-32}$$

随着离子组态$\{R_I\}$变化，$\Phi(\{R_I\})$形成一个势能曲面，称为波恩-奥本海默(BO)势能曲面。基态能量 $\Phi(\{R_I\})$则由能量泛函 $E[\{\Psi_i\},\{R_I\}]$对电子自由度$\{\Psi_i\}$求变分极小来确定：

$$\Phi(\{R_I\}) = \min_{\{\Psi_i\}} E[\{\Psi_i\},\{R_I\}] \tag{7.1-33}$$

它是 BO 曲面中一个代表点。在 $e=\hbar=m=1$ 的单位制中：

$$E[\{\Psi_i\},\{R_I\}] = 2\sum_i^{occ}\int dr\,\Psi_i^*(r)\left(-\frac{1}{2}\nabla^2\right)\Psi_i(r) + \int dr V_{ext}(r)\rho(r) + \frac{1}{2}\iint dr dr' \frac{\rho(r)\rho(r')}{|r-r'|} + E_{xc}[\rho(r)] + \frac{1}{2}\sum_{i\neq j}\frac{Z_i Z_j}{|R-R'|} \tag{7.1-34}$$

式中：$V_{\text{ext}}(r)$是电子感受到的总静电势能；Z_i 为离子实电荷。单粒子态$\Psi_i(r)$应满足正交归一化的约束：

$$\int \Psi_i^*(r)\,\Psi_j(r)\,\mathrm{d}^3 r = \delta_{ij} \tag{7.1-35}$$

而离子的动力学方程，可通过 BO 势能曲面依照拉格朗日方程引入。

为了达到上述目的，Car 和 Parrinello 提出下列拉格朗日函数：

$$L = 2\sum_i^{\text{occ}}\int \mathrm{d}r\,\mu_i\,|\dot{\Psi}_i(r)|^2 + \frac{1}{2}\sum_I M_I \dot{R}_I^2 - E[\{\Psi_i\},\{R_I\}] + 2\sum_{i,j}\Lambda_{ij}\left[\int \mathrm{d}r\,\Psi_i^*(r)\,\Psi_i(r) - \delta_{ij}\right] \tag{7.1-36}$$

式中：M_I为第 I 个离子的质量；μ_i 是具有适当量纲的任意参量；Λ_{ij} 是拉格朗日乘子，利用它引入约束条件。式(7.1-8)中等号右边第 1 项

$$T_e = 2\sum_i^{\text{occ}}\int \mathrm{d}r\,\mu_i\,|\dot{\Psi}_i(r)|^2 \tag{7.1-37}$$

代表电子参量Ψ_i 对应的自由度的经典动能；第二项

$$T_I = \frac{1}{2}\sum_I M_I \dot{R}_I^2 \tag{7.1-38}$$

是离子的经典动能。

7.1.6 Car-Parrinello 运动方程

依照拉格朗日方程

$$\left.\begin{aligned} &\frac{\mathrm{d}}{\mathrm{d}t}\left(\frac{\partial L}{\partial \dot{\Psi}_i^*}\right) - \frac{\partial L}{\partial \Psi_i^*} = 0 \\ &\frac{\mathrm{d}}{\mathrm{d}t}\left(\frac{\partial L}{\partial \dot{R}_I}\right) - \frac{\partial L}{\partial R_I} = 0 \end{aligned}\right\} \tag{7.1-39}$$

可求得$\{\Psi_i\}$及$\{R_I\}$的运动方程（对电子参量Ψ_i，选取一个统一的$\bar{\mu}$代表μ_i）

$$\bar{\mu}\ddot{\Psi}_i(r,t) = -\frac{1}{2}\frac{\delta E}{\delta \Psi_i^*} + \Lambda_{ij}\Psi_j(r,t) \tag{7.1-40}$$

$$M_I \ddot{R}_I = -\frac{\partial E}{\partial R_I(t)} \tag{7.1-41}$$

这里

$$\Lambda_{ij} = H_{ji} - \bar{\mu}\int \mathrm{d}r\,\dot{\Psi}_j^*(r,t)\,\dot{\Psi}_i(r,t)$$

而

$$H_{ji} = \int \mathrm{d}r\,\Psi_j^*(r,t)\,\Psi_i(r,t)$$

式(7.1-40)等号右边第 1 项

$$-\frac{1}{2}\frac{\delta E}{\delta \Psi_i^*} = -H\,\Psi_i(r,t)$$

因此当趋于平衡时 $\ddot{\Psi}_i = 0$，就能得到 Kohn-Sham 方程。

7.1.7 正交归一化处理

Car 和 Parrinello 最初是采用 Verlet 算法求方程式的解，这个算法是由二阶微分方程导出的。设 $t=0$ 时刻电子态为 $\Psi_i(0)$，经时间步长 Δt 后，变为 $\Psi_i(\Delta t)$，于是有

$$\Psi_i(r,t+\Delta t)=-\Psi_i(r,t-\Delta t)+2\Psi_i(r,t)+\Delta t^2\ddot{\Psi}(r,t)=$$
$$-\Psi_i(r,t-\Delta t)+2\Psi_i(r,t)+\frac{(\Delta t)^2}{\bar{\mu}}\left[-\frac{1}{2}\frac{\delta E}{\delta\Psi_i^*(r,t)}\right]+\sum_j\Lambda_{ij}\Psi_j(r,t) \tag{7.1-42}$$

同理，对于离子运动，有

$$R_I(t+\Delta t)=-R_I(t-\Delta t)+2R_I(t)-\frac{(\Delta t)^2}{M_I}\frac{\delta E}{\delta R_I(t)} \tag{7.1-43}$$

按照这些公式进行数值计算，可能在 $t>t_0$ 时破坏力约束条件，因此实际计算分两步走，先不加约束条件，由定义算出

$$\Psi_i(t+\Delta t)=-\Psi_i(t-\Delta t)+2\Psi_i(t)-\frac{(\Delta t)^2}{\mu}[-H\Psi_i(r,t)] \tag{7.1-44}$$

再对 $\Psi_i(r,t+\Delta t)$ 加上约束条件。令厄密矩阵 $\boldsymbol{X}=\frac{(\Delta t)^2}{\mu}\Lambda^*$，它应满足下列条件

$$\boldsymbol{X}\boldsymbol{X}^++\boldsymbol{X}\boldsymbol{B}+\boldsymbol{B}^+\boldsymbol{X}^+=\boldsymbol{I}-\boldsymbol{A} \tag{7.1-45}$$

这里 $\boldsymbol{X}^+$ 代表 $\boldsymbol{X}$ 的厄密共轭。矩阵 $\boldsymbol{A}$ 和 $\boldsymbol{B}$ 分别为

$$\boldsymbol{A}_{ij}=\int\mathrm{d}r\,\bar{\Psi}_i^*(r,t+\Delta t)\bar{\Psi}_j(r,t+\Delta t) \tag{7.1-46}$$

$$\boldsymbol{B}_{ij}=\int\mathrm{d}r\,\Psi_i^*(r,t)\bar{\Psi}_j(r,t+\Delta t) \tag{7.1-47}$$

当步长 Δt 很短时

$$\boldsymbol{A}=\boldsymbol{I}+o(\Delta t^2) \tag{7.1-48}$$

$$\boldsymbol{B}=\boldsymbol{I}+o(\Delta t) \tag{7.1-49}$$

预视精确值 Δt 最低级

$$\boldsymbol{X}^{(0)}=\frac{1}{2}(\boldsymbol{I}-\boldsymbol{A})$$

迭代运算得到更精确的表示式为

$$\boldsymbol{X}^{(n)}=\frac{1}{2}[\boldsymbol{I}-\boldsymbol{A}+\boldsymbol{X}^{n-1}(\boldsymbol{I}-\boldsymbol{B})+(\boldsymbol{I}-\boldsymbol{B}^+)\boldsymbol{X}^{n-1}-(\boldsymbol{X}^{n-1})^2] \tag{7.1-50}$$

以上诸式中 $\boldsymbol{I}$ 代表单位矩阵，实际计算时只要做一两次迭代就够了。

在这个理论框架中，电子参量 $\{\Psi_i\}$ 的动力学是一种虚拟的，仅仅作为一个工具来实现动力学模拟退火。当 $\{\dot{\Psi}_i\}$、$\{\dot{R}_I\}$ 等变小，相当于体系的温度 T 下降，而当温度 $T\to 0$ 时，体系达到 E 极小的平衡态。平衡态 $\dot{\Psi}_i=0$ 时，式(7.1-26)就是 Kohn-Sham 方程。如果体系还有其他宏观自由度 α_v，如有应变等，则其动能为

$$T=T_e+T_e+\frac{1}{2}\sum_v\mu_v\alpha_v \tag{7.1-51}$$

这时整个体系总能量为 $E[\{\Psi_i\},\{R_I\},\{\alpha_v\}]$，加入一个新的拉格朗日运动方程为

$$\mu_v \alpha_v = -\left(\frac{\delta E}{\delta \alpha_v}\right) \tag{7.1-52}$$

CPMD 模拟流程见图 7.1－1。

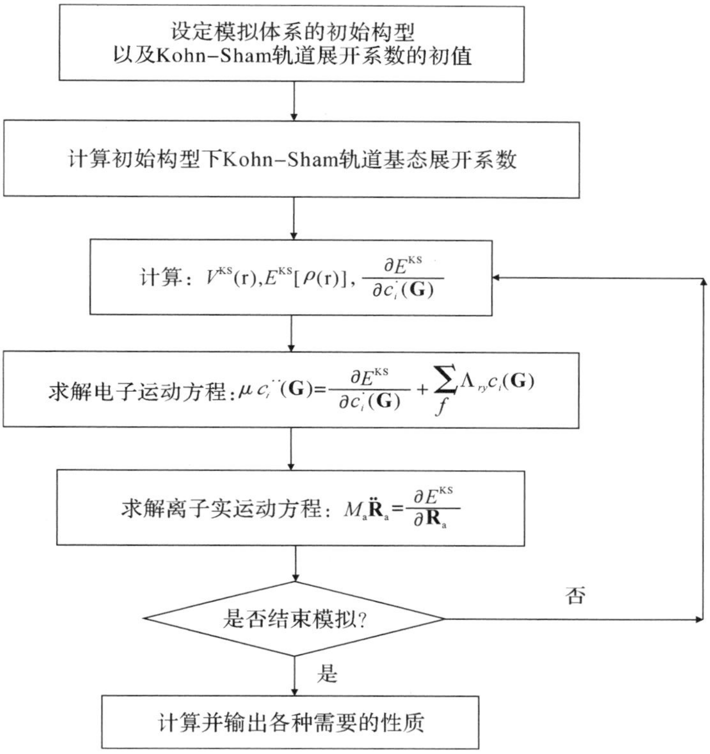

图 7.1－1　CPMD **模拟流程**

实际上对于正交归一化的处理，在 CPMD 方法中发展了多种算法，推动全局或者是局部优化来计算体系的能量，使电子结构计算能够在一个稳定的结构体系中进行。目前，主要算法有共轭梯度算法(Conjugate Gradient Method)、Rychaert 算法、Gram-Schmidt 的正交归一化算法、Payne 算法。其中共轭梯度算法是大部分计算中较为普遍采用的一种算法，具有较高的效率，但是一般而言搜索得到的不一定是最优值。Rychaert 算法是起源于分子动力学的一种动态优化算法，算法的效率较高，可以适用于较大的体系计算。Gram-Schmidt 的正交归一化算法在 CPMD 方法中有着较为广泛的应用，主要是因为该算法和 CPMD 中处理电子的技术相似，具有较好的耦合度。Payne 算法应用涉及比较少。

在此不赘述各种算法的技术细节。大部分的公式推演，算法构造和计算步骤在计算物理的核心教程和专业软件的帮助文档中都有详细的阐述。

7.2　平面波基函数

不管是基于 Schrödinger 方程的电子结构计算，还是基于密度泛函理论的电子结构计算，其核心问题是求解体系的近似波函数。在实际计算中，总是用一组经过精心设计、被称

为基函数的已知函数展开体系的波函数，即

$$\varphi_i(r) = \sum_{j=1}^{N_b} c_{ij}\, \phi_j(\boldsymbol{r}) \tag{7.2-1}$$

式中：$\phi_j(\boldsymbol{r})$为基函数，它们的集合$\{\phi_j(\boldsymbol{r}) | j=1,2,\cdots,N_b\}$被称为基组；$c_{ij}$为展开系数。引入波函数的基组展开后，电子结构计算的任务就转化为展开系数 c_{ij} 的计算。理论上，为了以任意精度展开波函数，基组必须包含无穷多个基函数，这样的基组在数学上被称为完备基组。但是，任何实际的电子结构计算都不可能用无限基组展开波函数，只能用有限基组展开波函数，得到近似波函数。

常用的基组包括以原子核为中心的定域基组和具有周期性边界条件的平面波基组两大类型。其中，常用的定域基组包括 STO 型（Slater Type Orbital）基组和 GTO 型（Gaussian Type Orbital）基组两类，被广泛用于分子结构的计算。平面波基组可以满足研究对象所具有的周期性边界条件，被广泛用于晶体结构的计算。由于 AIMD 模拟的研究对象，即中心元胞，也具有周期性边界条件，因此，在 AIMD 模拟中也普遍采用平面波基组，较少采用以原子核为中心的定域基组。与 STO 型和 GTO 型定域基组相比，平面波基组具有如下优点：①同一组平面波基组可以适用于任何种类的原子，基组的选取只与体系的周期性有关，与体系中原子的种类无关；②基组的完备性容易检验；③不存在基组叠加误差（Basis Set Superposition Error ，BSSE）；④平面波基组与原子核的位置无关，因此，没有 Pulay 力作用于原子核，不需要对计算得到的力进行修正；⑤可以利用快速傅里叶变换进行数值运算，且其运算速度快、效率高。

7.2.1 中心元胞与正格子空间

与经典 MD 模拟类似，为了克服有限体系的边界效应，常在 AIMD 模拟中引入周期性边界条件。在实施 AIMD 模拟时，通过在空间各个方向无限重复中心元胞的方法，使模拟体系具有无穷大的空间尺度，但仍然只需模拟中心元胞中的原子和分子。为了便于数学处理，引入矢量 $\boldsymbol{a}_1$，$\boldsymbol{a}_2$ 和 $\boldsymbol{a}_3$分别表示中心元胞的 3 个方向，构成正格子空间的基矢，而中心元胞则是由 3 个基矢定义的平行六面体。如果令基矢组成 3×3 矩阵 $\boldsymbol{h}$，即

$$\boldsymbol{h}=[\boldsymbol{a}_1\ \boldsymbol{a}_2\ \boldsymbol{a}_3] \tag{7.2-2}$$

则，中心元胞的体积等于矩阵 $\boldsymbol{h}$ 的行列式的值，即

$$\Omega=\det \boldsymbol{h} \tag{7.2-3}$$

在正格子空间中，任意位置矢量 $\boldsymbol{r}$ 都能用该矢量在基矢 $\boldsymbol{a}_1$，$\boldsymbol{a}_2$ 和 $\boldsymbol{a}_3$上的 3 个投影长度 s_1，s_2 和 s_3表示，或简写为矢量的形式：

$$\boldsymbol{s}=[s_1\ s_2\ s_3]^{\mathrm{T}} \tag{7.2-4}$$

式中：上标 T 表示横矢量与列矢量之间的转置；s_1，s_2 和 s_3为以基矢度量的坐标值。在正格子空间中，中心元胞内的点，s_1，s_2 和 s_3的值小于 1；中心元胞外的点，s_1，s_2 和 s_3的值大于 1。

正格子空间中的矢量 $\boldsymbol{s}$ 与原坐标空间矢量 $\boldsymbol{r}$ 可以通过如下方式联系在一起，即

$$\boldsymbol{r}=\boldsymbol{hs}=s_1\boldsymbol{a}_1+s_2\boldsymbol{a}_2+s_3\boldsymbol{a}_3 \tag{7.2-5}$$

利用周期性边界条件，中心元胞外的任意空间点（s_1，s_2 和 s_3的值大于或等于 1），可以转化为中心元胞中的一个点（s_1，s_2 和 s_3的值小于或等于 1）：

$$\boldsymbol{r}^{PBC}=\boldsymbol{r}-\boldsymbol{h}\left[\boldsymbol{h}^{-1}\boldsymbol{r}\right]_{\text{INT}} \tag{7.2-6}$$

式中：下标 INT 表示截取数值的整数部分。在正格子空间中，任意两个元胞中的对应点相差平移矢量 $\boldsymbol{L}$，即

$$\boldsymbol{L}=n_1\boldsymbol{a}_1+n_2\boldsymbol{a}_2+n_3\boldsymbol{a}_3 \tag{7.2-7}$$

式中：n_1，n_2 和 n_3 为任意整数。

7.2.2　倒格子空间

利用基矢 $\boldsymbol{a}_1$，$\boldsymbol{a}_2$ 和 $\boldsymbol{a}_3$ 定义的正格子空间，可以描述空间的任意一个点。在物理学中，还定义倒格子空间，其基矢为 $\boldsymbol{b}_1$，$\boldsymbol{b}_2$ 和 $\boldsymbol{b}_3$。倒格子空间的基矢与正格子空间的基矢有如下关系，即

$$\boldsymbol{b}_i\cdot\boldsymbol{a}_j=2\pi\,\delta_{ij} \tag{7.2-8}$$

由倒格子空间基矢组成的 3×3 矩阵：

$$[\boldsymbol{b}_1,\boldsymbol{b}_2,\boldsymbol{b}_3]=2\pi\,(\boldsymbol{h}^{\mathrm{T}})^{-1} \tag{7.2-9}$$

相应地，也定义倒格子空间中的平移矢量 $\boldsymbol{G}$，

$$\boldsymbol{G}=n_1\boldsymbol{b}_1+n_2\boldsymbol{b}_2+n_3\boldsymbol{b}_3 \tag{7.2-10}$$

式中：n_1，n_2 和 n_3 为任意整数。

7.2.3　平面波基组

完备、正交平面波基函数集合为

$$f_G^{\mathrm{PW}}(\boldsymbol{r})=\frac{1}{\sqrt{\Omega}}\mathrm{e}^{\mathrm{i}\boldsymbol{G}\cdot\boldsymbol{r}}=\frac{1}{\sqrt{\Omega}}\mathrm{e}^{2\pi\mathrm{i}\boldsymbol{g}\cdot\boldsymbol{s}} \tag{7.2-11}$$

式中：$\boldsymbol{g}=[n_1,n_2,n_3]$ 的三个分量都是整数，与倒格子空间中的平移矢量 $\boldsymbol{G}$ 存在如下关系：

$$\boldsymbol{G}=2\pi\,(\boldsymbol{h}^{\mathrm{T}})^{-1}\boldsymbol{g} \tag{7.2-12}$$

利用完备、正交平面波基组，可以展开与正格子空间具有相同周期性的波函数，即

$$\varphi(\boldsymbol{r})=\varphi(\boldsymbol{r}+\boldsymbol{L})=\frac{1}{\sqrt{\Omega}}\sum_G\varphi(\boldsymbol{G})\mathrm{e}^{\mathrm{i}\boldsymbol{G}\cdot\boldsymbol{r}} \tag{7.2-13}$$

式中：$\varphi(\boldsymbol{r})$ 和 $\varphi(\boldsymbol{G})$ 可以通过三维 Fourier 变换进行相互转换。

7.2.4　Bloch 定理

具有周期性边界条件的体系，系统的势函数也具有相同的周期性边界条件：

$$V^{\mathrm{KS}}(\boldsymbol{r}+\boldsymbol{L})=V^{\mathrm{KS}}(\boldsymbol{r}) \tag{7.2-14}$$

根据 Bloch 定理，具有周期性势函数体系的 Kohn-Sham 波函数可以表示为具有与势函数相同周期性的函数 $u_i(\boldsymbol{r},\boldsymbol{k})=u_i(\boldsymbol{r}+\boldsymbol{L},\boldsymbol{k})$ 即 Bloch 函数与平面波函数 $\mathrm{e}^{\mathrm{i}\boldsymbol{k}\cdot\boldsymbol{r}}$ 的乘积，即

$$\varphi_i^{KS}(\boldsymbol{r},\boldsymbol{k})=\mathrm{e}^{\mathrm{i}\boldsymbol{k}\cdot\boldsymbol{r}}u_i(\boldsymbol{r},\boldsymbol{k}) \tag{7.2-15}$$

式中：下标 i 表示不同的状态；$\boldsymbol{k}$ 为第一 Brillouin 区的矢量，称为波矢。Bloch 函数 $u_i(\boldsymbol{r},\boldsymbol{k})$ 可以用平面波基组展开，即

$$u_i(\boldsymbol{r},\boldsymbol{k})=\frac{1}{\sqrt{\Omega}}\sum_G c_i(\boldsymbol{G},\boldsymbol{k})\mathrm{e}^{\mathrm{i}\boldsymbol{G}\cdot\boldsymbol{r}} \tag{7.2-16}$$

式中：展开系数 $c_i(\boldsymbol{G},\boldsymbol{k})$ 为复数。这样，Kohn-Sham 波函数可以写成

$$\varphi_i^{\mathrm{KS}}(\boldsymbol{r},\boldsymbol{k})=\frac{1}{\sqrt{\Omega}}\sum_{G}\boldsymbol{G}_i(\boldsymbol{G},\boldsymbol{k})\mathrm{e}^{\mathrm{i}(\boldsymbol{G}+\boldsymbol{k})\cdot\boldsymbol{r}} \tag{7.2-17}$$

相应地，电子密度分布的平面波基组展开式为

$$\rho(\boldsymbol{r})=\frac{1}{\Omega}\sum_{i}\int\mathrm{d}^3\boldsymbol{k}\,f_i(\boldsymbol{k})\sum_{G,G'}c_i^*(\boldsymbol{G}',\boldsymbol{k})c_i(\boldsymbol{G},\boldsymbol{k})\mathrm{e}^{\mathrm{i}(\boldsymbol{G}-\boldsymbol{G}')\cdot\boldsymbol{r}} \tag{7.2-18}$$

$$\rho(\boldsymbol{r})=\sum_{G}\rho(\boldsymbol{G})\mathrm{e}^{\mathrm{i}\boldsymbol{G}\cdot\boldsymbol{r}} \tag{7.2-19}$$

式(7.2-18)中，$f_i(\boldsymbol{k})$ 为轨道布居数，求和遍及矢量 $\boldsymbol{G}$。式(7.2-19)的求和范围是式(7.2-18)的两倍。由此可知，用于描述电子密度分布所需的平面波基组函数的数量随系统的规模呈线性增加，相反，用于描述电子密度分布所需的以原子核为中心的 STO 型或 GTO 型基组函数的数量随系统的规模呈二次方增加，这也是使用平面波基组的主要优点之一。

在实际计算中，对第一 Brillouin 区内 $\boldsymbol{k}$ 的积分，被用少量的离散 $\boldsymbol{k}$ 点近似，即

$$\int\mathrm{d}\boldsymbol{k}\rightarrow\sum_{k}w_k \tag{7.2-20}$$

式中：w_k 为权重因子。甚至，在后面的讨论中假设对第一 Brillouin 区内 $\boldsymbol{k}$ 的积分，可以用 $\boldsymbol{k}=0$ 这个单一的点近似(即 Γ 点)。此外，任何计算只能将波函数在有限平面波基组上展开，必须适当截断求和矢量 $\boldsymbol{G}$。由于 Kohn-Sham 势能随矢量 $\boldsymbol{G}$ 的模的大小迅速收敛，只要

$$\frac{1}{2}|\boldsymbol{G}|^2\leqslant E_{\mathrm{cut}} \tag{7.2-21}$$

就可以保证计算的精度。计算所需要的平面波基组的大小约为

$$N_{\mathrm{PW}}=\frac{1}{2\pi^2}\Omega E_{\mathrm{cut}}^{3/2} \tag{7.2-22}$$

由于计算电子密度分布的截断能量是计算 Kohn-Sham 轨道的截断能量的 4 倍，因此，展开电子密度分布所需的平面波基组是展开 Kohn-Sham 轨道的 6 倍。

7.2.5 能量表达式

用平面波展开 Kohn-Sham 轨道时，对应的动能为

$$-\frac{1}{2}\nabla^2\mathrm{e}^{\boldsymbol{G}\cdot\boldsymbol{r}}=\frac{1}{2}|\boldsymbol{G}|^2\mathrm{e}^{\mathrm{i}\boldsymbol{G}\cdot\boldsymbol{r}} \tag{7.2-23}$$

利用 Fourier 变换，可以得到倒格子空间的动能表达式为

$$K=\sum_{i}\sum_{G}\frac{1}{2}f_i\,|\boldsymbol{G}|^2\,|c_i(\boldsymbol{G})|^2 \tag{7.2-24}$$

类似地，体系的静电能为

$$E_{\mathrm{el}}=2\pi\Omega\sum_{G\neq0}\frac{|n_{\mathrm{tot}}(G)|^2}{G^2}+E_{\mathrm{ovrl}}-E_{\mathrm{self}} \tag{7.2-25}$$

式中：

$$E_{\mathrm{ovrl}}=\sum_{\alpha+\beta}{}'\sum_{L}\frac{Z_\alpha Z_\beta}{|\boldsymbol{R}_\alpha-\boldsymbol{R}_\beta-\boldsymbol{L}|}\mathrm{erfc}\left[\frac{|\boldsymbol{R}_\alpha-\boldsymbol{R}_\beta-\boldsymbol{L}|}{\sqrt{\boldsymbol{R}_\alpha^{c\,2}+\boldsymbol{R}_\beta^{c\,2}}}\right] \tag{7.2-26}$$

$$E_{\mathrm{self}}=\sum_{\alpha}\frac{1}{\sqrt{2\pi}}\frac{Z_\alpha^2}{R_\alpha^c} \tag{7.2-27}$$

交换-相关能为

$$E_{xc}=\int dr\,\varepsilon_{xc}(n,\nabla n)n(r)=\Omega\sum_{G}\varepsilon_{xc}(G)*(G) \tag{7.2-28}$$

7.3 赝　　势

当使用平面波基组时，波函数在靠近原子核附近（芯域）的展开很不理想，需要特别注意。首先，电子-原子核的库仑吸引势在原子核处发散，因此，波函数必须在原子核处趋向0。其次，内层电子被束缚在芯域，需要很大的平面波基组才能较好地展开波函数。最后，泡利不相容原理要求价电子波函数与内层电子波函数相互正交，因此，价电子波函数在芯域反复振荡，需要很大的平面波基组才能展开。

在 AIMD 模拟中，把原子核和内层电子对价电子的作用以虚拟的静电势或赝势(Pseudopotential)替代（见图 7.4－1），避免了上述困难。一方面，物质的大多数物理、化学性质由价电子的行为决定，内层电子在这些过程中的变化不大。另一方面，由于内层电子对原子核的屏蔽作用，赝势比裸露的原子核的势能弱许多，价电子波函数在芯域被变化缓慢、没有节点的伪波函数(Pseudo-Wave Function)取代，而在远离芯域的区域，伪波函数与全电子波函数一致。

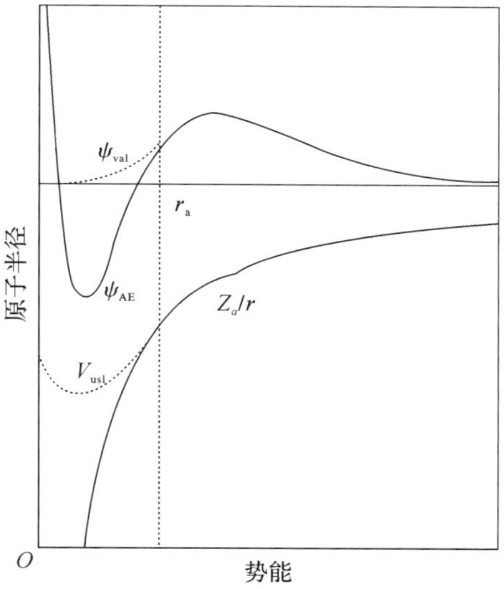

图 7.4－1　原子核势函数和赝势、全电子原子波函数和伪波函数示意图

引入赝势近似后，在计算中研究的不再是实际的全电子原子，而是只有价电子在赝势中运动的伪原子。一方面，内层电子被赝势替代，体系的总电子数减少，复杂性降低，计算速度加快，可以模拟更大的体系。另一方面，引入赝势后价电子的伪波函数成为无节点函数，允许进一步减少基组函数。此外，如果在赝势中引入与内层电子有关的相对论效应的贡献，可以在不增加计算复杂性的条件下充分考虑相对论效应。

7.3.1 norm-conservation 赝势

首先，赝势必须是可移植的、可加和的，每个元素原子的赝势，可以适用于任何包含该元素原子的体系，多个原子的总赝势是各个组成原子的赝势之和。具有可移植性的赝势，适用于各种不同的化学环境，这对模拟化学反应或相变等化学环境发生改变的体系，非常必要。此外，不需要为每次计算或模拟重新生成赝势，只需要利用被证明有效的赝势直接进行计算或模拟。

其次，为了保证引入赝势后的计算结果与全电子模型计算一致，伪波函数与全电子波函数在芯域外的区域必须一致，计算得到的能量也必须一致，这就是范数不变条件（Norm-conservation），相应的赝势称为范数不变赝势（Norm-Conserving Pseudopotential）。

根据赝势的可移植性条件，只要生成游离的单个元素原子的赝势，就可以把该赝势应用于任何包含该元素原子的体系。为此，建立全电子原子的 Schrödinger 方程

$$(\hat{\boldsymbol{T}}+\hat{\boldsymbol{V}}_{\mathrm{AE}})\varphi_l^{\mathrm{AE}}=\varepsilon_l^{\mathrm{AE}}\varphi_l^{\mathrm{AE}} \tag{7.4-1}$$

和只包括价电子的伪原子 Schrödinger 方程

$$(\hat{\boldsymbol{T}}+\boldsymbol{V}_{\mathrm{val}})\varphi_l^{\mathrm{val}}=\varepsilon_l^{\mathrm{val}}\varphi_l^{\mathrm{val}} \tag{7.4-2}$$

式中：$\hat{\boldsymbol{T}}$ 为电子的动能算符；$\hat{\boldsymbol{V}}_{\mathrm{AE}}$ 为全电子原子的势能算符，可以根据 Kohn-Sham 密度泛函理论得到；$\hat{\boldsymbol{V}}_{\mathrm{val}}$ 为只包括价电子的伪原子的势能算符；φ_l^{AE} 和 φ_l^{val} 分别为全电子原子波函数和对应的伪原子波函数（伪波函数）；$\varepsilon_l^{\mathrm{AE}}$ 和 $\varepsilon_l^{\mathrm{val}}$ 分别为对应的本征能量。基于范数不变条件，Hamann、Schlüter 和 Chiang 提出赝势和伪波函数必须满足条件（HSC 条件）：

（1）全电子原子和伪原子的对应态的能量本征值必须相等，即 $\varepsilon_l^{\mathrm{AE}}=\varepsilon_l^{\mathrm{val}}$；

（2）全电子原子波函数和伪波函数在芯域以外的区域相等，若 r_c 为芯域半径，则 $r>r_c$ 时，$\varphi_l^{\mathrm{AE}}(r)=\varphi_l^{\mathrm{val}}(r)$；

（3）全电子原子波函数和伪波函数在芯域以外的区域形成相同的电子密度分布 $\rho_l(R)=4\pi\int_0^R r^2\,[\varphi_l(r)]^2\,\mathrm{d}r$，即 $R>r_c$ 时，$\rho_l^{\mathrm{AE}}(R)=\rho_l^{\mathrm{val}}(R)$；

（4）实际波函数和伪波函数的对数对 r 的一阶导数及其对能量的一阶导数，在芯域以外的区域相等；

（5）全电子原子波函数和伪波函数及其一阶和两阶导数在芯域的截断半径处连续且相等。

根据范数不变条件，可以设计各种赝势生成方案，生成各种范数不变赝势。常用的赝势有 Kleinman-Bylander 赝势、Vanderbilt 超软赝势、Hamann-Schluter-Chiang 赝势等。下面是生成范数不变赝势的 HSC 方案

（1）计算 $V_l^{(1)}(r)=V^{\mathrm{AE}}(r)[1-f_1(r/r_{\mathrm{cl}})]$，其中 r_{cl} 为芯域半径，取 $r_{\mathrm{cl}}=0.4\sim0.6R_{\max}$，$R_{\max}$ 为全电子原子波函数最外面的极值点的位置；

（2）计算 $V_l^{(2)}(r)=V_l^{(1)}(r)+c_l f_2(r/r_{\mathrm{cl}})$，其中的 c_l 值由以下条件确定，即

$[\hat{T}+V_l^{(2)}(r)]\omega_l^{(2)}(r)=\varepsilon_l^{\rm val}\omega_l^{(2)}(r)$和$\varepsilon_l^{\rm AE}=\varepsilon_l^{\rm val}$；

(3)计算$\varphi_l^{\rm val}(r)=\gamma_l[\omega_l^{(2)}(r)+\delta_l r^{l+1}f_3(r/r_{\rm cl})]$，其中的$\gamma_l$和$\delta_l$由以下两个方程确定，$r>r_{\rm cl}$时，$\varphi_l^{\rm val}\to\varphi_l^{\rm AE}$和$r_l^2\int|\omega_l^{(2)}(r)+\delta_l r^{l+1}f_3(r/r_{\rm cl})|^2{\rm d}r=1$；

(4)将$\varepsilon_l^{\rm val}$和$\varphi_l^{\rm val}(r)$代入 Schrödinger 方程，计算得到$V_l^{\rm val}(r)$；

(5)计算得到$V_l^{\rm pv}(r)=V_l^{\rm val}(r)-V^{\rm H}(\rho_v)-V^{\rm xc}(\rho_v)$，其中$V^{\rm H}(\rho_v)$和$V^{\rm xc}(\rho_v)$是伪价电子态电荷密度分布的 Hartree 交换能和交换-相关能。

Hamann，Schlüter 和 Chiang 采用$f_1(r/r_{\rm cl})=f_2(r/r_{\rm cl})=f_3(r/r_{\rm cl})=\exp[-(r/r_{\rm cl})^4]$作截断函数。应该注意，由此生成的范数不变赝势与角动量有关，任意一个角动量态对应一个与其他赝势无关的赝势。这样，每个角动量态都可以对应一个不同的参考态，这就允许构建激发态和离子态等的赝势。在模拟中，总赝势为

$$V^{\rm PS}(r)=\sum_L V_L^{\rm PS}(r)\boldsymbol{P}_L \tag{7.4-3}$$

式中：L 为角量子数和磁量子数的组合(l,m)；$\boldsymbol{P}_L$ 为在角动量态的投影算符。

7.3.2　BHS 赝势

Bachelet 等利用解析函数拟合由 HSC 方案得到的赝势的解析式，即

$$V^{\rm ps}(r)=V^{\rm core}(r)+\sum_L \Delta V_L^{\rm ion}(r) \tag{7.4-4}$$

$$V^{\rm core}(r)=-\frac{Z_{\rm V}}{r}\sum_{i=1}^{2}c_i^{\rm core}{\rm erf}\left(\sqrt{\alpha_i^{\rm core}}r\right) \tag{7.4-5}$$

$$\Delta V_L^{\rm ion}(r)=\sum_{i=1}^{3}(A_i+r^2A_{i+3})\exp(-\alpha_i r^2) \tag{7.4-6}$$

选取的截断函数为$f_1(r/r_{\rm cl})=f_2(r/r_{\rm cl})=f_3(r/r_{\rm cl})=\exp[-(r/r_{\rm cl})^{3.5}]$，与 HSC 模型略有不同。根据上述方法，生成了 LDA 近似下周期表中几乎所有原子的赝势，同时列出对应的参考态。但是，A_i 值通常是很大的数，BHS 赝势通过给出另一个系数 C_i 来间接给出 A_i 值。A_i 和 C_i 这两个数之间的关系为

$$C_i=-\sum_{l=1}^{6}A_lQ_{il}\ \text{和}\ A_i=-\sum_{l=1}^{6}C_lQ_{il}^{-1} \tag{7.4-7}$$

式中：

$$Q_{il}=\begin{cases}0, & i>l\\ \left(S_z-\sum\limits_{k=1}^{i-1}Q_{ii}^2\right)^{1/2}, & i=l\\ \dfrac{1}{Q_{ii}}\left(S_{il}-\sum\limits_{k=1}^{i-1}Q_{ki}Q_{kl}\right)^{1/2}, & i<l\end{cases} \tag{7.4-8}$$

$$S_{il}=\int_0^\infty r^2\varphi_i(r)\varphi_l(r){\rm d}r \tag{7.4-9}$$

$$\varphi_i(r)=\begin{cases}\exp(-\alpha_i r^2), & i=1,2,3\\ r^2\exp(-\alpha_i r^2), & i=4,5,6\end{cases} \tag{7.4-10}$$

7.3.3 Kerker 赝势

Kerker 采用稍微不同的方法生成赝势，但仍然满足 HSC 条件。该方法不采用截断函数构建伪波函数，而是利用全电子波函数直接构建伪波函数，在芯域用一个光滑函数代替全电子波函数，在截断半径处伪波函数与实际函数满足匹配条件。根据这个方案，HSC 条件被转化为具有解析式的一系列参数方程。通过求解这些参数方程，可以得到相应的参数，也就是伪波函数。将伪波函数代入 Schrödinger 方程，可以求得赝势。采用这种方法时，截断半径被取为略小于全电子波函数最外面的极值位置，明显大于 HSC 方法中的截断半径。

Kerker 的供波函数的解析式为

$$\varphi_l^{\text{val}}(r)=r^{l+1}\text{e}^{p(r)} \tag{7.4-11}$$

式中：$p(r)=\alpha r^4+\beta r^3+\gamma r^2+\delta$，系数 $\alpha,\beta,\gamma,\delta$ 由 HSC 条件确定。

7.3.4 Troullier-Martins 赝势

Toulier 和 Martins 为了构建更光滑的赝势，推广了 Kerker 的方法，利用更高次幂的多项式 $p(r)$ 函数。Toulier 和 Martins 的伪波函数具有如下形式

$$\varphi_l^{\text{val}}(r)=r^{l+1}\text{e}^{p(r)} \tag{7.4-12}$$

式中

$$p(r)=c_0+c_2r^2+c_4r^4+c_6r^6+c_8r^8+c_{10}r^{10}+c_{12}r^{12} \tag{7.4-13}$$

并根据以下条件确定系数 c_i：

(1)范数不变条件；

(2)$\left.\dfrac{\text{d}^n\varphi^{\text{val}}}{\text{d}r^n}\right|_{r=r_f}=\left.\dfrac{\text{d}^n\varphi^{\text{AE}}}{\text{d}r^n}\right|_{r=r_c}$，$(n=0,\cdots,4)$；

(3)$\left.\dfrac{\text{d}^n\varphi^{\text{val}}}{\text{d}r}\right|_{r=0}=0$。

7.3.5 Kleinman-Bylander 赝势

Kleinman-Bylander 形式的赝势可以把一个双重求和转化为两个单重求和的乘积，具体为

$$V_{\text{bon}}^{\text{PS}}=V_{\text{loc}}+\sum_{lm}\frac{(\varphi_{lm}^{\text{PS}}\,\delta V_1)^*\ \varphi_{lm}^{\text{PS}}\,\delta V_1}{\int\varphi_{lm}^{\text{PS}}\,\delta V_1\ \varphi_{lm}^{\text{PS}}\,\text{d}^3r} \tag{7.4-14}$$

式中：

$$\delta V_t=V_{l,\text{nonloc}}-V_{\text{loc}} \tag{7.4-15}$$

式中：$V_{l,\text{nonloc}}$为非局域赝势角动量 l 的分量；V_{loc}为任意的局域势能；φ_{lm}^{PS}为伪波函数。利用式(7.4-14)，计算量随系统平面波基组大小呈线性变化。

7.4　PIMD 模拟简述及 AIMD 模拟举例

不管是 BOMD 模拟，还是 CPMD 模拟，总是假设原子核的运动遵守经典力学规律。对于大多数物理化学过程，原子核运动的量子效应并不明显，可以用经典力学很好地近似，这样的假设是合理的，也是合适的。但是，当模拟水分子等氢键系统、质子迁移、酸碱复合系统、CH 等的转动现象时，氢原子核运动的量子效应显著，必须在氢原子核的运动中引入量子效应，否则模拟结果与实际偏差较大，有时甚至会得到错误的结论。在物理学中，处理原子核运动的量子效应是量子统计问题，其中，Feynman 路径积分是一种成功的处理方法。

PIMD 是一种重要的 AIMD 模拟方法，该方法利用 Feynman 路径积分处理原子核运动的量子效应。PIMD 采用 Born-Oppenheimer 近似将体系的总波函数分解成电子波函数和原子核波函数两个部分。在与原子核运动相关的处理中，把每个具有量子效应的原子核投影到一组虚拟的经典粒子上，这些粒子间由弹簧连接，并由 Feynman 路径积分导出一种有效的哈密顿算符描述。经过这样的处理，量子力学体系转化成一种虽然复杂但可以快速求解的经典力学体系。

目前，常用的 PIMD 方法包括中心分子动力学模拟(Centroid Molecular Dynamics)方法，环状聚合物分子动力学模拟(Ring Polymer Molecular Dynamics)、路径蒙特卡洛模拟(Path Integral Monte Carlo，PIMC)等。

卤化铅钙钛矿由于其小且可调的带隙、双极电荷传输特性和有限电荷复合等独特的特性，已迅速成为光伏和光电领域中有前景的新材料。尽管已有大量关于这类材料在太阳能电池领域的论文，但仍然缺乏对杂化钙钛矿独特性质的物理机制的深入研究。开发商业可行器件的关键问题是了解主要降解途径，对钙钛矿稳定性的控制。为了提高这类材料的稳定性，最近的研究致力于保护钙钛矿层不受水分影响，以避免水诱导的降解过程，这被视为主要的损耗通道。保护有机卤化物钙钛矿薄膜不受水和环境湿度的影响是钙钛矿太阳能电池和相关光电子器件的商业应用面临的最大挑战。因此，了解钙钛矿/水界面至关重要。

本节利用第一性原理分子动力学模拟，研究甲基碘化铅铵($MAPbI_3$)钙钛矿表面和液态水环境之间相互作用的原子细节。为了模拟钙钛矿表面，从四方 $MAPbI_3$ 晶体结构中切割了 3 个 2×2 的表面，分别暴露出 MAI -和 PbI_2 端和 PbI_3 缺陷的 (001)表面。采用的周期性单元尺寸为 $a=b=17.71$ Å，而对于水界面的模拟，使 $c=49.67$ Å，并且用水分子填充钙钛矿板上方和下方的真空区域，如图 7.5 - 1 所示。水的密度为液态水的实验密度。

为了比较，先对表面进行了 MD 模拟，即使用相同的 $a=b$ 单元尺寸，沿垂直于钙钛矿表面的非周期方向留下 10 Å 的真空，没有任何水分子。CPMD 计算中考虑了来自 O，N，C 的 2s，2p；H 的 1s；Ti 的 3s，3p，3d，4s；I 的 5s，5p；Pb 的 6s，6p，5d 壳层的电子。模拟的积分时间步长为 10 au，总模拟时间约为 10 ps。为达到原子位置的初始随机化，温度达到(350±30) K。使用 PWscf 程序对系统进行几何优化，采用 4×4×4 k 点网格，波函数平滑部分的平面波基截止能分别为 50 和 400 Ry。

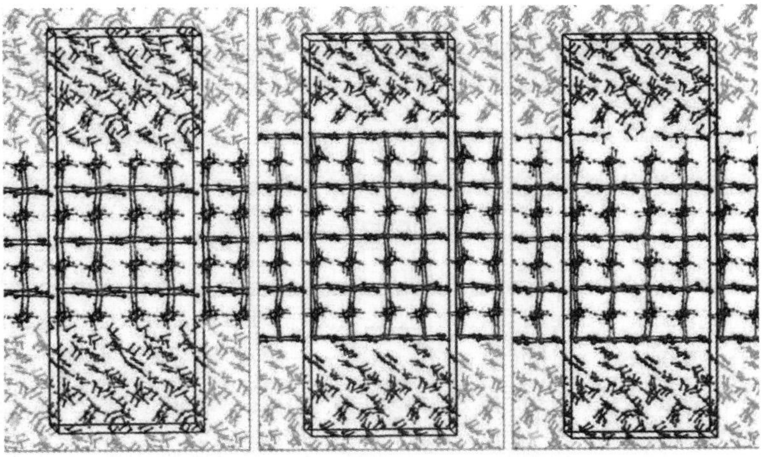

图 7.5－1　水合 MAI－和 PbI_2－端接和 PbI_3－缺陷钙钛矿(模拟单元以高亮显示)

钙钛矿薄膜和水界面之间迁移过程研究结果如下。图 7.5－2 为研究钙钛矿可能裸露的晶面与周围的液态水环境的界面处的径向分布函数(Radial Distribution Function, RDF)。

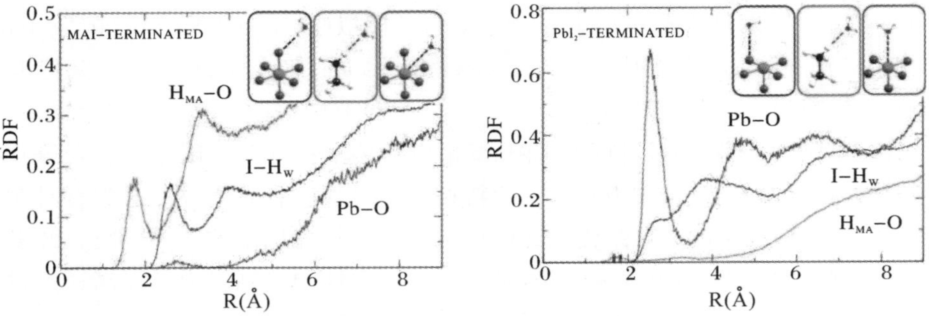

图 7.5－2　I－Hw, HMA－O 和 Pb－O 在 MAI－(顶部)和 PbI_2 端接钙钛矿板(底部)和水分子界面处的径向分布函数(RDF)

图 7.5－3 为 MAI－表面与水分子的相互作用过程。

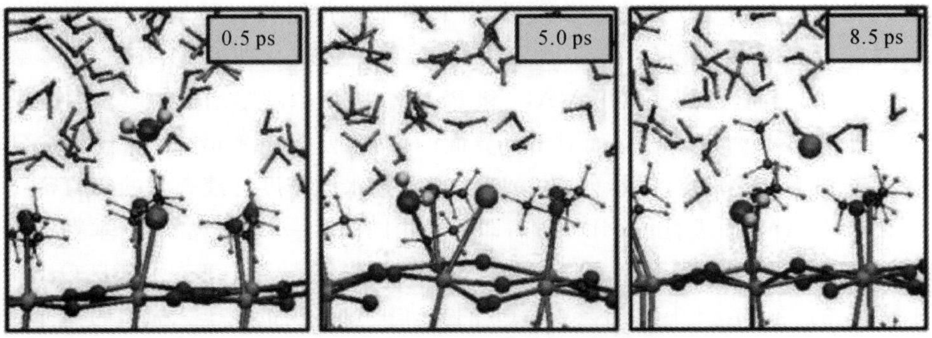

图 7.5－3　MAI－表面与水分子的相互作用过程

图 7.5－4 为水氧原子与铅原子(H_2O－Pb)、碘化物原子与铅原子(I－Pb)以及 MA 氮原子和铅原子(N－Pb)之间距离的演变。

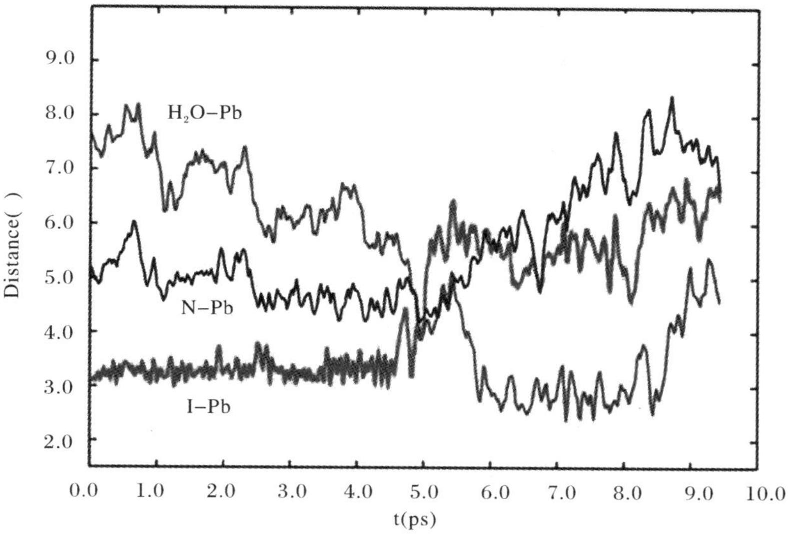

图 7.5-4　水氧原子与铅原子(O-Pb)、碘化物原子与铅原子(I-Pb)以及 MA 氮原子和铅原子(N-Pb)之间距离的演变

习　题

1. 简要说明 AIMD 和 CPMD 的关系，从发展历史和各自的优势上进行比较、分析。

2. 阅读 CPMD 的说明文档，了解 CPMD 最新代码及其优势，运行 CPMD 实例程序，对比和分析计算结果。

3. 利用 CPMD 方法研究磁性和非磁性团簇在一定温度中的团聚过程，通过电荷的转移情况简单说明金属颗粒团聚现象的本质。计算 Cu 团簇的稳定构型并与第 2 章的计算方法进行简单的对比。

4. 碳纳米管是当前研究的热点，由于其良好的机械性能和导电性能备受人们关注。在其众多的优良性质中，高比表面积是其重要的特点，利用这个特点可以吸附一些粒子或者是分子结构，从而达到改性的效果。近年来，不少科研小组在研究碳纳米管吸附过渡金属原子团簇。试建立单壁碳纳米管模型，研究金属 Fe、Ni 团簇在碳纳米管表面吸附的稳定构型及电子特性和光学性质。

参考文献

[1] 严六明，朱素华. 分子动力学模拟的理论与实践[M]. 北京：科学出版社，2013. 05.

[2] 江建军，缪灵，梁培，等. 计算材料学：设计实践方法[M]. 北京：高等教育出版社，2010，01.

[3] YAN Y A，KRISHNAN G M，KÜHN O. QM/MM lineshape simulation of the hydrogen - bonded uracil NH stretching vibration of the adenine：uracil base pair in CDCl3 [J]. Chemical Physics Letters，2008，464 (4-6)：230-234.

[4] SUZUKI T. The hydration of glucose：the local configurations in sugar－water hydrogen bonds [J]. Phys Chem Chem Phys，2008，10：96－105.
[5] BEKAS C，CURIONI A. Atomic wavefunction initialization in ab－initio molecular dynamics using distributed Lanczos [J]. Parallel Computing. 2008，34：441－450.
[6] MOLLICA L，CURIONI A，ANDREONI W，et al. The binding domain of the HMGB1 inhibitor carbenoxolone：theory and experiment [J]. Chemical Physics Letters，2008，456：236－242.
[7] ZHANG Y，PENG X H，CHEN Y，et al. A first principle study of terahertz spectra of acephate [J]. Chemical Physics Letters，2008，456：236－242.
[8]EDOARDO M，JON M，A，FILIPPO D A. Ab initio molecular dynamics simulations of methylammonium lead iodide perovskite degradation by water [J]. Chem Mater，2015，27：4885－4892.
[9] MARTIN T，MARTIN B，REINHOLD F，et al. Computing vibrational spectra from ab initio molecular dynamics [J]. Phys Chem Chem Phys，2013，15：6608－6622.

第8章　蒙特卡罗方法

8.1　蒙特卡罗方法的基本思想

计算材料学就是要在材料实验与基础理论之间架起一座桥梁。材料实验主要是宏观的、统计的，如材料性能的测试；理论往往是相关基础学科领域的解析理论。这些理论揭示的是物质的微观相互作用，有些是第一性原理的，是用微分方程描述的。这些理论应用于具体的对象时，还需要对实际系统、边界条件和初始条件进行一定的简化，对解析理论进行一定的数学近似，如此产生的近似解析理论对一个具体的材料来说往往只能起到定性说明实验现象的作用，系统越复杂，解析理论的应用越困难。此外，解析理论是确定性的，而材料系统的很多问题却是概率性的、统计性的，这些都需要有一个新的方法来解决。

蒙特卡罗(Monte Carlo，MC)方法是在简单的理论准则基础上(如简单的物质与物质以及物质与环境相互作用)，采用反复随机抽样的手段，解决复杂系统的问题。采用随机抽样的方法，可以模拟对象的概率与统计的问题。通过设计适当的概率模型，还可以解决确定性问题，如定积分等。随着计算机技术的迅速发展，Monte Carlo 方法已在应用物理、原子能、固体物理、化学、材料、生物、生态学、社会学以及经济学等领域得到了广泛的应用。本章简要介绍 Monte Carlo 方法的基础知识。

Monte Carlo 是地中海沿岸摩纳哥(Monaco)的一个城市，是世界闻名的赌城，用这个名字命名一个计算方法，表明该算法与随机、概率有着密切的联系。事实上，Monte Carlo 方法亦称为随机模拟(Random Simulation) 方法、随机抽样 (Random Sampling) 技术或统计试验 (Statistical Testing) 方法。

随机抽样方法可以追溯到 18 世纪后半叶的蒲丰 (Buffon) 随机投针试验，蒲丰发现了随机投针的概率与 π 之间的关系。但是一般是将 Metropolis 和 Ulam 在 1949 年发表的论文作为 Monte Carlo 方法诞生的标志。20 世纪 40 年代是电子计算机问世的年代，也是研制原子弹的年代。原子弹的研制过程涉及大量复杂的理论和技术问题，如中子运输和辐射运输等物理过程。科学家在解决中子运输等问题时，将随机抽样方法与计算机技术相结合，从而产生了 Monte Carlo 方法。

Monte Carlo 方法与传统数学方法相比，具有直观性强、简便易行的优点。该方法能处理一些其他方法无法解决的复杂问题，并且容易在计算机上实现，特别是在计算机技术高度发展的今天，该方法能够解决很多理论和应用科学问题，在很大程度上可以代替许多大型的、难以实现的复杂试验或社会行为过程。

Monte Carlo 方法的基本思想是，为了求解某个问题，建立一个恰当的概率模型或随机过程，使得其参量（如事件的概率、随机变量的数学期望等）等于所求问题的解，然后对模型或过程进行反复多次的随机抽样试验，并对结果进行统计分析，最后计算所求参量，得到问题的近似解。

Monte Carlo 方法是随机模拟方法，但是，它不仅限于模拟随机性问题，还可以解决确定性的数学问题。对随机性问题，可以根据实际问题的概率法则，直接进行随机抽样试验，即直接模拟方法。对于确定性问题采用间接模拟方法，即通过统计分析随机抽样的结果获得确定性问题的解。

用 Monte Carlo 方法解决确定性的问题，主要应用于数学领域，如计算重积分、求逆矩阵、解线性代数方程组、解积分方程、解偏微分方程边界问题和计算微分算子的特征值等。用 Monte Carlo 方法解决随机性问题则在众多的科学及应用技术领域得到广泛的应用，如中子在介质中的扩散问题、库存问题、随机服务系统中的排队问题、动物的生态竞争、传染病的蔓延等。Monte Carlo 方法在材料计算领域的应用也主要是解决随机性问题。

下面用一个简单的例子来说明使用 Monte Carlo 方法求解确定性问题。如果要求解一个定积分：

$$I=\int_a^b f(x)\mathrm{d}x \tag{8.1-1}$$

首先，对积分进行变换，构造新的被积函数 $g(x)$，使得该函数满足下列条件：

$$\left.\begin{array}{l} g(x)\geqslant 0 \\ \int_{-\infty}^{+\infty} g(x)\mathrm{d}x=1 \end{array}\right\} \tag{8.1-2}$$

显然，$g(x)$是连续随机变量 ξ 的概率密度函数，因此式（8.1－1）成为一个概率积分，其积分值等于概率 $P_r(a\leqslant\xi\leqslant b)$，即

$$I=P_r(a\leqslant\xi\leqslant b) \tag{8.1-3}$$

这个步骤就是将一个积分转化为一个概率模型的过程，然后，反复多次地进行随机抽样试验，以抽样结果的统计平均作为所求概率的近似值，从而求得该积分。具体试验步骤如下：

（1）产生服从给定分布函数 $g(x)$的随机变量值 x_i（产生方法见本章 8.3 节随机变量抽样）；

（2）检查 x_i 是否落入积分区域（$a\leqslant x\leqslant b$），如果满足条件，则记录一次。

反复进行上述试验。假设在 N 次试验后，x_i 落入积分区域的总次数为 m，那么，积分值近似表示为

$$I\approx\frac{m}{N} \tag{8.1-4}$$

对于随机性问题，可直接将实际的随机问题抽象为概率数学模型，然后与求解确定性问题一样进行抽样试验和统计计算。综上所述，在应用 Monte Carlo 方法解决实际问题的过程中，主要有以下几个内容。

（1）建立简单而又便于实现的概率统计模型，使所求的解正是该模型的某一事件的概率或数学期望，或该模型能够直接描述实际的随机过程。

(2)根据概率统计模型的特点和计算的需求,改进模型,以便减小方差和减少费用,提高计算效率。

(3)建立随机变量的抽样方法,包括伪随机数和服从特定分布的随机变量的产生方法。

(4)给出统计估计值及其方差或标准误差。

Monte Carlo 方法的收敛性和基本特点如下。

设所求量 x 是随机变量 ξ 的数学期望 $E(x)$,那么,Monte Carlo 方法通常使用随机变量 ξ 的简单子样 $\xi_1,\xi_2,\cdots,\xi_N$ 的算术平均值,即

$$\bar{\xi}_N = \frac{1}{N}\sum_{i=1}^{N}\xi_i \tag{8.1-5}$$

作为所求量 x 的近似值。由柯尔莫哥罗夫(Kolmogorov)大数定理可知:

$$P(\lim_{N\to\infty}\bar{\xi}_N = x) = 1 \tag{8.1-6}$$

即当 N 充分大时,有

$$\bar{\xi}_N \approx E(\xi) = x \tag{8.1-7}$$

成立的概率等于 1,即可以用 $\bar{\xi}_N$ 作为所求量 x 的估计值。

根据中心极限定理,如果随机变量 ξ 的标准差 σ 不为零,那么 Monte Carlo 方法的误差 ε 为

$$\varepsilon = \frac{\lambda_\alpha \sigma}{\sqrt{N}} \tag{8.1-8}$$

式中:λ_α 为正态差,是与置信水平有关的常量。由式(8.1-8)可知,Monte Carlo 方法的收敛速度的阶为 $o(N^{-\frac{1}{2}})$,误差是由随机变量的标准差 s 和抽样次数 N 决定的。提高一位数精度,抽样次数要增加 100 倍;减小随机变量的标准差,可以减小误差。但是,减小随机变量的标准差将提高产生一个随机变量的平均费用(计算时间)。因此,提高计算精度时,要综合考虑计算费用。

Monte Carlo 方法具有以下 4 个重要特征:

(1)由于 Monte Carlo 方法是通过大量简单的重复抽样来实现的,因此,方法和程序的结构十分简单;

(2)收敛速度比较慢,因此,较适用于求解精度要求不高的问题;

(3)收敛速度与问题的维数无关,因此,较适用于求解多维问题;

(4)问题的求解过程取决于所构造的概率模型,而受问题条件限制的影响较小,因此,对各种问题的适应性很强。

8.2 随机数的产生

8.2.1 随机数与伪随机数

Monte Carlo 方法的核心是随机抽样。在该过程中往往需要各种各样分布的随机变量,其中最简单、最基本的是在[0,1]区间上均匀分布的随机变量。在该随机变量总体中抽取的子样 $\xi_1,\xi_2,\cdots,\xi_N$ 称为随机数序列,其中每个个体称为随机数。在电子计算机中可以用

随机数表和物理的方法产生随机数。但是这两种方法会占用大量的存储单元和计算时间，费用昂贵并且不可重复，因而都不可取。用数学的方法产生随机数是目前广泛使用的方法。该方法的基本思想是利用一种递推公式：

$$\xi_{i+1}=T(\xi_i) \tag{8.2-1}$$

对于给定的初始值ξ_1，逐个地产生ξ_2，ξ_3，…。

这种数学方法产生的随机数存在两个问题：

(1)整个随机数序列是由递推函数形式和初始值唯一确定的，严格地说不满足随机数相互独立的要求；

(2)存在周期现象。

基于这两个原因，用数学方法所产生的随机数称为伪随机数。伪随机数的优点是适用于计算机，产生速度快，费用低廉。目前，多数计算机均附带有“随机数发生器”。通过适当选择递推函数，伪随机数是可以满足 Monte Carlo 方法的要求的。选择递推函数必须注意以下几点：

1)随机性好。

2)在计算机上容易实现。

3)省时。

4)伪随机数的周期长。

8.2.2 伪随机数的产生方法

最基本的伪随机数是均匀分布的伪随机数。最早的产生伪随机数的方法是 Von Neumann 和 Metropolis 提出的平方取中法。该方法是首先给一个 $2r$ 位的数，取其中间的 r 位数码作为第一个伪随机数，然后将这个数平方，构成一个新的 $2r$ 位的数，再取中间的 r 位数作为第二个伪随机数。如此循环可得到一个伪随机数序列。该方法的递推公式为

$$x_{n+1}=[10^{-r}x_{n2}](\mathrm{Mod}10^{2r})$$

$$\xi_n=x_n/10^{2r}$$

式中：$[x]$表示对 x 取整；运算 B (Mod M) 表示 B 被 M 整除后的余数；数列$\{\xi_i\}$是分布在$[0,1]$上的。该方法由于效率较低，有时周期较短，甚至会出现零。

目前伪随机数产生的方法主要是同余法。同余法是一类方法的总称。该方法也是由选定的初始值出发，通过递推产生伪随机数序列。由于该递推公式可写成数论中的同余式，故称同余法。该方法的递推公式为

$$x_{n+1}=[ax_n+c](\mathrm{Mod}\ m)$$

$$\xi_n=x_n/m$$

式中：a，c，m 分别称作倍数 (Multiplier)、增值 (Increment) 和模 (Modulus)，均为正整数；x_0 称为种子或初值，也为正整数。该方法所产生伪随机数的质量，如周期的长度、独立性和均匀性都与式中 3 个参数有关。该参数一般是通过定性分析和计算试验进行选取的。例如，当 $m=2^{35}$，$a=7$，$c=1$，$x_0=1$ 时，可获得较满意的伪随机数数列。

上式是同余法的一般形式，根据参数 a 和 c 的特殊取值，该方法可分成下述 3 种形式。

(1)$a\neq1$；$c\neq0$。这是该方法的一般形式，也称作混合同余法。该方法能实现最大的周

期，但所产生的伪随机数的特性不好，随机数的产生效率低。

(2)$a \neq 1$；$c=0$。一般递推公式简化成 $x_{n+1}=ax_n(\text{Mod}m)$。这种情况下该方法称作乘同余方法。由于减少了一个加法，伪随机数的产生效率会提高。乘同余法指令少、省时，所产生的伪随机数随机性好、周期长。

(3)$a=1$；$c \neq 0$。一般递推公式简化成 $x_{n+1}=[x_n+c](\text{Mod}m)$。这种情况下该方法称作加同余方法。由于加法的运算速度比乘法快，所以加同余法比乘同余法更省时，但伪随机数的质量不如乘同余法。

8.2.3　伪随机数的统计检验

伪随机数的特性好坏将直接影响 Monte Carlo 方法的计算结果，因此要对所产生的伪随机数序列进行随机性检验。随机性检验主要包括均匀性检验、独立性检验、组合规律性检验和无连贯性检验。χ^2 检验是伪随机数检验最常用的方法。有关χ^2检验的基本知识请参考统计方面的教科书。

均匀性就是伪随机数列的 N 个数是否均匀分布在 [0，1] 区间上。若将 [0，1] 区间分成 k 个相等的子区间(一般 $k=8, 16, 32$)，若所得伪随机数在 [0，1] 区间上是均匀分布的，则虚假设 H_0 应为“每个伪随机数属于第 i 组的概率为 $P^k=\frac{1}{k}\left(\sum_{i=1}^{k} p_i=1\right)$”，而频率检验也就在于检验每组观测频数$n_i$ 与理论频数 $m_i=N\frac{1}{k}$之间相差的显著性。

独立性就是按先后顺序排列的 N 个伪随机数中，每个数的出现是否与其前后各个数独立无关。对于两组伪随机数来说，独立性就是指它们不相关。

组合规律性就是将 N 个伪随机数按一定的规律组合起来，则各种组合的出现具有一定的概率。

无连贯性就是将一次出现的 N 个伪随机数，按其大小分为两类或 k 类，则各类数的出现没有连贯现象。

随着计算机软硬件技术的发展，高级计算机语言中的伪随机数产生函数能够产生质量较好的伪随机数，能够满足一般 Monte Carlo 模拟的需要。如 Matlab 中的 rand() 函数所产生的伪随机数的周期能够达到 $2^{1\,492}$。

8.3　随机变量抽样

随机变量抽样就是从已知分布的总体中产生简单子样。设 $F(x)$为某一已知的分布函数，随机变量抽样就是产生相互独立、具有相同分布函数 $F(x)$的随机序列 $\xi_1, \xi_2, \cdots, \xi_N$。这里，$N$ 称为容量。一般用 ξ_F 表示具有分布函数 $F(x)$的简单子样。对于连续型分布，常用分布密度函数 $f(x)$表示总体的已知分布，这时将用 ξ_f 表示由已知分布 $f(x)$所产生的简单子样。随机数的产生实际上是由均匀分布总体中产生的简单子样，因此，产生随机数属于随机变量抽样的一个特殊情况。由于这里所讲的随机变量抽样是在假设随机数已知的情况下进行的，因此，两者的产生方法有本质上的区别。一般情况下，随机变量抽样具有严格的理论根据，只要所用的随机数序列满足均匀且相互独立的要求，那么所产生的已知分布的简单子样，严格满足具有相同的总体分布且相互独立。

8.3.1 随机变量的直接抽样法

对于任意给定的分布函数 $F(x)$，直接抽样方法的一般形式为

$$\xi_n = \inf_{F(t)\geqslant r_n} t, n=1,2,\cdots,N \tag{8.3-1}$$

式中：$r_1, r_2, \cdots, r_N$ 为随机数序列。也就是说，对于一组随机数 r_n，取能够使得累积分布函数值 $F(t)$ 大于该随机数的最小随机变量值 t 所构成的序列，就是满足已知分布 $F(x)$ 的随机变量抽样。

根据直接抽样方法的一般公式，离散型分布的直接抽样方法如下：

$$\xi_n = x_n, \sum_{i=1}^{n-1} P_i < r \leqslant \sum_{i=1}^{n} P_i \tag{8.3-2}$$

式中：x_i 为离散型随机变量的跳跃点；P_i 为相应的概率。以图 8.3-1 所示离散型分布为例，对于一个随机数 $r_i=0.5$，该值落在累积分布函数值 $F(x_{n-1}=7)=0.32$ 和 $F(x_n=8)=0.62$ 之间，由式(8.3-2)可知，$x_n=8$ 是一个满足该分布的随机变量 ξ 的抽样结果。

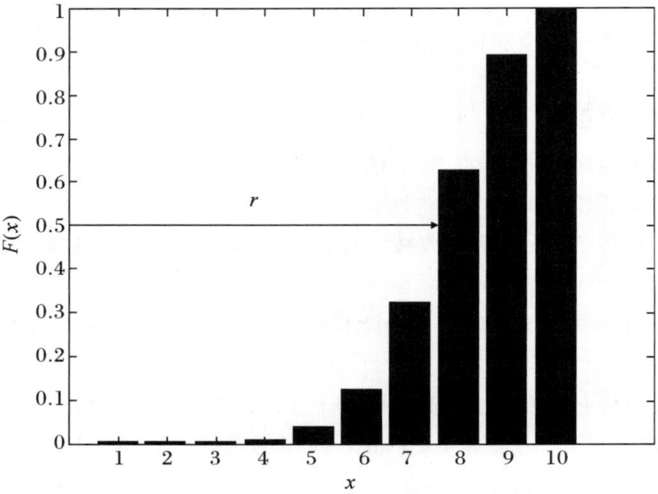

图 8.3-1 离散型分布随机变量抽样示意图

直接抽样方法是离散型分布随机变量抽样非常理想的基本方法。

对于连续型分布，其分布函数如下：

$$F(x) = \int_{-\infty}^{x} f(t)\,\mathrm{d}t \tag{8.3-3}$$

式中：$f(x)$ 为密度函数。根据直接抽样方法的一般公式，如果分布函数的反函数 $F^{-1}(x)$ 存在，则连续型分布的直接抽样方法可表示为

$$\xi_F = F^{-1}(r) \tag{8.3-4}$$

式中：r 是 [0, 1] 均匀分布的随机数。实际抽样步骤是将一组伪随机数 r_n 代入分布函数的反函数中，可直接获得一组符合该给定分布的随机变量序列 ξ_n。

例如，指数分布的分布函数为

$$F(x)=\begin{cases}0, & x<0\\ 1-\exp(-\lambda x), & x\geqslant 0\end{cases} \tag{8.3-5}$$

式中：$\lambda>0$。按照分布函数的反函数，指数分布随机变量的直接抽样如下：

$$\xi=-\frac{1}{\lambda}\ln(1-r) \tag{8.3-6}$$

将一组伪随机数序列 r_n 代入式(8.3-6)即可得到指数分布的随机变量抽样 ξ_n。

但是，在实际问题中，连续型分布是很复杂的。有的只能给出分布函数的解析表达式，但不能给出其反函数的解析表达式，如 β 分布；有的则连分布函数的解析表达式都不能给出，如正态分布只有分布密度函数，而没有分布函数的解析表达式。因此，对于相当多的连续型分布难以采用直接抽样方法进行随机变量抽样。

8.3.2　随机变量的舍选抽样法

对于连续型分布采用直接抽样方法，首先必须获得该分布函数的反函数的解析表达式，而实际许多分布由于无法获得该反函数的解析式，甚至连分布函数自身的解析式都不存在，因此无法采用上述的直接抽样法。另外，即便可以给出分布函数的反函数，但由于该反函数的计算量很大，从抽样效率的角度考虑，这种情况下，也不适合采用直接抽样法。为了克服直接抽样方法的上述困难，Von Neumann 提出了舍选抽样的方法。该方法示意图如图 8.3-2所示。

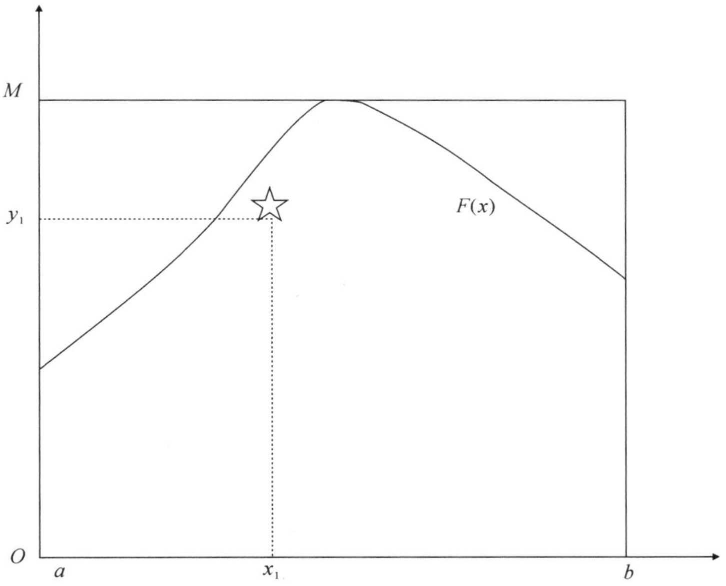

图 8.3-2　舍选抽样法示意图

$F(x)$为已知分布密度函数，该密度函数在有限区域 $[a, b]$ 上有界，即

$$0\leqslant f(x)\leqslant M$$

舍选抽样就是在图中产生一个随机点 (x_i, y_i)，如果该点落入 $f(x)$以下的区域，则 x_i 取作抽样的取值，否则，舍去重取。反复上述过程可产生分布密度为 $f(x)$的随机抽样序列 $\{x_i\}$。由图 8.3-2 可见，密度函数值 $f(x_i)$越高，抽样值 x_i 抽取的可能性越大。舍选抽样

方法的具体步骤是，首先产生二元随机数 (ξ,η)，令 $x_i=a+\xi(b-a)$；$y_i=M\eta$。如果 $y_i\leqslant f(x_i)$，则取 x_i 作为抽样值，否则舍去。反复抽样可得所求抽样序列 $\{x_i\}$。舍选抽样法可用于所有已知分布密度函数的随机抽样，具有较广的适用性。但是，如果 $f(x)$ 以下的区域较小时，则抽样过程中被舍去的概率较大，因此，抽样效率低，抽样费用高。为了提高抽样效率，还有一些改良的方法，如乘抽样法等，在此就不一一介绍，请参见有关文献。

8.3.3 Metropolis 抽样法

在多维空间中按比较复杂的权函数进行抽样常常比较困难，甚至根本无法按以前的方法进行抽样。Metropolis 等给出了一种具有普遍意义的抽样方法，它可以对任意形状的给定概率分布进行随机变量抽样。只要在给定的积分变量之上能够计算出权函数，这种方法就可以采用，因此它已广泛应用于统计力学问题中。例如正则系综的权函数一般是系统坐标的一个非常复杂的函数，系综的配分函数的计算就是一个相当困难的问题，而 Metropolis 抽样法解决了这个困难，现简述如下。

在含有 N 个粒子的正则系综相空间中计算任何感兴趣的物理量 F 的平均值的算式如下：

$$\bar{F}=\frac{\int F\exp\left(-\frac{E}{kT}\right)\mathrm{d}^{2N}P\,\mathrm{d}^{2N}q}{\int\exp\left(-\frac{E}{kT}\right)\mathrm{d}^{2N}P\,\mathrm{d}^{2N}q} \tag{8.3-7}$$

积分体积元是相空间体积元，其中 E 是系统的总势能：

$$E=\frac{1}{2}\sum_{\substack{i,j=1\\i\neq j}}^{N}(r_{ij}) \tag{8.3-8}$$

式中：φ 为势函数；r_{ij} 为位置 i 和位置 j 之间的最短距离。

求解积分的最自然的方法就是将 N 个粒子置于一个方形区域中，每个粒子在该区域中处于任意位置（这也就定义了 $2N$ 维的位形空间中的一个随机点），然后求其总势能 E，并得到一个这个空间构形的权重值 $\exp(-E/kT)$。但这种方法在紧密堆积的粒子系统中是不适用的，因为在很大可能的情况下（或很大的概率下）所选择的构形的权重却是很小的，即得到的都是权重很小的构形。

为了克服这个困难，Metropolis 采用了一个经过修改的 MC 方案。此方案的要点是，不去任意地选取空间构形，而是不断地比较权重 $\exp(-E/kT)$，也就是用概率 $\exp(-E/kT)$ 选取空间构形并均匀地对其加权。具体做法是，设有 N 个粒子被置于一个正方形格子中，每个粒子有两个坐标 X 和 Y，然后连续地按以下方案移动每个粒子：

$$\left.\begin{aligned}X&\rightarrow X+a\xi\\Y&\rightarrow Y+a\zeta\end{aligned}\right\} \tag{8.3-9}$$

式中：a 为允许位移的最大值（原则上此值可任意选取，但不能太大或太小）；ξ 和 ζ 为 $[-1,\ +1]$ 区间内的随机数。

若某一个粒子被移动了位置，则新位置是以其原位置 $(X,\ Y)$ 为中心的一个边长为 $2a$ 的小方框中的任意位置，实算中应采用周期性边界条件，以避免边界或表面效应。然后计算

新构形的总能量 E'，若原构形的总能量为 E，求得前后能量差 $\Delta E=E'-E$。若 $\Delta E<0$，即新构形的能量低于原构形的能量，则接受新构形，即以新的粒子位置代替原来的粒子位置；若 $\Delta E>0$，则取一个随机数 $0<\eta<1$，令其与 $\exp(-\Delta E/kT)$ 作比较，若 $\eta<\exp(-\Delta E/kT)$，则用粒子的新位置取代原位置，否则放弃这个新位置，而从原位置出发重新随机地寻找可接受的新位置。

不论新的位置是否被接受或新的构形是否被采用，这样连续不断地改变系统构形并计算系统物理量的目的就是求得这些物理量的平均值：

$$\bar{F}=\frac{1}{M}\sum_{k=1}^{M}F_k \tag{8.3-10}$$

Metropolis 算法可以用各种不同的方法实现。Koonin 描述了一种简单的实现方法：假设变量 X 的空间(可能是多维的)内产生了一组按概率密度 $\omega(X)$ 分布的点，假想有一个随机行走者在 X 空间中运动，这个随机行走过程相继各步的终点产生出一个点子的序列 X_0，X_1，…，行走的路程越长，它连接的点子就越接近所要求的分布。在位形空间中随机行走的规则如下：设行走者处于序列中的第 X_n 点上，为了产生 X_{n+1}，行走者迈出试探性的一步，因而走到一个新点 X_t，这个新点可以用任何方便的方法选取，例如可以在 X_n 点周围的一个边长 a 很小的多维立方体中均匀地随机选取，然后按照比值

$$\frac{\omega(X_t)}{\omega(X_n)}=r \tag{8.3-11}$$

决定是“接受”还是“拒绝”这一试验步。如果 $r>1$，那么接受这一步(即取 $X_{n+1}=X_t$)；如果 $r<1$，则把 r 和一个在 $[0,1]$ 区间上均匀分布的随机数 η 比较，若 $\eta<r$ 就接受这一步，否则就舍弃它，而取 $X_{n+1}=X_n$。这样，在产生出 X_{n+1} 之后，可以再从 X_{n+1} 出发迈出一个试验步，按照同样的过程产生 X_{n+2}。任意一点 X_n 都可以用作下一个随机行走的起点。

在 X_n 的邻近范围内怎样选取步长 a，成了一个关键的问题。

为了解决这个问题，假设 X_n 在 ω 的一个极大值上，这是 X_n 最可能存在的位置。如果 a 很大，$\omega(X_t)$ 有可能比 $\omega(X_t)$ 小得多，大部分试探步将被舍弃而不会入选，因而导致对 ω 抽样的效率很低；如果 a 很小，大部分试探步将被接受，但是随机行走者绝不会走得很远，因此对分布的抽样效果也不好。一条经验是：试探步长的大小应当使大约有一半的试探步能够入选。

Metropolis 算法进行抽样的一个缺点是构成随机行走的点 X_0，X_1，…，X_n，…，产生的方法彼此不独立，也就是说 X_{n+1} 在 X_n 的邻近。因此，虽然当行走变得很长时这些点的分布可能是正确的，但它们彼此却不是统计独立的，因此用于计算积分时要格外注意。例如，若用在随机行走各点上对 $f(X)$ 值求平均的方法计算积分：

$$I=\frac{\int \mathrm{d}X\omega(X)f(X)}{\int \mathrm{d}X\omega(X)} \tag{8.3-12}$$

则由于各 $f(X_j)$ 并不统计独立，通常的方差估计公式就不成立了。这可通过计算自相关函数

$$R(k)=\frac{\langle f_j f_{j+k}\rangle-\langle f_j\rangle^2}{\langle f_j^2\rangle-\langle f_j\rangle^2} \tag{8.3-13}$$

作定量的描述。式(8.3-13)中加方括号的值表示在随机行走过程中求平均,即

$$\langle f_j f_{j+k}\rangle = \frac{1}{N-k}\sum_{j=1}^{N-k} f(X_j)f(X_{j+k}) \tag{8.3-14}$$

虽然 $R(0)=1$,但是当 $k\neq 0$ 时 $R\neq 0$,这意味着各个 $f(X_j)$不独立。在实际中能够做到的是,使用随机行走过程中相隔一个固定间隔的点计算上述积分及其方差时,应将间隔选取得使所用的各点之间实际上互不相关。从使 R 变得很小(比如使 $R\leqslant 0.1$)的 k 值可以估计出一个恰当的取样间隔。

应用 Metropolis 算法的另一个困难是如何选取随机行走的出发点,即选取何处为 X_0。原则上任何位置都是合适的,结果将与这一选择无关,因为行走者在若干步之后将会"热化"。实践经验证明,选取概率 $\omega(X)$值大的位置较为合适,这样在开始实际抽样之前可以先取若干步进行"热化",以消除结果对出发点的依赖。

8.4 不同系综的蒙特卡罗方法

8.4.1 微正则系综蒙特卡罗方法

微正则系综的特点是系统的粒子数(Number)守恒、能量(Energy)守恒和体积(Volume)守恒(NEV)。在分子动力学中系统的状态变量是系统的广义坐标 q 及其相应的共轭动量 P,而在 MC 方法中系统哈密顿量的动能部分不起作用,因此就不能用运动方程计算系统的性质,而必须计算系统的配分函数 Z,从而得到系统的各项性质。与位形部分相关的性质将与分子动力学方法得到的相应性质相同。

微正则系综 MC 方法研究的是用一个哈密顿量 H 描述的系统,与微正则系综的 MD 方法相似,必须使系统在相空间中的恒定能量曲面上以遍历(ergodic)方式运动。由于在 MC 方法中一切系统有相等的权重,系统是按随机行走方式在此曲面上运动的,因此若此行走方式是简单随机行走,则就定义了一个马尔可夫过程。在体积 V 内有 N 个粒子的守恒系统的固定能量为 E,微正则分布由一个 δ 函数表示,于是其配分函数表示为

$$Z = \int \delta[H(x)-E]\mathrm{d}x \tag{8.4-1}$$

系统所有可能具有的位形应该是哈密顿量被约束为 E 的位形,可观测量 A 等于系综平均值:

$$\langle A\rangle = \frac{1}{Z}\int A(x)\delta[H(x)-E]\mathrm{d}x \tag{8.4-2}$$

因为微正则系综是一个能量守恒系综,因此用 MC 方法模拟时要求系统的哈密顿量与系统能量之间的差逐步趋于零,即 $H(x)-E=\Delta E\to 0$。为了具体实现,可设一微小能量 $\varepsilon>0$,使得系统的哈密顿量在恒定能量上下的一个层面内变化,即

$$E-\varepsilon<H(x)<E+\varepsilon \tag{8.4-3}$$

通过改变位形使系统在固定能量曲面上产生随机行走,并计算系统的配分函数:

$$Z = \sum\nolimits_x \sum\nolimits_\varepsilon \delta[H(x)-E+\varepsilon] \tag{8.4-4}$$

直到模拟的最后几步,实现 $\varepsilon\to 0$,弛豫计算就完成了。

在计算机上具体的计算过程如下：

(1)建立系统状态 x，计算 $H(x)$，并选定微小能量 $\varepsilon>0$；

(2)改变系统局部状态，用适当抽样法(如 Metropolis 法)使系统进入新局部状态，即 $x\to x+\Delta x=x'$；

(3)计算系统的能量变化之差，$\Delta H=H(x')-H(x)$；

(4)若$\Delta H<0$ 或者$\Delta H>0$，并且 $\varepsilon>\Delta H$，则接受此改变，即令 $x'\to x$，$\varepsilon-\Delta H\to\varepsilon$，返回(2)；

(5)否则不接受改变，直接返回(2)，重新抽样。

在经过 n_1 步后，系统已经弛豫到热平衡状态，再运行若干步，达到第 n 步，然后求系统物理量的平均值

$$\langle A\rangle=\frac{1}{n-n_1}\sum_{i>n_1}^{n}A(x_i) \tag{8.4-5}$$

以及微小能量系列$\{\varepsilon_i\}$，最后遵从玻尔兹曼 (Boltzmann) 分布。这里需要用到 Ising 模型。对于铁磁体的 Ising 模型，可从下式计算温度 T：

$$kT=\frac{4J}{\ln\left(1+\frac{4J}{\langle\varepsilon\rangle}\right)} \tag{8.4-6}$$

一般来说，固体材料的边界条件采用周期性边界条件，而对于液体浸润等现象的模拟则采用自由边界条件或二者的结合。

8.4.2 正则系综蒙特卡罗方法

在正则系综中，粒子数(Number)、体积(Volume)和温度(Temperature)是守恒的(NVT)，即将系统放在一个热浴中，因而系统的能量不守恒，总能量有一个涨落。在正则系综中某些状态各有不同的权重，这与微正则系综中各状态权重都一样的情况不同，因此不能用相空间中的简单随机行走计算正则系综中的可观测物理量。这就需要建立一个马尔可夫过程，使得在此路径上的各状态以正确的概率出现，其极限分布对应于正则系综的平衡分布。

在正则系综中可观测量的平均值的计算公式如下：

$$\left.\begin{aligned}\langle A\rangle&=\frac{1}{Z}\int A(x)\exp[-\beta H(x)]\mathrm{d}x\\ Z&=\int\exp[-\beta H(x)]\mathrm{d}x\end{aligned}\right\} \tag{8.4-7}$$

按照 Metropolis 随机行走产生的马尔可夫链，经过大量的行走后达到平衡时所产生的点的分布就满足所要求的分布 $\mu(x)$。一个使马尔可夫链收敛到所想要的分布的充分条件是满足细致平衡或微观可逆性的要求，即跃迁概率 P 和分布函数 $u(x)$满足以下关系：

$$P(x_j\to x_k)u(x_j)=P(x_k-x_j)u(x_k) \tag{8.4-8}$$

正则系综是一个浸泡在热浴中的系综，其平衡时的状态分布函数为

$$E-\varepsilon<H(x)<E+\varepsilon \tag{8.4-9}$$

由于这种指数函数性质，跃迁概率的比值与从状态 j 转移到另一个状态 k 的能量改变

ΔH_k有关：

$$\frac{P(j\to k)}{P(k\to j)}=\frac{P_{jk}}{P_{kj}}=\exp\left\{-\frac{[H(x_k)-H(x_j)]}{kT}\right\}=e^{-\frac{\Delta H}{kT}} \tag{8.4-10}$$

用 MC 方法模拟系综在相空间的运动，就要产生一个马尔可夫链，在此链上状态 k 出现的概率与玻尔兹曼因子 $e^{-\frac{H(x_k)}{kT}}$ 成比例。为了使马尔可夫链具有这种性质，只需使基本的一步的跃迁概率 $P(x_j\to x_k)=P_{jk}$ 满足一定条件就可以了。令 P 为条件概率矩阵元 $0<P_{jk}<1$，其下标的含义是，如果在时刻 t 系统处于状态 j，那么在时刻 $t+1$ 它就处于状态 k，而且满足以下条件：

$$P_{jk}=P_{kj}\sum_{k=1}^{m}P_{kj}=1 \quad (j=1,2,\cdots,m) \tag{8.4-11}$$

而在时刻 $t+2$ 时的条件跃迁概率矩阵元为

$$P_{jk}^{(2)}=\sum_{k=1}^{m}P_{ji}^{(1)}P_{ik}^{(1)} \quad (j,k=1,2,\cdots,m) \tag{8.4-12}$$

类似地，在时刻 $t+n$ 时，即高阶的条件跃迁概率矩阵元为

$$P_{jk}^{(n)}=\sum_{i=1}^{m}P_{ji}^{(n-1)}P_{ik}^{(1)} \quad (j,k=1,2,\cdots,m) \tag{8.4-13}$$

有了以上的准备，现在可以定义跃迁概率 $P(j\to k)=P_{jk}$：

(1)只要所有的态都是遍历的，并属于同一类，则条件跃迁概率矩阵元的极限趋向于抽样分布概率，即

$$\lim_{n\to\infty}P_{jk}^{(n)}=u_k \quad (k=1,2,\cdots,m) \tag{8.4-14}$$

(2)对于状态 k，存在抽样分布概率 u，而且其独立于 k，并且

$$u_k>0 \quad (k=1,2,\cdots,m) \tag{8.4-15}$$

(3)满足概率归一化要求和极限分布为平衡分布的要求，对所有的状态 k，有

$$\sum_{k=1}^{m}u_k=1,u_k=\sum_{j=1}^{m}u_jP_{jk} \tag{8.4-16}$$

(4)满足微观可逆性条件 $u_jP_{jk}=u_kP_{kj}$，这样就能使条件概率收敛到以前所知的概率分布函数 $u_k=c\exp(-\Delta H_k/kT)$，$c$ 是归一化函数；

(5)传统的选择跃迁概率的方法为

$$\left.\begin{array}{l}\left\{\begin{array}{l}P_{jk}=\begin{cases}a_{jk}e^{-X\Delta H_k/kT}[H(x_k)\leqslant H(x_j)]\\ a_{jk}[H(x_k)\leqslant H(x_j)]\end{cases}\\ \qquad P_{jj}=1-\sum_{k\neq j}P_{jk}\end{array}\right.\\ a_{jk}=\begin{cases}\dfrac{1}{8Nd^2}[d>|x_j^{(s')}-x_k^{(s')}|;x_j^{(s)}=x_k^{(s)};s,s'\in(1,N)]\\ 0 \qquad\qquad (\text{其他})\end{cases}\end{array}\right\} \tag{8.4-17}$$

式中：a_{jk} 为从 j 步到 k 步的试探概率；P_{jk} 为接受从 j 步跃迁到 k 步的概率。

在 Metropolis 方法中，常采用一种简单的选择跃迁概率的方法：

$$P_{jk}=\min\left\{1,\frac{a_{kj}P(x_k)}{a_{jk}P(x_j)}\right\} \tag{8.4-18}$$

或采用下式抽样：

$$P_{jk}=\min\{1,\exp(-\Delta H/kT)\} \tag{8.4-19}$$

一般选择跃迁概率的方法为：

(1)系统已经达到一个位形 x_n 点，选择一个试探点 $x_t=x_n+\delta b,\delta=2\xi-1,\xi\in(0,1)$其中 b 是间隔宽度；

(2)按式 (8.41) 或式 (8.42) 计算 $r=\min\{\bullet\}$；

(3)若 $r\geqslant1$，则令 $p_{jk}=1,p_{kj}=1/r$，并接受新位置，取 $x_{n+1}=x_t$；

(4)若 $r<1$，则另产生一个随机数 $\xi\in(0,1)$，若此时仍有 $r>\xi$ 便也接受新位置，取 $x_{n+1}=x_t$，并令 $P_{jk}=r,P_{kj}=1-r$；

(5)若 $\xi\geqslant r$，则拒绝接受新位置，返回(1)，重新选取新位置 x_{n+1}。

正则系统中，MC 方法如下：

(1)规定一个初始位形 x_n；

(2)用 Metropolis 随机行走方法产生一个新位形 x_t，计算前后位形的能量差$\Delta H=H(x')-H(x)$；

(3)若$\Delta H<0$，则接受新位形 $x_{n+1}=x_t$，返回(2)，计算下一个位形；

(4) 若$\Delta H>0$，则产生一个随机数 $\xi\in[0,\ 1]$，若$<\exp\left(-\dfrac{\Delta H}{kT}\right)$，则仍接受新位形 $x_{n+1}=x_t$，返回(2)计算下一个位形，否则不接受 x_t，直接返回(2)重新选取可接受的状态。

进行上述模拟过程，当系统已运行到接近平衡状态(设已运行 n 次)时，记住以后每次可接受状态出现的概率 P_i，最后算得系统的熵为

$$S=-k_B\sum_{i=n}^{N}P_i\ln P_i \tag{8.4-20}$$

要注意的是，当 $H\gg kT$ 或 $T\approx0$ 时，指数函数 $R=\exp(-H/kT)$将变得非常小，抽样选择得到 $R>\xi(\xi\in[0,\ 1])$ 的机会将大为减少，系统在相空间中的运动会变得非常缓慢，难以收敛到平衡态。因此在 $kT\approx0$ 时必须通过其他方法加快收敛，这种方法中的时间间隔的长度是非等距的。实际计算中抽样的次数不可能无限多，计算者必须保证马尔可夫链多次到达与计算相关的态空间中的区域，否则该链就是“准遍历的”，计算结果的平均值则不可靠。

对于正则系综热浴的算法，还有一种 Ising 模型。通过令

$$S_i=\operatorname{sign}(P_i-\xi)\ (\xi\in[0,1]) \tag{8.4-21}$$

其中用概率 P_j

$$P_j=\frac{\omega}{1+\omega}\quad \omega=\exp\left(-\beta\sum_j s_j\right) \tag{8.4-22}$$

选择自旋的取向，这种取向显然与旧的取向无关。

8.4.3　等温等压系综蒙特卡罗方法

等温等压系综 (NPT) 是实验室中最便于实现的一种系综，因此有着重要的实用意义。在等温等压系综中，可观测量的平均值由下式计算：

$$\left.\begin{aligned}\langle A\rangle &= \frac{1}{Z}\int_0^{+\infty}\int A(x)\mathrm{e}^{-\beta[H(x)+pV]\mathrm{d}V}\\ Z &= \int_0^{+\infty} Z_N(V,T)\mathrm{e}^{-\beta pV\mathrm{d}V}\\ \beta &= \frac{1}{kT}\end{aligned}\right\}\tag{8.4-23}$$

式中：Z_N为具有 N 个粒子的正则系综的配分函数。在模拟计算中，系统变量或系统参数是粒子数 N、压强 p 和温度 T。

设有一个含 N 个粒子的边长为 L、体积为 V 的立方体系统，采用周期性边界条件算法，并且为了方便引入标度坐标变量 s，约化体积 v 和约化压强 p，即

$$s_i=\frac{r_i}{L},v=\frac{V}{V_0},p=\frac{pV}{NkT}\tag{8.4-24}$$

式中：V_0 是一个参考体积。

则可将式（8.4－23）改写如下：

$$\langle A\rangle = \frac{V_0^{N+1}}{Q}\int_0^{+\infty}\int A(Lp)v^N\exp[-\beta H(Lp,L)-pNv]\mathrm{d}v\mathrm{d}s\tag{8.4-26}$$

$$Q = V_0^{N+1}\int_0^{+\infty}\int_v v^N\exp[-\beta H(Lp,L)-pNv]\mathrm{d}v\mathrm{d}s\tag{8.4-27}$$

并为计算上的简捷，规定一个新的无量纲哈密顿量

$$H'=Nvp'-N\ln v+\beta H(L_s,L)\tag{8.4-28}$$

等温等压系综的模拟方法如下：

（1）规定一个参考体积 V_0、一个初始体积 V 和一个初始坐标 s，按式（8.4－28）算出函数 $H'(s)$；

（2）随机产生一个新试验体积 V'及与其相容的新标度坐标 x；

（3）计算 $H'(x)$和$\Delta H=H'(x)-H'(s)$；

（4）若$\Delta H'<0$，则接受新位形 $x\rightarrow s$，返回（2）；

（5）若$\Delta H'>0$，则产生一个随机数 $\varepsilon\in[0,\ 1]$，若 $\varepsilon<\exp(-\Delta H'/k_\mathrm{B}T)$，则仍接受新位形 $x\rightarrow s$，返回（2），否则直接返回（2），重新搜索新位形。

8.4.4 巨正则系综蒙特卡罗方法

在本章中已经提到过，巨正则系综的特点是允许系统粒子的浓度有涨落，即粒子数不再是守恒量，它的守恒量是化学势、体积和温度（μ，V，T）。由于系统的粒子数可以发生改变，分子动力学方法难以运用于这种系统。

巨正则系综中可观测量的计算式如下：

$$\left.\begin{aligned}\langle A\rangle &= \frac{1}{Z}\sum\nolimits_N\left(\frac{a^N}{N!}\right)\int A(x^N)\exp[-\beta U(x^N)]\mathrm{d}x^N\\ Z&=\sum\nolimits_N\left(\frac{a^N}{N!}\right)\int\exp[-\beta U(x^N)]\mathrm{d}x^N\\ \beta&=\frac{1}{kT}\\ a&=\left(\frac{2\pi mkT}{n^2}\right)^{3/2}\exp\left(\frac{\mu}{kT}\right)]\end{aligned}\right\}\tag{8.4-29}$$

式中：$U(x^N)$为系统内能。

粒子数不守恒是为这种系综建立算法的关键。设开始时存在一个体积为 V 的系统，其粒子数为 N，随着时间的推进该体积中的粒子数发生变化。建立算法就是要考虑如何把一部分粒子移出或移入体积 V，需要移走哪些粒子，又要把移进来的粒子放到什么地方。因此在体积 V 内，粒子的坐标要发生变化，即引起系统位形变化。移进体积的粒子可以看成是粒子的产生，移出体积的粒子可以看成是粒子的消失。

粒子产生和消失的概率如下：

$$P(x^{N\pm1})=\frac{1}{Z}\times\frac{a^{N\pm1}}{(N\pm1)!}\exp[-\beta U(x^{N\pm1})] \tag{8.4-30}$$

式中："+"表示随机地在体积内的某一地方增加一个粒子后系统包含 $N+1$ 个粒子的概率；"－"表示随机地在体积内的某一地方移走一个粒子后系统包含 $N-1$ 个粒子的概率。

把在系统中产生或消失一个粒子的概率叫作"跃迁概率"，表示如下：

$$w(x^N,x^{N\pm1})=\min\left[1,\frac{P(x^{N\pm1})}{P(x^N)}\right] \tag{8.4-31}$$

8.5　蒙特卡罗方法应用举例——硼烯纳米带的 Monte Carlo 模拟

对动力学过程进行计算机模拟时，往往首先想到的是分子动力学方法。除了要求有所要模拟体系的原子间相互作用的势函数之外，分子动力学方法的主要问题是时间尺度非常小。一般分子动力学计算的时间步长只有 10^{-15} s，所探讨体系的动力学过程所用的时间也少于 100 ns。因此，对于一些较慢的动力学问题，如热激活过程扩散等的研究，分子动力学方法难以胜任。用 MC 方法模拟体系演变过程时一般只考虑各状态的能量高低，因此，本质上来说只能模拟体系的平衡状态，而不能模拟体系演变过程和动力学问题。图 8.5－1 为原子迁移过渡势垒模型。

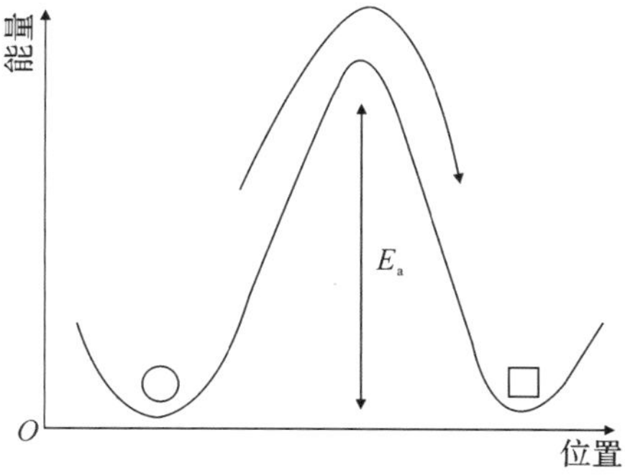

图 8.5－1　**原子迁移过渡态势垒模型**

所谓动力学就是研究过程的速度，一个过程的速度不是由过程前后的能量决定的，而是与过程前后状态之间的过渡态势垒 E_a 即活化能有关。速度与势垒的关系为

$$k = n\nu \exp\left(-\frac{E_a}{kT}\right) \tag{8.5-1}$$

式中:k 为速度参量;n 为可能的状态数;ν 为谐振频率。

自从使用机械剥离方法成功地将石墨烯与石墨分离以来,二维材料受到了广泛关注。科学家将注意力集中在硼元素上,它具有短共价键半径和多种化学价态。这些优点非常适用于制备硼烯纳米管、片、笼等结构,可应用于许多领域,如医学、传感器、电极材料、能量存储。在实验中,可通过简单的热液法或切割和剥离石墨烯片来制备石墨烯纳米带。研究发现,与石墨烯纳米带相比,硼烯纳米带的形成能量更低,这预示着制备硼烯纳米带的可行性。目前,在 Ag(110)表面也成功地合成了单原子厚的硼烯纳米带,并观察到四种纳米带结构。已有很多理论上的硼烯纳米带研究。本书基于 MC 模拟研究 Ising 模型下的核壳结构的铁磁混合自旋(3/2,5/2)硼烯纳米带的动态磁性,研究不同物理参数对动态磁性能的影响。

图 8.5-2 给出了具有核一壳结构的硼烯纳米带的示意图。核次级晶格(浅色球)和壳次级晶格(深色球)的自旋值分别为 3/2 和 5/2。结构单元由一个核心子晶格和围绕它的六个壳子晶格组成。硼烯纳米带由 y 方向上的两个单位和 x 方向上的多个单位组成。

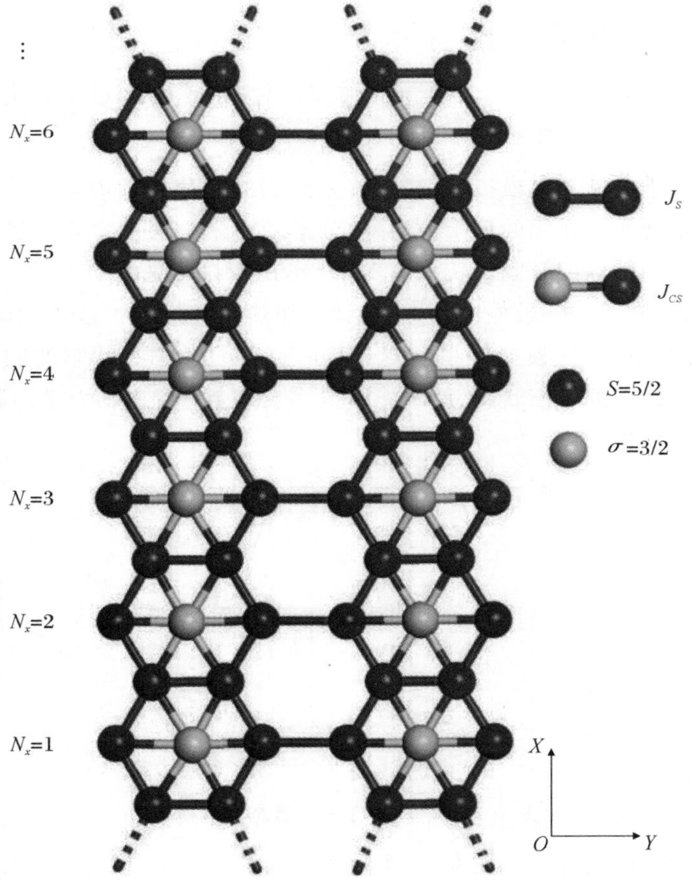

图 8.5-2 具有核-壳结构的铁磁性混合自旋(3/2,5/2)硼烯纳米带的示意图

为了更好地描述系统的长度，我们在 x 方向上引入了尺寸因子 N_X。此外，N_C，N_S 和 N 分别定义为核、壳次级晶格和整个系统的对应因子。上述参数分别满足 $N_C=2N_X$、$N_S=8N_X+4$ 和 $N=N_C+N_S$。哈密顿描述系统为

$$H=-J_{CS}\sum_{<i,j>}\sigma_{iC}^Z S_{jS}^Z-J_S\sum_{<j,k>}S_{jS}^Z S_{kS}^Z-D_C\sum_i (S_{jS}^Z)^2-h(t)\Big(\sum_i\sigma_{iC}^Z+\sum_j S_{jS}^Z\Big) \quad (8.5-2)$$

式中：<…>表示最近相邻自旋的和；σ_{iC}^Z 和 S_{jS}^Z 分别是核和壳子晶格的自旋值。值得注意的是，交换耦合源于最近原子的电子之间的强静电力。$jS(>0)$表示壳层次级晶格之间的交换耦合。$J_{CS}=-1$ 表示核和壳次级晶格之间的交换耦合，其被视为能量和温度的减少单位。晶体场与磁化场的方向有关，该方向与磁化晶体轴的方向成不同角度。它也被称为单离子各向异性，反映了晶体场不同方向引起的自由能变化。这里只考虑 Ising 系统 z 轴上的自旋分量，因此我们使用晶体场的数值来阐明子晶格的单离子各向异性的影响。D_C，D_S 分别是核和壳子晶格的晶体场。$h(t)$是时间相关振荡磁场，表示为

$$h(t)=h_b+h_0\sin(\omega t) \quad (8.5-3)$$

硼烯纳米带的 MC 模拟使用了 Metropolis 算法。为了获得更有效的结果，前 8×10^5 个蒙特卡罗步骤被丢弃，其余 2×10^5 个步骤被用于计算。

为了确定本模拟中尺寸参数 N_X的合理性，图 8.5－3 中绘制了不同 N_X下温度与磁化率的曲线。其他参数固定为 $D_C=-0.3$，$D_S=-0.5$，$J_S=0.7$，$h_b=0.3$，$h_0=0.8$，$\omega=0.01\pi$。当 $N_X=5,10,15,20$ 时，可以观察到系统的有限尺寸效应。然而，当 $N_X\geqslant\chi$。在随后的计算中，选择 $N_X=20$ 以节省计算时间，因此 $N_C=40$，$N_S=164$。

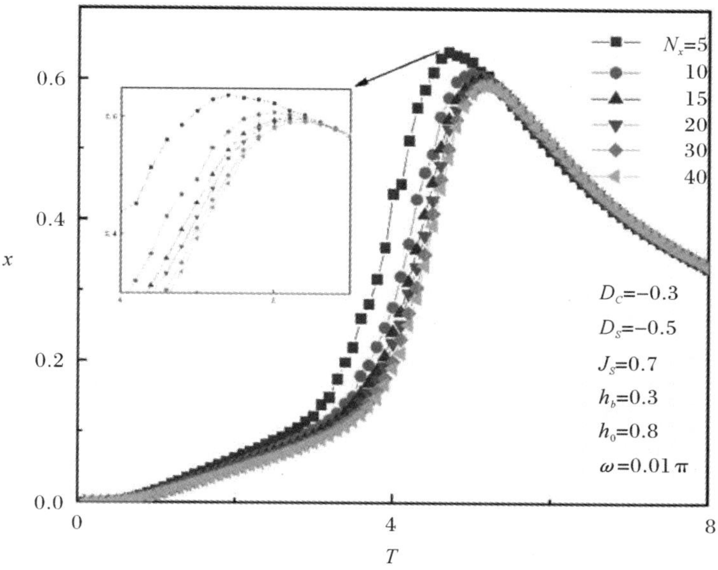

图 8.5－3　N_X **对** $D_C=-0.3$，$D_S=-0.5$，$J_S=0.7$，$h_b=0.3$，$h_0=0.8$，$\omega=0.01\pi$ **的系统敏感性的影响**

MC 模拟结果可以得到动态参量 Q 与各参数的关系。图 8.5－4(a)～(d)为不同温度下 Q 与 D_C，D_S，h_b 和 h_0 的曲线。图 8.5－4(a)为在固定 $D_S=-0.5$，$J_S=0.7$，$h_b=0.3$，

$h_0=0.8$，$\omega=0.01\pi$ 时，Q 与 D_C 的关系。当 $D_C=0$ 时，Q 值随着 T 的增加而减小，因为较高的温度会降低 Q 值，在图 8.5-3(b)～(d)中也可以找到相同的情况。当 $T=0.001$ 时，可以清楚地看到 Q 的增加主要发生在 D_C 在 -6～-8 之间的区域，并且在该区域中可以找到不同的 Q 饱和值。相反，当 $T=3$ 或 4 时，Q 随着 $|D_C|$ 的增加而减小。这是因为随着 T 的增加，温度对 Q 的影响大于晶体场的影响。图 8.5-4(b)将 Q 表示为 D_S 的函数，其中 $D_C=-0.3$，$J_S=0.7$，$h_b=0.3$、$h_0=0.8$ 和 $\omega=0.01\pi$。Q 值随着 $|D_S|$ 的增加而减小。在研究核壳型硼烯结构时，还研究了作为晶体场函数的磁化，这表明通过增加晶体场的绝对值可以降低磁化。图 8.5-4(c)显示了 Q 作为 h_0 的函数，其中固定 $D_C=-0.3$，$D_S=-0.5$，$J_S=0.7$，$h_b=0.3$，$h_0=0.8$ 和 $\omega=0.01\pi$。可以观察到 Q 随着 h_0 的增加而减小。最后，图 8.5-4(d)中绘制了 Q 作为 h_b 的函数，其中 $D_C=-0.3$，$D_S=-0.5$，$J_S=0.7$，$h_0=0.8$ 和 $\omega=0.01\pi$。值得注意的是，当 $T=0.001$，$h_b>15$ 时，系统从亚铁磁转变为铁磁。因此，可以看出 h_0 对 Q 曲线的影响与 h_b 的影响相反。这是因为强 h_0 有利于退磁，但 h_b 越强，退磁越困难。

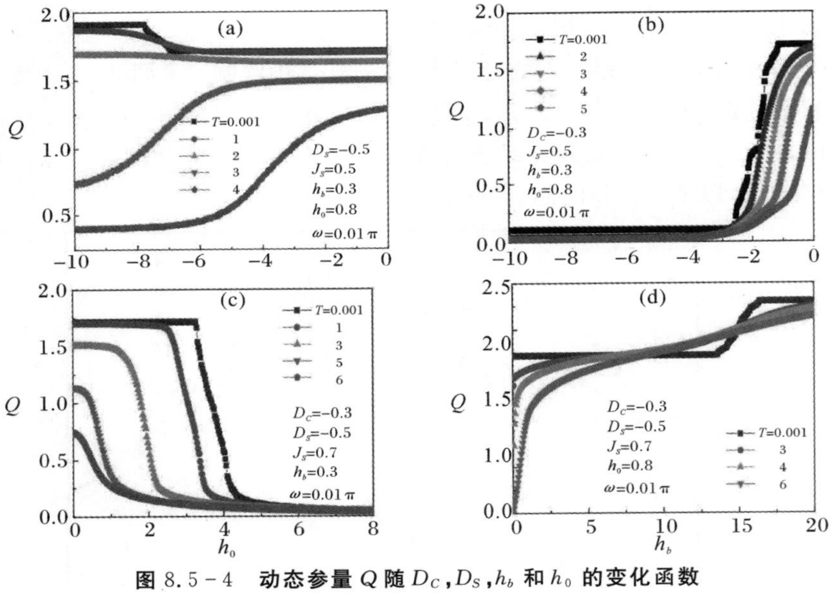

图 8.5-4　动态参量 Q 随 D_C，D_S，h_b 和 h_0 的变化函数

如果采用 MC 方法模拟多粒子体系的状态变化，在判断新状态的取舍时不是用新旧状态的能量，而是用与势垒有关的速度进行判断，则可以模拟体系的动力学过程，这种方法就叫作动力学蒙特卡罗(Kinetic Monte Carlo，KMC)方法。在进行 KMC 模拟之前，要列出所有可能发生的事件，获得所有事件的过程速度。然后，同传统的 MC 方法一样，通过随机抽样发生一个事件。所不同的是，随后 KMC 方法用该事件的速度而不是过程前后能量的 Metropolis 准则判断取舍。KMC 方法的主要特点是引入了时间概念以及只考虑少数几个基本反应，该方法计算速度快，能够模拟比分子动力学方法大得多的体系，模拟过程的时间尺度也大得多。因此，可以认为 KMC 方法是一种介观模拟方法。

只要已知所有过程的速度常数，就可以在时间域内进行 KMC 计算。对于单一过程，发生事件所需的时间定为该过程速度的倒数，该时间量定为 KMC 时间。但是对于多粒子多过程体系，时间的导入并不这么直接，存在以下几种导入方法：①以所有可能的过程速度的总和作为总速度，该总速度的倒数作为时间步长，在每一个时间步长内在所有可能的过程中随机选取一个过程发生，该过程发生的概率是时间步长与该过程速度的乘积；②给系统中的每一个粒子一个独立的时钟和时间步长，真实的时间步长为所有独立时间步长的平均值；③选取一个恒定的时间步长，使得该步长小于最快过程的时间，随机选取一个过程，所选过程的发生概率与该过程的速度有关。

KMC 方法的优点是可以计算大体系和较慢的过程，可以与实验过程建立联系，不需要考虑热力学平衡，时间可以随机理的变化而变化。其缺点是必须事先知道各过程的机理和活化能(势垒)，一般来说不能考虑结构随着过程的进行所产生的变化，即结构弛豫。如果将 KMC 方法和分子动力学方法(Molecular Dynamics，MD)相结合，则可以解决结构弛豫的问题。

最基本的 KMC 方法是产生一个 $L\times L$ 网格模拟生长面的晶格格点，随机选取一个格点原子，该原子的迁移速度为

$$k=\exp(-ne) \tag{8.5-4}$$

式中：n 为该格点原子在该平面内与最近邻原子的键合数；e 为断开一个键所需的能量。

可见吸附原子($n=0$)的速度最快，$k=1$，因此设时间步长$\Delta t=1/k=1$。对于任意一个所选的原子 i，产生一个随机数 ξ，如果 $\xi<k_i$，则该原子发生迁移，否则不发生。如此反复操作 L^2 次为一个时间步长。很显然该方法对于低迁移率原子较多的体系来说，将会有大量尝试被拒绝，因此计算效率很低。

下面介绍采用没有拒绝过程的高效率方法：

(1)建立所有可能的过渡态，计算各过程的速度 $k_i=v\exp(-E_a/kT)$　($i=1,2,3,\cdots,N$ 表示各过程)；

(2)计算速度累计函数 $R_i=\sum\limits_{j=1}^{i}k_j$；

(3)产生随机数 ξ，以 $R_{i-1}<R_N<R_i$ 为判据，随机抽取过程 i；

(4)找出新的所有过渡态及其速度；

(5)产生一个随机数 ξ，时间增加一个增量，即 $t=t+\Delta t$，$\Delta t=\dfrac{1}{R_N}\lg Y$。

不断重复上述过程，实现 KMC 模拟。

上述 KMC 方法都是建立在刚性网格模型和各事件的速度已知的前提下的。但是，一些过程本身会导致结构发生变化，或者本来结构就是非晶态的，此外，一些事件及其速度无法事先得知，因此，一般的 KMC 方法难以研究这些问题。

习　　题

1. 简述 Monte Carlo 方法的基本思想和基本特点。
2. 简述直接模拟和间接模拟方法及应用对象。
3. 简述随机数和伪随机数及其产生方法。
4. 简述连续型分布随机变量的抽样方法及特点。
5. 简述随机行走的类型、特点及其算法。试编写随机行走程序模块。
6. 简述 Metropolis 方法及其意义。
7. 简述 Monte Carlo 方法的主要能量模型特点和应用。

参 考 文 献

[1] METROPOLIS N, ULAM S. The monte carlo method[J]. Journal of the American Statistical Association, 1949, 44: 335 - 341.

[2] ULAM S. On the monte carlo method. Proc. 2nd Symp[J]. Large Scale Digital Calculating Machinery. 1951, 207 - 212.

[3] HOUSEHOLDER A S. Polynomial iterations to roots of algebraic equations [J], Bulletin of The American Mathematical Society, 1951, 57(1): 69 - 69.

[4] MEYER M A. Monte carlo method[M], Hoboken: Wiley, 1956.

[5] HAMMERSLEY J M, HANDSCOMB D C. Monte carlo methods[M], Hoboken: Wiley, 1964.

[6] BULSENKO N P, GOLENKO D I, SHREIDER Y, et al. Themonte carlo method: the method of statistical trials [M]. Oxford: Pergamon Press, 1966.

[7] 朱本仁. 蒙特卡罗方法引论[M]. 济南:山东大学出版社, 1986.

[8] 徐钟济. 蒙特卡罗方法[M]. 上海:上海科学技术出版社, 1985.

[9] 王成泰. 统计物理学[M]. 北京: 清华大学出版社, 1991.

[10] 陈舜麟. 计算材料科学[M]. 北京:化学工业出版社, 2005.

[11] 吴兴惠, 项金钟. 现代材料计算与设计教程[M]. 北京:电子工业出版社, 2002.

[12] CASHWELL E D, EVERETT C J. A practical manual on the monte carlo method for random walk problems[M]. Oxford: Pergamon Press, 1957.

[13] BINDER K. The Monte carlo method in condensed matter physics [M]. Berlin: Springer, 1995.

[14] GUBERNATIS J E. The monte carlo method in the physical sciences [M]. NewYork: American Institute of Physics, 2003, 690.

[15] PANG T. Computational physics[M]. Cambridge: Cambridge University Press, 1997.

[16] STEVEN E KOONIN. 计算物理学[M]. 秦克诚，译. 北京：北京大学出版社，1996.

[17] LIU C X, YANG Y Q, ZHANG R J, et al. Kinetic monte carlo simulation of {111} - oriented SiC film with chemical vapor deposition[J]. Computational Materials Science, 2008, 43(4): 1036 - 1041.

[18] LIU C X, YANG Y Q, ZHANG R J, et al. Grain growth simulation of {111} and {110} oriented CVD - SiC film by potts monte carlo[J]. Computational Materials Science, 2009, 44(4): 1281 - 1285.

[19] LANDAU D P, BINDER K. A guide to monte carlo simulations in statistical physics [M]. Cambridge University Press, 2021.

[20] GAO Z Y, WANG W, SUN L, et al. Dynamic magnetic properties of borophene nanoribbons with core - shell structure: monte carlo study[J]. Journal of Magnetism and Magnetic Materials, 2022, 548: 168967.

[21] FADIL Z, QAJJOUR M, MHIRECH A, et al. Blume - capel model of a bi - layer graphyne structure with rkky interactions: monte carlo simulations[J]. Journal of Magnetism and Magnetic Materials, 2019, 491: 165559.

[22] MAAOUNI N, QAJJOUR M, FADIL Z, et al. Magnetic and thermal properties of a core - shell borophene structure: monte carlo study[J]. Physica B: Condensed Matter, 2019, 566: 63 - 70.

第9章 相场方法

9.1 相场方法基本概述

大多数工程材料的特性与其微观结构密切。例如，硅的晶体结构和杂质含量将决定其能带结构及其在现代电子产品中的性能。大多数大型土木工程需要用到高强钢，其中混合着细晶粒并且整个微观结构中弥散硬质和软质相。对于航空航天和汽车应用，比强度是最重要的问题之一，较轻的合金通过在原始晶粒结构中析出第二相颗粒来增强。晶界、析出强化颗粒的组合以及软硬区域的组合硬化金属，并保留一定塑性变形能力。值得注意的是，世界上悬浮桥梁的长度可直接与珠光体钢的发展联系起来。一般来说，社会的技术进步往往与其开发和设计新材料的能力密切相关。在上述大多数以及其他大量不为人知的例子中，微观结构是在凝固、固相析出和热机械加工过程中形成的。所有这些过程都受自由边界动力学和非平衡相变动力学的基础物理学支配。例如，在凝固和再结晶中，这两者都作为一级相变，晶粒成核之后，在降低整体自由能的驱动下竞争性长大，这其中涉及体积和表面的变化，然而，系统的动力学受限于传热和传质。热力学驱动力可以变化，例如，凝固是由体积自由能最小化、表面能和各向异性驱动的。另外，应变诱导的相变也必须包含弹性效应，这些可以对合金热处理过程中的第二相析出物的形态和分布产生较大影响。微结构演化的发生以减少总自由能为趋向，其中可能包括体相化学自由能、界面能、弹性应变能、磁能、静电能，或者是体系与外场（如施加的应力、电、温度和磁场）相互作用的情况。由于微观结构演化的复杂性和非线性性质，通常采用数值方法。在模拟微观结构演化的传统方法中，将成分或结构域分开的部分视为数学上的尖锐界面。然后将局部界面速度确定为边界条件的一部分，或者根据界面运动的驱动力和界面迁移率来计算，涉及界面位置的显式跟踪。虽然这种界面追踪方法可以在一维系统中取得成功，但对于复杂的三维微结构来说却变得不切实际。对材料性能和微观结构进行建模和预测的能力极大地受益于最近新的理论和数学工具的“爆发式增长”。现代并行计算允许在纳秒级的时间内模拟数十亿个原子。在更高的尺度上，各种连续介质和尖锐界面方法使得对影响微观结构形成的自由表面动力学进行定量建模成为可能。

在过去的10年中，相场方法（Phase Field Method）已成为模拟多种微观结构演化过程的最有效的方法之一。相场方法不仅可以有效地克服追踪界面的缺点，还可以通过耦合相场与外场方程将微观与宏观很好地结合起来。因此，它可以直接模拟晶体的生长，更加真实地反映晶体形貌的演化过程。除此之外，它也可以模拟和分析晶体演化过程中的物性参数（如各向异性强度）对其生长的影响。因此自其提出后便在世界各国引起了热烈的讨论与研究，使其成为微观组织模拟的重要课题，也是目前模拟方法中比较热门的方法。

相场方法是以 Ginzburg-Landau 相变理论为基础，用微分方程来体现扩散、有序化势和热力学驱动的综合作用。相场方法能够直接模拟微观组织的形成，固-液界面的结构取决于结构有序化与能量无序的竞争。在相场法的发展历程中，最早是针对纯金属和共晶合金，然后才是对枝晶合金而后者则是从等轴晶到柱状晶，再到柱状晶与等轴晶间过渡区的模拟。Vander Walls 首先把流体密度作为相场模型变量，提出了扩散界面模型，此后，到 20 世纪 80 年代中期，扩散界面模型被应用到界面的平衡属性、由于曲率而造成的反相界面移动、二次但不含一次的序转变。Langer 提出了扩散界面模型可以用来研究凝固现象。Caginalp 对相场模型进行了大量的数学分析，指出当界面厚度趋于零时，相场模型可以简化为 Stephan问题，相场模型就变成为明锐界面模型（Sharp Interface Model），并最早将各向异性引入相场模型。1996 年，Karma 和 Rappel 对相场模型进行了薄界面厚度限制（Thin Interface Limit）条件下的渐进分析，得出了在一定界面厚度下有效的 Gibbs-Thomson 关系，从而提出了界面厚度可大于毛细长度的思想，建立了可模拟大过冷度范围的新相场模型，用该模型可缩短计算时间。基于新相场模型，Karma 对低过冷度下界面动力学系数为零的纯金属自由枝晶的生长进行了二维和三维定量数值模拟，枝晶尖端速度和尖端半径的计算结果与稳态枝晶生长问题的格林函数数值解一致。在 Karma 和 Rappel 之后，Kim 证实了二元合金凝固过程中相场参数可以通过对薄界面区域上的化学势线性替代来确定。

相场方法的起源受到一阶和二阶相变平均场理论的很大影响。因此，首先讨论一些简单的相变及其通过平均场论的描述有助于对相场方法的理解。将其用作框架将更好地融合要定义和概括以包括空间变化的序参量的概念。因此，这将为后来发展凝固和固态转变现象的相场模型奠定基础。在继续学习之前，读者应该具备统计热力学的基本背景。

1. 相变简介

实验发现，自然界的各种相变中，有一类相变既有相变潜热又有体积变化，例如：固-液相变；固-气相变；固态不同相（不同晶格结构）之间的相变；气-液相变（临界点除外）；等等。另一类相变既无相变潜热，又无体积变化，例如：液氦的超流相与正常相之间的转变；超导-正常相变（无外磁场时）；铁磁-顺磁相变（无外磁场时）；合金的有序-无序相变；等等。与一级相变相比，二级相变没有两相共存（在临界点，两相合二为一）；也没有亚稳态。在一级相变的相变点，系统的宏观状态发生突变，比如体积变化，晶格结构改变等，但二级相变系统的宏观状态不发生突变，而是连续变化的。因此又把二级相变称为连续相变。又由于气-液相变的临界点是二级相变，通常把二级相变的相变点称为临界点。研究还表明，二级相变虽然系统的宏观状态没有突变，但对称性发生突变，称为对称性破缺，这是二级相变突出的特征。下文具体举例说明对称性破缺。

具有不同对称的两相（晶态和液态、不同型的晶态）之间，不能像液态和气态之间所可能的那样以连续的方式发生相变。在每一种状态下，物体具有这种或者另一种对称，因此总是可以说出它属于两相中的哪一相。不同型晶态之间的转变通常通过相变实现，相变中晶格突然重构,而物体的状态经历跃变。但是除了这种跃变以外,还可能有另外一类与对称的改变有关的相变,为了阐明这种相变的性质,我们举一个具体例子。在高温下,$BaTiO_3$具有立方晶格(见图 9.1-1),其晶胞 Ba 原子在顶点,O 原子在面心,Ti 原子在胞的体心。当温度降到某一确定值时,Ti 原子和 O 原子开始沿着立方体某一条棱的方向相对于 Ba 原子移动。显然,只要这种位移开始发生,晶格的对称就立刻改变:从立方对称变到四方对称。这个例子的特征在于物体的状态并不发生任何跃变。晶格中原子的位形以连续的方式变化。但是,原子偏离它们原始对称位形的位移不管多么小,都足以使晶格对称立刻改变。以这种方式实现的从一种晶型到另一种晶型的转变,称为二级相变,以区别于通常的相变,相应地后者称为一级相变。因此,说二级相变是连续的,指物体的状态以连续的方式变化。然而应当强调,在相变点对称的变化自然是跳跃的,而在每一时刻可以说出物体属于两相的哪一相,但是在一级相变点,两种不同状态的物体处于平衡,而在二级相变点两相的状态等同。

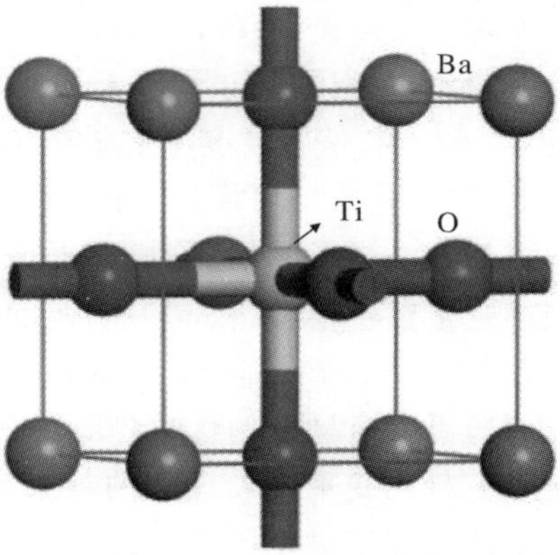

图 9.1-1 $BaTiO_3$**的晶体结构**

除了物体对称的改变由原子位移引起(如以上所举的例子)的情形以外,在二级相变过程中对称的改变也可由晶体排序上的变化而引起。如果某种给定类型的原子可能占有的格点数目超过该种原子本身的数目,就出现了排序。我们把该种原子在完全规则晶体中所处的位点称为“本座”,相应地,当晶体“无序化”时这种原子的一部分转移到的位点称为“异座”。在我们感兴趣的许多二级相变问题中,“本座”和“异座”在几何上是完全相似的,其区别只在于该种原子处于这两种格点上的概率不同。如果在本异座的概率相等(当然它们不会等于 1),那么所有这些格点都变成等效的,因而出现新的对称元素,也就是说晶格对称性提高。这样的晶体称为无序晶体。我们就以上所述举例说明,完全有序的 CuZn 合金具有立方晶格,其 Zn 原子譬如说位于立方胞的顶点,Cu 原子位于体心,为简立方布拉维格子。当温度升高而产生“无序化”时, Cu 原子和 Zn 原子改变位置,这就是说,两种原子在所有格点上出现的概率都不等于零,只要 Cu (或 Zn) 原子处于胞顶点和体心的概率不一样(晶体不完全无序),那么这些格点仍旧不是等效的,而晶格仍旧保持原来的对称性。但是这些概率一旦相等,所有的格点就变成等效的,因而晶体的对称性提高,出现新的平移周期(从胞顶点到体心),因而晶体具有体心立方的布拉维格子。

以上只讨论了不同晶型之间的转变,但是二级相变未必就应该涉及晶格中原子位形的对称变化。以不同的对称性质描述的两相,也可通过二级相变实现相互转变。铁磁或反铁磁物质居里点就是例子；在这种情况下，我们考虑物体中基本磁矩排列对称的改变（更确切地说，物体中电流的消失）。金属转变为超导状态（没有磁场时）和液态氦转变为超流态也都是二级相变。在这两种情形下，物体的状态都以连续的方式变化，但是在相变点，物体都获得全新的性质，在二级相变点两相的状态完全一致。显然，正好在相变点时物体的对称总应该包含两相的全部对称元素，以后将证明：相变点处的对称与该点一侧的对称（即两相中一相的对称）处处一致。因此，在二级相变时物体对称的改变具有下述非常重要的共同性质：两相中的对称彼此联系，一相对称较高，而另一相较低。必须着重指出：在一级相变时，物体对称的改变不受任何限制，两相的对称可以彼此毫无共同之处。在绝大多数已知的二级相变情形下，对称性较好的相，对应于较高的温度，而对称性较差者对应于低温度。特别是，从有序态到无序态的二级相变总是在温度升高时发生，然而该规则不是热力学的规律，因此容许有例外。

相变的现象和原因极为错综复杂。然而，在不同的相变点附近，各种物理量的奇异性彼此十分相似。只要恰当选择比例尺，单轴磁性材料的比热尖峰可以重叠在气液相变临界点的比热曲线上。采用临界点的压力、体积和温度作为单位之后，各种气体都相当好地遵从同一个状态方程（这句话的普遍性超过 Van der Walls 方程本身，因为即使 Van der Walls 方程不适用，相变点附近的普适性仍然存在）。现象的共性要求建立普遍的理论。长期以来，人们用“平均场理论”来描述连续相变。这个理论的基本出发点是用一个“平均的场”，即“内场”来代替其他粒子对某个特定粒子的作用，从而把复杂的多体问题近似地化为单体问题。直到 20 世纪 60 年代前期，人们都觉得这个理论不错。但后来，通过精密的测量发现，在大多数情况下，这个理论的预言与实验不符。虽然如此，平均场理论的图像很直观，而且是更精确的理论的“零级近似”。

在科学发展史上，同一个客观规律，以不同的形式，在不同的时间、地点，被不同的科学家重新发现的例子是屡见不鲜的。连续相变的平均场理论就是一个例子。造成多次“发现”的原因，有的是由于交流不够，相互重复地发现；有的是由于认识的逐步深化，开始以为是不同的东西，逐渐揭示出共同的本质。相变的情形基本上属于后者。简单地回顾这个过程是有启发的。1873 年，Van der Walls 提出的气液状态方程实际上是最早的平均场理论。1907 年，Weiss 参照 Van der Walls 方程提出了解释铁磁相变的“分子场理论”。1934 年，William Lawrence Bragg 在研究合金有序化时，也受到气液和铁磁相变的启发，采用了平均场近似。1937 年，Landau 概括了这些平均场理论的精神，提出了一种很普遍的表述。在这以后，并没有停止给平均场理论以新的“命名”。超导的 Ginzburg-Landau 理论，液晶的 Landau-De Gennes 理论，等等，实质上都是平均场理论，表述形式稍有不同而已。1957 年，Bardeen-Cooper-Schrieffer 提出的超导微观（Bardeen Cooper Scbrieffer，BCS）理论，也是平均场思想的发展。有趣的是，Landau 这位对相变理论作出过卓越贡献的物理学家，自己也没有指出气液临界点是一个典型的二类相变点，没有说明 Van der Walls 方程对临界点的描述与他自己提出的平均场理论完全一致，因而在他所著的教科书中将这两者分别叙述。在之后发行的新版中，才由他的学生指出了这两者之间的联系。这一小段插曲正好说明了认识深化的过程。为了比较深入地了解平均场理论，需要先说明一些概念，其中最重要的是 9.2 节中详细介绍的“序参量”。

2. Landau 二级相变唯象理论

1937 年，Landau 建立了二级相变的一个唯象理论。该理论包含两个非常重要的概念，即序参量和对称性破缺。Landau 提出了自由能在临界点附近的展开形式，并应用自由能极小的条件求出序参量的解，进而计算出各个临界指数。Landau 理论是平均场理论，但相比于以前的一些平均场理论（如气-液相变的 Van der Walls 理论，顺磁-铁磁相变的 Weiss 理论等），Landau 理论的表达形式更为普遍，为临界现象的现代理论（即重正化群理论）提供一种更为合适的、便于推广的表达形式。虽然 Landau 理论所计算出的临界指数在定量上与实验结果有明显的差别（这是由理论本身的平均场性质所决定的），但 Landau 理论包含了临界现象现代理论所需要的若干重要元素，如序参量、对称性破缺、普适性等。这些元素超出了平均场理论本身的范畴，在临界现象的现代理论中仍然起着重要作用。Landau 理论可以应用于十分广泛的系统，虽然原来是为了研究二级相变而建立的，但稍作扩充就可以处理一级相变。由于理论比较简单，当研究新的、复杂的连续相变时，可以作为研究问题的第一步，提供给我们近似但重要的信息。

Landau 唯象理论强调相变过程中对称性的变化，并引入了反映体系内部状态的热力学变量（序参量 ϕ）来描述相变过程中的对称破缺。序参量 ϕ 反映了体系内部的对称性和有序化程度，即对称性低，有序化程度高；对称性高，有序化程度低。一般情况下，序参量 ϕ 在高对称相下为零，在低对称相下不为零，这样相变过程也就是序参量在零与非零之间的相互转变。

Landau 唯象理论的基本思想是将体系的自由能看作温度与序参量的函数，并将其展开为幂级数，见下式：

$$f(\phi,T)=f_0+a(T)\phi+\frac{1}{2}b(T)\phi^2+\frac{1}{3}c(T)\phi^3+\frac{1}{4}d(T)\phi^4+\cdots \qquad (9.1-1)$$

f_0 是序参量 $\phi=0$ 时的自由能密度，系数 a,b,c,d 均是温度 T 的函数。当系统处于平衡态时，自由能密度 f 为极小值，需满足：

$$\left(\frac{\partial f}{\partial \phi}\right)_T=a(T)+b(T)\phi+c(T)\phi^2+d(T)\phi^3=0 \qquad (9.1-2)$$

$$\left(\frac{\partial^2 f}{\partial \phi^2}\right)_T=b(T)+c(T)\phi+d(T)\phi^2>0 \qquad (9.1-3)$$

当温度 T 高于临界温度 T_c 时，高对称相（$\phi=0$）是稳定相，自由能密度 f 在 $\phi=0$ 时取最小值，即满足式(9.1-2)和式(9.1-3)，得 $a(T)=0$，$b(T)>0$。当温度 T 低于临界温度 T_c 时，高对称相（$\phi=0$）是非稳定相，自由能密度 f 在 $\phi=0$ 时不再满足式(9.1-2)和式(9.1-3)。Landau 进一步以群论证明：当 $\phi=0$ 对应不同的对称性时，$a(T)=0$，即 $a(T)\equiv 0$，所以当温度 T 低于临界温度 T_c 时，$b(T)<0$。综上所述，当 $T>T_c$ 时，$b(T)>0$；当 $T<T_c$ 时，$b(T)<0$；保证连续性的条件下，当 $T=T_c$ 时，$b(T)=0$。

$b(T)$ 最简单的表达式是

$$b(T)=a_0(T-T_c) \quad (a_0 \text{ 为大于 0 的常数}) \qquad (9.1-4)$$

由于序参量 ϕ 的正负值均代表一定的有序度，互为相反数的序参量 f 又对应相同的自由能密度 f，所以 $c(T)\equiv 0$。式(9.1-1)进一步化简为

$$f(\phi,T)=f_0+\frac{1}{2}b(T)\phi^2+\frac{1}{4}d(T)\phi^4+\cdots$$
$$=f_0+\frac{1}{2}a_0(T-T_c)\phi^2+\frac{1}{4}d(T)\phi^4+\cdots \tag{9.1-5}$$

平衡态下的自由能密度 f 对序参量 ϕ 的一阶与二阶偏导数分别变为

$$\left(\frac{\partial f}{\partial \phi}\right)_T=a_0(T-T_c)+d(T)\phi^3=0 \tag{9.1-6}$$

$$\left(\frac{\partial^2 f}{\partial \phi^2}\right)_T=a_0(T-T_c)+3d(T)\phi^2>0 \tag{9.1-7}$$

求解式(9.1-6),得

$$\phi_1=0\ 或\ \phi_2=\pm\sqrt{\frac{a_0(T-T_c)}{d(T)}} \tag{9.1-8}$$

综上所述,当温度 $T>T_c$ 时,$\phi=0$,即高对称相对应唯一的极小值;温度 $T=T_c$ 时,$\phi=0$,即对称相对应唯一的极小值;温度 $T<T_c$ 时,$\phi=\pm\sqrt{\frac{a_0(T-T_c)}{d(T)}}$,即低对称相对应两个的极小值,$\phi=0$,即高对称相对应一个极大值。

Landau 理论是平均场理论。从统计物理的观点看,Landau 相变理论是一种平均场近似。实际上,可以从微观模型出发,根据平衡态统计理论,在平均场近似下导出 Landau 自由能按序参量展开的形式.在这个意义下,可以把 Landau 理论称为平均场理论。不过应该指出,并不是先有微观的统计理论以后才有唯象的 Landau 理论的。Landau 根据他对连续相变的观察与思考,提出连续相变可以用序参量统一描述,并假定在临界点附近自由能可以按序参量展开,自由能的展开必须满足对称性的要求,通过对自由能求极小以确定序参量,从而求出相关的热力学性质在临界点附近的行为。这一整套理论,除了对称性涉及微观知识以外,其他都是唯象的,是典型的热力学方式。对 Landau 理论给予微观的统计解释反而是后来的事。

Landau 相变理论适用的条件。金兹堡(Ginzburg)判据:Landau 相变理论是一个很有用的理论,它具有广泛的应用对象,其中有的很成功,例如超导、某些液晶和某些铁电体的相变;有的定性符合,但定量不符,如对许多三维系统的连续相变;还有的是完全失败,如一维系统,按 Landau 理论存在相变,但统计理论可以证明不可能有非零温的相变(一维系统在非零温度下不可能有长程序)。为什么 Landau 理论会失效呢?简单的回答是:Landau 理论忽略了涨落。实际上,所有形式的平均场理论都是忽略涨落的。Landau 理论用空间均匀的平均序参量近似地代替了空间不均匀的、涨落的序参量。如果序参量围绕其平均值的涨落很小,可以忽略,那么平均场理论就是很好的近似;反之,如果涨落变得很重要而不能忽略(临界点附近尤其如此),则平均场理论失效。Ginzburg 首先从理论上研究了平均场近似适用的条件,称为 Ginzburg 判据(其推导超出本书范围,这里只给出结果)。

Landau 理论的推广。Landau 理论的一个重要而且成功的推广是关于超导电性的 Ginzburg-Landau 理论。Ginzburg-Landau 理论是在 Landau 理论的框架下,引入复的序参量 $\Psi(r)$,$|\Psi(r)|^2=n_s$ 代表超导电子(即库珀对)的数密度,且 $\Psi(r)$ 是 r 的函数,以反映序参量的空间变化。在空间非均匀的情况下,需考虑与 r 有关的自由能密度(总自由能是自由

能密度的积分)，其展开式中增加了$|\nabla\Psi(r)|^2$项、磁场能量项，以及与矢势 A 有关的项。从自由能极小可以导出 $\Psi(r)$所满足的微分方程以及电流公式。Ginzburg-Landau 理论不仅可以用于临界点附近，而且对远离临界点的行为也可以给出相当好的描述，包括超导相本身以及同时包含超导相与正常相的复合系统的性质。阿布里科索夫（Abrikosov）应用Ginzburg-Landau 理论研究了第Ⅱ类超导体的许多性质，特别是从理论上预言量子化的磁通线在第Ⅱ类超导体内部会形成点阵结构。

3. Ginzburg-Landau 理论

Landau 唯象理论是基于二级相变建立起来的，后来发现凡具有对称破缺的一级相变也可以定义序参量，并在 Landau 唯象理论的框架内进行讨论。Devonshire 将 Landau 唯象理论推广到了一级相变领域。他也假设自由能密度 f 为序参量 ϕ 的偶函数，为了得到序参量 ϕ 的一定值，自由能密度 f 的展开式取到了序参量的较高次项(六次项)。此外，在自由能函数 f 的展开式中添加序参量 ϕ 的三次项也可通过 Landau 唯象理论得到一次相变的解。

在一级相变中，在某些温度(或外场)下，两相平衡共存或者同一相具有不同取向的畴结构。序参量在这些相界面或畴界面上的变化是非常剧烈的，而 Landau 唯象理论认为序参量在相界面或畴界面的变化缓慢，并将相界面或畴界面的厚度看作零，这显然是不合适的。所以，Ginzburg 提出了 Ginzburg-Landau 理论，认为当序参量在空间中有变化时，整个体系的自由能密度不仅与序参量的大小有关，而且与序参量的梯度有关。从对称性考虑，序参量的梯度项不可能是线性项，而应是一个二次项。对于简单的各向同性系统，Ginzburg-Landau 自由能密度可以表示为

$$f(\phi,\nabla\phi,T)=f_H(\phi,T)+\gamma\,|\nabla\phi|^2 \tag{9.1-9}$$

式中：$f_H(\phi, T)$是 Landau 自由能密度；下表 H 表示均匀系统；系数 γ 是正数，否则体系中可以通过产生无限多个微细的畴来无限量地降低能量。

相场模型是基于 Ginzburg-Landau 理论构建的，其中引入了序参量来区分体系内某一点在时间和空间上的物理状态。相场方程的解可以描述金属系统中固-液界面的形态、曲率以及界面移动。把相场方程与温度场、溶质场等其他外部场耦合，则可对金属液的凝固过程进行真实的模拟。相场方法通过引入相场变量[$\phi(x, t)=1$ 时表示固相，$\phi(x, t)=-1$ 时表示液相]，来描述固相和液相之间的扩散界面，其解可描述金属系统中液-固界面的形态和界面的移动，避免了跟踪复杂液-固界面。这一观点源自一个多世纪前由 Van der Walls 和由 Cahn & Hilliard 独立开发的弥漫界面描述。他认为，从基本的热力学驱动力原理出发，在材料的一个稳态相中弥漫界面要比不连续的尖锐界面更为合理。近年来，相场方法得到了快速发展，成为模拟微结构变化、界面形貌广泛选用的方法。相场方法作为一种用于描述在非平衡状态中复杂相界面演变强有力的工具，可以模拟金属材料的固态相变过程和凝固过程的微观组织演变，可以作为模拟大规模复杂微观结构演化的最佳模型。

与其他介观模型类似，它也是一种唯象的模型，所用到的大量参量不能够直接从实验数据中推导而来，尽管如此，它与其他模型相比，仍然具有许多明显的优点：①相场方法采用扩散界面避免了传统尖锐界面追踪界面的困难，因而可对各种复杂微结构进行二维和三维模拟；②相场方法可描述非平衡过程的微结构演变。此外，相场模型可与不同的外场方程耦

合，实现宏观尺度与微观尺度的结合来进行温度场、流场、磁场等作用下微观结构演变的模拟，从而可以研究温度梯度、流场速度、过冷度、各向异性和不同的择优取向等因素对微观形貌的影响。经过多年的发展，尤其是多相场模型问世之后，相场法已广泛应用于多元多相工业合金在不同制备过程中微结构演变的模拟。

相场模型被广泛地应用于界面动力学研究的不同领域，如凝固、固态相变、流体力学等，其共同特征就是界面动力学与一个或者多个传输场耦合来描述复杂界面形貌的形成。相场模型的推导依据包括：①自由能减小原理；②严格热力学一致的熵增大原理。

相场模型通常分为连续相场和微观相场（离散模型）两大类，而这两种模型均可看作 Onsager 和 Ginzburg-Landau 理论的派生方法。微观相场与连续相场的主要区别在于场变量的不同。微观相场模型是利用原子占据晶格位置的概率作为场变量。该相场模型由 Khachaturyan 创建，并由 Chen Longqing 等进行了发展，其模拟的领域主要集中在固态相变、时效析出和马氏体转变等。而连续相场模型的场变量也称为相场，其作用是避免追踪界面所带来的困难。实际上所有的凝固模型都属于这一类，而相场模型最早也是用来模拟纯金属的凝固过程的。相场变量结合成分场变量可以描述相转变过程在时间和空间上的演变过程。

9.2　序　参　量

序参量和对称性破缺是 Landau 相变理论的两个基本概念，下面以顺磁一铁磁相变为例来说明。

在没有外磁场作用时，铁磁体的顺磁-铁磁相变是二级相变。当温度高于临界温度 T_c（$T>T_c$）时，系统处于顺磁相，磁化强度 $M=0$；当温度低于临界温度（$T<T_c$）时，系统处于铁磁相，$M\neq0$。由于磁化不是外磁场引起的，而是电子的自旋磁矩之间的相互作用引起的，所以称为自发磁化。从 $T>T_c$ 到 $T<T_c$，M 从零连续地变为非零：在 $T=T_c$ 点，$M=0$；$T<T_c$，M 逐渐增加，并在 $M=0$ 达到最大。

从微观上看，铁磁体是由大量自旋磁矩组成的，这些自旋磁矩之间有相互作用，倾向于使自旋排列在空间相同方向上。当 $T>T_c$ 时，热运动占主导地位，热运动使自旋混乱取向的倾向超过相互作用使自旋有序排列的倾向，导致自旋在空间取向是无规则的，因而总的磁矩的平均值为零（宏观量 M 是单位体积内所有自旋磁矩之和的统计平均值）。当 $T<T_c$ 时，自旋磁矩之间的相互作用占主导地位，自旋磁矩在空间排列在同一方向的倾向占主导，因而 $M\neq0$，$T=T_c$ 时正好对应于相互作用与无规则热运动这两种相反倾向平均而言相互抵消达到平衡的温度。通常我们把高温顺磁相称为无序相，把低温铁磁相称为有序相。

可以看出，顺磁-铁磁相变从 $T>T_c$ 的无序相转变到 $T<T_c$ 的有序相，磁化强度 M 从零连续地改变到非零，由此很自然地可以把磁化强度 M 选作铁磁相的序参量。从对称性的角度考察，高温顺磁相是无序相，$M=0$；这时空间任何方向没有特殊性。当 $T<T_c$ 时，$M\neq0$，序参量取空间某一方向（比如向上），这时向上与向下就不再对称了。换句话说，对有序相，宏观序参量失去了空间上下的对称性，这就是对称性破缺。

这种对称性破缺不是由于外磁场作用引起的，故称为对称性自发破缺（外磁场通常称为对称性破缺场，因为在外磁场作用下，塞曼（Zeeman）效应将使磁矩倾向于排在磁场方向上，导致对称性破缺）。一般地说，对二级相变，可以引入一个物理量——序参量——来定量地描写，它的大小表示有序的程度。序参量应该这样选择：在对称性高的相（也称无序相，对应于 $T>T_c$ 的那个相），序参量的值为零；而在对称性较低的相（也称有序相，对应于 $T<T_c$ 的那个相），序参量有不等于零的值。当从有序相趋于临界点时，序参量的值连续地变到零，表 9.1-1 列举了几种二级相变及相应的序参量。表 9.1-1 中，气-液相变的序参量是液相密度 ρ_l 与气相密度 ρ_g 之差。对液 ^{4}He 的正常一超流相变，序参量是 ^{4}He 原子的量子力学概率振幅。对超导相变，序参量是电子对（即库珀对）的量子力学概率振幅。后两种情形的序参量均为复数。二元溶液的序参量是两种组元的密度之差。对二元合金（如 CuZn），序参量取为 $(W_1-W_2)/(W_1+W_2)$，其中 $W_1(W_2)$ 代表 Cu(Zn) 原子占据某一格点位置的概率。

表 9.1-1　几种二级相变的序参量

相 变	序参量	实 例
气-液	$\rho_l-\rho_g$	H_2O
铁磁	磁化强度	Fe
反铁磁	子晶格磁化	FeF_2
铁电	电极化强度	KH_2PO_4
液 ^{4}He 超流	He 原子的量子力学几幅率	液 ^{4}He
超导	电子对的量子力学几幅率	Pb
二元溶液	$\rho_1-\rho_2$	$CCl_4-C_7F_{14}$
二元合金	$(W_1-W_2)/(W_1+W_2)$	CuZn

从表 9.1-1 中可以看出，序参量可以有不同的类型。它可以是标量、矢量、张量、复数等，由物理系统与具体相变决定。有些相变序参量的选择是很自然的。但有些相变，序参量相当复杂，其选择不一定那么容易，不是一眼就可以看出的。序参量本身并不是二级相变所固有的特征，一级相变也可以用序参量来描写，但与二级相变不同，序参量在一级相变的相变点有不连续的跃变，而二级相变，在临界点序参量是连续变化的。

找出连续相变中的序参量，研究它的变化规律，是相变理论的首要任务。虽然序参量的结构很不一样，但在临界点上其绝对值连续地趋于零这一点是共同的。序参量通常可以和一定的外场耦合。这些场称为“对偶场”。序参量和对偶场是一对热力学共轭变量。对偶场往往可以从外部控制。对偶场为零时，序参量在临界点自发出现，使对称破缺。并不是一切序参量和对偶场都是宏观可测的物理量。例如，反铁磁体的序参量是一个次晶格，而不是整个晶格的平均磁化强度，它可以用磁共振的办法测量。相应的对偶场是在两套次晶格上取相反方向的“交错场”，根本无法用宏观的办法在实验室中实现。序参量的结构怎样，数值如何，这都是特殊性的问题，必须针对具体的物理系统认真分析、计算。这里要根据需要来应用经典或量子物理，没有捷径可循。一旦找到了在临界点连续趋于零的序参量，以后的描述就是普遍的了。

在相场方法建模中，系统的状态由位置和时间的函数来描述。这个函数可能是系统的某个特定的性质，如浓度；或者是表示系统处于哪一个相的参数，如固相或液相。这个函数通常称为序参量，如温度、浓度，压力等的变量能够用来区分材料的不同状态，但其不是一个单独的状态变量，需要和其他变量一起相互作用。此外，相场方法通过相场与温度场、溶质场、流场及其他外部场的耦合，能够有效地将微观与宏观尺度相结合。在相场方法中，所有微观组织的状态是由一个叫作序参量 $\phi(x, t)$ 的单一变量连续地表达。

例如，假设可以通过考虑一个参量 $\phi(x, t)$ 建立凝固的模型，该参量是系统在位置(r)和时间(t)的函数，其值确定了材料的热力学相。其中 $\phi(x, t)=1$ 可以表示固相，$\phi(x, t)=-1$ 可以表示液相。如同所有的热力学系统，在每个位置上的相，即 $\phi(x, t)$，由系统的自由能确定。除了能量以外，其值没有其他局部或全局约束。例如：假设系统中有一定体积的固相，为使这部分固体转变为液体，除了考虑能量外，不需要任何材料传入和传出；在该体积中发生了什么与其相邻的体积无关。在这种情况下，不存在必须维持的守恒定律，序参量是非守恒的。

在其他情况下，序参量可以是守恒的量。例如，假设在点 r 的序参量代表某物相的局部浓度 $C(r, t)$。当 r 处的浓度增加时，原子必须从材料的其他区域转移到该位置。因此，在一个点上的浓度增长到需要其他位置浓度的下降。在 r 出的序参量不能够无限地增长，因为总浓度是守恒的。控制这类系统行为的方程必须反映守恒的量，序参量也必须是守恒的。

9.3　连续体相场动力学模型

对于均匀、单相的二元溶液，假定从同一个足够高的均匀温度开始通过急冷使温度降到低于其临界溶解温度的上限，则在这个过程中将发生渐进的相分离。然而，要发生相变必须满足两个条件：①骤冷使溶液变成了两相共存区；②温度能够满足扩散需要。相分离既可以通过亚稳定区域成核与生长的非连续过程实现，也可以由不稳定区域失稳分解的连续过程实现。对于亚稳定区域，小的浓度起伏将以增加成核能的方式使系统总自由能增加；当起伏足够大但仍为有限浓度(即沉淀物浓度)的扰动时，将使得系统的总自由能减少。这就表明，非连续性成核以及随后核的生长将引起整个固溶体不稳定，并导致相分离。与此相反，对于连续相分离，正像由失稳分解所描述的那样，它是从相变一开始就逐渐地使自由能减少，也就是说它是一个未活化的过程且不存在阙能。利用 Cahn-Hilliard 模型可以对上述相干(即同构)分解现象进行理论描述，通过该模型可以把 Landau 能量项和广义扩散定律有机地结合起来。原始的 Cahn-Hilliard 模型在非相干相变(即相变引起了长程有序、晶体取向或晶体结构的变化)问题上的推广扩展，构成了所谓的 Allen-Cahn 模型及其广义化的派生模型的研究内容。

Cahn-Hilliard 模型是利用保守场变量(例如化学浓度)对相变现象动力学进行描述的。而 Allen-Cah 模型则通过非保守变量(如长程有序)对相变问题进行处理。在一定条件下，Cahn-Hilliard 模型和 Allen-Cahn 模型均可以进行解析求解。然而，在现代计算材料学的应用中，这些方法要转换为空间离散的形式，即把含时变量定义为空间场变量，为此需要采用数值求解方法。通过这些变量对空间坐标的依赖关系，就可以确定非均匀组分和结构相场，并对相分离动力学及其结构形态进行模拟预测。由于各种守恒及非守恒场变量(如浓度、结构、取向、长程有序等)的空间梯度描述了各相之间的扩散界面(即不存在尖锐的界面)，有时也把这种场合建立的模型称为相场动力学模型(Phase Field Kinetic Model)或扩散相场动力学模型。

9.3.1 非守恒序参量的 Allen-Cahn 方程

相场方法是基于系统的热力学描述,其第一步是建立一个总自由能的表达式。对于具有非守恒序参量的系统,两相系统的自由能包括三种类型的项:包含一相的系统体积的能量、包含另一相的系统体积的能量,以及对应于相之间界面的能量。给定自由能,可以得到描述系统向降低自由能演变的表达式。在相场方法中,一个相变化到另一个相是通过序参量的变化进行监测的。对于非守恒的序参量,从描述序参量演变的方程称为 Allen-Cahn 方程。

假设有一个系统,它具有两个相,每个相使用不同的值表示(如+1 用于固相、−1 用于液相)。现在,忽略两相之间的任何界面,可以写出系统的总自由能,即各相的体积乘以该相的自由能密度(即单位体积的自由能)的总和。自由能密度标记为 f,是仅依赖于在每点上系统状态的局部变量,代表着在当前热力学条件下某一相的自由能,例如,在某个 T 和 p 条件下,由于系统的状态是由序参量确定的,而 ϕ 又是位置 r 和时间 t 的函数,因此就可以用 $f[\phi(r, t)]$)来确定系统中任意点的局部自由能。

总自由能 $\widetilde{F}$ 为对自由能密度 $f[\phi(r, t)]$在系统的体积 Ω 上求积分,即

$$\widetilde{F} = \int_{\Omega} f[\varphi(r,t)]\mathrm{d}r \tag{9.3-1}$$

需要注意的是,$\widetilde{F}$ 为 ϕ 的函数,而 ϕ 又是位置和时间的函数。因此,$\widetilde{F}$ 是 ϕ 的一个泛函数,这将影响下面的推导。

式(9.3-1)不包括相之间的界面,界面具有正的能量,并导致晶粒生长的现象,在相场方法中界面由序参量值的变化来表示。例如,$\phi=+1$ 表示固相,而 $\phi=-1$ 表示液相,因而固相和液相之间的界面由 ϕ 从+1 到−1 的变化来表示。界面的宽度及其能量将取决于 ϕ 如何迅速地随着距离而变化。因此,自由能密度不仅取决于某点的 ϕ 值,而且取决于 ϕ 在该点处的变化。合理地假设这种在能量上的变化取决于梯度 $\nabla\phi(r,t)$。总自由能密度为 $f^{\text{total}}[\phi(r, t), \nabla(r, t)]$,总自由能为

$$\widetilde{F} = \int_{\Omega} f^{\text{total}}[\phi(r,t), \nabla\phi(r,t)]\mathrm{d}r \tag{9.3-2}$$

关于 $\widetilde{F}$ 方程以及序参量 ϕ 对时间变化率的推导中关键的假设是:

(1)界面是弥漫的。

(2)式(9.3-2)能够对 $\nabla\phi$ 作泰勒级数展开,并且可以在第二阶 $(\nabla\phi)^2$ 处截断。

(3)ϕ 将随着时间变化,减少自由能。

(4)类似于经典力学,动力学特性是由热力学的"力"支配的,这个热学的"力"定义为自由能 $\widetilde{F}$ 相对于 ϕ 的导数的负值。

式(9.3-2)表明总自由能为依赖于局部自由能密度 $f[\phi(r, t)]$和界面项,前者是序参量 $\phi(r, t)$的函数,后者是依赖于 $\phi(r, t)$的梯度。

简单起见,考虑一维系统。这样,总自由能密度为$f^{\text{total}}[\phi(r,t),\partial\phi/\partial x]$。相场方法假定所有界面都是宽且弥漫的,而不是锐化的。在这种情况下,推测导数$\partial\phi/\partial x$的值很小,这意味着可以把自由能表达式简化为$\partial\phi/\partial x$项的展开式。为了使标记更简单一点,引入一个量$g=\dfrac{\partial\phi}{\partial x}$,它被认为是非常小的。以通常的方式在$g=0$附近展开$f^{\text{total}}$,得到

$$f^{\text{total}}[\phi(x,t),g]=f'[\phi(x,t),0]+\left(\frac{\partial f'}{\partial g}\right)_{g=0}g+\frac{1}{2}\left(\frac{\partial^2 f'}{\partial g^2}\right)_{g=0}g^2+\cdots \tag{9.3-3}$$

$f^{\text{total}}[\phi(r,t),g=0]$为平衡状态,没有界面,因此$f^{\text{total}}[\phi(r,t),g=0]=f^{\text{total}}[\phi(r,t)]$。第二项依赖于$f^{\text{total}}$对$g$的导数,在$g=0$处进行计算。由于界面能量为正,所以$f^{\text{total}}[\phi(r,t),g=0]$必须为极小能量,在这种情况下,在$g=0$处关于$g$的导数必须为零。由于实际上并不知道如何估算$(\partial^2 f^{\text{total}}/\partial g^2)_{g=0}$,所以假设它是某个常数,称为$\alpha$。由于界面能量为正,所有$\alpha>0$。忽略高阶项,并且$g=\partial\phi/\partial x$,式(9.3-3)就变为

$$f^{\text{total}}[\phi(x,t),g]=f[\phi(x,t)]+\frac{\alpha}{2}\left(\frac{\partial\phi}{\partial x}\right)^2 \tag{9.3-4}$$

并且总自由能为

$$\widetilde{F}=\int_{\Omega}\left[[\phi(x)]+\frac{\alpha}{2}\left(\frac{\partial\phi}{\partial x}\right)^2\right]\mathrm{d}x \tag{9.3-5}$$

这就是一维相场模型自由能的基本表达式。注意,它依赖于$f[\phi]$和$\partial\phi/\partial x$,即热力学自由能和ϕ随距离变化的斜率。自由能$\widetilde{F}$包括两项,第一项是各相的热力学自由能密度,第二项是两相之间界面的能量,α为界面的总能量的设定常数。界面能量与在界面ϕ通过界面变化的斜率的二次方$(\partial\phi/\partial x)^2$成正比。这样,更锐化的界面(Sharper Interface)具有更高的界面能量。

随着时间的推移,序参量$\phi(r,t)$将演变使系统的总自由能$\widetilde{F}$最小化,在$\widetilde{F}$相对于$\partial\phi/\partial x$的导数为 0 时达到最低能量状态。由于$\widetilde{F}$是$\phi(r,t)$的泛函数,而不是一个函数,所以它的导数与普通微积分的导数不同。泛函数导数由下面的符号表示,即$\dfrac{\partial\widetilde{F}[\phi(r,t)]}{\partial\phi(r,t)}$,其最小化的条件是

$$\frac{\partial\widetilde{F}[\phi(x)]}{\partial\phi(x)}=0=\frac{\delta}{\delta\phi(x)}\int_{\Omega}\left[f[\phi(x)]+\frac{\alpha}{2}\left(\frac{\partial\phi}{\partial x}\right)^2\right]\mathrm{d}x \tag{9.3-6}$$

求各项的值之后,求$\widetilde{F}$的泛函数导数,可以看出

$$\frac{\delta}{\delta\phi(x)}\int_{\Omega}\{f[\phi(x)]\}\mathrm{d}x=\frac{\delta f[\phi]}{\delta\phi} \tag{9.3-7}$$

$$\frac{\delta}{\delta\phi(x)}\int_{\Omega}\left[\frac{\alpha}{2}\left(\frac{\partial\phi}{\partial x}\right)^2\right]=-\alpha\frac{\delta\phi(x)}{\delta x^2} \tag{9.3-8}$$

式中:$\partial f/\partial\phi$是常规导数,f是序参量的简单函数。需要注意的是,界面能项(ϕ相对于x一次导数的二次方)变成ϕ关于x的二阶导数。因此,得到$\widetilde{F}$的泛函数导数:

$$\frac{\partial\widetilde{F}}{\partial\phi}=\frac{\partial f(\phi)}{\partial\phi}-\alpha\frac{\partial^2\phi(x)}{\partial x^2} \tag{9.3-9}$$

在经典力学中,时间相关的原子位置会变化以响应作用在该原子上的力。当静止状态时,总作用力为零。通过 U 的负梯度,这个作用力与系统的势 U 相关,在一维空间中 $F=-\partial U/\partial x$。因此,对于处于静止状态的原子,U 必须至少是一个局部极小值。

依此类推,可以考虑把自由能相对于 ϕ 的负导数作为一种有效的"力"作用于 ϕ 上,使自由能减少。对于这种力,可以解 ϕ 的"运动方程",以计算它是如何随时间演变的。ϕ 的时间依赖性和原子的时间依赖性之间的主要区别是 ϕ 与惯性无关,因此也就没有加速度项。ϕ 对作用于其上"力"的响应类似于物体对摩擦力的响应。在这种系统中,物体的力和速度之间具有线性关系。假设有类似的特征,它的"速度"是$\partial\phi(r,\ t)/\partial t$。综合起来,得到称作 Allen - Cahn 方程的表达式,在一维空间上可以表示为

$$\frac{\partial\phi(x,t)}{\partial t}=-L_\phi\frac{\partial\widetilde{F}}{\partial\phi(x,t)}=-L_\phi\left[\frac{\partial f(\phi)}{\partial\phi}-\alpha\frac{\partial^2\phi(x)}{\partial x^2}\right] \tag{9.3-10}$$

L_ϕ作为耦合系数,用于设置时间标尺(Allen 和 Cahn, 1979),它是一个必须单独确定的参数。Allen - Cahn 方程通常称为 Ginzburg - Landau 理论的一个例子,在这个概念下,动力特性被表示成自由能相对于一个序参量的泛函导数(Ginzburg 和 Landau, 1950)。ϕ 对时间的导数为一个简单常数 L_ϕ与自由能泛函数相对于 ϕ 的导数负值的乘积,它由两项构成,第一项是自由能密度函数 $f(\phi)$相对于 ϕ 的简单导数,第二项源于界面能的变化,它与$\partial^2\varphi/\partial x^2$成正比。

在三维空间上,有

$$\widetilde{F}=\int_\Omega\left(f[\phi]+\frac{\alpha}{2}\ |\nabla\phi|^2\right)\mathrm{d}r \tag{9.3-11}$$

式中:

$$|\nabla\phi|^2=\nabla\phi\cdot\nabla\phi=\left(\frac{\partial\phi}{\partial x}\right)^2+\left(\frac{\partial\phi}{\partial y}\right)^2+\left(\frac{\partial\phi}{\partial z}\right)^2 \tag{9.3-12}$$

$$\frac{\delta}{\delta\phi(x)}\int_\Omega f[\phi]\mathrm{d}x=\frac{\delta f[\phi]}{\delta\phi} \tag{9.3-13}$$

$$\frac{\delta}{\delta\phi(x)}\int_\Omega\frac{\alpha}{2}\left(\frac{\partial\phi}{\partial x}\right)^2=-\alpha\frac{\partial^2\phi(x)}{\partial x^2} \tag{9.3-14}$$

Allen-Cahn 方程为

$$\frac{\partial\phi(r,t)}{\partial t}=-L_\phi\left[\frac{\partial f[\phi]}{\partial\phi}-\alpha\nabla^2\phi(r,t)\right] \tag{9.3-15}$$

式中:

$$\nabla^2\phi=\frac{\partial^2\phi}{\partial x^2}+\frac{\partial^2\phi}{\partial y^2}+\frac{\partial^2\phi}{\partial z^2} \tag{9.3-16}$$

请再次注意,能量依赖于 ϕ 相对于坐标一阶导数的二次方,但是达到平衡的驱动力与 ϕ 相对于坐标的二阶导数成正比。

对于具有一个以上序参量的系统,序参量之间会有动态特性的耦合,在这种情况下,N 个序参量更一般的表达式为

$$\frac{\partial\ \phi_i(r,t)}{\partial t}=-\sum_{j=1}^{N}L_{ij}\frac{\delta F}{\delta\ \phi_j(r,t)} \tag{9.3-17}$$

其支配着系统的演化。序参量 ϕ_i 变化的动力学行为是由系统趋向最小自由能的方式驱动的。如果 $\widetilde{F}$ 随着 ϕ_i 的增加而减小，则 ϕ_i 随着时间增加；如果 $\widetilde{F}$ 随着 ϕ_i 的增大而增大，那么 $\mathrm{d}\,\phi_i/\mathrm{d}t$ 是负的且 ϕ_i 随着时间减小。当式(9.3－17)右侧为零时，$\widetilde{F}$ 达到其最小值，并且 ϕ_i 是固定的。后面将举例介绍用式(9.3－15)研究组织演变、凝固等。

9.3.2　守恒序参量的 Cahn-Hilliard 方程

9.3.1 节介绍了非守恒序参量随着时间的变化，本节重点关注守恒定律发挥作用的情形。讨论一种具有 A 和 B 两种类型原子的二元合金。对于这一问题，可以很方便地定义某一组元的浓度为序参量，如组元 A。定义序参量 C，使得 $C(r,\ t)=C_{\mathrm{A}}(r,\ t)=C$ 是守恒的，因为总的浓度是固定的，在任何区域内如果某组元浓度 $C_{\mathrm{B}}(r,\ t)$。那么在该区域内的其他组元的浓度就减小。序参量的守恒将导致动力学方程在某种程度上比非守恒情况下的更为复杂。这个方程称为 Cahn-Hilliard 方程。

首先从 9.3.1 节结果的基础上开始，并添加考虑守恒要求的相关项在一维空间上，有

$$\widetilde{F}=\int_{\Omega}\left\{f[C(x)]+\frac{\alpha}{2}\left[\frac{\partial C(x)}{\partial x}\right]^2\right\}\mathrm{d}x \tag{9.3-18}$$

根据热力学的基本概念，自由能相对于某个给定类型原子数目的导数就是该原子的化学势 μ。因此，可以将化学势定义为$\widetilde{F}$相对于序参量 $C(x)$的泛函导数，即

$$\mu=\frac{\partial\widetilde{F}}{\partial C(x)}=\frac{\partial f}{\partial C}-\alpha\,\frac{\partial^2 C(x)}{\partial x^2} \tag{9.3-19}$$

其遵从 9.3.1 节所介绍的泛函数求导数相同的过程。

现在，需要建立局部 C 守恒的动力学方程。要考虑原子如何必须从一个区域扩散到另一个区域以改变 C 来达到这个目的。由于 C 是一个浓度值，假定它随时间的变化率服从菲克第二定律，在一维空间上，其形式为

$$\frac{\partial C}{\partial t}=-\frac{\partial J}{\partial x} \tag{9.3-20}$$

式中：J 是通量。从对 μ 作为化学势的解释，预计通量会由下面形式的表达式(在一维上)给出，即

$$J=-M\frac{\partial\mu}{\partial x} \tag{9.3-21}$$

式中：M 是浓度相关的迁移率，可以是各向异性的(即在晶格中依赖于扩散的方向)，在这种情况下，它将是一个二阶张量(Second-Rank Tensor)。将式(9.3－19)代入式(9.3－21)，再将式(9.3－21)代入式(9.3－20)，得到

$$\frac{\partial C}{\partial t}=\frac{\partial}{\partial x}\left(M\frac{\partial\mu}{\partial x}\right) \tag{9.3-22}$$

$$=\frac{\partial}{\partial x}\left\{M\frac{\partial}{\partial x}\left[\frac{\partial f}{\partial C}-\alpha\,\frac{\partial^2 C(x)}{\partial x^2}\right]\right\} \tag{9.3-23}$$

如果 M 浓度无关(因此与 x 无关)，有

$$\frac{\partial C}{\partial t}=M\left[\frac{\partial^2}{\partial x^2}\frac{\partial f}{\partial C}-\alpha\frac{\partial^4 C(x)}{\partial x^4}\right] \tag{9.3-24}$$

式(9.3－23)是一维形式的 Cahn-Hilliard 方程(Cahn 和 Hilliard，1958，1959)。在三维空间中，方程的形式是

$$\begin{aligned}\frac{\partial C}{\partial t}&=\nabla\cdot M\,\nabla\mu\\&=\nabla\cdot M\,\nabla\left(\frac{\partial f}{\partial C}-\alpha\,\nabla^2 C\right)\end{aligned} \tag{9.3-25}$$

如果 M 与位置无关，式(9.3－25) 可以简化为

$$\frac{\partial C}{\partial t}=M\left[\nabla^2\left(\frac{\partial f}{\partial C}\right)-\alpha\,\nabla^2\,\nabla^2 C\right] \tag{9.3-26}$$

式中：

$$\begin{aligned}\nabla^2\,\nabla^2 C&=\left(\frac{\partial^2}{\partial x^2}+\frac{\partial^2}{\partial y^2}+\frac{\partial^2}{\partial z^2}\right)\left(\frac{\partial^2}{\partial x^2}+\frac{\partial^2}{\partial y^2}+\frac{\partial^2}{\partial z^2}\right)C\\&=\left(\frac{\partial^4}{\partial x^4}+\frac{\partial^4}{\partial y^4}+\frac{\partial^4}{\partial z^4}+2\,\frac{\partial^4}{\partial x^2\,y^2}+2\,\frac{\partial^4}{\partial x^2\,z^2}+2\,\frac{\partial^4}{\partial y^2\,z^2}\right)C\end{aligned} \tag{9.3-27}$$

9.3.3 守恒与非守恒序参量共存的系统

对于由一组守恒的$\{c_i\}$和非守恒的$\{\phi_i\}$序参量描述的系统，其自由能可以表示为

$$\widetilde{F}[c_1,c_2,\cdots c_p;\varphi_1,\varphi_2,\cdots\,\varphi_k]=\int\Big[f(c_1,c_2,\cdots c_p;\varphi_1,\varphi_2,\cdots\,\varphi_k)+\sum_{i=1}^{p}\alpha_i\,(\nabla c_i)^2+\sum_{i=1}^{3}\sum_{i=1}^{3}\sum_{i=1}^{3}\beta_{ij}\,\nabla_i\,\varphi_j\,\nabla_j\,\varphi_i\Big] \tag{9.3-28}$$

式中：f 是自由能密度，为$\{c_i\}$和$\{\phi_i\}$的函数；α_i 和 β_{ij} 是系数。积分是对整个体积进行的。因此，$\widetilde{F}$ 是变量$\{c_i\}$和$\{\phi_i\}$的泛函数。序参量的动力学方程将与式(9.3－15)中的$\{c_i\}$和式(9.3－25)中的$\{\phi_i\}$所表达的形式相同。

9.3.4 一维相场计算

相场模型由 Allen-Cahn 和 Cahn-Hilliard 方程描述系统的演变。第一步是建立由序参量描述的局部自由能，序参量表示材料的相(即各类固相、液相)或材料的某些其他性质，如浓度。

相场方程推导的一个主要假设是序参量在整个系统中连续和平滑地变化。因此，界面模型与要模拟的物理界面比较，变化更平缓且更宽。图 9.3－1 (a) 为一维扩散界面的示意图，其中绘制出 $\phi(x)$通过界面的变化。式(9.3－5)中自由能的被积函数是 $f[\phi(x)]+(\alpha/2)(\partial\varphi/\partial x)^2$。这个函数的示意图见图 9.3－1 (b)，它表明自由能密度的峰值在界面区域。该图突出了控制相场模型的两个物理学基本特征，即扩散界面(Diffuse Interface) 和过量界面自由能(Excess Interfacial Free Energy)。

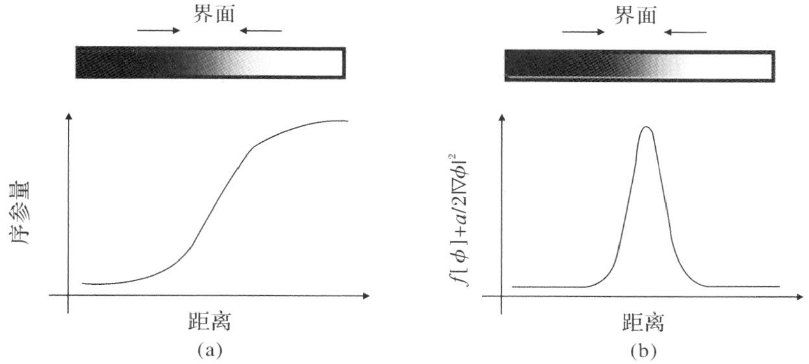

图 9.3-1　界面的序参量和自由能密度变化示意图

为了使讨论更加具体，考虑图 9.3-2 中的一维系统，把体积分割成网格。每个网格点与一定体积的材料 $V=a^3$ 相关联。序参量在单个网格体积上都具有相同的值。这个过程将连续系统的问题转换成一个离散系统的问题。本例中，对边缘部位，假设有固定的边界条件，即左侧位置的值固定为+1，而右侧位置的值固定为−1。假定+1 表示固相，−1 表示液相，本例中该系统的左侧为固相，右侧为液相，界面在两者之间。

	ϕ_1	ϕ_2	ϕ_3	ϕ_4	ϕ_5	ϕ_6	ϕ_7	ϕ_8	ϕ_9	ϕ_{10}	ϕ_{11}	ϕ_{12}	ϕ_{13}	ϕ_{14}	ϕ_{15}
$t=0$	1	1	1	1	1	0.9	0.5	0	−0.5	−0.9	−1	−1	−1	−1	−1

图 9.3-2　在 $t=0$ 时序参量值的一维模型

假设固相和液相处于平衡，这样各相的自由能是相同的。在这种情况下，自由能作为相的函数可以看作具有以下的形式：

$$f[\phi(x,t)]=4\Delta\left(-\frac{1}{2}\phi^2+\frac{1}{4}\phi^4\right) \tag{9.3-29}$$

其曲线如图 9.3-3 所示。这不是对应于真实材料的热力学函数，这个函数被选择来模拟两相能量相等的系统的唯象行为。对于界面处的 ϕ 在界面上的值(即在−1～1 之间)，f 的值不与任何物理机理相关，它只是以近似的方式反映这种系统的可能行为。

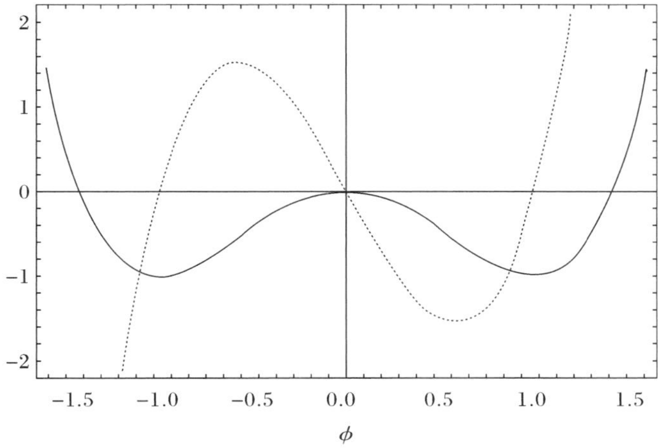

图 9.3-3　式(9.3-29)的自由能密度泛函 f(实线)和式(9.3-30)的 $\mathrm{d}f/\mathrm{d}\phi$(虚线)($\Delta=1$)

将 $f[\phi(x)]$ 的表达式代入式(9.3－5)中的总能量表达式。为了像式(9.4)那样计算 $\phi(x)$ 的时间变化率，需要

$$\frac{\partial f[\phi(x,t)]}{\partial \phi}=4\Delta(-\phi+\phi^3) \tag{9.3-30}$$

要计算式(9.3－5)中的能量和式(9.3－10)中的时间导数，需要在网格上位置 i 的 $\mathrm{d}\phi/\mathrm{d}x$ 中介绍和 $\mathrm{d}^2\phi/\mathrm{d}x^2$ 的值。利用数值方法估计这些项，使用有限差分方程，在网格上，一阶和二阶导数的一维简单表达式分别为

$$\left.\begin{aligned}\frac{d\phi}{dx}&=\frac{\phi_{i+1}-\phi_{i-1}}{2a}\\ \frac{d^2\phi}{dx^2}&=\frac{\phi_{i+1}+\phi_{i-1}-2\phi_i}{a^2}\end{aligned}\right\} \tag{9.3-31}$$

式中：a 是网格间距。

假设之一是函数的值在每个网格体积上都是恒定的，这就使得式(9.3－5)中总自由能 f 计算所需要的积分得到简化，就是在每个网格点上的被积函数值乘以网格的体积 V。与导数的表达式相结合，能量和时间导数分别为

$$\widetilde{F}=\sum_{i=1}^{N_{\mathrm{grid}}}V\left[4\Delta\left(-\frac{1}{2}\phi_i^2+\frac{1}{4}\phi_i^4\right)+\frac{\alpha}{2}\left(\frac{\phi_{i+1}-\phi_{i-1}}{2a}\right)^2\right] \tag{9.3-38}$$

并且

$$\frac{\partial\phi_i}{\partial t}=-L\left[4\Delta(-\phi_i+\phi_i^3)+\alpha\left(\frac{\phi_{i+1}+\phi_{i-1}-2\phi_i}{a^2}\right)\right] \tag{9.3-39}$$

因此，知道每个网格体积的 ϕ_i 值，就可以计算出总能量和 $\mathrm{d}\phi_i/\mathrm{d}x$。

在标准的分子动力学中，必须精确地对运动方程积分以确保总的能量守恒。与此相反，在相场方法中驱动力是总自由能的减少。运动方程积分的最简单方法就是假定一阶泰勒级数展开式的形式为

$$\phi_i(t+\delta t)=\phi_i(t)+\frac{\partial\phi}{\partial t}\delta t \tag{9.3-40}$$

这种形式称为欧拉方程。δt 的幅度设置要实现数值精度(要求小的 δt 值)和方程快速计算(要求大的 δt 值)之间的平衡。

对于这个简单的模型，只有决定着局部的自由能密度(即热力学)参数 Δ 和反映界面能的参数 α，也必须限定动力学参数 L 以设置时间尺度。为了便于后面的讨论，设定 $L=l$。

考虑图 9.3－2 所示的在 $t=0$ 时构型的能量。正如在前面提到的，假设在每个网格体积中都是常数。设定 $a=1$(因而 $V=1$)，根据式(9.3－39)，每个网格点的能量等于

$$f[\phi_i]+\frac{\alpha}{2}\left(\frac{\mathrm{d}\phi_i}{\mathrm{d}x}\right)^2=4\Delta\left(-\frac{1}{2}\phi_i^2+\frac{1}{4}\phi_i^4\right)+\frac{\alpha}{2}\left(\frac{\phi_{i+1}-\phi_{i-1}}{2a}\right)^2 \tag{9.3-41}$$

在图 9.3－4 中，以不同的 Δ 和 α 值绘制出这个能量曲线。注意，当 α/Δ 增大时，界面能量的幅值会大得多。因此，预期用大的 α/Δ 比值模拟系统与那些用小的 α/Δ 比值模拟系统相比，边界网格数量应当要少。

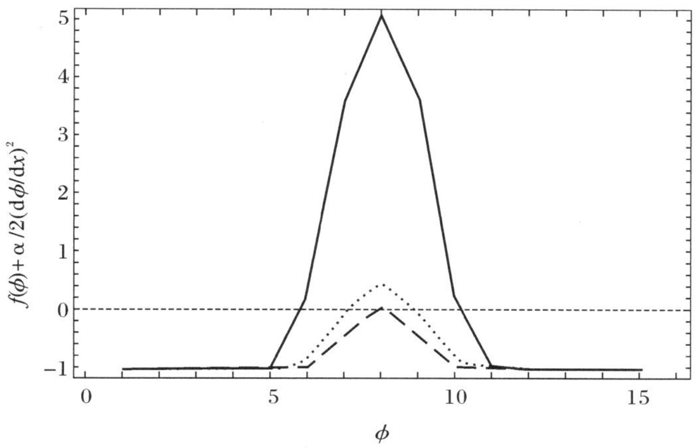

图 9.3-4　$t=0$ **时** $[f\phi_i]+\frac{\alpha}{2}\left(\frac{d\phi_i}{dx}\right)^2$ **的值**

现在考虑具有周期性边界条件的一维系统，其能量表达式就是前面所描述的。这种模型的相场计算将按以下方式进行：

(1)在 $t=0$ 时，为每个网格点选择一个序参量 $\phi(x)$。

(2)对于每个网格点，依据 ϕ，计算在时刻 t 的 $\widetilde{F}$ 和 $d\phi/dt$ 的值。

(3)利用式(9.3-40)计算在时刻 $t+\delta t$ 时 ϕ 的新值。

(4)转到步骤(2)并重复，直到自由能收敛到最小值。

初始构型包括网格和序参量初始值的选择。在本例子中，网格的尺寸为 $a=1$，初始构型的 ϕ_i 是在 -0.1 和 0.1 范围内随机选择的。式(9.3-40)中的动态参数设定为 $L=1$。按照计算步骤(1)～(4)进行，改变式(9.3-40)中的时间步长 δt，直到求出稳定的解。图 9.3-5 显示了一系列长时间构型的曲线，它们具有不同的 α/Δ 比值，即界面阀系数(Coefficient of the Interface Penalty)与局部自由能值之间的比值。对于所示的 3 个模拟曲线，Δ 是固定的(为 1)，α 是变化的。在所有情况下，计算都一直运行到求出稳定的构型，即一直到 $d\phi_i/dt\approx 0$。需要注意的是，平衡的构型应该没有界面。图 9.3-5 所示的各种情况，在长时间里能量随时间的变化基本上为零，但是它们并不处于平衡状态。

无论 $\phi=+1$ 或 -1，系统都具有相同的局部自由能，如果完全没有界面阀值($\alpha=0$)，序参量将会随机地取值 $+1$ 或 -1，这将取决于它们的初始状态，正的界面能驱使系统尽量减少界面。图 9.3-5 (a)给出了在 $\alpha/\Delta=0.1$ 情况下的 ϕ 值，即系统是由局部自由能支配的。需要注意的是，区域之间的界面是锐化的(将证明界面的宽度应与 $\sqrt{\alpha/\Delta}$ 成比例并且其能量为 $\sqrt{\alpha\Delta}$)。图 9.3-5 (b) 是一个中间的例子，其 $\alpha/\Delta=1$。看到系统仍然有许多界面，稍宽些，并且有些状态居于序参量的中间。从图 9.3-5 (c)中可以看到，对于 $\alpha/\Delta=10$，界面的数量减少，界面宽度更大，这与图 9.3-4 中的能量情形一致。

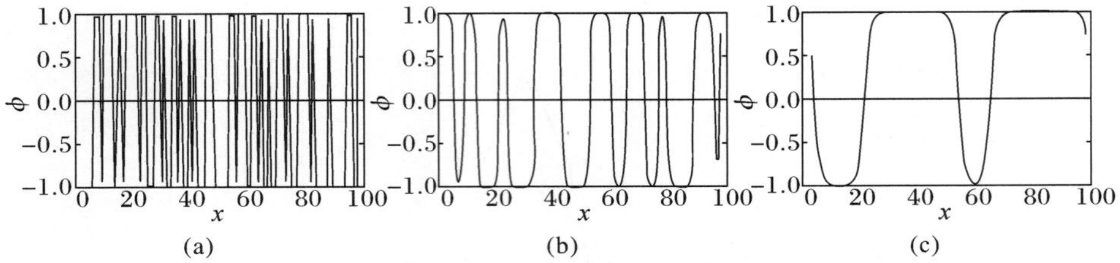

图 9.3-5　一维相场计算结果(时间固定,起始构型不同)

9.3.5　界面的自由能

选择一个系统,由式(9.3-29)中的自由能函数描述,其界面位于 yOz 平面 $x=0$ 处。单位面积的自由能由式(9.3-42)给出:

$$\frac{\widetilde{F}}{A}=\int \mathrm{d}x\left[4\Delta\left(-\frac{1}{2}\phi(x)^2+\frac{1}{4}\phi(x)^4\right)+\frac{\alpha}{2}\left(\frac{\partial\phi(x)}{\partial x}\right)^2\right] \tag{9.3-42}$$

并且最小自由能为式(9.3-43)的解:

$$\frac{\partial\widetilde{F}/A}{\partial\phi(x)}=0=4\Delta[-\varphi(x)+\varphi(x)^3]-\alpha\frac{\partial^2\varphi(x)}{\partial x^2} \tag{9.3-43}$$

假定曲线由函数 $\phi(x)=\tanh(\gamma x)$ 给出,它具有规范的一般形状。将这一形式的 ϕ 代入式(9.3-43)中,经简化,得到

$$\gamma=\sqrt{\frac{2\Delta}{\alpha}} \tag{9.3-44}$$

如果定义界面为 $\phi(x)$ 达到其渐近值 96% 的点之间的距离,那么界面的宽度(厚度)大约为 $\delta=4/\gamma$。因此,界面的宽度可以表示为

$$\delta\sim\sqrt{\frac{\Delta}{\alpha}} \tag{9.3-45}$$

利用式(9.3-44) 所示 γ 值(即最小能量),对式(9.3-42) 所示单位面积自由能的表达式在 $-\infty$ 到 $+\infty$ 区间上对 x 积分,得到(最小能量)界面上单位面积自由能为

$$\frac{\widetilde{F}}{A}=\frac{4\sqrt{2}}{3}\sqrt{\alpha\Delta} \tag{9.3-46}$$

可以看到,在式(9.3-45)和式(9.3-46)中的均质相的能量(由 Δ 控制)和界面能量(通过 α 控制)之间的相互作用,界面的宽度 δ 随着 α 的增加和 Δ 的减小而增加。另外,与界面相关联的能量随着 α 和 Δ 的增加而增加。因此,存在宽度和能量之间的竞争,这可以从图 9.3-5 所示的模拟结果中看到。

9.4　微观相场动力学模型

基于 Ginzburg-Landau 模型的各种确定性相场方法可以从更为统计的角度正确预测相变的主微结构路径,但通常不能处理原子层次上的结构问题。为此,Khachaturyan 创立了微观晶格扩散理论,它是对用于相分离现象模拟的 Ginzburg-Landau 连续体场动力学模型的推广和发展。1995 年，Chen 利用类似的微观方法模拟了晶粒生长。

对于空间上分布不均匀的合金，利用 Khachaturyan 提出的微观方法，能够同时对有序化和分解的扩散动力学进行描述。在这种合金中，通过一个非平衡自由能泛函把组分和长程有序参量联系起来。这种方法与其相对应的连续体方法最大的不同点就是，在 Ginzburg-Landau 或 Onsager 方程组中出现的宏观动力学系数，可以在微观层次上进行计算。为了达到这一目的，Khachaturyna 建议引入微观场，用于描述由原子在晶格格点上的初级扩散跃迁引起的位移相变。在相变过程中将发生一系列现象，诸如原子有序化，反相畴界运动，浓度分层，以及多分散沉淀物的 Ostwald 催熟（从长程有序分布及组分随时间演变的角度理解）等。所以，根据非理想固溶体中晶格格点扩散的思想，可把微观场动力学方法公式化、具体化，这实际上是一个相互作用原子系统的无规行走问题。最后得到的动力学方程组是非线性有限差分式微分方程组，对此只能进行数值求解。

代表原子结构和合金构造形貌的微观场，可以由单格点占有概率函数 $\chi(r,\ t)$表征。概率函数 $\chi(r,\ t)$实际上就是占有数 $c\ (r)$在整个与时间相关的系综上的平均，亦即 $\chi(r,\ t)=\ <c(r)>$ ，这里$<\cdots>$ 表示求平均。由此可见，这一实空间函数的值表示溶质原子在格点 r 和时刻 t 被观察到的概率。占有数可按照下列规定给出：

$$c(r)=\begin{cases}1\text{，当格点 } r \text{ 被溶质原子占据时}\\0\text{，其他情况}\end{cases}\tag{9.4-1}$$

上述微观场的动力学演化是由 Ginzburg-Landau 或 Onsager 动力学方程式描述的，亦即

$$\frac{\partial\chi(r',t)}{\partial t}=\sum\nolimits_{r'}L(r-r')\frac{\delta\widetilde{F}}{\delta\chi(r',t)}\tag{9.4-2}$$

式中：$\widetilde{F}$ 是函数 $\chi\ (r',\ t)$的自由能泛函；“$\delta\ \widetilde{F}/\delta\chi(r',\ t)$是热力学驱动力；$t$ 表示时间；$L(r-r')$表示微观动力学对称矩阵。在这一动力学矩阵中出现的系数，与平均扩散时间成反比。这一平均扩散时间是对于由格点 r 到格点 r'的一系列初级跃迁而言的。这种推导动力学系数矩阵的思想，集中体现了微观晶格扩散理论（相对于传统的连续体场动力学方法）的主要创新点。

溶质原子占据格点的概率满足守恒条件，即有

$$N_s=\sum r'\chi(r',t)\tag{9.4-3}$$

式中：N_s 是系统中的溶质原子数。由于存在源或汇，有不同于沉淀物被排除在外的情况，应该有下式成立：

$$\frac{\mathrm{d}N_s}{\mathrm{d}t}=0\tag{9.4-3}$$

把式(9.4－3)和式(9.4－3) 结合起来，从而推出：

$$\frac{\mathrm{d}N_s}{\mathrm{d}t}=\left[\sum r'L(r)\right]\left[\sum r\frac{\delta\widetilde{F}}{\delta\chi(r',t)}\right]=0\tag{9.4-5}$$

由于所有热力学元驱动力 $\delta\ \widetilde{F}/\delta\chi(r',\ t)$之和不一定为零，所以第一个乘数必定为零，亦即

$$\sum r'L(r)=0 \tag{9.4-6}$$

通过对式(9.4-5)进行傅里叶变换,可以得到倒易空间表示,即

$$\frac{\partial \check{\chi}(k,t)}{\partial t}=\sum r'\check{L}(k)\left[\frac{\delta \widetilde{F}}{\delta\chi(r,t)}\right]_k \tag{9.4-7}$$

式中:$[\delta \widetilde{F}/\delta\chi(k,t)]_k$,$\check{\chi}(k,t)$和$\check{L}(k)$分别表示在实空间对应函数$\delta \widetilde{F}/\delta\chi(r,t)$,$\chi(r,t)$和$L(r)$的离散傅里叶变换,并由下式给出:

$$\left.\begin{aligned}\check{\chi}(k,t)&=\sum_r \chi(k,t)\mathrm{e}^{-\mathrm{i}kr}\\ \check{L}(k)&=\sum_r L(k)\mathrm{e}^{-\mathrm{i}kr}\end{aligned}\right\} \tag{9.4-8}$$

对于没有结构变化的相分离,介观不均匀性的特征波长 d_s 一般要比晶格常数 a 大得多。在这种情况下,只有在以 $k=0$ 为中心的周围附近 $\check{\chi}(k,t)$才是有意义的,其中$|k|$是 $2\pi/d_s$ 的量级。从而,函数$\check{\chi}(k,t)$是介观浓度场$c(r)$的傅里叶变换。对$\check{\chi}(q,t)(|q|=|k-k_0|)$进行类似地考虑,则$\check{\chi}(q,t)$是长程参数场$\chi(r)$的傅里叶变换。$L(r)$的傅里叶变换由下式给出:

$$\check{L}(k)\approx -M_{ij}k_ik_j \tag{9.4-9}$$

其中展开系数张量为

$$M_{ij}=\left[\frac{\partial^2 \check{L}(k)}{\partial k_i \partial k_j}\right] \tag{9.4-10}$$

把这些系数重新代入 Onsager 方程的傅里叶变换[见式(9.4-2)],从而得到

$$\frac{\partial \check{\chi}(k,t)}{\partial t}=-M_{ij}k_ik_j\left[\frac{\delta \widetilde{F}}{\delta\chi(r,t)}\right]_k \tag{9.4-11}$$

其傅里叶逆变换为

$$\frac{\partial c(r,t)}{\partial t}=-M_{ij}\nabla_i\nabla_j\left[\frac{\delta \widetilde{F}}{\delta\chi(r,t)}\right] \tag{9.4-12}$$

这是与 Cahn-Hilliard 方程吻合的。从其微观方法过渡到介观唯象动力学方程可以发现,由元(初级)扩散跃迁可计算出宏观动力学系数。

9.5 局部自由能函数

在相场方法中的大量材料科学问题变成了自由能密度函数 f 的定义问题。本书讨论一些形式非常简单的自由能,首先是具有少量序参量的,然后是两个具有多个序参量的例子。

9.5.1 一个序参量的系统

在式(9.3-29)中,引入一个简单形式的自由能密度函数 $f[\phi]$,它描述具有相同能量的两个相的材料。这种函数形式的选择要在 $\phi=\pm1$ 处具有极小值,而这个极小值为$-\Delta$。

例如,这个函数可能适合于作为描述失稳分解一般特征的模型。如果系统起始时的一组 ϕ 值不是±1,则它会自发、有序地形成 $\phi=1$ 或 $\phi=-1$ 的相区域,界面在它们之间。在低温下,式(9.3-29)中由梯度表示的正界面能将驱使系统到一相或另一相。注意,式(9.3-29)中每一项的前因子的选择都是为了使导数的形式简单,见式(9.3-30)。这些函数的形式见图 9.3-3。

可以想象,如果不是具有能量相等的两相,那么一相可能在某些温度下比另一相更稳定,而在其他温度下比较不稳定。这种行为可以表示为一个简单形式:

$$f(\phi,T)=4\Delta\left(-\frac{1}{2}\phi^2+\frac{1}{4}\phi^4\right)+\frac{15\gamma}{8}\left(\phi-\frac{2}{3}\phi^3+\frac{1}{5}\phi^5\right)(T-T_m) \qquad (9.5-1)$$

式中:r 是正常数;T_m 是"熔化"温度。图 9.5-1 给出了 3 个 T 值下的势能。函数式(9.5-1)不是一个实际的热力学模型;选择这个形式的目的是模仿真实系统的行为,而不是与它们相匹配。每一相的准确自由能的表达式也是能够找到的,例如,根据 Calphad 方法进行计算,然后插值,这将在 9.5.2 节进行讨论。

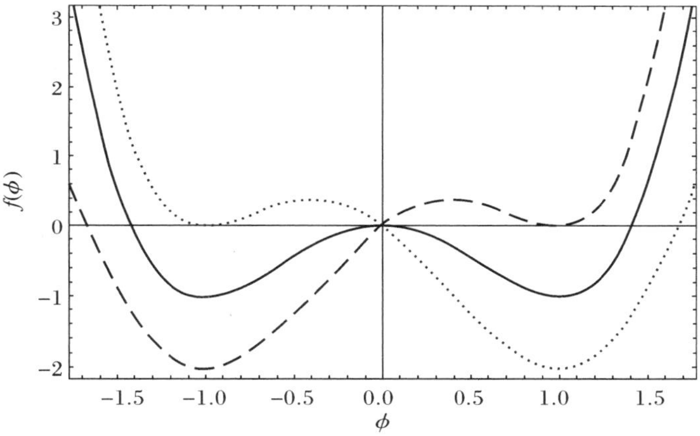

图 9.5-1　式(9.5-1)的双态自由能函数曲线

(稳定状态是在 $\phi=1$ 和 $\phi=-1$ 处,$\phi=1$ 为固相,$\phi=-1$ 为液相)

9.5.2　多个序参量的系统

本节讨论两类问题,在这些问题中要有一个以上的序参量。这两类问题是目前许多应用方法的范例。第一个是具有一个以上的组分和多于一个相的问题。例如,这类模型可以用于模拟合金的凝固。第二个例子只有一个组分,但是有许多的"相",它将在晶粒生长模型中代表晶粒的不同取向。

1. 两相双组分系统自由能函数

假设目标是模拟二元合金的凝固,因此需要一个能够捕捉到凝固以及两合金组分平衡的相场模型。要构建这种双组分和两相的系统模型,需要两个序参量和一个非守恒的序参量 ϕ 来表示系统在特定位置和时间的相,需要另一个守恒的序参量 C 来表示两组分的局部浓度。自由能泛函数必须依赖这两个序参量,见式(9.3-28)。

正规溶液理论为构造双组分自由能的函数提供了便利,首先从每个纯组分系统的自由能入手,可以利用一个简单的表达式[见式(9.5-1)],调整每一相的参数。但是,这个函数对合金系统的真实热力学性质表达不充分,可以使用更复杂的热力学函数来改善。

假设对每个纯组分(A 和 B)都有固相和液相自由能实验曲线(S 和 L),如 $f_A^S(T)$, $f_A^L(T)$, $f_B^S(T)$ 和 $f_B^L(T)$。A 组分的总自由能将有以下的形式:

$$f_A(T)=[1-p(\phi)]f_A^S(T)+p(\varphi)f_A^L(T) \tag{9.5-2}$$

在这里,采用序参量 ϕ 的函数 $p(\phi)$ 以便使系统平滑地从纯液相[$p(\phi)=1$]过渡到纯固相[$p(\phi)=0$]。

有了 $f_A(T)$ 和 $f_B(T)$ 力的表达式,可以利用正规溶液理论来构建 AB 溶液的自由能关系式,其表达式为

$$\begin{aligned}f(\phi,C,T)=&(1-C)f_A(\phi,T)+C\phi f_B(\phi,T)+\\&RT[(1-C)\ln(1-C)+C\ln C]+\\&C(1-C)\{\Omega_S[1-p(\phi)]+\Omega_L p(\phi)\}\end{aligned} \tag{9.5-3}$$

式中:C 是 B 的浓度;$\Omega_{S(L)}$ 为固体(液体)的正常溶液参数。

2.多相系统自由能函数

为了建立晶粒生长的相场模型,Tilkare 等采用了只有一个组分但有许多“相”的自由能函数,以每个相表示具有不同取向的晶粒。所选择的自由能函数具有任意数量的序参量,其能量表达式具有不同的极小值,每个极小值只有一个序参量为非零。以这种方式,一个晶粒(或任何不同的相)会组成连续的位置点,每一个晶粒具有一个非零序参量。

晶粒(或相)之间的界面处的序参量在各个晶粒的值之间逐渐变化,如图 9.5-2 所示,这是有 4 个序参量的简单例子。在图 9.5-2 中左侧,系统对应于晶粒 1,其 $\phi_1=1$ 且所有其他序参量为 0;在右侧,系统在晶粒 4 的位置,位 $\phi_4=1$,所有其他序参量为 0;在这两者之间,从左到右 ϕ_1 逐渐减小到 0,ϕ_4 逐渐增大到 1 。

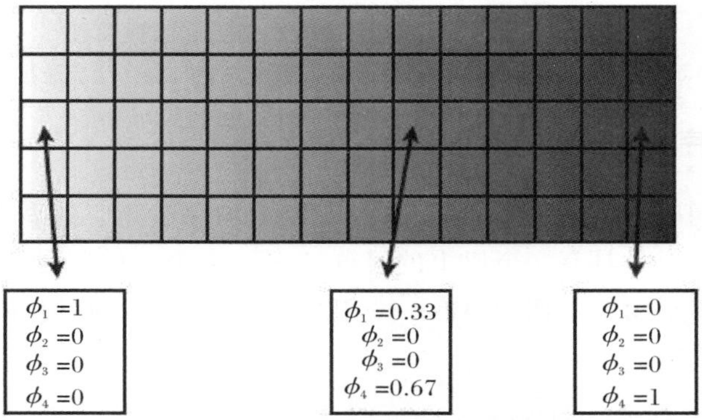

图 9.5-2 在二维空间上序参量在晶粒之间的变化

Tikare 等采用了下面的函数,它有一组序参量$\{\phi\}$:

$$f[\{\phi\}]=\frac{\gamma}{2}\sum_{i=1}^{P}\phi_i^2+\frac{\beta}{4}\left(\sum_{i=1}^{P}\phi_i^2\right)^2+\left(\lambda-\frac{\beta}{2}\right)\sum_{i=1}^{P}\sum_{j\neq i=1}^{P}\phi_i^2\phi_j^2 \tag{9.5-4}$$

式中:γ,β 和 λ 是常数。这个函数在 $\phi=\pm1$ 且 $\phi_{j\neq i}=0$ 处有极小值,所以它共有 $2P$ 个极小值,都有着相同的能量。图 9.5-3 所示的是一个 $P=2$ 的简单例子。利用这个自由能函数

所描述的系统动态特性将在后面讨论。

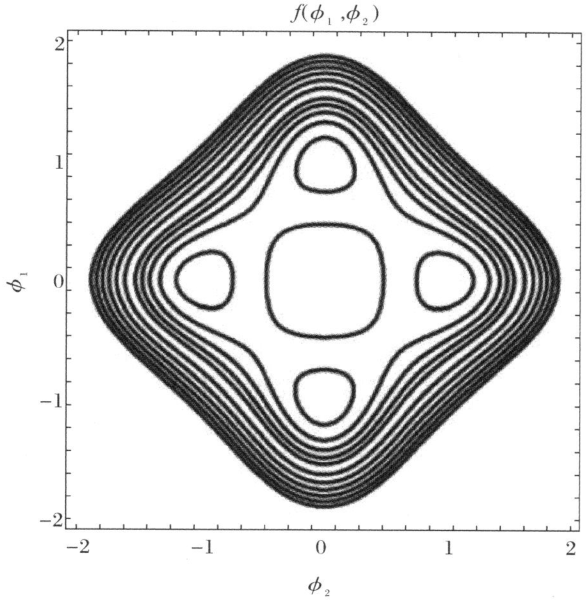

图 9.5-3 自由能函数的等位线图

($\alpha=\beta=\lambda=1, P=2$;有 4 个极小值,对应的值为 ±1,0 和 0,±1)

9.6 相场方法在材料科学中的应用

相场模型是一种建立在热力学基础上,考虑有序化势与热力学驱动力的综合作用,描述系统演化动力学的模型。其核心思想是引入一个或多个连续变化的序参量,用弥散界面模型代替传统的尖锐界面。应用相场模型研究凝固过程时,需将相场变量与其他场变量(如溶质场、温度场和应力场等)结合起来,以描述微观组织的形成与演化问题。在各个尺度上相场变量均能隐含地描述系统界面,并和其他变量耦合以实现对系统的统一描述。因此,相场法避免了自由边界问题中的界面显式追踪,同时由于相场控制方程包含了凝固过程中固-液界面上的 Gibbs-Thomson 关系,突破了利用尖锐界面模型描述凝固过程时对界面厚度的限制。然而,就目前发展水平而言,相场法也存在一些问题,如计算量巨大、可模拟尺度小、模型参数确定困难等,而且,相场法微观组织模拟大多侧重于物理过程的定性模拟。

一般来讲,相场模型的建立包括以下几个步骤:

(1)确定相场变量,并构造合适的插值函数及双阱函数;

(2)根据相场变量以及描述该相变过程所需的其他序参量场,构造系统的统一自由能函数;利用系统自由能函数以及其他辅助场能量函数,构造系统自由能泛函或熵泛函;

(3)根据能量守恒及质量守恒,建立守恒序参量场的动力学演化方程;

(4)根据 Ginzburg-Landau 动力学方程,构造非守恒序参量场的动力学方程;

(5)利用不同的方法确定相场模型参数。

相场模型参数的确定是相场法中一个较为复杂的问题,其原因主要有两点:①由于相场模型中引入了一些难以直接测量的参数(如梯度能系数和相场动力学参数),这类参数的确定需要转化为较易测定的材料参数;②相场模型中有些参数(如界面厚度参数)由于计算的需要,需人为放大,而这种放大必然引起误差,此时必须在数学上进行严格的分析,确定参数放大后模型仍然严格有效。基于此,相场模型参数的确定方法主要包括:

(1)解析方法。解析方法是最为直观而有效的方法,其基本思想是利用相场的静态平衡解以及动态稳态解建立相场模型与尖锐界面模型之间的关系,从而确定实际界面能、界面动力学系数与相场参数之间的比例关系。

(2)渐近分析法。通过严格的数学渐近分析方法可以证明在一定条件下相场模型趋于尖锐界面模型,从而建立相场方程在数学与物理意义之间的联系。当相场方程趋于尖锐界面模型的 Gibbs-Thomson 方程时,严格确立相场模型参数与尖锐界面模型参数之间的关系。渐近分析法方法包括尖锐界面渐近分析和薄界面渐近分析。

尖锐界面渐近分析方法通过相场界面厚度趋于无穷小时,建立相场参数与材料参数之间的关系,为尖锐界面模型的一阶近似。以纯物质相场模型为例,由于相场动力学参数是在界面区温度为常数的条件下取得的,因此,为了忽略界面区域温度的变化,需要极小的网格剖分或者很大的过冷度,而实际凝固过程中过冷度较小,且取得可靠结果的网格剖分要求的相场法计算量十分巨大,这样便严重限制了相场法在凝固过程组织模拟中的应用。为克服尖锐界面渐近分析方法的上述缺点,Karma 与 Rappel 提出了薄界面渐近分析,其为尖锐界面模型的二阶近似。薄界面渐近时,界面具有远小于扩散边界层宽度的有限厚度,如在纯金属相场模型薄界面极限中,温度在界面区域不再是常数,界面厚度参数虽然远小于凝固组织的特征尺度(如枝晶尖端半径),但是大于微观毛细长度,从而大大减小了模拟的计算量。1996 年,Karma 等采用该方法确定相场参数,实现了小过冷度下纯金属凝固的三维自由枝晶生长的定量模拟。

9.6.1 凝固

在金属和合金的凝固过程中,复杂的微观结构的形成不仅是一个具有挑战性的科学问题,而且在确定基于液态成形的质量上具有十分重要的意义,如铸造、焊接等。凝固模拟是相场方法的成功之一,尤其是在枝晶和共晶生长这类过程的描述上取得了成功。

凝固建模的最简单的基本思路在前面已经说明。假设有一个二元合金,其热力学性质可以利用式(9.5-2)和式(9.5-3)那样的方程进行描述。有两个序参量,一个是表示系统是固体还是液体的,其动力学性质由式(9.3-15)进行描述;另一个是表示浓度的 C,其动力学性质由式(9.3-18)所示的 Cahn-Hilliard 方程给定。这种方法已经在二维和三维空间上应用,同样也应用于包括和不包括液体流动的情况。人们已经研究了枝晶生长和一系列其他现象。Boettinger 等作了很好的综述。本书没有讨论相场计算与流体流动之间的关联。

图 9.6-1 给出了枝晶生长二维相场计算结果[基于式 9.5-2)和式(9.5-2)]。

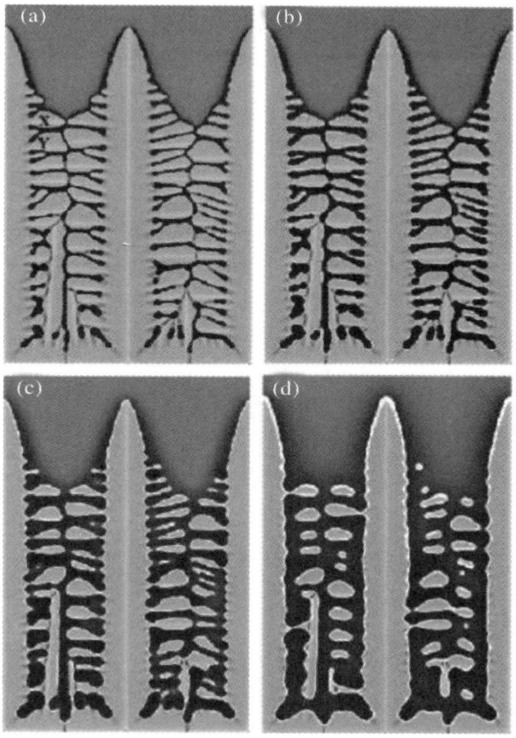

图 9.6-1　枝晶生长的二维相场模拟

图 9.6-1(a)中的生长温度为 1 574 K,(b)～(d)的温度提高至 1 589 K,浅色的为固体,深色的为液体。

图 9.6-1(a)中温度为 1 574 K,这个温度瞬时地升高到 1 589 K。虽然这种变化可能并不会真实地捕捉到在物理系统中出现的波动,但是它却能够消楚地揭示出温度对枝晶结构的影响。图 9.6-1(b)～(d)分别显示了随后升温的计算结果。需要注意的是,枝晶臂随着时间的推移逐步熔化。

9.6.2　晶粒生长的二维模型

Tikare 等提出了非常简单的晶粒生长的相场模型,在模型中采用了由式(9.5-4) 给出的局部自由能函数,其晶界如图 9.6-2 所示。这个模型是在二维的正方形网格上建立的。由于这些序参量不是守恒的,其动态性质是由式(9.5-4)的 Allen-Cahn 方程决定的。

序参量演变的驱动力是消除界面的能量,这就像波茨模型,事实上,Tikare 及其同事研究的目的就是比较晶粒生长相场计算与波茨模型的结果。他们发现,在晶粒生长对时间的依赖性上,相场方法与波茨模型是相同的。

基于这一模型计算的结果示于图 9.6-2 中,其中 $P=25$。系统的初始条件为:所有的 25 个 ϕ 值在各个网格点上随机地在 -0.1 和 0.1 之间取值,然后利用非守恒的动力学的公式(9.3-15)进行计算,其中 $L=1$。在每个时间步上,计算式(9.5-4)中相对于每一个 ϕ_i 的导数值及拉普拉斯算子值。所有网格点都同时演化。随着时间的推进,ϕ 值合并成区,区域中只有一个非零的序参量,然后随着时间粗化。

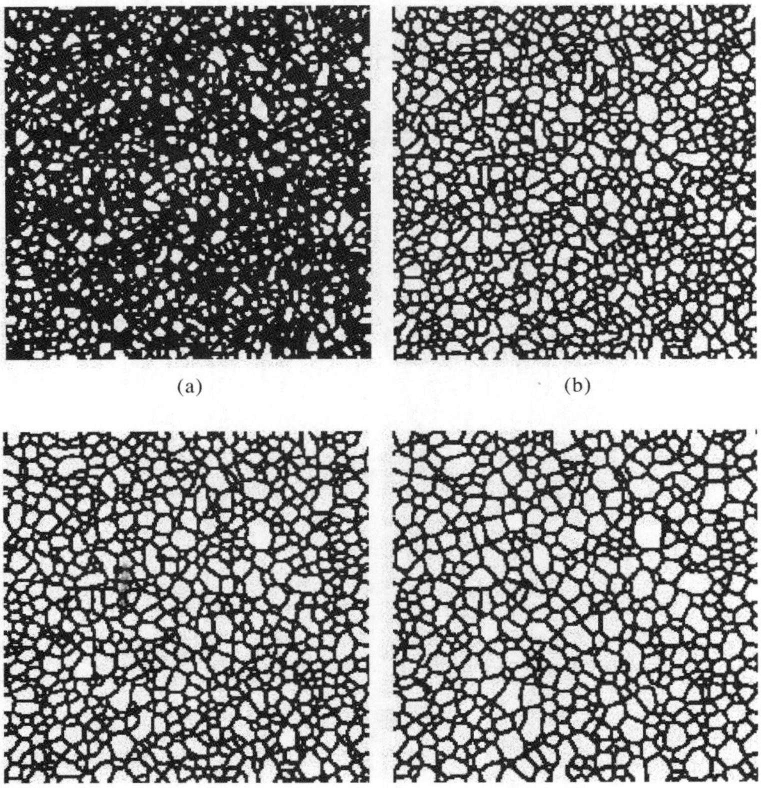

(a) (b) (c) (d)

图 9.6-2 晶粒生长的二维相场模型[基于 Tikare 等(1998) 的模型(实线是晶界)]

习 题

1. 举例说明相场方法中守恒序参量和非守恒序参量的区别,并说明描述这两类序参量的控制方程。

2. 简要说明场模型的建立的一般步骤。

参考文献

[1] LANDAU L D,LIFSHITZ E M. 理论物理学教程:第 5 卷:统计物理学 I[M]. 束仁贵,束莼,译. 5 版. 北京:高等教育出版社, 2011.

[2] GINZBURG V L, LANDAU L D. On the theory of superconductivity[M]. Berlin, Heidelberg: Springer, 2009.

[3] CAHN J W, HILLIARD J E. Free energy of a nonuniform system. i. interfacial free energy[J]. The Journal of Chemical Physics, 1958, 28(2): 258-267.

[4] CAHN J W. Free energy of a nonuniform system. II. thermodynamic basis[J]. The Journal of Chemical Physics, 1959, 30(5): 1121—1124.

[5] CAHN J W, HILLIARD J E. Free energy of a nonuniform system. iii. nucleation in a two - component incompressible fluid. The Journal of Chemical Physics, 1959, 31 (3): 688—699.

[6] ALLEN S M, CAHN J W. A microscopic theory for antiphase boundary motion and its application to antiphase domain coarsening[J]. Acta Metallurgica, 1979, 27(6): 1085—1095.

[7] KHACHATURYAN A G. Theory of structural transformation in solids[M]. New York: Dover Publications, Inc. , 1983.

[8] TIKARE V, HOLM E A, FAN D, et al. Comparison of phase field and Potts models for coarsening processes[J]. Acta Materialia, 1998, 47(1): 363—371.

[9] LOBKOVSKY A E, WARREN J A. Sharp interface limit of a phase field model of crystal grains[J]. Physical Review E, 2001, 63(5): 051605.

[10] BOETTINGER W J, WARREN J A, BECKERMANN C, et al. Phase field simulation of solidification [J]. Annual Review of Materials Research, 2002, 32 (1): 163 —194.

[11] CHEN L Q. Phase field models for microstructure evolution[J]. Annual Review of Materials Research, 2002, 32(1): 113—140.

[12] KRILL III C E, CHEN L Q. Computer simulation of 3—D grain growth using a phase field model[J]. Acta Materialia, 2002, 50(12): 3059—3075.

[13] RAMANARAYAN H, ABINANDANAN T A. Phase field study of grain boundary effects on spinodal decomposition[J]. Acta Materialia, 2003, 51(16): 4761—4772.

[14] SUNDMAN B, LUKAS H, FRIES S. Computational thermodynamics: the Calphad method[M]. Cambridge: Cambridge university press, 2007.

[15] STEINBACH I. Phase—field models in materials science[J]. Modelling and Simulation in Materials Science and Engineering, 2009, 17(7): 73001.

[16] TIKARE V, BRAGINSKY M, BOUVARD D, et al. Numerical simulation of microstructural evolution during sintering at the mesoscale in a 3D powder compact[J]. Computational Materials Science, 2010, 48(2): 317—325.

[17] PROVATAS N, ELDER K. Phase—field methods in materials science and engineering[M]. Weinheim, Germany: John Wiley & Sons, 2011.

[18] LESAR R. Introduction to computational materials science: fundamentals to applications[M]. Cambridge: Cambridge University Press, 2013.

[19] LEE D, KIM J. Comparison study of the conservative Allen - Cahn and the Cahn - Hilliardequations[J]. Mathematics and Computers in Simulation, 2016(119): 35—56.

[20]杨玉娟，严彪. 多相场模拟技术在共晶凝固研究中的应用[M]. 北京：冶金工业出版

社，2017.

[21] BINER S B. Programming phase－field modeling[M]. Berlin，Heidelberg：Springer，2017.

[22] TONKS M R，AAGESEN L K. The phase field method：mesoscale simulation aiding material discovery[J]. Annual Review of Materials Research，2019，49(1)：79－102.

[23] CHEN L Q，ZHAO Y. From classical thermodynamics to phase field method[J]. Progress in Materials Science，2022(124)：100868.

第10章　机器学习及其在材料领域中的应用

新型高性能材料的筛选和定量构效关系的建模是材料科学领域研究的热点问题之一。受实验条件和理论基础的限制，传统的实验和计算仿真要耗费大量的时间和资源。随着信息技术的发展与进步，材料科学研究中产生了海量数据，利用机器学习进行材料发现和设计受到了越来越多的关注。因此，材料基因组工程、机器学习、材料智能设计等概念在材料成分/结构设计、工艺优化、性质/性能预测等方面得到了越来越广泛的应用。

10.1　材料基因组工程与机器学习简介

10.1.1　材料基因组工程

2011年，美国提出材料基因组计划（Materials Genome Initiative，MGI），美国材料基因组计划框架如图10.1-1所示。与人类基因组工程思路类似，其重要的组成部分就是开发快速可靠的计算方法和相应的计算程序，通过高通量的理论模拟和计算，完成先进材料的"按需设计"。同时，开发高通量的实验方法对仿真结果进行快速验证并为数据库提供必要的输入，建立普适、可靠的数据库和材料信息学工具，并利用信息学、统计学方法，通过机器学习、基于机数据挖掘等工具探寻材料结构和性能之间的关系，以加速新材料的设计和应用。

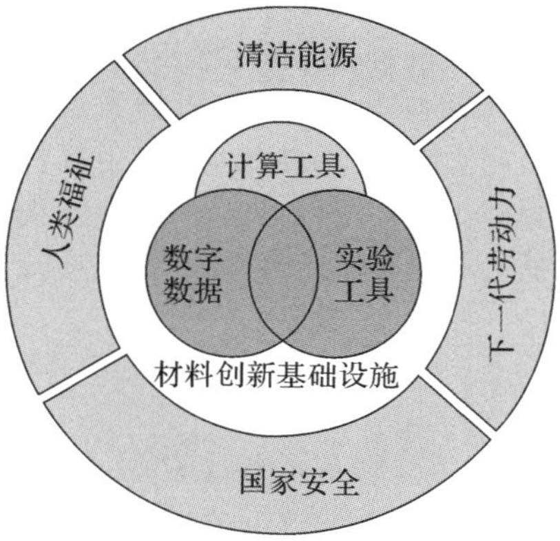

图 10.1-1　**美国材料基因组计划框架**

材料基因组工程主要包括计算模拟平台、表征实验平台、数据库平台三大系统。材料基因组工程意味着通过交叉融合高通量模拟计算、高通量实验和人工智能数据挖掘技术，使人们掌握“成分/结构-工艺-性质－性能”间关联规律的速度更快、效率更高、成本更低，将新材料开发周期缩短，打造全新的“环形”开发流程。

欧盟在 2012 年也提出了类似的 Metallurgy Europe 研究计划，涉及清洁能源、绿色交通、卫生保健和下一代制造等，研究内容包括理论研发活动、实验、建模、材料表征、性能测试、原型设计和工业规模化等。

2012 年 12 月，由中国工程院材料科学系统工程发展战略研究——中国版材料基因组计划重大项目启动。

材料基因工程主要有 3 种工作模式：

(1)以实验驱动的模式，基于高通量合成与表征实验，直接快速优化与筛选材料。典型代表是国际高通量“组合材料芯片”技术。

(2)以计算驱动的模式，或称理论设计指导下的高效筛选，首先基于高通量计算模拟，缩小有希望的候选材料范围，再进行实验验证。典型代表是通过 Materials Project 高通量计算平台，并按照一定的判据对电池的电极材料、固态电解质材料进行筛选。

(3)以数据驱动的模式，或称为材料信息学模式，基于大量数据，采用机器学习找出特征性参量，进行数据挖掘(人工智能＋数据)，预测出候选材料。这种模式代表了材料基因工程核心的理念和最先进的方法。

材料基因工程以前所未有的大量数据为基础，将人工智能与高通量实验数据采集和高通量计算深度融合，更快、更准地获得“成分/结构－工艺－性质－性能”间的关系，从而实现对先进材料及工艺进行设计预测。因此，以数据为基础是材料基因工程方法与传统方法的根本不同点。高通量是数据时代的需求，数据采集技术是技术革命要素，而数据分析技术则是思维模式的变革，从而带来更加深刻、更加深远的影响。可以预见，材料科学的未来将构筑于数据与人工智能的基础之上。

10.1.2 机器学习简介

机器学习是计算机科学的子领域，也是人工智能最活跃的研究和应用领域之一。近年来，人工智能的一些重大成功和进展都与机器学习密切相关，例如，阿尔法围棋(AlphaGo)、智能汽车、图像识别、语音识别、机器翻译等。得益于互联网的普及，我们可以非常轻松地获取大量文本、音乐、图片、视频等各种各样的数据。机器学习，就是让计算机具有像人一样的学习能力的技术，是从堆积如山的数据(也称为大数据)中寻找出有用知识的数据挖掘技术。通过运用机器学习技术，从视频数据库中寻找出自己喜欢的视频资料、根据用户的购买记录向用户推荐其他相关产品、根据已有实验或理论数据开发设计新型结构/功能材料等成为了现实。

1.机器学习的概念

汤姆·米切尔(Tom Mitchell)在 1997 年出版的 *Machine Learning* 一书中指出，机器学习这门学科所关注的是计算机程序如何随着经验积累，自动提高性能。他同时给出了形式化的描述：对于某类任务 T 和性能度量 P，如果一个计算机程序在 T 上以 P 衡量的性能随着经验 E 而自我完善，那么就称这个计算机程序在由经验 E 学习。

机器学习是一门多领域交叉学科，涵盖计算机科学、概率论、统计学、近似理论、最优化理论、计算复杂理论等。机器学习的核心要素是数据、算法和模型，可认为是一种数学建模法，给定输入变量，回答关于输出变量的预测问题。它的本质是基于大量的数据和一定的算法规则，使计算机可以自主模拟人类的学习过程，并能够通过不断的数据“学习”提高性能并作出智能决策的行为。

在传统的计算方法中，计算机只是一个计算工具，按照人类专家提供的程序运算。在机器学习中，只要有足够的数据和相应的规则算法，计算机就有能力在不需要人工输入的情况下对已知或未知的情景作出判断及预测，学习数据背后的规则。简而言之，机器学习就是研究如何让机器像人类一样“思考与学习”，这与机器按照人类专家提供的程序“工作”有本质的区别。

2.机器学习的发展历程

机器学习是一门不断发展的学科，虽然只是在最近几年才成为一个独立学科，但机器学习的起源可以追溯到 20 世纪 50 年代以来人工智能的符号演算、逻辑推理、自动机模型、启发式搜索、模糊数学、专家系统以及神经网络的反向传播 BP 算法等。虽然这些技术在当时并没有被冠以机器学习之名，但时至今日它们依然是机器学习的理论基石。从学科发展过程的角度思考机器学习，有助于理解目前层出不穷的各类机器学习算法。机器学习的大致演变过程见表 10.1－1。

表 10.1－1　机器学习的大致演变过程

机器学习阶段	年份	主要成果	代表人物
人工智能起源	1936	自动机模型类论	阿兰・图灵(Alan Turing)
	1943	MP 模型	沃伦・麦卡洛克(Warren McCulloch)、沃特・皮茨(Walter Pitts)
	1951	符号演算	冯・诺伊曼(John von Neumann)
	1950	逻辑主义	克劳德・香农(Claude Shannon)
	1956	人工智能	约翰・麦卡锡(John McCarthy)、马文・明斯基(Marvin Minsky)、克劳德・香农(Claude Shannon)
人工智能初期	1958	LISP	约翰・麦卡锡(John McCarthy)
	1962	感知器收敛理论	弗兰克・罗森布拉特(Frank Rosenblatt)
	1972	通用问题求解(GPS)	艾伦・纽厄尔(Allen Newell)、赫伯特・西蒙(Herbert Simon)
	1975	框架知识表示	马文・明斯基(Marvin Minsky)
进化计算	1965	进化策略	英格・雷森博格(Ingo Rechenberg)
	1975	遗传算法	约翰・亨利・霍兰德(John Henry Holland)
	1992	基因计算	约翰・柯扎(John Koza)

续 表

机器学习阶段	年　　份	主要成果	代表人物
专家系统和知识工程	1965	模糊逻辑、模糊集	拉特飞·扎德(Lotfi Zadeh)
	1969	DENDRA,MYCIN	费根鲍姆(Feigenbaum)、布坎南(Buchanan)、莱德伯格(Lederberg)
	1979	ROSPECTOR	杜达(Duda)
神经网络	1982	Hopfield 网络	霍普菲尔德(Hopfield)
	1982	自组织网络	图沃·科霍宁(Teuvo Kohonen)
	1986	BP 算法	鲁姆哈特(Rumelhart)、麦克利兰(McClelland)
	1989	卷积神经网络	乐康(Lecun)
	1998	LeNet	乐康(Lecun)
	1997	循环神经网络 RNN	塞普·霍普里特(Sepp Hochreiter)、尤尔根·施密德胡伯(Jurgen Schmidhuber)
分类算法	1986	决策树 ID3 算法	罗斯·昆兰(Ross Quinlan)
	1988	Boosting 算法	弗罗因德(Freund)、米迦勒·卡恩斯(Michael Kearns)
	1993	C4.5 算法	罗斯·昆兰(Ross Quinlan)
	1995	AdaBoost 算法	弗罗因德(Freund)、罗伯特·夏普(Robert Schapire)
	1995	支持向量机	科林纳·科尔特斯(Corinna Cortes)、万普尼克(Vapnik)
	2001	随机森林	里奥·布雷曼(Leo Breiman)、阿黛勒·卡特勒(Adele Cutler)
深度学习	2006	深度信念网络	杰弗里·希尔顿(Geoffrey Hinton)
	2012	谷歌大脑	吴恩达(Andrew Ng)
	2014	生成对抗网络 GAN	伊恩·古德费洛(Ian Goodfellow)

机器学习的发展分为知识推理期、知识工程期、浅层学习(Shallow Learning)和深度学习(Deep Learning)几个阶段。知识推理期起始于 20 世纪 50 年代中期,这时候的人工智能主要通过专家系统赋予计算机逻辑推理能力,赫伯特·西蒙(Herbert Simon)和艾伦·纽厄尔(Allen Newell)的“逻辑理论家”(Logic Theorist)程序证明了逻辑学家拉赛尔(Russell)和怀特黑德(Whitehead)编写的《数学原理》中的 52 条定理,并且其中一条定理比原作者所写更加巧妙,因此获得了图灵奖。

20 世纪 70 年代开始,人工智能进入知识工程期,费根鲍姆(E. A. Feigenbaum)作为知识工程之父在 1994 年获得了图灵奖。在这个时期,科学家将知识输入计算机,制造了大量的专家系统。但是专家系统意味着人们需要把知识总结出来并且传授给计算机，这是一个高工作量且很难实现的事，因为在现实问题中存在许多非解析的问题，人工无法将所有知识都总结出来教给计算机系统，所以这一阶段的人工智能面临知识获取的瓶颈。因此科学家转向让机器具有学习能力的研究。这就是机器学习的想法。实际上，在 20 世纪 50 年代，就已经有机器学习的相关研究，代表性工作主要是罗森布拉特(F. Rosenblatt)基于神经感知科学提出的计算机神经网络，即感知器，在随后的 10 年中浅层学习的神经网络曾经风靡一时，特别是马文·明斯基提出了著名的 XOR 问题和感知器线性不可分的问题。由于计算机的运算能力有限，多层网络训练困难，通常都是只有一层隐含层的浅层模型，虽然各种各样的浅层机器学习模型相继被提出，对理论分析和应用方面都产生了较大的影响，但是理论分析的难度和训练方法需要很多经验和技巧，随着最近邻等算法的相继提出，浅层模型在模型理解、准确率、模型训练等方面被超越，机器学习的发展几乎处于停滞状态。

1980 年，随着首届机器学习国际研讨会(International Conference on Machine Learning，IWML)的举办，机器学习正式成为人工智能的主要发展方向。1980 年，《策略分析与信息系统》上面发表了三篇机器学习的文章。1986 年，机器学习领域第一本专业期刊 *Machine Learning* 发行，意味着机器学习再次成为理论及业界关注的焦点。这个时期是机器学习从 1950 年提出概念之后的蓬勃发展时期。在这个时期，机器学习成为人工智能领域的一个独立的学科。

20 世纪 90 年代中期之前，机器学习的发展方向除了以决策树为代表的符号表示的流派外，还有基于神经网络的连接主义。1969 年，M. Minsky 和 S. Papert 指出，连接主义只能解决最简单的线性分类。1983 年，J. J. Hopfield 利用神经网络，对“流动推销问题”有了突破，使人们重新意识到连接网络的重要性。1986 年，UCSD 的 Rumelhart 与 McClelland 提出了改变多层神经网络之前的全连接问题——误逆差传播算法(BP 算法)推动了人工神经网络发展的第二次高潮。连接主义学习即神经网络最大的问题是试错性，神经网络里面有大量的参数，并且没有理论指导，要想训练出一个很好的模型，需要人工调参。1995 年，苏联统计学家瓦普尼克在 *Machine Learning* 上发表支持向量机(Support Vector Machine，SWM)，以 SVM 为代表的统计学习便大放异彩，并迅速对符号学习的统治地位发起挑战。与此同时，集成学习与深度学习的提出，成为机器学习的重要延伸。

2006 年，希尔顿(Hinton)发表了深度信念网络论文，本戈欧(Bengio)等人发表了“Greedy Layer-Wise Training of Deep Networks”论文，乐康(LeCun)团队发表了“Efficient Learning of Sparse Representations with an Energy - Based Model”论文，这些事件标志着人工智能正式进入了深层网络的实践阶段。Hinton 等提出的深度学习，其核心思想是通过逐层学习方式解决多隐含层神经网络的初值选择问题，从而提升分类学习效果。这个算法，在很多方面的应用有优越的性能，尤其在图像识别和自然语言处理方面。当前已进入“大数据时代”，超级计算机和计算机集群的性能越来越好，云计算和 GPU 并行计算快速发展，为深度学习的发展提供了基础保障,使得深度学习成为机器学习中最为热门的研究领域,并在各个领域取得了突飞猛进的发展和广泛应用。新的机器学习算法面临的主要问题更加复杂,机器学习的应用领域从广度向深度发展,这对模型训练和应用都提出了更高的要求。随着人工智能的发展,冯·诺依曼式的有限状态机的理论基础越来越难以应对目前神经网络中层数的要求,这些都对机器学习提出了挑战。

3.机器学习、人工智能和数据挖掘

(1)人工智能。人工智能是让机器的行为看起来像人所表现出的智能行为一样,这是由麻省理工学院的约翰·麦卡锡在 1956 年的达特茅斯会议上提出的,字面上的意思是为机器赋予人的智能。人工智能的先驱们希望机器具有与人类似的能力:感知、语言、思考、学习、行动等。最近几年人工智能风靡全球的主要原因就是,随着机器学习的发展,人们发现机器具有了一定的感知(图像识别)和学习等方面的能力,很容易认为目前已经达到了人工智能发展过程中的奇点。实际上,人工智能包括计算智能、感知智能和认知智能等层次,目前人工智能还介于前两者之间。

通常来说,人工智能是使机器具备类似人类的智能性,人工智能的典型系统包括博弈游戏(如深蓝、Alpha Go、Alpha Zero 等)、机器人相关控制理论(运动规划、控制机器人行走等)、机器翻译、语音识别、计算机视觉系统、自然语言处理(自动程序)等方面。

(2)数据挖掘。数据挖掘是使用机器学习、统计学和数据库等方法,在相对大量的数据集中发现模式和知识,它涉及数据预处理、模型与推断、可视化等。

数据挖掘包括异常检测、关联分析、聚类、分类、回归等几类常见任务。在大数据相关技术的支持下,随着数据存储、分布式数据计算、数据可视化等技术的发展,数据挖掘对事务的理解能力越来越强,在商务智能等方面取得了较多应用,特别是在决策辅助、流程优化、精准营销等方面。广告公司可以查看用户的浏览历史、访问记录、点击记录和购买信息等数据,对广告进行精准推广。利用舆情分析,特别是情感分析,可以提取公众意见来驱动市场决策。例如,在电影推广时对社交评论进行监控,寻找与目标观众产生共鸣的元素,然后调整媒体宣传策略以迎合观众口味,吸引更多人群。

(3)机器学习与人工智能和数据挖掘的关系。机器学习是人工智能的一个分支,作为人工智能的核心技术和实现手段,通过机器学习的方法解决人工智能面对的问题。机器学习是通过一些让计算机可以自动“学习”的算法,从数据分析中获得规律,然后利用规律对新样本进行预测。从机器学习阶段开始,人工智能发展迅猛,才真正逐渐体现出了人工智能的魅力。深度学习只是机器学习的一个重要的分支。

从本质上看,数据科学的目标是通过处理各种数据促进人们的决策,机器学习的主要任务是使机器模仿人类的学习,从而获得知识。而人工智能借助机器学习和推理,最终形成具体的智能行为。机器学习与其他领域之间的关系如图 10.1-2 所示。

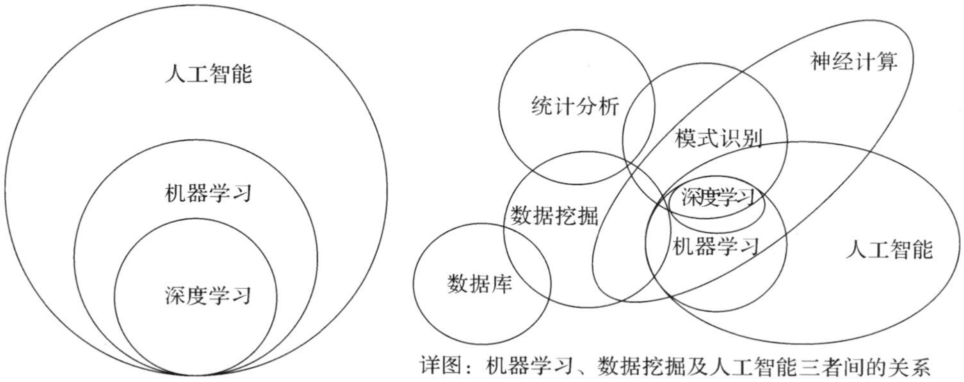

10.1－2　**人工智能、机器学习与深度学习的关系示意图**

4.机器学习的工作流程

在统计学中，研究的对象的集合被称为“数据集”，而数据集中的每一个对象的描述被称为“样本”。其中反映样本特征的描述称为“特征”，每一个样本的所有特征描述称为“特征向量”，所有样本的特征向量形成张量空间。在计算机系统中，“经验”以数据的形式存在。在机器学习中，用来训练模型的经验数据称为训练集；用来作为对模型进行测试和评估的数据称为测试集；从数据中找寻规律的过程称为“学习”或者“训练”，这个过程通过执行学习算法来完成。通常，人类的学习过程要经历知识积累、总结规律，最终才能达到灵活运用的阶段。类似地，利用机器学习对经验数据进行建模，也分为输入、学习（训练）、输出三个阶段，机器学习的基本工作流程如图 10.1－3 所示。

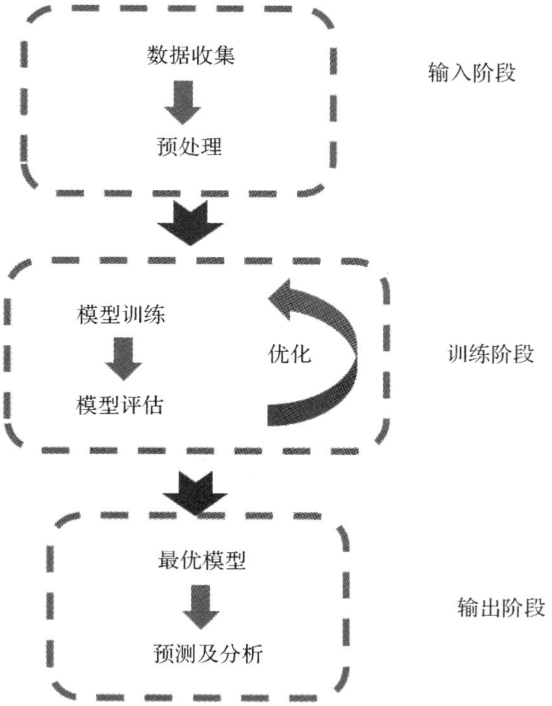

图 10.1－3　**机器学习的基本工作流程**

数据的输入阶段包括数据的收集及预处理，机器学习的核心是数据，收集充足的数据并建立有效的数据集是数据挖掘的前提，数据应尽可能完整且分布均匀，原始数据可以是文本、数值甚至音像，但数据呈现的形式往往会影响模型学习。对于相同的原始数据，机器学习算法使用一种格式可能比使用另一种更有效，输入数据的表示形式越合适，算法将其映射到输出数据的精度就越高，将原始数据转换成更适合的算法形式的过程被称为特征化或特征工程。

模型的学习阶段是指通过一定的算法来对数据进行识别分析或探寻数据间的隐含关系，此阶段通常包括算法选择、模型结构参数优化、训练及测试等过程。不同算法依据不同的数学原理，也对应不同的模型结构参数，算法与数据的契合程度决定了学习模型的准确度，为了获得最优模型，可以通过增加有效训练数据、优化模型结构和参数等方式来实现。

最后的输出阶段就是利用优化好的模型对未知的数据作出预测或者分析，机器学习适用范围非常广，实际应用效果取决于模型的精度。通俗地说，就是是否已经通过学习大量相似的老问题而总结出非常可靠的经验规律来解决一个新的问题。

5.机器学习算法分类

机器学习算法是一类从数据中自动分析获得规律，并利用规律对未知数据进行预测的方法，可以分成四类：有监督学习（有标签）、无监督学习（无标签）、半监督学习（有部分标签）和增强学习（有评级标签），深度学习可应用于这四类机器学习中，而迁移学习是一种新类别，如图 10.1－4 所示。

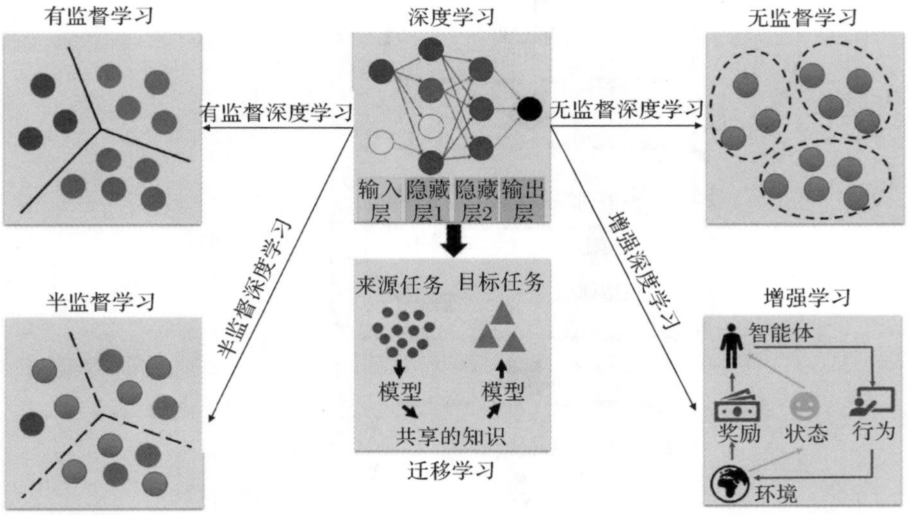

图 10.1－4　机器学习类型

(1)有监督学习(Supervised Learning)：从有标记的训练数据中学习一个模型，然后根据这个模型对未知样本进行预测，并具有最小偏差，即利用输入数据及其对应的标签来训练模型。其中，模型的输入是给定训练集的输入数据（某一样本的特征），函数的输出是期望的输出数据（这一样本对应的标签）。常见的监督学习算法包括回归分析和统计分类两大类别，如线性回归（Linear Regression）、逻辑回归（Logistic Regression）、神经网络（Neural Network）、支持向量机（SVM）、决策树与随机森林、K-近邻等模型等。

这种学习方法类似学生通过研究问题和参考答案来学习，在掌握问题和答案之间的对应关系后，学生对于相似问题可自己给出答案。在有监督学习中，数据=（特征，标签），其主要任务是分类和回归。图 10.1-5 以篮球运动员个人数据统计预测结果为例，介绍了有监督学习分类应用的典型场景。如果预测的是离散值，例如比赛结果为赢或输，见图 10.1-5（1），则此类学习任务被称为分类；如果预测的是连续值，例如篮球运动员的效率为 65.1、70.3 等，见图 10.1-5（2），则此类学习任务被称为回归。

序号	得分	篮板/次	助攻/次	比赛结果
1	27	10	12	赢
2	33	9	9	输
3	51	10	8	输
4	40	13	15	赢

（a）分类

序号	得分	篮板/次	助攻/次	效率/（%）
1	27	10	12	50.1
2	33	9	9	48.7
3	51	10	8	65.1
4	40	13	15	70.3

（b）回归

图 10.1-5　有监督学习分类和回归的应用场景

（2）无监督学习（Unsupervised Learning）：与有监督学习相比，区别在于训练集没有人为标注的结果，是一种可以识别无标签数据的模型，通过自动从样本中学习特征实现预测。无监督学习的目标是找到输入数据中的规律性，使得某些模式比其他模式更频繁地出现，其常见算法有聚类和降维，包括 K-均值聚类（K-Means）、层次聚类（Hierarchical Clustering）、高斯混合模型（Gaussian Mixture Model，GMM）、主成分析（Principal Component Analysis，PCA）和异常检测（Anomaly Detection）。

无监督学习使用既未分类也未标记的信息训练机器，机器本身只能在未标记的数据中找到隐藏的特征。因此，在无监督学习中，数据=（特征）。例如，假设给定一张图像（见图 10.1-6），其中包含从未见过的狗和猫。机器不了解狗和猫的功能，因此我们无法将其归类为“狗和猫”。但是它可以根据它们的相似性，模式和差异对其进行聚类，即，我们可以轻松地将以上图片分为两部分。第一部分可能包含其中有狗的所有照片，第二部分可能包含其中有猫的所有照片。机器没有学过任何东西，这意味着没有培训数据或示例。无监督学习允许模型自行工作以发现以前未检测到的模式和信息，主要处理未标记的数据。

图 10.1-6 无监督学习的应用场景

(3)半监督学习(Semi-Supervised Learning)是有监督和无监督学习方法的组合。通常在识别较少数量的输出数据时使用。半监督学习的目标是使用标记的信息集对未标记的数据进行分类。未标记的数据集应远大于标记数据,否则就可以使用有监督学习来解决问题。半监督学习的常见算法包括图论推理算法(Graph Inference)和拉普拉斯支持向量机(Laplace SVM)。

在半监督学习中,数据=(特征,标签)或者(特征)。例如对猫和狗的照片进行分类:有监督学习根据已有的猫和狗的标签,对新照片进行分类;无监督学习将照片里的特征分成两大类(猫和狗);半监督学习结合分类与聚类的思想,先将未标记的照片聚类生成标签,再结合已有的标签进行分类。

半监督学习可以降低获取标签的成本,很多时候也可以取得比无监督学习更好的效果。

监督学习的核心是分类,无监督学习的核心是聚类。监督学习要有训练集和测试样本,无监督学习只有一组数据,从中寻找规律。监督学习具有不透明性,很难解释结果,无监督学习能够说明有多少特征和多少一致性,容易总结出规律。

(4)增强学习(Reinforcement Learning):在行动中学习,与有监督学习不同,它不需要输入和标签,而是需要根据环境对智能体(Agent)在不同状态(State)下的行为(Action)进行评价。评价通常用回报表示,正回报就是奖励,负回报就是惩罚。强化学习的常见算法包括 Q-Learning 和时间差学习(Temporal Difference Learning)。

经典机器学习算法与训练方式见表 10.1-2。

表 10.1-2 经典机器学习算法与训练方式

算　　法	训练方式
线性回归	监督学习
逻辑回归	监督学习
线性判别分析	监督学习
决策树	监督学习
朴素贝叶斯	监督学习
K-邻近	监督学习
学习向量量化	监督学习

续表

算　　法	训练方式
支持向量机	监督学习
随机森林	监督学习
AdaBoost	监督学习
高斯混合模型	非监督学习
限制波尔兹曼机	非监督学习
K-means 聚类	非监督学习
最大期望算法	非监督学习
主成分分析算法	非监督学习

在增强学习中，数据=(特征，评价)。以股票交易为例，股票市场就是环境，智能体就是交易系统，股票价格就是状态，买卖一定数量的股票就是行为。交易系统会从一个很简单的交易开始，起初大概率是亏钱的(回报为负)，但是在学习过程中，交易系统与市场不断交互并得到反馈，从而会不断调整策略，越来越强大。

6.典型机器学习的应用领域

机器学习应用的典型领域有网络安全、搜索引擎、产品推荐、自动驾驶、图像识别、语音识别、量化投资、自然语言处理、新材料设计开发等。随着海量数据的累积和硬件运算能力的提升，机器学习的应用领域还在快速地延展。

(1)图像处理。机器学习在图像处理方面的应用较多，特别是卷积神经网络(Convolutional Neural Networks，CNN)等对图像进行处理具有天然的优势，通过模拟人类视觉处理过程，辅以计算机视觉处理技术，机器学习在图像处理领域应用广泛，除了图像识别、照片分类、图像隐藏等，最近几年图像处理方面的创新应用已经涉及图片生成、美化、修复和图片场景描述等。

(2)金融领域。金融与人们衣食住行等息息相关。与人类相比，机器学习在处理金融行业的业务方面更加高效，可同时对数千只股票进行精确分析，在短时间内给出结论；在处理财务问题时更加可靠和稳定；通过建立欺诈或异常检测模型提高金融安全，有效检测出细微模式差别，结果更加精确。

(3)医疗领域。机器学习可以用于预测患者的诊断结果、制定最佳疗程甚至评估风险等级。此外，还可以减少人为失误。在 2016 年 JAMA 杂志报道的一项研究中，人工智能通过学习大量历史病理图片，经过验证，其准确度达到了 96%，这一数字表明，人工智能在对糖尿病视网膜病变进行诊断方面已经与医生水平相当。此外，对超过 13 万张皮肤癌的临床图片进行深度学习后，机器学习系统在检测皮肤癌方面超过了皮肤科医生。

(4)语言处理。语言处理属于文本挖掘的范畴，融合了计算机科学、语言学、统计学等基础学科。语言处理涉及的范畴包括自然语言理解和自然语言生成，其中前者包括文本分类、自动摘要、机器翻译、自动问答、阅读理解等，目前在这些方面均取得了较大的成就，但是自然语言生成方面成果不多，具备一定智能且能商用的产品很少。

(5)网络安全。网络安全包括反垃圾邮件、反网络钓鱼、上网内容过滤、反诈骗、防范攻击和活动监视等，随着机器学习算法逐渐应用于企业安全中，各种新型安全解决方案如雨后春笋般涌现，这些模型在分析网络、监控网络、发现异常情况等方面效果显著，从而保护企业免受威胁。

(6)工业领域。机器学习在工业领域的应用主要在质量管理、灾害预测、缺陷预测、工业分拣、故障感知等方面。通过采用人工智能技术，实现制造和检测的智能化和无人化，利用深度学习算法判断的准确率和人工判断的准确率相差无几。

10.2 机器学习的理论基础

机器学习涉及概率论、数理统计、线性代数、数学分析、数值逼近、最优化理论和计算复杂理论等，主要的理论基础有支持向量机、决策树、集成学习、人工神经网络等。

10.2.1 支持向量机

支持向量机(SVM)属于有监督学习模型，在机器学习、计算机视觉、数据挖掘中广泛应用，主要用于解决数据分类问题。

支持向量机的目的是获得 N 维空间的最优超平面，其用于二维空间的分类如图 10.2-1 所示。支持向量机可解决三类问题：①样本线性可分，通过硬间隔最大学习一个分类器；②样本近似线性可分，通过软间隔最大学习一个分类器；③样本线性不可分，通过核技法将低维非线性问题转化为高维线性问题，然后学习一个非线性支持向量机。

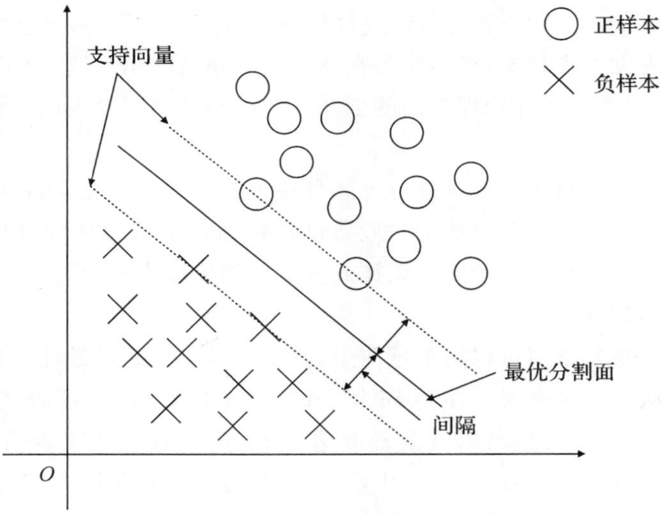

图 10.2-1 支持向量机分类示意图

支持向量机可用于分类，也可用于回归，回归问题的目标函数为

$$\min \frac{1}{2}\|\boldsymbol{\omega}\|^2 + C\sum_{i=1}^{m} l_\varepsilon \mid (f(x_i) - y_i) \qquad (10.2-1)$$

式中：$\boldsymbol{\omega}=(\omega_1,\omega_2,\cdots,\omega_n)$为超平面的法向量；$C$为正则化系数；$l_\varepsilon$为损失函数。

加入核函数后，式(10.2-1)可表示为

$$f(x)=\sum_{i=1}^{m}(\hat{\alpha_i}-\alpha_i)k(x,x_i)+b \tag{10.2-2}$$

式中：$k(x,x_i)$为核函数；$\hat{\alpha_i}$和α_i 为第 i 个样本的拉格朗日乘子。常用核函数有高斯核函数、多项式核函数、线性核函数和 Sigmoid 核函数等。

10.2.2　决策树和集成学习

1.决策树

决策树(Decision Tree)是一种基于树结构划分的学习算法，可分为分类树和回归树。决策树主要包括决策树生长和剪枝两个步骤：①决策树生长采用的属性选择方法有 ID3，C4.5 和 Gini 指数，ID3 和 C4.5 分别采用信息增益和信息增益率进行属性选择；②决策树剪枝是为了防止模型过拟合，并提高模型的训练速度和识别能力，通常采用“预剪枝”和“后剪枝”两种策略。

2.集成学习

集成学习(Ensemble Learning)通过构建并结合多个学习器来完成学习任务，有时也被称为多分类器系统(Multi-Classifier System)、基于委员会的学习(Committee-Based Learning)等。集成学习的一般结构如图 10.2-2 所示。

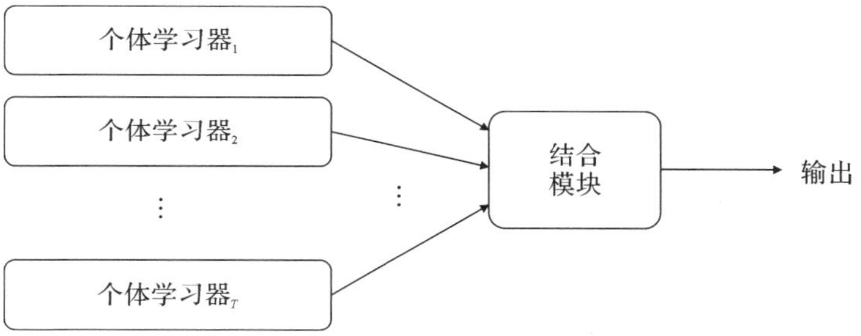

图 10.2-2　集成学习的一般结构示意图

集成学习通过将多个学习器进行结合，常可获得比单一学习器显著优越的泛化性能。根据个体学习器的生成方式，目前的集成学习方法大致可分为两大类，即个体学习器间存在强依赖关系、必须串行生成的序列化方法，以及个体学习器间不存在强依赖关系、可同时生成的并行化方法；前者的代表是 Boosting，后者的代表是 Bagging 和“随机森林”(Random Forest)。

(1)Boosting。Boosting 是一族可将弱学习器提升为强学习器的算法。这族算法的工作机制类似：先从初始调练集训练出一个基学习器，再根据基学习器的表现对训练样本分布进行调整，使得先前基学习器做错的训练样本在后续受到更多关注，然后基于调整后的样本分布来调练下一个基学习器；如此重复进行，直至基学习器数目达到事先指定的值 T，最终将这 T 个基学习器进行加权结合。

Boosting 算法要求基学习器能对特定的数据分布进行学习，这可通过“重赋权法”(Re-Weighting)实施，即在训练过程的每一轮中，根据样本分布为每个训练样本重新赋予一个权重.对无法接受带权样本的基学习算法,则可通过“重采样法”(Re-Sampling)来处理,即在每一轮学习中,根据样本分布对训练集重新进行采样,再用重采样而得的样本集对基学习器进行训练.一般而言,这两种做法没有显著的优劣差别。需注意的是,Boosting 算法在训练的每一轮都要检查当前生成的基学习器是否满足基本条件,一旦条件不满足,则当前基学习器即被抛弃,且学习过程停止。在此种情形下,初始设置的学习轮数 T 也许还远未达到,可能导致最终集成中只包含很少的基学习器而性能不佳。若采用“重采样法”,则可获得“重启动”机会以避免训练过程过早停止,即在抛弃不满足条件的当前基学习器之后,可根据当前分布重新对训练样本进行采样,再基于新的采样结果重新训练出基学习器,从而使得学习过程可以持续到预设的 T 轮。

(2)Bagging。欲得到泛化性能强的集成,集成中的个体学习器应尽可能相互独立;虽然“独立”在现实任务中无法做到,但可以设法使基学习器尽可能具有较大的差异。给定一个训练数据集,一种可能的做法是对训练样本进行采样,产生出若干个不同的子集,再从每个数据子集中训练出一个基学习器。这样,由于训练数据不同,我们获得的基学习器可望具有比较大的差异。然而,为获得好的集成,我们同时还希望个体学习器不能太差。如果采样出的每个子集都完全不同,则每个基学习器只用到了一小部分训练数据,甚至不足以进行有效学习,这显然无法确保产生出比较好的基学习器。为解决这个问题,我们可考虑使用相互有交叠的采样子集。

Bagging 是并行式集成学习方法最著名的代表。给定包含 m 个样本的数据集,我们先随机取出一个样本放入采样集中,再把该样本放回初始数据集,使得下次采样时该样本仍有可能被选中,这样,经过 m 次随机采样操作,我们得到含 m 个样本的采样集,初始训练集中有的样本在采样集里多次出现,有的则从未出现。

Bagging 通常对分类任务使用简单投票法,对回归任务使用简单平均法。若分类预测时出现两个类收到同样票数的情形,则最简单的做法是随机选择一个,也可进一步考察学习器投票的置信度来确定最终胜者。

训练一个 Bagging 集成与使用基学习算法训练一个学习器的复杂度同阶,这说明 Bagging 是一个很高效的集成学习算法。另外与标准 AdaBoost 只适用于二分类任务不同,Bagging 能不经修改地用于多分类、回归等任务。

(3)随机森林。随机森林(Random Forest)是 Bagging 的一个扩展变体。随机森林在以决策树为基学习器构建 Bagging 集成的基础上,进一步在决策树的训练过程中引入了随机属性选择。具体来说,传统决策树在选择划分属性时是在当前结点的属性集合(假定有 d 个属性)中选择一个最优属性;而在随机森林中,对基决策树的每个结点,先从该结点的属性集合中随机选择一个包含 k 个属性的子集,然后再从这个子集中选择一个最优属性用于划分。这里的参数 k 控制了随机性的引入程度:若令 $k = d$,则基决策树的构建与传统决策树相同;若令$k = 1$,则随机选择一个属性用于划分;一般情况下,推荐值 $k = \log_2 d$。

随机森林的训练效率常优于 Bagging,因为在个体决策树的构建过程中,Bagging 使用的是“确定型”决策树,在选择划分属性时要对结点的所有属性进行考察;而随森林使用的“随机型”决策树则只需考虑一个属性子集。

10.2.3 神经网络与深度学习

神经网络是一种模拟人脑的网络结构，以期能够实现人工智能的机器学习技术。神经网络是由神经元演化而来的，起初是模拟神经元形成的模型——MP 模型，后来发展为单层神经网络、双层神经网络、多层神经网络(也被称为全连接神经网络)，现在已经涌现出各种新型的人工神经网络(Artificial Neural Network，ANN)。图 10.2-3 为生物神经元与 ANN 的模型示意图，其中 a_1，a_2，a_n 表示输入，w_1、w_2、w_n，表示权值，f 表示激活函数，$t=f(a_1 \cdot w_1+a_2 \cdot w_2+\cdots+a_n \cdot w_n+b)$表示输出。

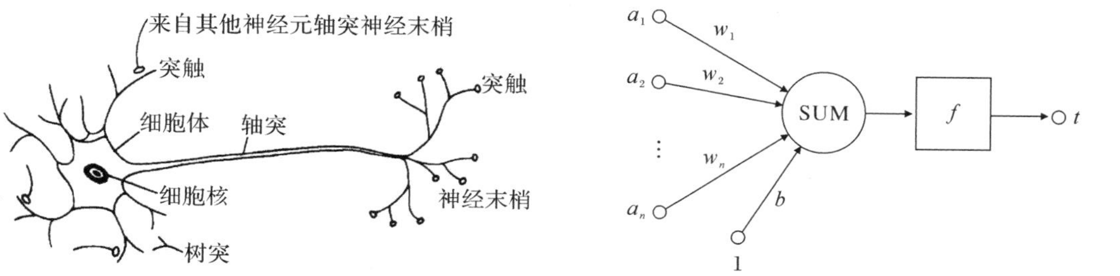

图 10.2-3 生物神经元与人工神经网络模型示意图

图 10.2-4 为神经网络的工作机制。一个经典的神经网络包括输入层(Input Layer)、隐含层(Hidden Layers)和输出层(Output Layer)三个层次。特征构建指的是我们获得初始数据后，从现有数据中挑选或将数据变形，组合形成特征的过程。特征列向量大小等于神经网络输入层节点的数目。

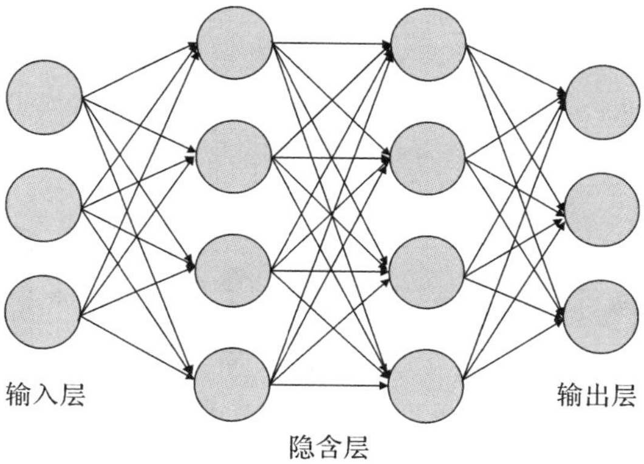

图 10.2-4 神经网络的工作机制

使用矩阵运算来表达整个计算公式为

$$\left.\begin{aligned} f[w^{(1)} * a^{(1)}+b^{(1)}]&=a^{(2)} \\ f[w^{(2)} * a^{(2)}+b^{(2)}]&=a^{(3)} \\ &\vdots \\ f[w^{(n)} * a^{(n)}+b^{(n)}]&=t \end{aligned}\right\} \tag{10.2-3}$$

激活函数用于将非线性运算引入神经网络。它模拟了生物神经元的受激输出特性，会将节点输出值缩小到较小的范围内。图 10.2-5 为常见的激活函数示意图。

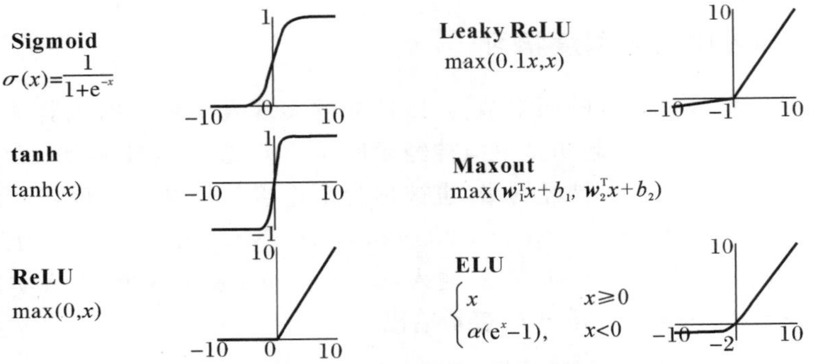

图 10.2－5 常见的激活函数示意图

ANN 的训练主要采用梯度下降法，计算过程中采用误差反向传播的方式计算误差函数对全部权值和偏置值的梯度，不断迭代调整权值。通过实际输出和期望输出之间的误差 E 和梯度确定连接权重 W_0 的调整值(新旧权重值的差)，得到新的连接权重 W_1，然后循环迭代调整权重以使误差最小，从中学习得到最优的连接权重 W_{opt} 所以，从数学角度来说，用 E 对权重 W 求偏导得到的是 ΔW 就是连接权重的调整值，计算权重调整值只需连接权重 W_{ij} 和与 W_{ij} 相关的输入和输出值。

许多研究已经证明，神经网络是通用逼近器，也就是说，可以根据一组已知的函数值，在原则上以任意精度逼近未知的多维函数。标准的多层前馈网络，只要有足够多的隐藏单元可用，使用任意的非线性激活函数，有一个隐藏层，就可以将任意函数从一个有限维空间逼近到另一个有限维空间，从而达到所需的精度。从这个意义上说，多层前馈网络是一类通用逼近器。神经网络发展到现在，已经涌现出各种新型的人工神经网络，比如前馈神经网络(Feed Forward Neural Network，FFNN)、卷积神经网络(Convolution Neural Network，CNN)、深度置信网络(Deep Belief Network，DBN)等神经网络模型。

图 10.2－6 对机器学习与深度学习在特征构建方面进行了比较。

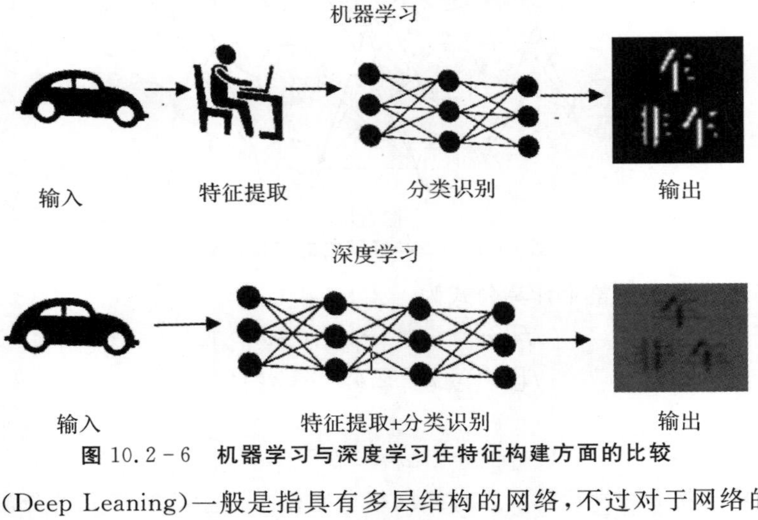

图 10.2－6 机器学习与深度学习在特征构建方面的比较

深度学习(Deep Leaning)一般是指具有多层结构的网络，不过对于网络的层数没有严格定义，网络生成方法也是多种多样。起源于感知器的深度学习是一种监督学习，根据期望输出训练网络，而起源于受限玻尔兹曼机(Restricted Boltzmann Machine，RBM)的深度学习是一种无监督学习，只根据特定的训练数据训练网络。

几种常用的机器学习模型的特点对比情况见表 10.2-1。

表 10.2-1　常用机器学习模型性能对比

机器学习模型	优点	缺点
支持向量机 (Support Vector Machine)	适用于小样本训练； 泛化能力强； 可有效避免过拟合和局部极小值； 适用于高维度样本训练	训练效率低； 对缺失值比较敏感； 模型参数和核函数选择比较敏感
决策树 (Decision Tree)	树结构可以可视化，便于理解； 不受数据缩放影响； 可处理有确失值的样本	容易过拟合，泛化能力差； 模型不稳定，噪声敏感
随机森林 (Random Forest)	对异常值和缺失值容忍度好； 不易出现过拟合； 可解释性好； 可进行特征选择和降维	倾向于取值多的属性； 噪声敏感； 决策树个数较多时，模型训练开销大
人工神经网络 (Artificial Neural Network)	自适应学习能力强； 抗干扰能力强； 非线性映射能力强； 数据量大，预测精度高	需要大量训练样本； 复杂度高、训练耗时； 误差传播带来损失； 可解释性差

深度学习在各个领域的基准测试中均打破了原有的性能极限，取得了令人瞩目的成绩。此外，深度学习还能模仿人脑机制获取知识。深度学习的精妙之处更在于能够自动学习提取什么样的特征才能获得更好的性能。相对于以往的 ML 需要人类手动设计特征值，深度学习是通过学习大量数据自动确定需要提取的特征信息，甚至还能获取一些人类无法想象的特征信息。

不过深度学习往往需要大量数据，不然就会出现过度拟合，造成得到的结果并不好，但是目前只在极少数的情况下有足够的数据进行深度学习。如今，人们越来越关注 ML 技术应用于材料科学的研究，但是材料数据集通常比其他领城更小，有时也更加多样化，甚至于有些数据集并不完整，还有很多未知属性值，需要对已有数据集进行机器学习，以便于更准确地预测相关未知属性，加快材料科学领域的研究速度。因此，将机器学习应用于材料科学中小数据集的分析极具研究价值。

10.2.4　模型评估与选择

(1)朴素贝叶斯：基于贝叶斯概率理论的一种常用的分类算法，通过计算不同独立特征的条件概率来进行类别划分。该算法在数据较少的情况下依然有效且可以处理多类别问题，但是对数据的输入方式较为敏感。

(2)K-近邻(KNND)算法：KNN 算法是最简单的机器学习算法之一，通过计算空间中样本与训练数据之间的距离，再以 K 个“最近邻”点中大多数点的类别决定样本类别的算法。K-近邻算法精度高，无数据输入假定，但是当数据量增加时，空间计算复杂程度也相应提升。

(3)支持向量机:SVM 模型是一种二分类模型,其学习策略是通过构造一个边距最大的超平面将多维空间分为两个区域来进行分类。此算法的核心是依靠“核函数”将低维数据提升至更高维度的空间来寻找具有最大间隔的超平面。

(4)决策树:决策树基于树形结构,结构简单、效率较高,是一种十分常用的分类方法。决策树以流程图的方式将一个类标签分配给一个实例,从包含训练集中所有数据的根节点开始,根据一个属性的值分成两个子节点(子集)。选择属性和相应的决策边界,使用其他属性从两个子节点继续分离,直到一个节点中的所有实例都属于同一个类,结束节点通常被称为叶节点。其核心思想是递归选择最优特征进行分类。

(5)随机森林:随机森林是一种重要的基于 Bagging 的集成学习算法,可以用于处理分类与回归问题。此算法通过构建多棵决策树提高信息增益,从而降低噪声数据带来的干扰,随机森林的输出由决策树输出的众数决定。

(6)最大期望(EM):EM 算法是一种启发式的迭代算法,可实现用样本对含有隐变量的模型的参数作极大似然估计。已知的概率模型内部存在隐含的变量,导致不能直接用极大似然法来估计参数,EM 算法就是通过迭代逼近的方式用实际的值代入求解模型内部参数。

(7)人工神经网络:人工神经网络通过模仿人类大脑的神经元,进行数据信息处理,分为输入层、隐藏层以及输出层三部分,输入层单元接受外部的信号与数据,隐藏层处在输入和输出单元之间,主要用于调整神经元间的连接权值及单元间的连接强度,最终将处理结果传递到输出层,输出层单元被激活函数激活后实现系统处理结果的输出。

(8)深度学习:深度学习可以简单地理解为具有深层网络结构的人工神经网络,与人工神经网络相比,其网络结构更加复杂,计算量也更大。深度学习网络在处理图像方面有极大的优势,常用的深度学习模型包括卷积神经网络(CNN)及深度置信网络(DBN)等。

10.2.5 基本训练过程及超参数

如图 10.2-7 所示,完整的机器学习过程包括数据获取、数据预处理(数据清洗)、特征构建、模型构建及训练和结果分析。

图 10.2-7　**完整的机器学习过程**

系统根据 ML 任务的具体要求,从相关数据源中获取相关数据集。前述高通量计算或材料学数据库等就是良好的数据来源。Python 的数据库 API 和 Pandas 是最好的导入并处理数据集的库。

数据预处理对最终结果有重要的作用,通过数据清洗和预处理,ML 模型往往会提高有效性。数据清洗需要清除重复样本、疑似错误异常的样本和偏离样本整体分布的样本。预处理还包括离散化和缺省值处理等。

特征构建可以避免原始数据的维度灾难，极大地降低模型复杂度，进而提高模型的可解释性。特征构建常用的处理方法包括特征降维方法和特征选择方法等，这往往需要根据具体特定问题隐含规律的参量——性能关系来有效构建并反复测试。一般模型特征都需要进一步归一化，将数据维度都调整到某范围内。另外，需注意的是，测试集必须与训练集使用相同的归一化条件。

在模型构建及训练过程中，首先需要定义网络模型，确定输入层、隐藏层、输出层的节点数目以及使用的激活函数，接着初始化模型参数 w 和 b。例如，按照均值为 0，标准差为 0.01 的正态随机数进行初始化。紧接着，定义损失函数。通常用训练数据集中所有样本损失函数值的平均值来衡量模型预测的质量，即

$$\mathrm{MSE} = \{\sum_{i=1}^{n} [Y - f(X)]^2\}/N \tag{10.2-4}$$

式中：Y 表示样本真实值；$f(X)$ 代表预测值；N 代表样本个数。

然后，定义优化算法。以小批量随机梯度下降算法为例，首先选取一组模型参数的初始值，如随机选取，接下来对参数进行多次迭代，使每次送代都尽可能降低损失函数的值。

在模型训练过程中，将对模型参数进行多次迭代。在每次迭代中，先对一个由固定数目训练数据样本所组成的小批量数据样本随机均匀采样，将当前读取的小批量数据样本中的特征作为输入 X，经过神经网络的向前计算得到预测的 Y，然后根据计算出的平均损失数值，求有关模型参数 w 和 b 的导数（梯度），最后用此导数结果与预先设定的一个正数（学习率）的乘积作为模型参数 w 和 b 在本次迭代的减小量。

最后，随着模型参数的不断更新，平均损失函数小于一定值，或者模型迭代到一定次数后，模型训练结束。训练模型及过程中的一些参数是人为设定的，而不是通过模型训练出来的，因此，这些参数也叫作超参数。超参数包括学习率、批次大小和送代次数。

学习率是指在优化算法中更新网络权重的幅度。学习率过大可能导致模型不收敛，损失值不断上下震荡；学习率过小可能导致模型收敛速度偏慢，需要更长的训练时间。

批次是指每次训练神经网络时，被送入模型的样本数。在上述小批量随机梯度下降法中，采样的固定样本数目就是批次。

迭代次数是指整个训练集输入到神经网络进行训练的次数，当测试错误率和训练错误率相差较小时，可认为当前迭代次数合适；当测试错误率先变小后变大时则说明迭代次数过大了，需要减小迭代次数，否则容易出现过拟合。

10.3 机器学习与计算材料

在“材料基因组”的影响下，自 20 世纪 80 年代以来，随着物理与化学理论、材料学、计算科学的相互结合，衍生出了微观—介观—宏观尺度的层级结构框架。虽然第一性原理(First Principle，FP)计算、分子动力学(Molecular Dynamics，MD)模拟和蒙特卡罗(Monte

Carlo，MC)模拟等各种计算模拟方法加速了材料的研究进程、提升了研究质量，但是在一些特定方面仍然存在不足。将机器学习(Machine Learning，ML)方法与传统普适性研究方法结合或融合起来，其方式可多种多样，使材料研究进入了新范式。

10.3.1 第一性原理机器学习

机器学习与第一性原理计算结合。FP 方法是目前对电子结构研究最实用的理论方法，它能实现在微观层面直接对材料的性质进行预测，但因为其计算量巨大，所以只能对相对较小的体系进行处理，并且材料晶体结构的对称性和空间尺度对其结果的准确性也有着重要影响。将 FP 计算方法和 ML 结合起来，预期效果值得期待。

将 FP 计算和 ML 相结合来设计锂离子电池电极材料。实验结果表明，在保证理论计算数据与实验数据一致性的前提下，ML 能同时应用实验数据和理论计算数据，进行更加高效的模拟计算和预测。通过结合 FP 计算与集成学习方法，人们预测和研究了类金刚石化合物组分替代产物的带隙，预测精度达到 77.73%，并且发现了影响材料带隙的新特征参量。通过 ML 方法结合 FP 计算有效地提升了 MD 模拟的效率。对 MD 模拟而言，原子间的作用力是一个关键数据，可根据具体情况选择采用实时量子力学计算或者贝叶斯推理来得到这种数据。ML 方法和 FP 计算结合，不仅能够丰富 ML 的数据量，使得数据库不断增加，还可以忽略完整性条件的限制。对 FP 计算而言，与 ML 的结合使其避免了原有的一些弊端，如计算量巨大，将其在微观层面的计算进行了优化，能够提高预测的准确性和适用性。Li 等认为，ML 与 FP 计算结合，使原来的研究过程得以极大改进，提高了效率。

10.3.2 分子动力学机器学习

机器学习与分子动力学模拟结合。MD 从微观视角出发，依据系统内的动力学规律来模拟系统位形的演化，统计出各个粒子运动演化的最终结果，再通过性质与结构的关系实现对材料性能的研究和预测。在经典 MD 模拟中，最重要的是选取恰当的势函数，因为这关系到最终结果的准确性和合理性。一些物理量(如键长、键角、扭矩等)的生成都要通过拟合参数来确定，以使经典属性(如能量和梯度)与所关注的结构的计算量子数据匹配。Betz 等提出了 Paramfit 程序，它是 AmberTools 软件包的一部分，具有自动化功能且可以扩展拟合过程，还允许生成简化参数，适用于从单个分子到整个力场的应用。Paramfit 实现了遗传算法和单纯形算法的结合，以找到重组或再造量子能量或力场的最佳参数集。该程序的优势是仅使用较少的量子计算就可同时推导多个参数。它还可以通过对多分子体系的参数拟合，应用于力场演化。Paramfit 已成功地应用于具有稀疏结构的系统模拟。

拟合原子间作用势的主动学习方法，基于 D-最优性准则来选择原子构型，可用以拟合原子势函数。主动学习方法在动态训练作用势方面具有很高的效率，确保没有外推，并且在不显著降低精度的情况下，实现了完全可靠的原子级模拟。该方法应用于 MD 结构弛豫，并预期该方法可以应用于任何其他类型的原子级模拟。在全自动的高效筛选 CO_2RR 和 HER 电催化剂的方案中，对固相材料来说，要获得合理的势函数依然具有很大的难度，往往是依靠 FP 计算原子(或分子)间作用力来确保结果的准确性，但该过程计算量过于庞大，从而对 MD 的普遍适用产生了限制，用 ML 辅助处理就可以绕过计算量巨大的问题。ML 不仅能够与 FP 计算结合起来，使之得到改进或优化，同样也能够与 MD 结合以弥补 MD 模拟中计算量大的缺陷。在不同的技术应用范围中，三维材料样品的识别和微结构表征具有挑战性。基于无监督机器学习方法，使用 MD 模拟、粒子跟踪或实验获得的数据信息，能够对三维材料样品进行识别和微观结构的表征。该方法将拓扑分类、图像处理和聚类分析结合起来，能够处理多种微观结构类型，包括多晶材料中的晶粒、多孔系统中的孔隙以及软物质复杂溶液中的自组装结构。实践表明，这一方法能够给出正确的微观结构信息，如三维多晶样品中晶粒及其尺寸分布的精确量化，三维聚合物样品中的孔隙和孔隙表征，三维复杂流体中的胶束尺寸分布的测定。为检验该方法的有效性，将代表纳米晶金属、聚合物和复杂流体的各种合成数据与报道的实验表征数据进行了对比。结果表明，该方法计算效率高，是一种快速识别、跟踪和量化影响获得产物材料行为的复杂微观结构特征的方法。

因此，ML 与 MD 的结合及运用，使材料领域中微观层面的拟合、势函数的筛选、微结构的表征等进一步得到改进，工作质量和效率同步提高。

1. 蒙特卡罗机器学习

机器学习与蒙特卡罗模拟结合，统计方法是 MC 模拟的理论依据。在 BD 背景下，统计计算与分析对 ML 至关重要，目前 ML 方法与 MC 模拟已经实现高度融合。受限 Boltzmann 机器(Restricted Boltzmann Machine，RBM)具有强大的生成模型的能力，能够从输入数据中提取有用的特征或构建深层人工神经网络模型。在这种设置背景下，RBM 只对其他模型进行预处理或初始化，而不是作为一个完全监督的模型发挥作用。RBM 可以为竞争性分类器的开发提供一个自包含的框架。对分类 RBM 训练策略的研究揭示，将辨别性训练目标和驱动性训练目标适当地结合，可以使 RBM 达到具有竞争力的分类性能。

通过发展 Boltzmann 机器，能够为处于热平衡状态的物理系统建立热力学观测模型。先用 MC 方法对不同温度下 Ising 模型的 Hamilton 量的配分函数进行采样，再通过无监督学习在依据自旋构型重要性构建的数据集上训练 Boltzmann 机器。经过训练的 Boltzmann 机器可用来产生自旋态。将热力学量的观测量值与 MC 直接采样计算的结果进行比较，结果表明，机器可以有效地再现物理系统的可观测量值。

2. 相场模拟与机器学习

相场方法(Phase Field)是以热力学为基础的方法，常常用于模拟材料的相变和微观组织的演变。它是一种介观尺度的方法，其变量可以是抽象的非守恒量，可以量度系统是否处于任何一个给定相(如固体、液体等)；其变量也可以为守恒量，如浓度。界面由从一个相到另一个相平滑变化的量来描述，界面是弥漫的而不是锐化的。由于相场方法的灵活性和适用性，它越来越多地应用于材料科学与工程之中。

现有的高保真相场模型实际计算成本很高，因为它们需要解决一组描述这些过程的连续场变量的耦合偏微分方程系统。目前，最大限度地降低计算成本的探索主要集中在利用高性能计算架构和先进的数值方案，或将机器学习算法与微观结构模拟相结合。然而，对于这些成功的解决方案来说，如何平衡精度与计算效率也还是个令人头痛的问题。要么计算效率高就不能保证得到精确解；要么可以求解复杂的、耦合的相场方程，计算成本却高昂；要么能够预测训练范围之内的微观结构演化，却预测不了训练之外的演化。

美国桑迪亚国家实验室集成纳米技术中心的 R. Dingreville 教授领导的团队，开发了一个机器学习框架，可以高效、快速地预测复杂的微结构演化问题。通过采用长短期记忆(Long Short Term Memory，LSTM)神经网络学习长期模式和解决历史依赖性问题，作者将微结构演化问题重新表述为多变量时间序列问题。在这种情况下，神经网络能学习如何通过微结构随时间演化的低维描述来预测微结构的演化。这种机器学习的替代模型，可以在几分之一秒的时间内预测两相混合物在亚稳态分解时的非线性微观结构演化，与高保真相场模拟相比，准确性仅相差 5%。研究表明，该替代模型轨迹作为经典高保真相场模型的输入数据时，可以加速相场模拟。该解决方案开辟了一条很有前途的道路，在尺度现象至关重要的问题中(如材料设计等演化问题)，可利用其加速的相场模拟来发现、求解和预测加工-微结构-性能之间的关系。

10.4 机器学习在材料领域的应用

10.4.1 材料研究范式

材料是一个复杂的高维多尺度耦合系统，其研究可以用材料四要素“PSPP”(见图 10.4-1)来概括。

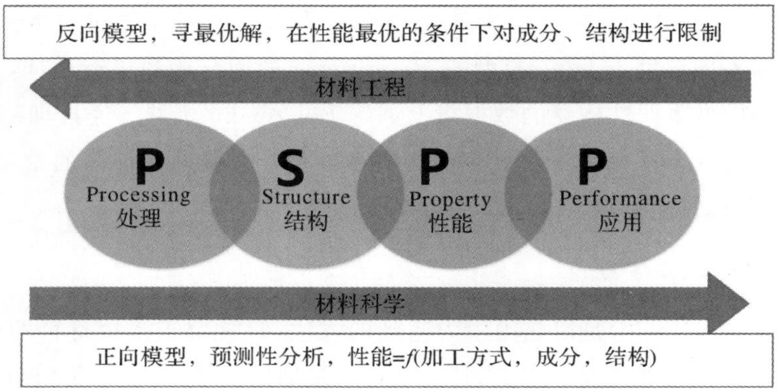

图 10.4-1　材料科学与工程的 PSPP 四要素

材料科学的主要目的是研究工艺、成分、结构和性能之间的关系；而材料工程的主要目的是，针对想得到目标性能，在限定的条件下，对工艺、成分、结构进行优化。现有的基础理论还不能准确地描述材料“成分/结构—工艺—性质—性能”的构效关系，一些深层次的机理还不清楚，导致材料研发长期沿用基于经验的“试错法”。1980 年以来，随着计算机技术的发展和计算能力的提高，计算材料科学快速兴起，推动了材料研发由“经验＋试错”的模式向计算驱动的研发模式转变(见图 10.4－2)。

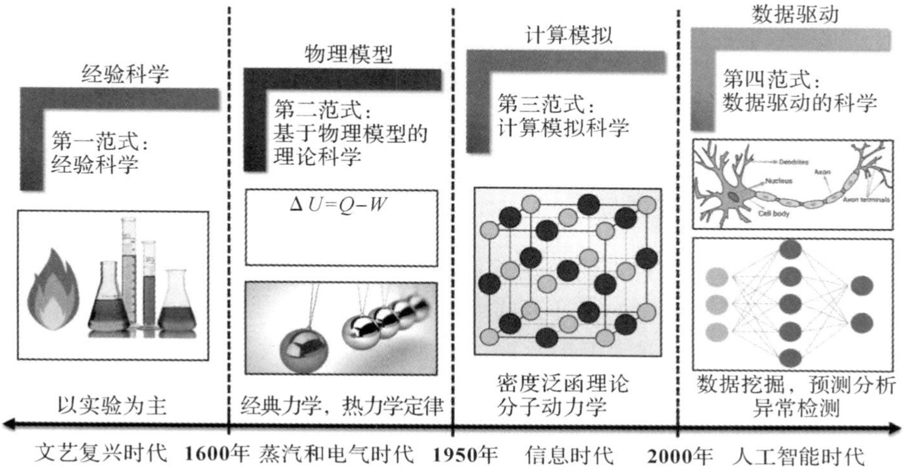

图 10.4－2　**科学的四种范式：实验、理论、计算和数据驱动**

几千年来，在石器、青铜、黑铁时代，科学研究纯粹是依靠经验和直觉的。直到几个世纪前，发展到理论模型的范式，此阶段以数学方程式的形式表示各种“定律”为特征。在材料科学中，热力学定律就是一个很好的例子。但是随着时间的流逝，对于许多科学问题，理论模型变得过于复杂，这种分析解决方案不再可行。几十年前，随着计算机的出现，计算科学作为第三种范式变得非常受欢迎，这样就可以根据理论模拟复杂的现实世界，例如密度泛函理论(DFT)和分子动力学模拟(MD)。但是计算材料学受限于目前的计算能力，只能模拟一些简单的结构，对于复杂的系统，计算材料的应用相当有限。材料基因工程的提出，促进了材料大数据的发展，推动了人工智能技术在材料领域的全面应用，数据驱动的材料研发第四范式正在形成。

高通量的实验方法往往需要大量的成本和时间才能实施，而基于物理模型的材料计算方法则可以极大地缩短开发时间，提高材料性能。图 10.4－3 展示了计算材料学研究范式的演变。计算材料学第一代方法中的标准范式是计算输入结构的物理性质，这通常采用近临的薛定谔方程结合原子受力的局部优化算法来实现。在第二代方法中，通过使用全局优化算法(例如进化算法)，将材料的化学成分作为输入映射到输出，该输出包含对元素组合的结构或结构的预测。新兴的第三代方法是使用 ML 技术，该技术只要有足够的数据和适当的模型，就能较为准确地预测材料的成分和性质。

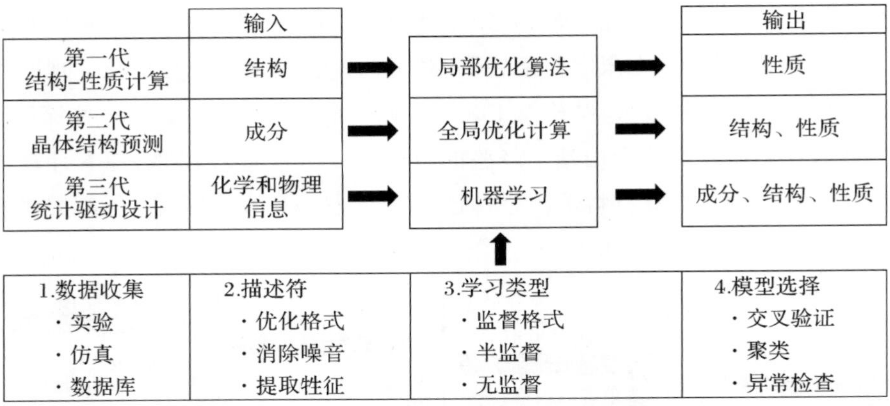

图 10.4-3　计算材料学研究范式的演变

10.4.2　计算材料数据库

材料数据基础设施建设应包括数据存储库、数据工具和合作平台 3 个核心组成部分。科学研究者需要建立以人工智能工具为基础的数据平台，同时构建起符合材料基因工程理念的数据库，系统、快速地充实大量新数据。为此，快速获取大量材料数据的能力成为关键，而高通量实验与高通量计算技术正好为快速获取大量数据提供了有效途径，可以作为数据的重要来源。数据是材料基因组工程的要素之一，因此人们都十分重视材料数据库的建设。目前，美国、欧洲、日本等都已经建立起各自的计算材料学数据库，在各课题组间协作与国家级超级计算平台等持续支持下，已收录几十万至几百万条结构及其能带和物化性质等信息。以下是常用计算材料数据库简介。

(1)Materials Project。Materials Project 通过使用美国劳伦斯-伯克利国家实验室的科学计算资源，计算了海量已知材料体系的物化属性，旨在消除各种应用中材料设计的不确定性。实验研究可以参考 Materials Project 计算数据库(超过 12 万种无机化合物、超过 53 万种纳米多孔材料等)，筛选最具潜力的材料。Materials Project 提供了基于 Web 的开放式访问模式，可以访问已知和预测的材料计算信息，还可以使用强大的分析工具来设计新颖的材料。Materials Project 预测了几种新型电池材料，并在实验中得到了验证。除此之外，Materials Project 还在透明导电氧化物和热电材料的研究中起到了重要的作用。

(2)AFLOW。AFLOW 是一个全球可用的数据库，包含 300 多万种材料化合物，计算的性质超过53 814 万种。此外，AFLOW 还提供在线应用程序用于 ML，利用该程序包对数据库晶体属性展开预测。AFLOW-ML 目前提供 3 种 ML 模块，分别可以用来预测晶体的能带、热学和力学性质，同时还可以预测晶体的振动自由能(F_{vib})和熵(S_{vib})，以及预测超导体材料的临界温度(T_c)。

(3)OQMD。OQMD 也叫开放量子材料数据库，是密度泛涵理论计算的热力学和结构性质的数据库，包含超过 56 万条数据。该数据库界面友好，支持按成分搜索材料和晶体结构可视化，同时，还可以使用 OQMD 中的热化学数据创建相图，确定任何成分的基态化合物，或下载整个数据库和应用程序编辑接口供自己使用。

(4)计算材料数据库。计算材料数据库(Computational Materials Repository,CMR)提供了轻松存储、检索和搜索电子结构计算的方法。每个 CMR 项目均包含一个 Adaptive Server Enterprise (ASE)数据库和一个描述数据的项目页面,并给出了如何使用 Python 和 ASE 处理数据的示例。此外,CMR 还搜集了二维材料体系和钙钛矿体系等特色数据集。该数据库提供了 Python 用户界面,可以对数据进行编程访问。CMR 还可以添加其他信息,例如脚本、输出文件以及自定义字段和关键字。CMR 支持 GPAW、Dacapo、VASP、ASE 轨迹、CSV 和高斯文件。

(5)NRELMatDB。NRELMatDB 包括但不限于光伏材料,可用于光电水分解的材料和热电等,其计算属性包括:DFT(GGA+U)弛豫的晶体结构;热化学性质,即化合物的形成焓,化学势的稳定性范围以及分解反应的焓;GW 电子结构中的准粒子能量计算——提供准确的带隙和介电函数(即吸收光谱)。NRELMaDB 的未来发展计划包括缺陷形成能、表面能、电离势和电子亲和力等。

(6)NOMAD。NOMAD 是欧盟的新型材料发现实验室维护的最大的存储库,用于存储所有重要计算材料科学代码的输入和输出文件,包含超过 3 737 万种不同的材料结构。根据开放式的访问数据形式,它构建了多个大数据服务,有助于推进材料科学和工程的发展。NOMAD 存储库包含来自世界各地的材料数据库,包括 AFLOWlib,OQMD 和 Materials Project 等。部分计算材料数据库对比情况见表 10.4-1。

表 10.4-1　部分计算材料数据库对比情况

数据库名称	材料数据种类	网　址
无机材料晶体结构库(Inorganic Crystal Structure Database, ICSD)	该库提供除了金属和合金以外,不含 C—H 键的所有无机化合物晶体结构信息,包括化学名和化学式、矿物名和相名称、晶胞参数、空间群、原子坐标、热参数、位置占位度、R 因子及有关文献等各种信息	http://www.fiz-karlsruhe.de/icsd.html
剑桥晶体结构数据库(Cambridge Structural Database, CSD)	数据库含有 875 000 多个有机及金属有机化合物的 X 射线和中子射线衍射的分析数据。它只负责搜集并提供具有 C—H 键的所有晶体结构,包括有机化合物、金属有机化合物、配位化合物的晶体结构数据	http://www.cedc.cam.uk/
金属和合金晶体数据库(Metals and Alloys Crystallographic Database, CRYSTMET)	CrystMet 数据库包含金属、合金和金属间化合物的晶体学信息,搜集了 1913 年以来金属单质、金属化合物和固溶体的晶体数据,包括金属元素与硼、硫、硅、锗等元素的化合物	http://crystalworks.ca/
开放晶体结构数据库(Crystallography open database, COD)	COD 是储存晶体学数据、原子坐标参数以及详细的化学内容和参考文献的数据库。它对所搜集的大量分子结构数据进行了全面、广泛的整理、核对和质量评价,因此它所提供的数据要比原始文献更为准确。可以方便地检索、筛选和进行系统的分析,还可对数据进行加工并绘成各种规格的图形	http://www.crystallography.net/cod/

续 表

数据库名称	材料数据种类	网 址
沸石结构数据库(Database of Zeolite Structures, DZS)	DZS提供了所有沸石骨架类型材料的结构信息,包括每个框架式的说明和图纸、晶体学数据和代表性材料模拟粉末衍射图案、建筑模型的详细说明、无序沸石结构的描述等	http://www.iza structure.org/databasesh
Paulingfile 数据库(Paulingfile Database)	一个有相图、晶体结构和物理性质的无机化合物数据库	http://paulingfile.com
材料计划(Materials Project)	该库专门用于搜索查找各种材料的性质,以较高的标准衡量是否将计算机预测的材料纳入数据库。例如:锂电池相关(约15 000个结构);沸石、金属有机骨架 MOF(约13万种)	http://materialsproject.org
材料云项目(Materials Cloud Project)	该库主要以石墨烯等二维材料为主,初步预测产生1 500种可能的二维结构	http://www.materialscloud.org
NIMS 材料数据库(NIMS Materials Database)	世界上最大的聚合物、陶瓷、合金、超导材料、复合材料和扩散材料数据库之一	https://www.nist.gov/
AFLOWlib 数据库(Automatic FLOW for Materials Discovery, Aflowlib)	AFLOWlib是目前最大的材料数据库,主要是金属合金,该库拥有超过100万种的不同材料	http://www.aflowlib.oro
开放量子材料数据库(Open Quantum Materials Database, OOMD)	该库以钙钛矿数据居多,用户可以下载整个数据库而不仅仅是单个搜索结果	http://oqmd.org

10.4.3 新材料的发现

(1)非晶态金属。非晶态金属指在原子尺度上结构无序的一种金属材料。它通常是由几种尺寸差别较大的原子组成的,因此在熔融状态下自由体积小、黏度大,阻碍了原子运动形成有序的结构。非晶态金属相比玻璃和陶瓷,强度更大,脆性较低;但是相比于金属,有更强的耐腐蚀性和抗疲劳性。理论上有几百万种非晶态金属,但在过去只发现了不到1 000种。非晶态理论一直在发展,但是目前还没有可以准确预测形成非晶态金属的方法,而且也无法从失败的案例中吸取经验从而快速改进模型。其主要原因就是非晶态金属的研究进展缓慢,它通常含有3种或以上的元素,并且能否形成非晶态与处理方式有关,因此种类十分多。此外,非晶态形成的机理非常复杂。

针对以上问题，基于已知的发现，用随机森林算法建立了一种机器学习模型，在 Co－V－Z 三元合金系中预测了形成非晶态金属可能性高的区域，然后用高通量实验方法进行了验证；高通量实验的结果被用来训练第二代机器学习模型，精度提高了 6 倍，通过此机器学习模型，研究者获取了一些新发现，对原有的物理化学理论有了更深刻的认识。通过这种方法，比传统方法速度快了 200 倍(见图 10.4－4)。

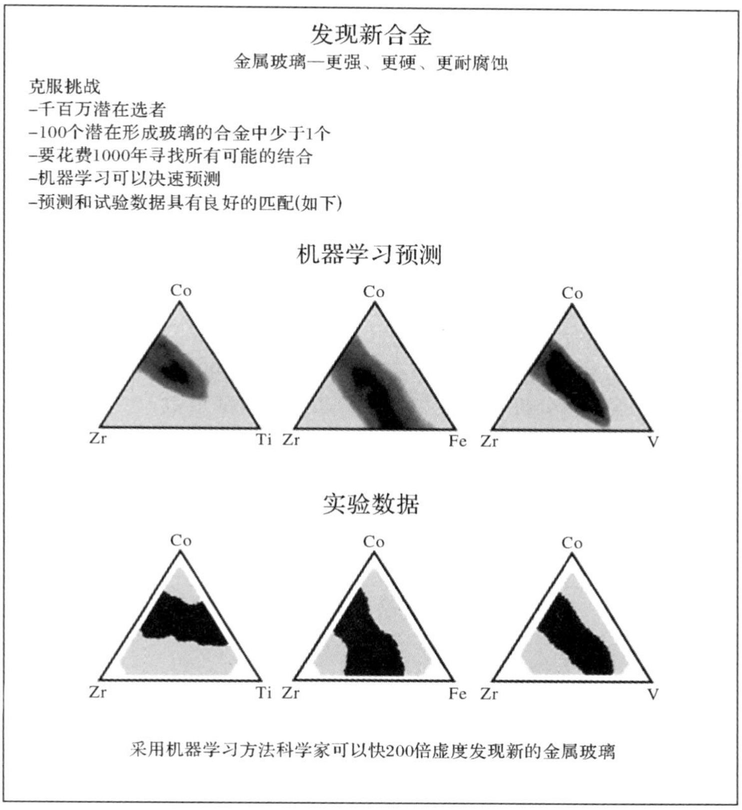

图 10.4－4　**机器学习预测非晶态金属**

(2)高熵合金。高熵合金(High-Entropy Alloys，HEA)，是由 5 种或 5 种以上等量或大约等量金属形成的合金。之所以叫“高熵合金”，是因为高熵合金的混合熵比一般的合金大。高熵合金由于其独特的化学成分和优异的力学性能，近期广受关注。与传统以一种金属元素为主的合金相比，高熵合金的化学成分种类要多得多，因此研究起来难上加难。

为了寻找高硬度高熵合金，采用监督学习的方法，该方法结合了 CCA(典型相关分析)和遗传算法(GA)，可以预测和寻找高硬度高熵合金。通过这种方法，研究者找到了 7 种高硬度、高熵合金，其中有一些合金的硬度甚至比原始数据库里的合金硬度还要高(见图 10.4－5)。

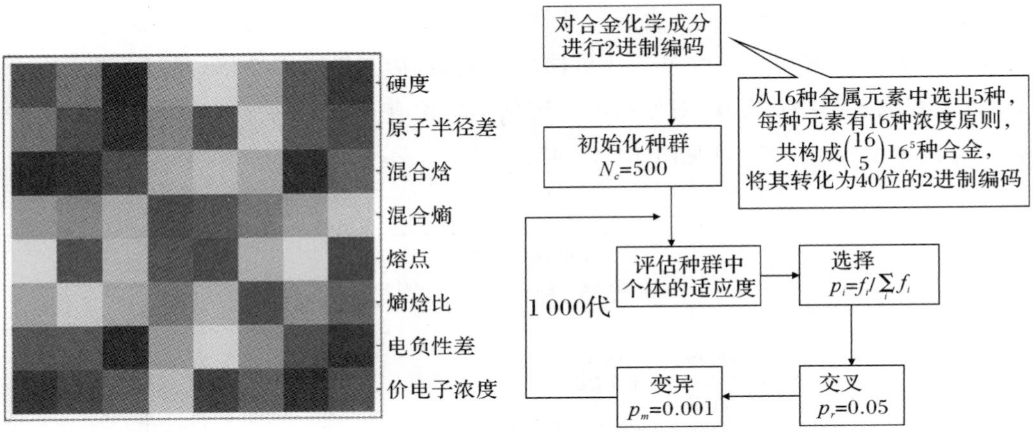

典型相关分析 CCA	遗传算法 GA
1)通过实验的方法得到一个高熵合金样本数量为82的数据集，数据集内包含了熔化温度、混合焓、弹性模量、硬度等参数； 2)使用平行坐标图及相关矩阵图分析各参数与硬度之间的相关性； 3)将数据集中的各参数视为向量，选出3个相关性最高向量进行标准化后降维得到向量 **V**，将与硬度 H 进行线性回归。	1)对可能形成高硬度高熵合金的化学成分进行编码； 2)随机选出500种合金，作为初代种群； 3)建立适应度函数，评估种群中个体存活下去的概率； 4)对存活下来的个体编码进行交叉、变异处理，得到下一代种群； 5)1 000代之后，得到一个新的种群。

图 10.4-5 机器学习预测高熵合金

10.4.4 材料服役性能预测

材料在服役过程中，受光照、热能、机械能、辐照、潮湿等因素的影响，会逐步发生老化，进而导致材料性能下降甚至失效。材料失效不仅带来巨大经济损失，造成环境污染和资源浪费，甚至可能酿成安全事故，引发各种社会问题。因此，材料服役性能研究和服役寿命预测一直是材料领域的研究热点之一。

在早期研究中，通常将材料放置在自然环境或人工模拟环境中进行大量性能试验，并在试验过程中监测材料性能的变化情况。然后找出试验条件和材料性能之间的关系，进而预测材料服役性能的变化趋势和服役寿命。但这种方法通常需要投放大量的试样，试验周期漫长，无法真实反映出实际环境中不同因素之间的协同作用和综合效应，在客观性和普适性方面存在不足。

目前，材料服役性能研究主要分为4个方向：加速模拟实验、力学性能研究、数学模型和数据挖掘。其中，数据挖掘通过机器学习，对大量材料服役数据进行学习和规律总结，然后对材料服役性能进行预测，目前已经在医药、生物信息、图像识别、故障诊断等领域取得了应用成果。

基于机器学习的材料服役性能预测流程如图 10.4－6 所示。

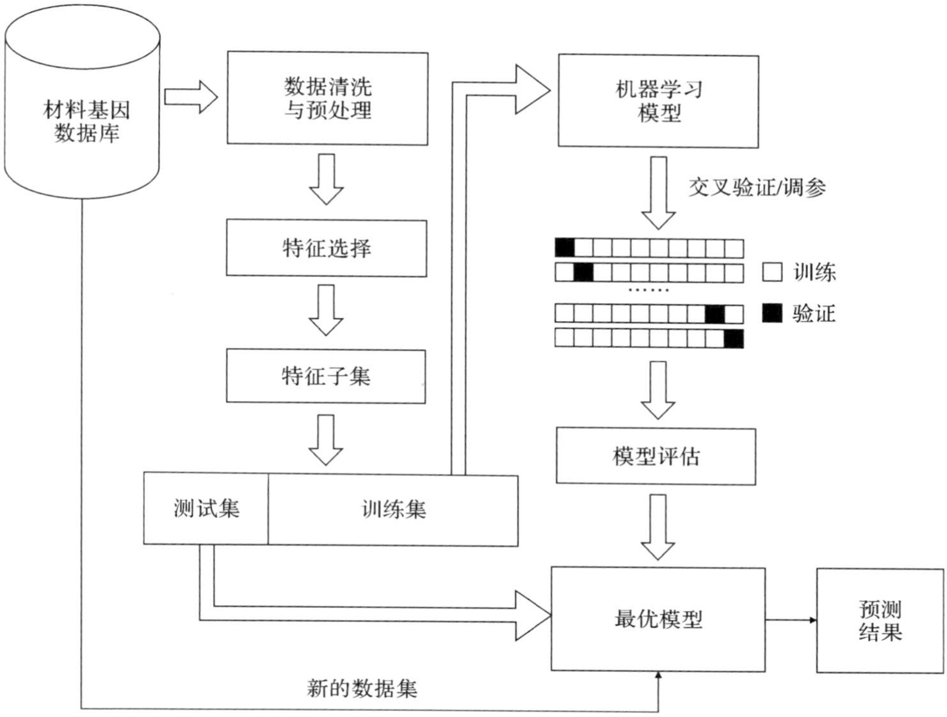

图 10.4－6　基于机器学习的材料服役性能预测流程

图 10.4－6 中主要包括两个过程：

(1)从材料基因数据库中选择要处理的数据并进行预处理、特征选择和样本划分，然后通过机器学习模型进行训练、测试和评估，并获得最优模型及模型参数；

(2)通过最优模型对新数据进行服役性能预测，获得最终结果。

材料服役性能与其结构、成分、环境条件等密切相关，不同因素之间的相互作用复杂。通过机器学习，可以从大量服役数据中获得各因素之间的影响规律，并对服役性能进行预测。

(1)磨损性能预测。磨损与材料硬度、受力状态、摩擦因数等因素有关，但这些参数通常难以全部准确获得，容易造成数据缺失。人工神经网络具有自适应性好、非线性建模能力强等优点，适用于特征维度高、规律复杂的场景。针对聚酰胺复合材料(PA6)磨损性能的预测，可采用基于 BP 神经网络和 RBF 神经网络的混合神经网络，结构如图 10.4－7 所示。模型输入为材料成分、载荷和转速，输出为摩擦因数和磨损率。混合神经网络对材料的摩擦因数、磨损率的预测误差分别为 3.01％和 0.32％，为材料磨损性能的研究节省更多时间和成本。

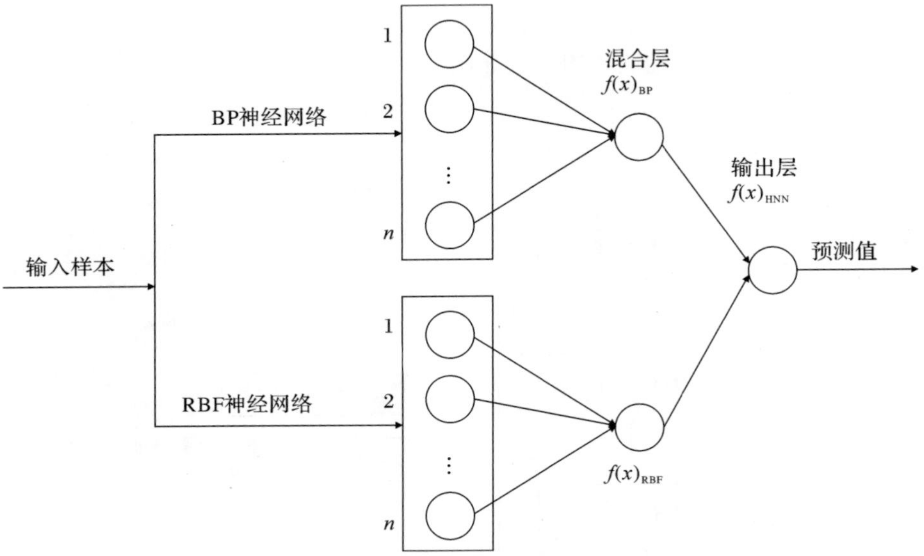

图 10.4－7　**混合神经网络结构**

(2)辐照性能预测。采用 Stacking 方法,根据 390 条 RPV 钢辐照数据,在单一模型预测结果的基础上再次进行模型训练和预测,流程如图 10.4－8 所示,预测结果如图 10.4－9 所示,模型预测值与试验值基本一致,全部落在 45°线附近区域。模型预测结果与试验值的均方根误差 RMSE 为 9.94,平均绝对值误差 MAE 为 8.01,R2 达到 0.89。相比于单一模型,基于 Stacking 方法的集成模型预测性能得到提升,对 RPV 钢辐照性能预测具有较高的准确度和可靠性。

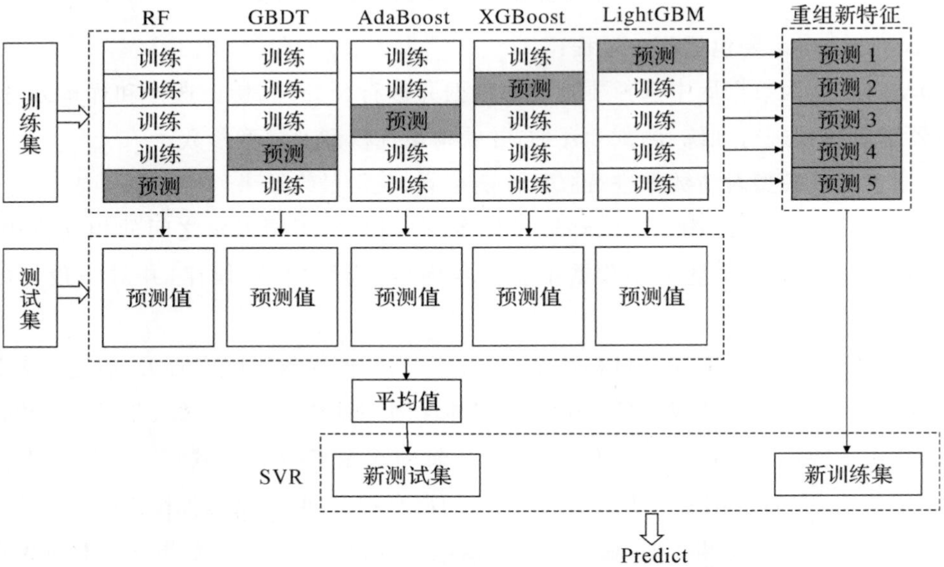

图 10.4－8　**基于** Stacking **集成方法的预测流程**

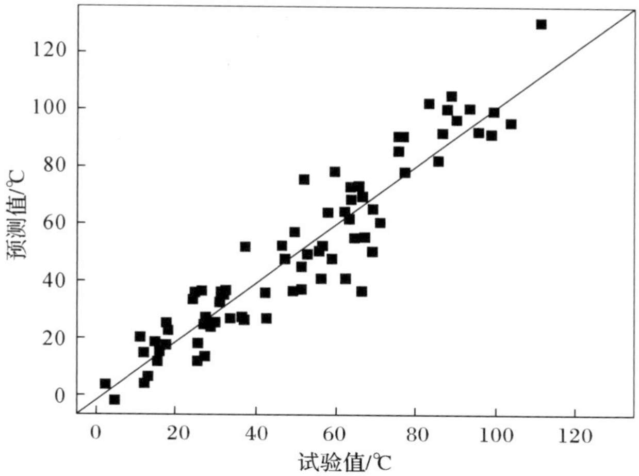

图 10.4-9　集成模型预测结果

10.4.5　材料优化设计

当材料数据存在维度高、样本量少、噪声大、缺失值多、分布不均匀等特点时，建立的机器学习模型预测精度低、不确定性大，一般可以利用主动学习策略，通过实验验证和数据反馈迭代，有效提升模型预测精度，优化设计新材料。当新材料的探索或搜索空间巨大时，通过穷举法(Exhaustive Attack Method)预测设计新材料的计算成本高、耗时长，且可能导致过度搜索和过多的无效实验，一般可利用启发式优化算法，通过有限特征空间局部搜索最优解，实现材料的高效全局优化。

(1)有机光伏材料的研发。开发有机光伏材料的传统模式需要经过基于经验的分子设计、有机合成、结构表征等诸多环节，耗费巨大、周期漫长。采用 ML 方法对设计的分子进行筛选和评价，利用卷积神经网络深度学习模型，并将分子化学结构的图片直接当作数据输入，作为特征描述符。先用1 700 种材料的数据集对模型进行了训练，然后预测有机光伏供体材料的光电转换效率。最终，该模型预测成功率达到 91%以上。对 10 个新型供体材料的光电转换效率进行了实验验证，预测结果与实验结果吻合较好。这也证明了 ML 方法的可靠性。ML 最大的价值是节约时间和资源，极大推动了受体材料的设计，加快了高效有机光伏材料的研发。

(2)锂离子电池电极材料的设计。电极材料对锂离子电池的性能有重要影响，但从探索到应用整个过程相当繁杂。采用 ML 方法不仅避免了人工操作，而且可以通过庞大的数据集对模型进行训练，总结归纳材料性能与结构的关系，在此基础上为筛选、研制高性能电极材料指明方向。一种将理论和实验数据集相结合的 ML 技术，通过高效、大范围扫描 LISICON 型超离子导体增长情况的组分和结构相空间，再利用支持向量机算法推导出了锂离子导体材料在全固态电池中的电导率，然后通过对体系集合进行第一性原理叠代计算和针对性实验，筛选出性能更优的锂离子导体材料。因此 ML 显著加快了材料的设计过程。

(3)成分-工艺-性能预测。利用机器学习回归算法建立材料性能与成分、工艺，以及组织间“黑箱式”隐性构效关系，辅助材料设计，在金属材料、陶瓷材料、聚合物等领域得到广泛应用。

利用人工神经网络，如图 10.4－10 所示，基于 30 个 Ti-4Al-2Fe-xMn-0.18O 合金的实验数据样本，以 Mn 含量和热处理温度为输入，建立拉伸强度和延伸率的机器学习模型，预测结果与实验结果的决定系数为 99.9%，通过预测非昂贵合金化元素对钛合金性能的影响，开发出了具有更优性能的 Ti-Al-Fe-Mn 基 TRIP 合金，在 883℃热处理的 Ti-4Al-2Fe-1.4Mn 合金比强度和延伸分别达到 289 MPa/(g·cm^{-3})和 34%。

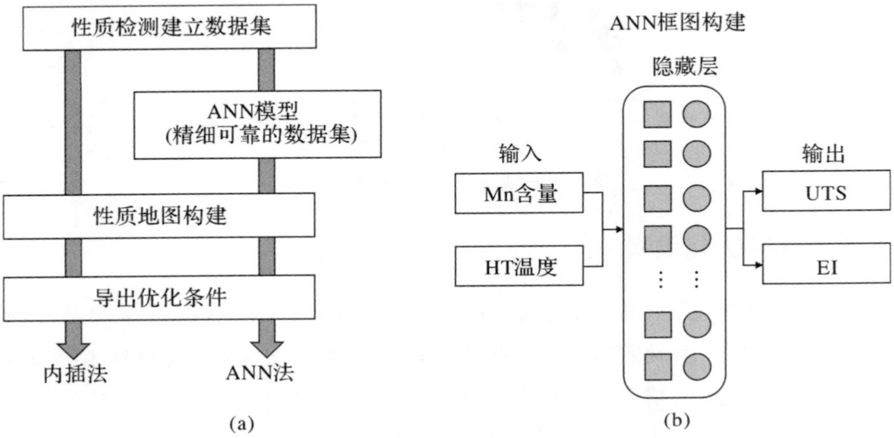

(a)　　　　(b)

图 10.4－10　融合显微组织深度学习的钢铁材料组织和性能设计流程

习　　题

1. 概述材料基因工程与机器学习的概念。
2. 概述机器学习与人工智能和数据挖掘的关系。
3. 机器学习算法可以分为哪几类？简要介绍每种类型的特点。
4. 机器学习方法可以与哪些材料学研究方法相结合？
5. 举例简要介绍机器学习在材料领域的应用。

参 考 文 献

[1] 江建军，缪灵，张宝. 计算材料学：设计实践方法[M]. 2 版. 北京：高等教育出版社，2022.

[2] 赵卫东，董亮. 机器学习[M]. 北京：人民邮电出版社，2018.

[3] 周志华. 机器学习 [M]. 北京：清华大学出版社，2016.

[4] 王圣元. 快乐机器学习 [M]. 北京：电子工业出版社，2019.

[5] 谢建新，宿彦京，薛德祯，等. 机器学习在材料研发中的应用[J]. 金属学报，2021，57

(11)：1343－1361.

[6] 王红珂，刘啸天，林磊，等. 机器学习在材料服役性能预测中的应用[J]. 装备环境工程，2022，19(1)：11－19.

[7] 宋庆功，常斌斌，董珊珊，等. 机器学习及其在材料研发中的作用[J]. 材料导报，2022，36(1)：183－189.

[8] 米晓希，汤爱涛，朱雨晨，等. 机器学习技术在材料科学领域中的应用进展[J]. 材料导报，2021，35(15)：15115－15124.

[9] REN F，WARD L，WILLIAMS T，et al. Accelerated discovery of metallic glasses through iteration of machine learning and high-throughput experiments [J]. Science Advances，2018，4(4)：1566.

[10] RICKMAN J M，CHAN H M，HARMER M P，et al. Materials informatics for the screening of multi-principal elements and high-entropy alloys [J]. Nat Commun，2019，10(1)：2618.